U0337310

普通高等教育"十二五"规划教材

材 料 力 学

（Ⅰ）

（第二版）

主 编 常 红 赵子龙

科 学 出 版 社

北 京

内 容 简 介

本教材是根据普通高等学校材料力学教学基本要求编写的。全书分Ⅰ、Ⅱ两册，共 16 章。Ⅰ册为材料力学的基础部分，内容包括：绪论，轴向拉伸、压缩与剪切，扭转，弯曲内力，弯曲应力，弯曲变形，应力、应变分析及强度理论，组合变形，压杆稳定，平面图形的几何性质等；Ⅱ册为材料力学的加深与扩展部分，内容包括：能量法，超静定结构，扭转及弯曲的几个补充问题，动载荷，交变应力，杆件的塑性变形，电测实验应力分析基础等。各章配有适量的思考题及习题，书后附有参考答案。

本教材可作为高等学校工科各专业的材料力学教材，也可供大专院校及工程技术人员参考。

图书在版编目(CIP)数据

材料力学：全 2 册/ 常红，赵子龙主编.—2 版. —北京：科学出版社，2015.1

普通高等教育"十二五"规划教材
ISBN 978-7-03-042768-7

Ⅰ.①材… Ⅱ.①常… ②赵… Ⅲ.①材料力学-高等学校-教材
Ⅳ.①TB301

中国版本图书馆 CIP 数据核字(2014)第 292608 号

责任编辑：滕亚帆/责任校对：胡小洁
责任印制：霍 兵/封面设计：华路天然工作室

科学出版社 出版
北京东黄城根北街 16 号
邮政编码：100717
http://www.sciencep.com

三河市骏走印刷有限公司印刷
科学出版社发行 各地新华书店经销
*

2012 年 2 月第 一 版 开本：787×1092 1/16
2015 年 1 月第 二 版 印张：17 3/4
2015 年 1 月第 三 次 印刷 字数：420 000

定价：62.00 元(全 2 册)
(如有印装质量问题，我社负责调换)

第二版前言

本书在保持第一版原有内容和特色的基础上，仍分 I、II 两册，共 16 章。I 册共 9 章，包括绪论，轴向拉伸、压缩与剪切，扭转，弯曲内力，弯曲应力，弯曲变形，应力、应变分析及强度理论，组合变形，压杆稳定，平面图形的几何性质等材料力学的基础内容；II 册共 7 章，包括能量法，超静定结构，扭转及弯曲的几个补充问题，动载荷，交变应力，杆件的塑性变形，电测实验应力分析基础等材料力学的加深与扩展内容。

这次改版，主要对第一版的局部内容作了修改。要点如下：

（1）根据国家最新试验标准（《金属材料拉伸试验 第一部分：室温试验方法》（GB/T 228.1—2010），《金属材料 室温压缩试验方法》（GB/T 7314—2005），《金属材料 疲劳试验 旋转弯曲方法》（GB/T 4337—2008）等），对书中的相关名词术语及其定义进行了修订。

（2）将第 13 章动载荷中 13.4 节和 13.5 节的顺序进行了调整，使教材条理更加清晰，内容更加顺畅。

（3）根据国家标准（《热轧型钢》（GB/T 706—2008）），修订了附录 B 型钢表。

限于编者水平，修订后本书可能还存在不少错误或不足之处，恳请读者继续提出批评和指正。

编　者

2014 年 10 月

第一版前言

材料力学是高等工科院校机械类专业的一门主干课程。作者在长期的教学实践中积累了一些有益的教学经验，同时也对材料力学教材进行了深入的学习和研究。经过努力，编写了这套适合普通高校工科学生使用的材料力学教材。

在编写中，按照大纲要求，结合以往的教学经验，力求做到由浅入深、循序渐进、条理清楚、通俗易懂。书中给出了较多的例题，既便于教学又可帮助自学，同时各章配有思考题和习题，便于学生掌握材料力学的基本概念和基本理论。全书分Ⅰ、Ⅱ两册，共16章。Ⅰ册共9章，包括轴向拉压、扭转、弯曲、应力状态与强度理论、压杆稳定等材料力学的基础内容。Ⅱ册共7章，包括能量法、动载荷、交变应力、杆件的塑性变形等加深与扩展的内容。

本书由常红、赵子龙任主编。马崇山、王灵卉任副主编。参加编写的有：常红（第1、9章）、赵子龙（第10、11章）、马崇山（第7章）、王灵卉（第4、8章）、李建宝（第5、12、16章）、陈艳霞（第2章）、李兴莉（第3、13章）、张伟伟（第6、15章）、张旭红（第14章、附录A）。Ⅰ册由常红统稿，Ⅱ册由赵子龙统稿。

限于编者水平，书中难免存在不足之处，恳请读者批评指正。

编　者
2011 年 10 月

目　　录

第1章　绪论……………………………………………………………………………………… 1

　1.1　材料力学的任务　………………………………………………………………………… 1

　1.2　变形固体的基本假设　…………………………………………………………………… 2

　1.3　外力及其分类　…………………………………………………………………………… 3

　1.4　内力、截面法和应力　…………………………………………………………………… 4

　1.5　变形与应变　……………………………………………………………………………… 7

　1.6　杆件变形的基本形式　…………………………………………………………………… 8

　　思考题　……………………………………………………………………………………… 10

　　习题　………………………………………………………………………………………… 10

第2章　轴向拉伸、压缩与剪切……………………………………………………………… 12

　2.1　轴向拉伸与压缩的概念及实例………………………………………………………… 12

　2.2　轴向拉伸或压缩时横截面上的内力和应力…………………………………………… 12

　2.3　轴向拉伸或压缩时斜截面上的应力…………………………………………………… 18

　2.4　材料拉伸时的力学性能………………………………………………………………… 19

　2.5　材料压缩时的力学性能………………………………………………………………… 24

　2.6　直杆轴向拉伸或压缩时的强度计算…………………………………………………… 25

　2.7　直杆轴向拉伸或压缩时的变形………………………………………………………… 29

　2.8　轴向拉伸或压缩时的应变能…………………………………………………………… 33

　2.9　轴向拉伸或压缩的超静定问题………………………………………………………… 36

　2.10　装配应力和温度应力………………………………………………………………… 40

　2.11　应力集中的概念……………………………………………………………………… 43

　2.12　剪切和挤压的实用计算……………………………………………………………… 44

　　思考题　……………………………………………………………………………………… 48

　　习题　………………………………………………………………………………………… 49

第3章　扭转…………………………………………………………………………………… 56

　3.1　扭转的概念和工程实例………………………………………………………………… 56

　3.2　外力偶矩的计算　扭矩和扭矩图……………………………………………………… 57

　3.3　薄壁圆筒的扭转　纯剪切……………………………………………………………… 60

　3.4　圆轴扭转时的应力　强度条件………………………………………………………… 62

　3.5　圆轴扭转时的变形　刚度条件………………………………………………………… 67

　3.6　非圆截面杆扭转的概念………………………………………………………………… 71

　　思考题　……………………………………………………………………………………… 74

习题 ……………………………………………………………………… 75

第 4 章　弯曲内力 ……………………………………………………… 79

4.1　弯曲的概念和实例 ……………………………………………… 79

4.2　受弯杆件的简化 ………………………………………………… 80

4.3　剪力与弯矩 ……………………………………………………… 81

4.4　剪力方程与弯矩方程　剪力图与弯矩图 ……………………… 85

4.5　载荷集度、剪力和弯矩间的关系 ……………………………… 88

4.6　平面刚架和平面曲杆的弯曲内力 ……………………………… 92

思考题 …………………………………………………………………… 94

习题 ……………………………………………………………………… 95

第 5 章　弯曲应力 ……………………………………………………… 100

5.1　概述 ……………………………………………………………… 100

5.2　弯曲正应力 ……………………………………………………… 100

5.3　弯曲切应力 ……………………………………………………… 107

5.4　梁的强度条件及其应用 ………………………………………… 113

5.5　非对称弯曲 ……………………………………………………… 118

5.6　提高弯曲强度的一些措施 ……………………………………… 123

思考题 …………………………………………………………………… 127

习题 ……………………………………………………………………… 129

第 6 章　弯曲变形 ……………………………………………………… 137

6.1　工程中的弯曲变形问题 ………………………………………… 137

6.2　挠曲线近似微分方程 …………………………………………… 138

6.3　弯曲变形求解——积分法 ……………………………………… 140

6.4　弯曲变形求解——叠加法 ……………………………………… 145

6.5　简单超静定梁 …………………………………………………… 149

6.6　提高弯曲刚度的一些措施 ……………………………………… 150

思考题 …………………………………………………………………… 152

习题 ……………………………………………………………………… 152

第 7 章　应力、应变分析及强度理论 ………………………………… 157

7.1　应力状态的概念 ………………………………………………… 157

7.2　应力状态的实例 ………………………………………………… 158

7.3　二向应力状态分析——解析法 ………………………………… 161

7.4　二向应力状态分析——图解法 ………………………………… 165

7.5　三向应力状态 …………………………………………………… 169

7.6　平面应变状态分析 ……………………………………………… 171

7.7　广义胡克定律 …………………………………………………… 172

7.8　复杂应力状态下的应变能密度 ………………………………… 176

7.9　强度理论概述 …………………………………………………… 178

7.10　四种常用强度理论 ··· 179

*7.11　莫尔强度理论 ·· 183

思考题 ··· 186

习题 ··· 187

第 8 章　组合变形 ··· 191

8.1　组合变形的概念 ··· 191

8.2　拉伸或压缩与弯曲的组合 ··· 191

8.3　弯曲与扭转的组合 ··· 197

*8.4　组合变形的普遍情况 ··· 202

思考题 ··· 203

习题 ··· 205

第 9 章　压杆稳定 ··· 209

9.1　压杆稳定的概念 ··· 209

9.2　两端铰支细长压杆的临界压力 ···································· 211

9.3　其他支座条件下细长压杆的临界压力 ··························· 213

9.4　欧拉公式的适用范围　经验公式 ·································· 217

9.5　压杆稳定性校核 ··· 222

9.6　提高压杆稳定性的措施 ·· 224

思考题 ··· 226

习题 ··· 227

参考文献 ··· 231

附录 A　平面图形的几何性质 ····································· 232

A.1　静矩和形心 ··· 232

A.2　惯性矩　惯性积　惯性半径 ······································ 235

A.3　平行移轴公式 ··· 238

A.4　转轴公式 ·· 240

A.5　主惯性轴　主惯性矩　形心主惯性轴及形心主惯性矩 ·········· 242

思考题 ··· 244

习题 ··· 245

附录 B　型钢表（GB/T 706—2008） ····························· 248

部分习题答案 ··· 264

第1章 绪 论

1.1 材料力学的任务

工程结构或机械的各组成部分称为**构件**。例如，建筑物的梁和柱、机床的轴、起重机大梁等。当工程结构或机械工作时，构件将受到载荷的作用。例如，建筑物的梁受自身重力和其他物体重力的作用，车床主轴受齿轮啮合力和切削力的作用，起重机大梁受到起吊重物的重力作用等。构件一般由固体制成，在静力学中，根据力的平衡关系，已经解决了构件外力的计算问题。然而，在外力作用下，如何保证构件正常地工作，还是个有待进一步解决的问题。

为保证工程结构或机械的正常工作，构件应有足够的承载能力担负起所应承受的载荷。因此它应当满足以下要求：

（1）强度要求。在规定载荷作用下的构件不应破坏（断裂）。例如，冲床曲轴不可折断，储气罐不应爆破。所谓**强度**是指构件在载荷作用下抵抗破坏的能力。

（2）刚度要求。在载荷作用下，固体的尺寸和形状将发生变化，称为**变形**。若构件变形过大，即使有足够的强度，仍不能正常工作。例如，若齿轮轴变形过大[图 1.1（a）]，将使轴上的齿轮啮合不良，造成齿轮和轴承的不均匀磨损［图 1.1（b）]，引起噪声。机床主轴如果变形过大，将影响加工精度。所谓**刚度**是指构件在外力作用下抵抗变形的能力。

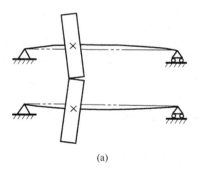
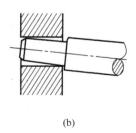

(a)   (b)

图 1.1

（3）稳定性要求。有些受压力作用的细长杆，如内燃机的挺杆、千斤顶的螺杆[图 1.2（a）、（b)]等，应始终保持原有的直线平衡形态，保证不被压弯。所谓**稳定性**是指构件保持其原有平衡形态的能力。

强度、刚度、稳定性是衡量构件承载能力的三个方面，材料力学就是研究构件承载能力的一门科学。在设计一个构件时，除了要求构件能够正常工作外，同时还应考虑合理地使用和节约材料。若构件的截面尺寸过小，或截面形状不合理，或材料选用不当，在外力作用下将不能满足承载要求，从而影响机械或工程结构的正常工作。反之，若构

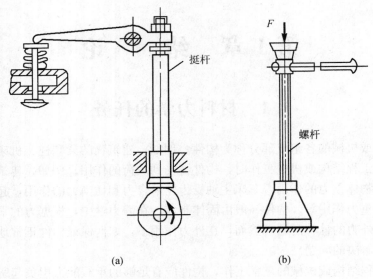

图 1.2

件尺寸过大，或材料质量太高，虽满足了上述要求，但构件的承载能力难以充分发挥，这样，既浪费了材料，又增加了成本和重量。**材料力学的任务**就是在满足强度、刚度和稳定性的要求下，为设计既经济又安全的构件提供必要的理论基础和计算方法。

实际工程问题中，构件都应有足够的强度、刚度和稳定性。但就一个具体构件而言，对上述三项要求往往有所侧重。例如，氧气瓶以强度要求为主，车床主轴以刚度要求为主，而挺杆则以稳定性要求为主。此外，对某些特殊构件，还往往有相反的要求，例如，为了保证机器不致因超载而造成重大事故，当载荷到达某一极限时，要求安全销立即破坏。又如，为发挥缓冲作用，车辆的缓冲弹簧应有较大的弹性变形。

构件的强度、刚度和稳定性，显然都与材料的力学性能（材料在外力作用下表现出来的变形和破坏等方面的特性）有关。而材料的力学性能需要通过实验来测定。此外，材料力学中的一些理论分析方法，大多是在某些假设条件下得到的，是否可靠要由实验来验证。还有一些问题尚无理论分析结果，也需借助实验的方法来解决。因此，在进行理论分析的基础上，实验研究是完成材料力学的任务所必需的途径和手段。

1.2　变形固体的基本假设

固体因外力作用而变形，故称为变形固体或可变形固体。固体有多方面的属性，在研究构件的强度、刚度和稳定性时，为了研究上的方便，必须忽略某些次要性质，只保留它们的主要属性，将其简化为一个理想化的力学模型。因此，对变形固体作下列假设：

（1）**连续性假设**。认为组成固体的物质不留空隙地充满了固体的体积。实际上，组成固体的粒子之间存在着空隙并不连续，但这种空隙与构件的尺寸相比极其微小，可以不计，于是认为固体在其整个体积内是连续的。这样，当把某些力学量看成是固体内点的坐标的函数时，对这些量就可以进行坐标增量为无限小的极限分析。

（2）**均匀性假设**。认为在固体内各处有相同的力学性能。实际上，就使用最多的金属来说，组成金属的各晶粒的力学性能并不完全相同。但因构件或构件的任一部分中都包含为数极多的晶粒，而且无规则地排列，固体的力学性能是各晶粒的力学性能的统计平均值，所以可以认为各部分的力学性能是均匀的。这样，如从固体中取出一部分，不论大小，也不论从何处取出，力学性能总是相同的。

材料力学研究构件受力后的强度、刚度和稳定性，把它抽象为均匀连续的模型，可以得出满足工程要求的理论。但是，根据均匀、连续的假设所得出的理论，不能用来说明物体内部某一极微小部分所发生的现象的本质。

（3）**各向同性假设**。认为材料沿各个不同方向的力学性能均相同。这个假设对许多材料来说是符合的，如均匀的非晶体材料，一般都是各向同性的。对金属等由晶体组成的材料，虽然每个晶粒的力学性质是有方向性的，但金属构件包含数量极多的晶粒，且又杂乱无章地排列，这样，沿各个方向的力学性能就接近相同了。具有这种属性的材料称为各向同性材料，如钢、铜、玻璃等。

沿不同方向力学性能不同的材料称为各向异性材料，如木材、胶合板和某些人工合成材料等。在材料力学中，研究各向同性材料所得的结论，也可近似地用于各向异性材料。

还须指出，工程实际中构件受力后的变形一般都很小，它相对于构件的原始尺寸来说要小得多，称为**小变形**。因此在分析构件上力的平衡关系时，变形的影响可忽略不计，仍按构件的原始尺寸进行计算。例如在图1.3中，简易吊车的各杆因受力而变形，引起支架几何形状和外力位置的变化。但由于 δ_1 和 δ_2 都远小于吊车的其他尺寸，所以在计算各杆受力时，仍然可用吊车变形前的几何形状和尺寸。今后将经常使用小变形的概念以简化分析计算。如果构件受力后的变形很大，其影响不可忽略

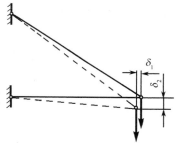

图1.3

时，则须按构件变形后的尺寸来计算。前者称为小变形问题；后者称为大变形问题。材料力学一般只研究小变形问题。

1.3　外力及其分类

材料力学的研究对象是构件。当研究某一构件时，可以设想把这一构件从周围的物体中单独取出来，并用力来代替周围各物体对构件的作用。这些来自构件外部的力就是**外力**（包括载荷和支座反力）。

按外力的作用方式可分为**表面力**和**体积力**。表面力是作用于物体表面的力，又可分为**分布力**和**集中力**。分布力是连续作用于物体表面的力，如作用于油缸内壁上的油压力、作用于船体上的水压力等。有些分布力是沿杆件的轴线作用的。若外力分布面积远小于物体的表面尺寸，或沿杆件轴线分布范围远小于轴线长度，就可以看成是作用于一点的集中力。例如，车轮对桥面的作用力［图1.4（a）］可视为集中力，用力 F_1、F_2 表示，而桥面施加在桥梁上的力可视为分布力［图1.4（b）］，用集度 q 来表示。体积力是连续分布于物体内部各点的力，例如物体的重力和惯性力等。

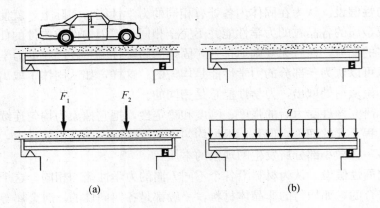

图 1.4

按载荷随时间变化的情况，又可分为**静载荷**和**动载荷**。若载荷缓慢地由零增加到某一定值，以后即保持不变，或变动很不显著，即为静载荷。例如，把机器缓慢地放置在基础上时，机器的重量对基础的作用便是静载荷。若载荷随时间而变化，则为动载荷。随时间作周期性变化的动载荷称为交变载荷，例如当齿轮转动时，作用于每一个齿上的力都是随时间作周期性变化的。冲击载荷则是物体的运动在瞬时内发生突然变化所引起的动载荷，例如，急刹车时飞轮的轮轴、锻造时汽锤的锤杆等都受到冲击载荷的作用。

材料在静载荷和动载荷作用下的性能大不相同，分析方法也有很大差异。因为静载荷问题比较简单，所建立的理论和分析方法又可作为解决动载荷问题的基础，所以首先研究静载荷问题。

1.4　内力、截面法和应力

构件工作时，总要受到外力的作用。在静力学中，已经讨论了外力的计算问题，但仅仅知道构件上的外力，仍不能解决构件的强度和刚度等问题，还需进一步了解构件的内力。为此，本节首先介绍内力的概念及其求法，然后介绍应力的概念。

1.4.1　内力的概念

构件受到外力作用时，其内部各质点间的相对位置将发生改变，由此而引起的质点间的相互作用就是**内力**。我们知道，物体是由无数颗粒组成的，在未受外力作用时，各颗粒间就存在着相互作用的内力，以维持它们之间的联系及物体的原有形状。当物体受到外力作用而变形时，各颗粒间的相对位置将发生改变，与此同时，颗粒间的内力也发生变化，这个因外力作用而引起的内力改变量，即"附加内力"，就是材料力学中所要研究的内力。这样的内力随外力的增加而增大，达到某一极限时就会引起构件破坏，因而它与构件的强度是密切相关的。

还须注意，材料力学中所指的内力与静力学曾经介绍的内力有所不同。静力学中的内力是在讨论物体系统的平衡时，各个物体之间的相互作用力，相对于整个系统来说是内力，但对于一个物体来说，就属于外力了。

1.4.2 截面法

截面法是材料力学中计算内力的基本方法。如图 1.5（a），一构件受外力作用而处于平衡状态，为了显示 $m\text{-}m$ 截面上的内力，假想用平面沿 $m\text{-}m$ 截面把构件截成Ⅰ、Ⅱ两个部分，见图 1.5（b）。任取其中一部分作为研究对象，例如Ⅱ部分，在Ⅱ部分上作用有外力 F_3 和 F_4，欲使Ⅱ部分保持平衡，在 $m\text{-}m$ 截面上必然有Ⅰ部分对Ⅱ部分的作用力。按照连续性假设，截面上各处都有内力作用，所以该力是作用于截面上的一个分布力系。把这个分布内力系向截面上某一点简化后得到的主矢和主矩，就是截面上的内力。建立Ⅱ部分的平衡方程，即可求出 $m\text{-}m$ 截面上的内力。若取Ⅰ部分作为研究对象，在 $m\text{-}m$ 截面上必然有Ⅱ部分对Ⅰ部分的作用，根据作用与反作用定律可知，Ⅰ、Ⅱ两个部分之间的相互作用力必然大小相等、方向相反，所以，无论取哪一部分作为研究对象，求出来的内力大小都相等。上述用截面假想地把构件分成两部分，以显示并确定内力的方法称为**截面法**。可将其归纳为以下三个步骤：

（1）欲求构件某一截面上的内力时，就沿该截面假想地把构件分成两部分，任取一部分作为研究对象，并弃去另一部分。

（2）用内力代替弃去部分对留下部分的作用。

（3）建立留下部分的平衡方程，确定未知的内力。

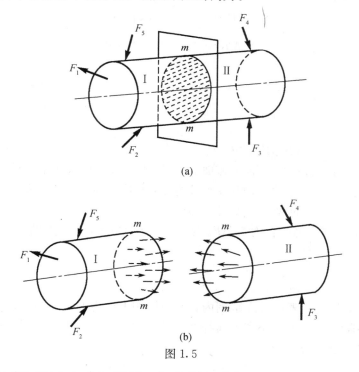

（a）

（b）

图 1.5

例 1.1 钻床如图 1.6（a）所示，在载荷 F 作用下，试确定立柱上 $m\text{-}m$ 截面的内力。

解 （1）采用截面法，沿 $m\text{-}m$ 截面假想地将钻床分成两部分，取截面以上部分作为研究对象，见图 1.6（b），并以截面形心 O 为原点，选取坐标系如图所示。

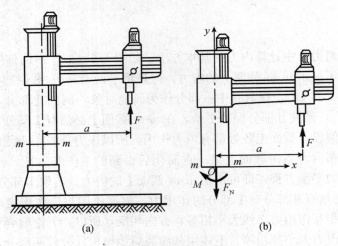

图 1.6

（2）截面以上部分受外力 F 的作用，为保持平衡，$m\text{-}m$ 截面以下部分必然以内力 F_N 及 M 作用于截面上，它们是 $m\text{-}m$ 截面上分布内力系向形心 O 点简化后的结果，其中，F_N 为通过 O 点的合力，M 为对 O 点的力偶矩。

（3）由平衡条件

$$\sum F_y = 0, \quad F - F_N = 0$$

$$\sum M_O = 0, \quad Fa - M = 0$$

求得内力 F_N 和 M 为

$$F_N = F, \quad M = Fa$$

1.4.3 应力

通过截面法，可以求出构件的内力。但是仅仅求出内力还不能解决构件的强度问题，因为同样的内力，作用在大小不同的截面上，对物体产生的破坏作用不同，也就是说，内力并不能说明分布内力系在截面内某一点处的强弱程度，为此，引入应力的概念。

在图 1.7（a）所示的截面 $m\text{-}m$ 上任选一点 C，围绕 C 点取一微小面积 ΔA，设作用在该面积上的分布内力的合力为 $\Delta \boldsymbol{F}$。$\Delta \boldsymbol{F}$ 的大小和方向与 C 点的位置和 ΔA 的大小有关。$\Delta \boldsymbol{F}$ 与 ΔA 的比值为

$$\boldsymbol{p}_m = \frac{\Delta \boldsymbol{F}}{\Delta A} \tag{1.1}$$

$\boldsymbol{p}_m$ 是一个矢量，代表在 ΔA 范围内，单位面积上内力的平均集度，称为平均应力。随着 ΔA 逐渐缩小，$\boldsymbol{p}_m$ 的大小和方向都将逐渐变化。当 ΔA 趋于零时，$\boldsymbol{p}_m$ 的大小和方向都将趋于一定极限。这时有

$$\boldsymbol{p} = \lim_{\Delta A \to 0} \boldsymbol{p}_m = \lim_{\Delta A \to 0} \frac{\Delta \boldsymbol{F}}{\Delta A} \tag{1.2}$$

$\boldsymbol{p}$ 称为 C 点的**应力**。它是分布内力系在 C 点的集度，反映内力系在 C 点的强弱程度。$\boldsymbol{p}$ 是一个矢量，一般来说既不与截面垂直，也不与截面相切，通常把应力 $\boldsymbol{p}$ 分解成垂直于截面的分量 σ 和切于截面的分量 τ，如图 1.7（b），σ 称为**正应力**，τ 称为**切应**

力。应力的单位是 Pa（帕），称为帕斯卡，$1Pa=1N/m^2$。这个单位太小，使用不便，通常使用 MPa，$1MPa=10^6Pa$。

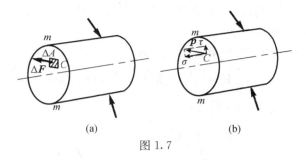

图 1.7

1.5 变形与应变

在外力作用下，固体内任意两点相对位置的改变，称为**变形**。宏观上表现为固体的尺寸和形状的改变。

为了讨论构件内部 M 处的变形，设想围绕 M 点取出边长为 Δx，Δy，Δz 的微小正六面体（当六面体的边长趋于无限小时称为**单元体**），如图 1.8（a）所示。变形后六面体的边长及棱边的夹角都将发生变化，如图 1.8（a）虚线所示。将六面体投影于 xy 平面，如图 1.8（b）所示。变形前平行于 x 轴的线段 $\overline{MN}$ 原长为 Δx，变形后 M 和 N 分别移到 M' 和 N'，$\overline{M'N'}$ 的长度为 $\Delta x + \Delta s$。Δs 代表线段 $\overline{MN}$ 的长度变化，也称为线段 $\overline{MN}$ 沿 x 方向的绝对变形。绝对变形的大小与线段的原长有关，并且构件内各部分的变形不一定均匀。所以引用**相对变形**或**应变**这个物理量来表示一点的变形程度。

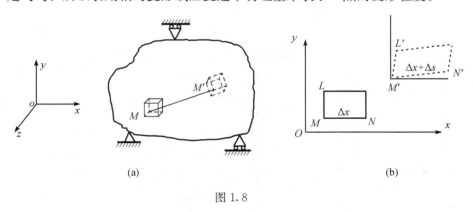

图 1.8

以 x 方向绝对变形比原长表示线段 $\overline{MN}$ 沿 x 方向每单位长度的平均伸长或缩短，称为平均线应变，用符号 ε_m 表示：

$$\varepsilon_m = \frac{\overline{M'N'} - \overline{MN}}{\overline{MN}} = \frac{\Delta s}{\Delta x} \tag{1.3}$$

逐渐缩小 N 点和 M 点的距离，使 $\overline{MN}$ 趋于零，则 ε_m 的极限为

$$\varepsilon = \lim_{\overline{MN} \to 0} \varepsilon_m = \lim_{\overline{MN} \to 0} \frac{\overline{M'N'} - \overline{MN}}{\overline{MN}} = \lim_{\Delta x \to 0} \frac{\Delta s}{\Delta x} \tag{1.4}$$

ε 称为 M 点沿 x 方向的**线应变**，简称为**应变**。如果线段$\overline{MN}$内各点沿 x 方向的变形是均匀的，则平均应变也就是 M 点的应变。如果在$\overline{MN}$内各点的变形不均匀，则只有由式（1.4）定义的应变，才能表示 M 点沿 x 方向长度变化的程度。用完全相似的方法，可以讨论沿 y 和 z 方向的应变。

现在再来讨论六面体棱边的夹角变化。在图 1.8（b）中，变形前$\overline{MN}$和$\overline{ML}$相互垂直，变形后$\overline{M'N'}$和$\overline{M'L'}$的夹角变为$\angle L'M'N'$。变形前、后角度的变化是$\left(\frac{\pi}{2}-\angle L'M'N'\right)$。当 N 和 L 趋于 M 时，上述角度变化的极限值

$$\gamma=\lim_{\substack{\overline{ML}\to 0\\ \overline{MN}\to 0}}\left(\frac{\pi}{2}-\angle L'M'N'\right) \tag{1.5}$$

称为 M 点在 xy 平面内的**切应变**或**角应变**。

线应变 ε 与切应变 γ 是度量一点处变形程度的两个基本量，它们都是无量纲量。线应变 ε 与正应力 σ 有密切关系，切应变 γ 与切应力 τ 有密切关系，在后面讲到胡克定律时再作详细介绍。

例 1.2　如图 1.9 所示平板构件 $ABCD$，其变形如图中虚线所示。试求棱边 AB 与 AD 的平均线应变以及 A 点处 xy 平面内的切应变。

解　棱边 AB 的长度没有改变，故其平均线应变为零。即

$$\varepsilon_{AB,m}=0$$

棱边 AD 的长度改变量为

$$\begin{aligned}\overline{AD'}-\overline{AD}&=\sqrt{(0.1-0.05\times10^{-3})^2+(0.1\times10^{-3})^2}-0.1\\&=-4.99\times10^{-5}\,\mathrm{m}\end{aligned}$$

所以，棱边 AD 的平均线应变为

$$\varepsilon_{AD,m}=\frac{\overline{AD'}-\overline{AD}}{\overline{AD}}=\frac{-4.99\times10^{-5}}{0.1}=-4.99\times10^{-4} \tag{1.6}$$

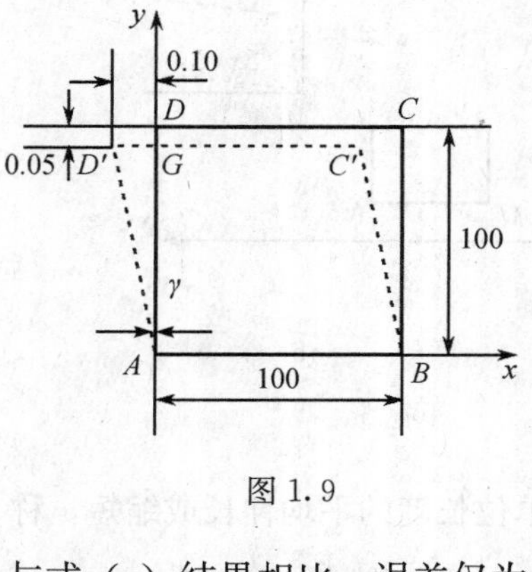

图 1.9

负号表示棱边 AD 为缩短变形。

A 点处的切应变 γ 是一个很小的量，因此，

$$\gamma=\tan\gamma=\frac{\overline{D'G}}{\overline{AG}}=\frac{0.1\times10^{-3}}{0.1-0.05\times10^{-3}}=1.0\times10^{-3}\ \text{(rad)}$$

应当指出，由于构件的变形很小，在计算线应变 $\varepsilon_{AD,m}$时，通常以投影 AG 的长度代替直线 AD' 的长度。于是得棱边 AD 的平均线应变为

$$\begin{aligned}\varepsilon_{AD,m}&=\frac{\overline{AG}-\overline{AD}}{\overline{AD}}=\frac{(0.1-0.05\times10^{-3})-0.1}{0.1}\\&=-5\times10^{-4}\end{aligned}$$

与式（a）结果相比，误差仅为 0.2%。

1.6　杆件变形的基本形式

工程实际中，构件的形式是多种多样的，主要有杆件、平板和壳体等。所谓**杆件**，就是指长度方向尺寸远大于横截面尺寸的构件，是工程中最常见、最基本的构件形式。

如连杆、传动轴、立柱、丝杆、吊钩等都是典型的杆件。杆件是材料力学研究的主要对象。杆件的问题解决了，不仅解决了工程实际中大部分构件的问题，也为解决其他形式构件的问题提供了基础。例如，齿轮上的轮齿、桥式起重机的大梁、轧钢机的机架等构件，都可以简化为杆件或杆件的组合结构来处理。

杆件的轴线是杆件各横截面形心的连线。轴线为直线的杆件称为直杆，轴线为曲线的杆件称为曲杆。杆件横截面大小和形状不变的直杆称为**等截面直杆**，简称为**等直杆**。

构件在工作时的受力情况是各不相同的，受力后所产生的变形也随之而异。对于杆件来说，受力后所产生的变形有以下四种基本形式：

（1）拉伸或压缩变形。作用在杆件上的外力合力的作用线与杆件轴线重合，杆件变形是沿轴线方向的伸长或缩短。例如，托架的拉杆和压杆受力后所发生的变形〔图 1.10（a）〕就属于拉伸和压缩变形。

（2）剪切变形。作用在杆件两侧面上的外力合力大小相等、方向相反、垂直于杆轴线且作用线很近，位于两个力之间的截面沿外力作用方向发生相对错动。例如，连接件中的螺栓受力后产生剪切变形〔图 1.10（b）〕。

（3）扭转变形。杆件的两端受到大小相等、方向相反且作用平面垂直于杆件轴线的力偶作用，杆件的任意两个横截面都发生绕轴线的相对转动。例如，机器中的传动轴就是受扭杆件〔图 1.10（c）〕。

（4）弯曲变形。作用于杆件上的外力垂直于杆件的轴线，使原为直线的轴线变形后成为曲线。例如，单梁吊车的横梁受力后所发生的变形就属于弯曲变形〔图 1.10（d）〕。

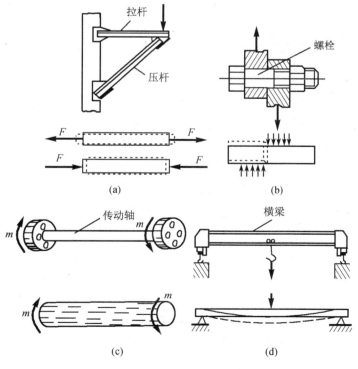

图 1.10

有些杆件同时发生几种基本变形，如车床主轴工作时常发生弯曲、扭转和压缩三种基本变形，钻床立柱同时发生拉伸和弯曲两种基本变形，这种情况称为组合变形。在本书中，首先讨论四种基本变形的强度及刚度计算，然后再讨论组合变形。

思 考 题

1.1 对例1.1中的钻床，能否研究 m-m 截面以下部分的平衡，以确定 m-m 截面的内力？

1.2 材料相同、横截面积相等的两根轴向拉伸的等直杆，一根杆伸长量为10mm，另一根杆伸长量为0.1mm。前者为大变形，后者为小变形。该说法是否正确？为什么？

习 题

1.1 求习题1.1图所示结构 m-m 和 n-n 两截面的内力，并指出 AB 和 BC 两杆件的变形属于何种基本变形。

1.2 如习题1.2图所示，简易吊车的横梁上，力 F 可以左右移动。试求截面1-1和2-2上的内力及其最大值。

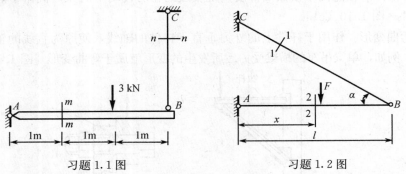

习题1.1图　　　　习题1.2图

1.3 如习题1.3图所示，在杆件的斜截面 m-m 上，点 A 处的全应力 $p=120$MPa，其方向与杆轴线夹角 $\theta=20°$，试求 A 点处的正应力 σ 与切应力 τ。

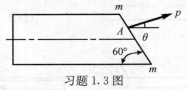

习题1.3图

1.4 如习题1.4图所示，拉伸试样上 A、B 两点的距离 l 称为标距，受拉力作用后，用应变仪测量出两点距离的增量为 $\Delta l=5\times10^{-2}$mm。若 l 的原长为 $l=100$mm，试求 A、B 两点间的平均线应变 ε_m。

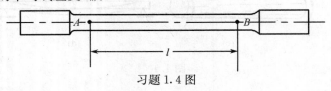

习题1.4图

1.5　矩形平板 $ABCD$ 的变形如习题 1.5 图中虚线 $AB'C'D'$ 所示。试求棱边 AB 与 AD 的平均线应变，以及 A 点处 xy 平面内的切应变。

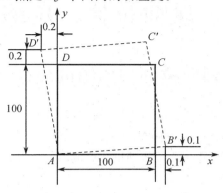

习题 1.5 图

1.6　如习题 1.6 图所示，圆形薄板的半径为 R，变形后 R 的增量为 ΔR。若 $R=80\mathrm{mm}$，$\Delta R=3\times10^{-3}\mathrm{mm}$，试求沿半径方向和边界圆周方向的平均应变。

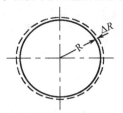

习题 1.6 图

第 2 章　轴向拉伸、压缩与剪切

2.1　轴向拉伸与压缩的概念及实例

在工程结构中经常遇到承受拉伸或压缩的杆件。例如，连接螺栓在预紧力作用下受拉 [图 2.1 (a)]，曲轴冲床中的连杆在冲压阻力作用下受压 [图 2.1 (b)]，千斤顶的螺杆在顶起重物时受压。此外如液压传动机构中的活塞杆及桁架的各支杆等，在工作过程中不是受拉就是受压。

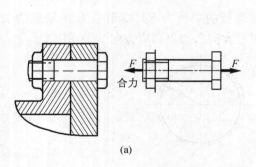

(a)　　　　　　　　　(b)

图 2.1

虽然这些杆件的外形和加载方式各不相同，但它们的共同特点是：作用于杆件上的外力合力的作用线与杆件轴线重合，所引起的杆件变形主要是沿轴线方向的伸长或缩短。这种变形形式称为**轴向拉伸或压缩**，简称拉伸或压缩。这些杆件的形状和受力情况都可以简化成图 2.2 所示的力学模型，称为受力简图。图中用虚线表示变形后的形状。

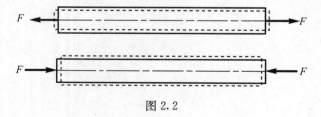

图 2.2

2.2　轴向拉伸或压缩时横截面上的内力和应力

2.2.1　横截面上的内力

图 2.3 (a) 为一受拉的等截面直杆，为了显示其横截面上的内力，用截面法沿横截面 m-m 假想地将其分成两部分。杆件左右两段在横截面上相互作用的内力是一个分

布力系，其合力为 F_N，见图 2.3（b）、（c）。由左段的平衡方程 $\sum F_x = 0$，得

$$F_N - F = 0$$

$$F_N = F$$

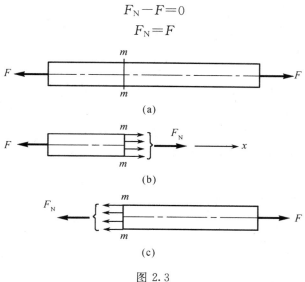

图 2.3

因为外力 F 的作用线与杆件轴线重合，内力 F_N 的作用线也必然与杆件的轴线重合，所以 F_N 称为**轴力**。材料力学中规定：拉伸时轴力为正，压缩时轴力为负，即拉为正，压为负。

若沿杆件轴线有多于两个的外力作用，则在杆件各部分的横截面上，轴力将不一定相同。通常用轴力图表示轴力沿杆件轴线变化的情况。作图时，可用平行于杆件轴线的坐标 x 表示横截面的位置，用垂直于轴线的坐标 F_N 表示对应截面上轴力的数值，根据轴力的大小选择合适的比例绘制图形。从图上可以确定轴力的极值及其所在截面的位置，从而找到危险截面。下面用例题来说明绘制轴力图的过程。

例 2.1　直杆受力如图 2.4（a）所示。试求直杆横截面 1-1、2-2 和 3-3 上的轴力，并作轴力图。

解　(1)应用截面法分别计算 AB、BC 和 CD 三段上的轴力。沿 1-1 截面假想地把直杆截开分为两段，取左段为研究对象，用轴力 F_{N1} 表示右段对左段的作用，见图 2.4（b）。根据平衡方程 $\sum F_x = 0$，得

$$F_{N1} - F = 0$$

由此确定了 F_{N1}，即 AB 段的轴力为

$$F_{N1} = F（拉力）$$

同理，可以确定 BC 段中 2-2 截面上的轴力 F_{N2} ［图 2.4（c）］，设 F_{N2} 为拉力，由平衡方程 $\sum F_x = 0$，得

$$F_{N2} + 2F - F = 0$$

由此得 BC 段的轴力为

$$F_{N2} = -F（压力）$$

负号表示该横截面上轴力的实际方向与假设方向相反，即为压力。

计算 CD 段上的轴力时，沿 3-3 截面假想地截开杆件，由于右段所受外力较少，所以取右段作为研究对象比较简单 [图 2.4 (d)]。根据平衡方程 $\sum F_x = 0$，得

$$2F - F_{N3} = 0$$

由此得 CD 段的轴力为

$$F_{N3} = 2F（拉力）$$

（2）绘制轴力图，如图 2.4 (e) 所示。在轴力图 $F_N\text{-}x$ 中，通常将拉力绘在 x 轴的上侧，压力绘在 x 轴的下侧。在工程中，有时可将 x 轴和 F_N 轴省去，并标明轴力的单位和正负号，如图 2.4 (f) 所示。这样，轴力图不但显示出杆件各段内轴力的大小，而且还可以表示出各段内的变形是拉伸还是压缩。

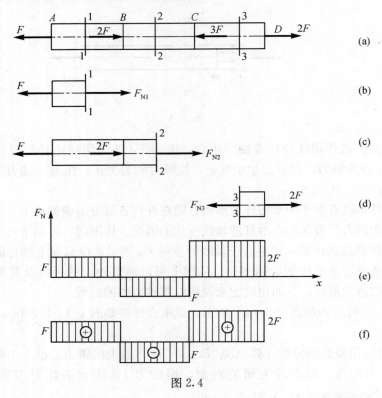

图 2.4

例 2.2 如图 2.5 (a) 所示阶梯形杆件，已知 $F = 10\text{kN}$。试绘制杆的轴力图。

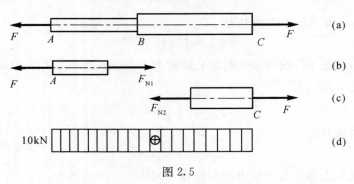

图 2.5

解　（1）应用截面法分别计算 AB 和 BC 两段上的轴力。同例 2.1 的求解过程，分别选取研究对象如图 2.5（b）、（c）所示，用 F_{N1} 和 F_{N2} 分别表示 AB 段和 BC 段上的轴力。根据平衡方程 $\sum F_x = 0$，得

$$F_{N1} = F = 10\text{kN} \quad （拉力）$$
$$F_{N2} = F = 10\text{kN} \quad （拉力）$$

由此可见，轴力只与外力有关，与横截面面积无关。

（2）绘制轴力图［图 2.5（d）］。

2.2.2　横截面上的应力

只计算出轴力并不能判断杆件是否具有足够的强度。例如，用同一种材料制成粗细不同的两根杆，在相同的拉力作用下，两杆的轴力相同。但当拉力逐渐增大时，细杆必定先被拉断。这说明杆件的强度不仅与轴力的大小有关，而且与横截面面积有关。所以必须用横截面上的应力来比较和判断杆件的强度。

在拉（压）杆的横截面上，与轴力 F_N 对应的应力是正应力 σ。根据连续性假设，横截面上到处都存在着内力。若以 A 表示横截面面积，则微面积 $\mathrm{d}A$ 上的微内力 $\sigma\mathrm{d}A$ 组成一个垂直于横截面的平行力系，其合力就是轴力 F_N。于是得静力关系

$$F_N = \int \sigma \mathrm{d}A$$

如果知道 σ 在横截面上的分布规律，就可以完成上式中的积分。

为了求得 σ 的分布规律，应从研究杆件的变形入手。取一等直杆，在其侧面上画垂直于杆件轴线的直线 ab 和 cd（图 2.6），然后在杆件两端施加一对轴向拉力 F，使其产生拉伸变形。变形后，发现 ab 和 cd 仍为直线，且仍然垂直于轴线，只是分别平行地移至 $a'b'$ 和 $c'd'$。根据这一现象，提出如下假设：

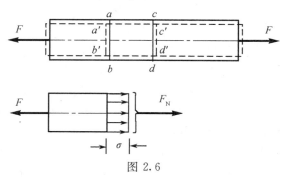

图 2.6

变形前原为平面的横截面，变形后仍然保持为平面，且仍垂直于轴线。这就是轴向拉伸或压缩时的**平面假设**。由此可以推断，拉杆所有纵向纤维的伸长都相等。又因为材料是均匀的，各纵向纤维的力学性能都相同，因而其受力也就相同。所以杆件横截面上的内力是均匀分布的，即在横截面上各点处的正应力都相等，σ 是一个常量。于是由 $F_N = \int \sigma \mathrm{d}A$ 得出

$$F_N = \sigma \int_A \mathrm{d}A = \sigma A$$

即：
$$\sigma = \frac{F_N}{A} \qquad (2.1)$$

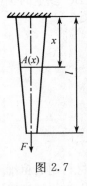

图 2.7

式（2.1）为轴向拉（压）杆横截面上正应力的计算公式。其中正应力 σ 的符号规定为：拉应力为正，压应力为负。显然，正应力 σ 的符号与轴力 F_N 相同。

使用式（2.1）时，要求外力合力的作用线必须与杆件轴线重合，这样才能保证各纵向线段变形相等、横截面上正应力均匀分布。若轴力沿轴线变化，可先作出轴力图，再按式（2.1）求出各横截面上的应力。在某些情况下，杆件横截面的尺寸沿轴线变化时（图 2.7），只要变化缓慢，且外力合力作用线与杆件的轴线重合，式（2.1）仍然适用。这时横截面面积不再是常量，而是轴线坐标 x 的函数。若以 $A(x)$ 表示坐标为 x 的横截面面积，$F_N(x)$ 和 $\sigma(x)$ 表示横截面上的轴力和应力，由式（2.1）得

$$\sigma(x) = \frac{F(x)}{A(x)} \qquad (2.2)$$

一般来说，外力通过销钉、铆接或焊接等方式传递给杆件。即使外力合力的作用线与杆件的轴线重合，而在外力作用区域附近，外力的分布方式可能有各种情况。但实验指出，作用于弹性体上某一局部区域内的外力系，可以用与它静力等效的力系来代替。经过代替，只对原力系作用区域附近的应力分布有显著影响（受影响区域的长度一般不超出杆的横向尺寸）。在离外力作用区域略远处，上述代替的影响非常微小，可以不计。这就是**圣维南原理**。根据这一原理，在图 2.8（a）、（b）、（c）中，尽管

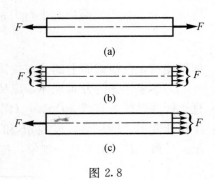

图 2.8

两端外力的分布方式不同，但只要它们是静力等效的，那么，除靠近杆件两端的部分外，在杆的中间部分，三种情况的应力分布完全一样。所以，无论在杆件两端按哪种方式施加载荷，只要其合力与杆件轴线重合，都可以把它们简化成相同的计算简图（图 2.2），并用相同的公式（2.1）计算应力。该原理已被实验所证实。例如，图 2.9（a）所示承受集中力 F 作用的杆件，其截面宽度为 h，在 $x = h/4$ 与 $x = h/2$ 的横截面 1-1 与 2-2 上，应力为非均匀分布 [图 2.9（b）]，但在 $x = h$ 的横截面 3-3 上，应力则趋向均匀 [图 2.9（c）]。

例 2.3 计算例 2.2 阶梯形杆件各段横截面上的正应力。已知 AB 和 BC 两段的横截面面积分别为 $A_1 = \frac{1}{2} A_2 = 100 \text{mm}^2$。

解 在例 2.2 中已经求出各段横截面上的轴力分别为
$$F_{NAB} = 10 \text{kN}, \quad F_{NBC} = 10 \text{kN}$$
由式（2.1）计算各段横截面上的正应力分别为
$$\sigma_{AB} = \frac{F_{NAB}}{A_1} = \frac{10 \times 10^3}{100 \times 10^{-6}} \text{Pa} = 100 \text{MPa} \quad （拉）$$

$$\sigma_{BC}=\frac{F_{NBC}}{A_2}=\frac{10\times10^3}{200\times10^{-6}}\text{Pa}=50\text{MPa}\quad（拉）$$

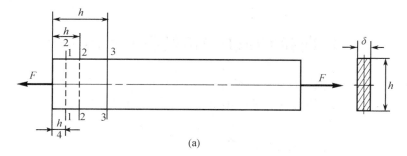

(a)

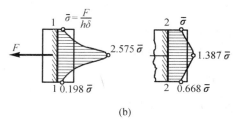

(b)

(c)

图 2.9

例 2.4　图 2.10（a）为一悬臂吊车的简图。已知斜杆 AB 为直径 $d=20$mm 的钢杆，载荷 $F=15$kN，当 F 移到 A 点时，求斜杆 AB 横截面上的应力。

解　（1）求斜杆的轴力。当载荷 F 移到 A 点时，斜杆 AB 受到的拉力最大，设其值为 $F_{\max}$，根据横梁 [图 2.10（c）] 的平衡条件 $\sum M_c=0$，得

$$F_{\max}\sin\alpha\,\overline{AC}-F\,\overline{AC}=0$$

$$F_{\max}=\frac{F}{\sin\alpha}$$

由△ABC 求出

$$\sin\alpha=\frac{\overline{BC}}{\overline{AB}}=\frac{0.8}{\sqrt{0.8^2+1.9^2}}=0.388$$

代入 $F_{\max}$ 的表达式，得

$$F_{\max}=\frac{F}{\sin\alpha}=\frac{15}{0.388}=38.7\quad（\text{kN}）$$

斜杆 AB 的轴力为

$$F_N=F_{\max}=38.7\quad（\text{kN}）$$

（2）由式（2.1）求 AB 杆横截面上的正应力，得到

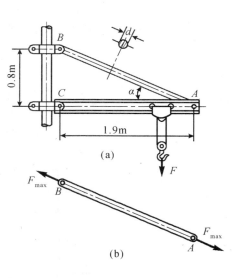

(a)

(b)

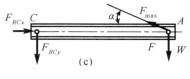

(c)

图 2.10

$$\sigma = \frac{F_N}{A} = \frac{38.7 \times 10^3}{\frac{\pi}{4} \times (20 \times 10^{-3})^2} \text{Pa} = 123 \text{MPa}$$

2.3　轴向拉伸或压缩时斜截面上的应力

前面讨论了轴向拉伸或压缩时，直杆横截面上的正应力，它是今后强度计算的依据。但在后两节讨论的拉伸和压缩试验中将会看到：铸铁压缩破坏时，其断面与轴线大约成 45° 倾角；低碳钢拉伸至屈服阶段时，出现与轴线成 45° 方向的滑移线。这些现象说明，拉（压）杆的破坏并不总是沿横截面发生。所以，我们不仅要知道杆件横截面上的应力，还应讨论直杆斜截面上的应力。

下面研究与横截面成 α 角的任一斜截面 m-m 上的应力。设直杆的轴向拉力为 F [图 2.11（a）]，横截面面积为 A，由式（2.1）得到横截面上的正应力 σ 为

$$\sigma = \frac{F_N}{A} = \frac{F}{A} \tag{a}$$

应用截面法，沿斜截面 m-m 假想把杆件分成两部分，取左侧部分为研究对象，受力如图 2.11（b）所示。设斜截面 m-m 上的内力为 F_α，由静平衡可以得到

$$F_\alpha = F$$

且 F_α 沿杆件轴线。若用 A_α 表示斜截面 m-m 的面积，则 A_α 与 A 之间的关系应为

$$A_\alpha = \frac{A}{\cos\alpha} \tag{b}$$

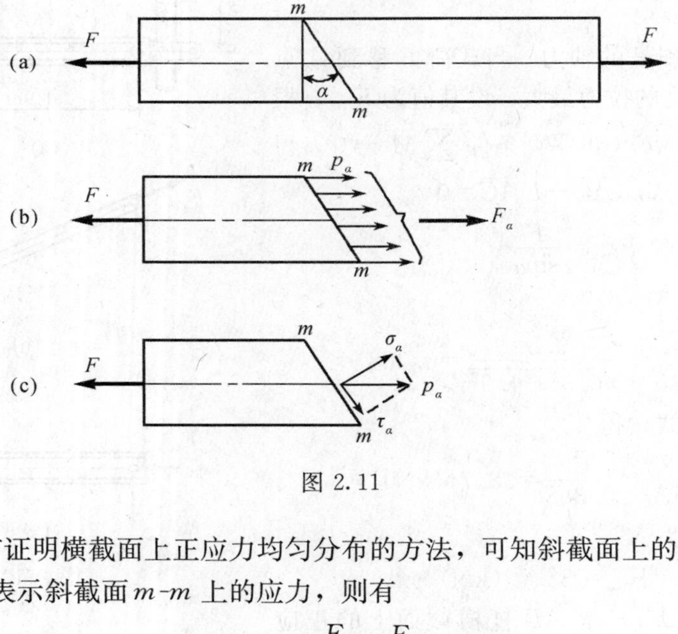

图 2.11

仿照 2.2 节证明横截面上正应力均匀分布的方法，可知斜截面上的应力也是均匀分布的。若以 p_α 表示斜截面 m-m 上的应力，则有

$$p_\alpha = \frac{F_\alpha}{A_\alpha} = \frac{F}{A_\alpha}$$

将 $A_\alpha = \dfrac{A}{\cos\alpha}$ 代入上式，并注意到 $\sigma = \dfrac{F}{A}$，得

$$p_\alpha = \frac{F}{A}\cos\alpha = \sigma\cos\alpha$$

把应力 p_α 分解成垂直于斜截面的正应力 σ_α 和相切于斜截面的切应力 τ_α [图 2.11 (c)]，则

$$\sigma_\alpha = p_\alpha\cos\alpha = \sigma\cos^2\alpha \tag{2.3}$$

$$\tau_\alpha = p_\alpha\sin\alpha = \sigma\cos\alpha\sin\alpha = \frac{\sigma}{2}\sin2\alpha \tag{2.4}$$

由此可见，拉（压）杆内任一斜截面上同时存在正应力 σ_α 和切应力 τ_α，它们都是 α 的函数，所以斜截面的方位不同，截面上的应力也就不同。其中角度 α 以横截面外法线至斜截面外法线逆时针转向为正，反之为负。下面讨论几个特殊截面：

（1）当 $\alpha = 0$ 时，斜截面 $m\text{-}m$ 成为垂直于轴线的横截面，σ_α 达到最大值，且

$$\sigma_{\alpha\max} = \sigma$$

（2）当 $\alpha = 45°$ 时，τ_α 达到最大值，且

$$\tau_{\alpha\max} = \frac{\sigma}{2}$$

（3）当 $\alpha = 90°$ 时，斜截面 $m\text{-}m$ 成为平行于杆件轴线的纵向截面，且

$$\sigma_\alpha = \tau_\alpha = 0$$

可见，轴向拉伸（压缩）时，在杆件的横截面上，正应力为最大值。在与杆件轴线成 45° 的斜截面上，切应力为最大值。最大切应力在数值上等于最大正应力的一半。在平行于杆件轴线的纵向截面上没有任何应力。

2.4　材料拉伸时的力学性能

为了解决构件的强度、刚度及稳定性等问题，不仅要研究构件的内力、应力和变形，还必须研究材料的力学性能。**材料的力学性能**也称为**材料的机械性质**，是指材料在外力作用下表现出来的变形、破坏等方面的特性。不同的材料具有不同的力学性能；同一种材料在不同的工作条件（如加载速率和温度等）下也有不同的力学性能。材料的力学性能可以通过试验来测定。

在室温下，以缓慢平稳的加载方式进行试验，称为**常温静载试验**，是测定材料力学性能的基本试验。为了便于比较不同材料的试验结果，对试样的形状与尺寸、加工精度、加载速度、试验环境等，国家标准都有统一规定。按照中华人民共和国国家标准《金属材料拉伸试验 第一部分：室温试验方法》（GB/T 228.1—2010），低碳钢拉伸试样如图 2.12 所示，d 为圆形试样直径，l 为原始标距。

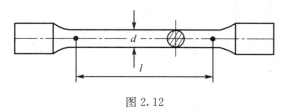

图 2.12

试样两端较粗部分是夹持段，装卡于试验机上下夹头中，用于承传拉伸试验过程的拉力。试验时使试样受轴向拉伸，观察试样从开始受力直到拉断的全过程，了解试样受力与变形之间的关系，以测定材料力学性能的各项指标。由于材料品种很多，下面主要以低碳钢和铸铁为代表，介绍材料在拉伸时的力学性能。

2.4.1 低碳钢拉伸时的力学性能

低碳钢是指含碳量在 0.3% 以下的碳素钢，它是工程中广泛使用的金属材料，在拉伸试验中表现出来的力学性能也最为典型。

试样装在试验机夹头内，受到缓慢增加的拉力作用直至断裂，利用万能试验机绘制出拉伸过程中工作段的伸长量 Δl 与拉力 F 之间的定量关系曲线，称为**拉伸图**或 **F-Δl 曲线**（图 2.13）。

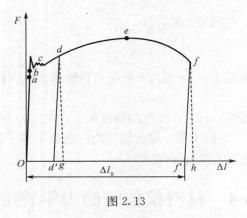

图 2.13

F-Δl 曲线与试样尺寸有关。为了消除试样尺寸的影响，将拉力 F 除以试样横截面的原始面积 A，得到试样横截面上的正应力 $\sigma = \dfrac{F}{A}$；同时，将伸长量 Δl 除以标距的原始长度 l，得到试样在工作段内的线应变 $\varepsilon = \dfrac{\Delta l}{l}$。以 σ 为纵坐标，ε 为横坐标，作图表示 σ 与 ε 的关系（图 2.14，因为 A 和 l 是常量，该图与图 2.13 特征是相同的），称为**应力-应变图**或 **σ-ε 曲线**。

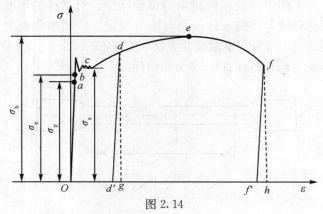

图 2.14

根据试验结果，低碳钢的力学性能大致如下：

（1）**弹性阶段**。在拉伸的初始阶段，即从 O 到 a 显示出 σ 与 ε 成正比的关系，可表示为

$$\sigma = E\varepsilon \tag{2.5}$$

此式称为拉伸或压缩时的**胡克（Hooke）定律**。式中 E 为与材料有关的比例常数，称为**弹性模量**（modulus of elasticity），其量纲与 σ 相同，常用单位为 GPa（$1\text{GPa} = 10^9\text{Pa}$）。

直线 Oa 的最高点 a 所对应的应力称为**比例极限**（proportional limit），用 σ_p 表示，低碳钢 Q235 的比例极限 $\sigma_p \approx 200\text{MPa}$。可见，当应力低于比例极限时，应力与应变成正比，材料服从胡克定律。在这一阶段内解除拉力后变形可完全消失，这时称材料是线弹性的。

超过比例极限后，从 a 点到 b 点，材料仍然是弹性的，但 σ 与 ε 之间关系不再是直线。b 点所对应的应力是材料只出现弹性变形的极限值，称为**弹性极限**（elasticity limit），用 σ_e 表示。在 $\sigma\varepsilon$ 曲线上，a、b 两点非常接近，所以工程上对弹性极限和比例极限并不严格加以区分。通常说应力不超过弹性极限时，材料服从胡克定律。

（2）**屈服阶段**。当应力超过 b 点增加到某一数值时，应变有非常明显的增大，而应力先是下降，然后作微小的波动（图 2.14），在 $\sigma\varepsilon$ 曲线上出现接近水平线的小锯齿形折线。这种应力先下降、后基本保持不变，而应变显著增加的现象，称为**屈服**或**流动**。试样发生屈服而力首次下降前的最大应力称为上屈服极限（upper yield limit），它受试样形状和加载速度等因素的影响，一般不作为强度指标。同样，力首次下降的最低点（初始瞬时效应）不作为强度指标。通常把不计初始瞬时效应时的最小应力称为下屈服极限（lower yield limit），工程上均以下屈服极限作为**屈服极限**或**屈服点**（yield limit），用 σ_s 表示。低碳钢 Q235 的屈服极限 $\sigma_s \approx 235\text{MPa}$。

表面磨光的试样屈服时，表面将出现与轴线大致成 45° 倾角的条纹（图 2.15）。这是由于材料内部晶格之间相对滑动而形成的，称为滑移线。因为拉伸时在与杆轴线成 45° 倾角的斜截面上，切应力为最大值，可见屈服现象的出现与最大切应力有关。

在屈服阶段，材料失去了抵抗变形的能力，此时将引起显著的永久变形，即**塑性变形**。而零件的塑性变形将影响机器的正常工作，所以屈服极限 σ_s 是衡量材料强度的重要指标。

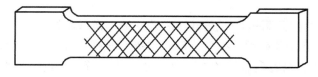

图 2.15

（3）**强化阶段**。超过屈服阶段后，材料又恢复了抵抗变形的能力，此时要使其继续产生变形必须增加拉力，这种现象称为材料的强化。而相应最大力（对于无明显屈服的金属材料，为试验期间的最大力；对于有不连续屈服的金属材料，在加工硬化开始之后，试样所承受的最大力）对应的应力称为**强度极限**（strength limit）或**抗拉强度**

(tensile strength)，用 σ_b 来表示，它是衡量材料强度的另一重要指标。低碳钢 Q235 的强度极限 $\sigma_b \approx 380\text{MPa}$。

（4）**局部变形阶段**。试样在加力到 e 点前，虽然产生了较大的变形，但在整个标距范围内，变形都是均匀的，强化阶段延伸至 e 点，其应力水平达到最大值。越过 e 点后，试样的某一局部范围内变形急剧增加，横向尺寸显著缩小，形成颈缩现象 [图 2.16（a）]。在颈缩部分横截面面积迅速减小，使试样尺寸继续伸长所需要的拉力也相应减小。如果仍然用试样的原始横截面面积 A 计算应力 $\sigma = \dfrac{F}{A}$，则所得应力只是一种名义应力。颈缩现象发生部位的名义应力在越过 e 点时下降，降到 f 点时，试样被拉断，形成杯状断口 [图 2.16（b）]，试样被拉断后保留的最大塑性变形为 $\Delta l_o = l_1 - l$（图 2.13）。

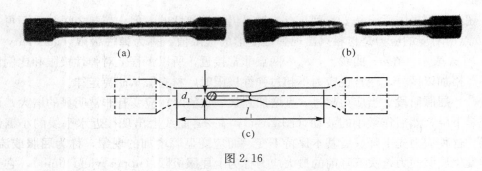

图 2.16

（5）**断后伸长率 δ 和断面收缩率 ψ**。它们是衡量材料塑性的两个重要指标。其中

$$\delta = \frac{l_1 - l}{l} \times 100\% \tag{2.6}$$

式中，l 是试样原始标距长度，l_1 是试样断后标距长度（图 2.16c）。工程上通常按延伸率的大小把材料分成两大类，$\delta \geqslant 5\%$ 的材料称为**塑性材料**，如碳钢、黄铜、铝合金等，而把 $\delta < 5\%$ 的材料称为**脆性材料**，如灰铸铁、玻璃、陶瓷等。低碳钢的延伸率很高，其平均值约为 $20\% \sim 30\%$，这说明低碳钢的塑性性能很好。塑性好的材料，在轧制或冷压成型时不易断裂，并能承受较大的冲击载荷。

断面收缩率 ψ 的定义是

$$\psi = \frac{A - A_1}{A} \times 100\% \tag{2.7}$$

式中，A 是试样原始横截面积，A_1 是试样断后的最小横截面积。

（6）**卸载定律及冷作硬化**。试验表明，如果将试样拉伸至强化阶段任一 d 点处卸载（图 2.14），$\sigma\varepsilon$ 曲线将沿着斜直线 dd' 回到 d' 点，斜直线 dd' 近乎与直线 Oa 平行。这说明：材料在卸载过程中应力和应变按直线规律变化，这就是**卸载定律**。拉力完全卸除后，应力-应变图中，$d'g$ 表示消失了的弹性变形，而 Od' 表示不可消失的塑性变形，也叫**残余变形**。

试验中还发现，如果卸载至 d' 点后在短期内重新加载，则应力和应变关系基本上沿卸载时的斜直线 $d'd$ 变化，直到 d 点后，又沿曲线 def 变化。可见重新加载时，直到 d 点以前材料的变形都是弹性的，过 d 点后才开始出现塑性变形。比较图 2.14 中的 $Oabcdef$

和 $d'def$ 两条曲线，可见卸载后对已有塑性变形的试样二次加载时，其比例极限得到了提高，但断裂时的塑性变形减小，即降低了材料的塑性（断后延伸率减小），这种现象称为**冷作硬化**或**加工硬化**。冷作硬化现象经退火后可以消除。工程中常利用冷作硬化来提高钢筋或钢缆绳等构件在弹性阶段内的承载能力。但冷作硬化会使材料变脆变硬，给下一步加工造成困难，且容易产生裂纹，往往需要在工序中间经过退火处理，以改善材料的塑性。

2.4.2　其他塑性材料拉伸时的力学性能

工程上常用的塑性材料，除低碳钢外，还有中碳钢、高碳钢和合金钢、铝合金、青铜、黄铜等。图 2.17 给出了几种塑性材料的 $\sigma\varepsilon$ 曲线。其中某些材料，如 Q345 钢，和低碳钢一样，有明显的弹性阶段、屈服阶段、强化阶段和局部变形阶段。有些材料，如黄铜 H62，没有明显的屈服阶段，但其他三个阶段都很明显。还有些材料，如高碳钢 T10A，没有屈服阶段和局部变形阶段，只有弹性阶段和强化阶段。

对于没有明显屈服阶段的塑性材料，通常以卸载后产生 0.2% 塑性应变时的应力作为屈服极限（图 2.18），并称为**规定塑性延伸强度**，用 $\sigma_{p0.2}$ 表示。

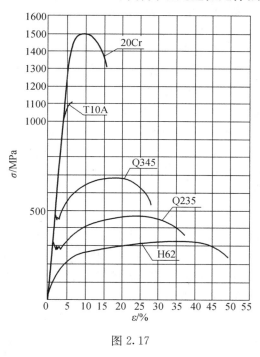

图 2.17

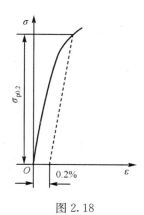

图 2.18

2.4.3　铸铁拉伸时的力学性能

铸铁拉伸时的 $\sigma\varepsilon$ 曲线如图 2.19（a）所示，可以看出整条曲线没有明显的屈服阶段和强化阶段。它在较小的拉力下就被拉断，断后的延伸率 δ 很小，断口垂直于试样轴线且不存在明显的颈缩现象 ［图 2.19（b）］，这说明铸铁是典型的脆性材料。脆性材料断裂发生在最大拉应力作用面上，断裂时的应力 σ_b 即为强度极限，它是衡量强度的唯一指标。

由于铸铁的应力-应变图是一段微弯曲线，没有明显的直线部分，所以以弹性模量 E 的数值随应力的大小而变。然而许多脆性材料的拉伸曲线对于直线的偏离都是很小的，为了使用方便，通常取总应变为 0.1%时 $\sigma\varepsilon$ 曲线的割线 [图 2.19（a）中的虚线] 代替曲线的开始部分，以此来近似表达这种材料应力与应变之间的关系。

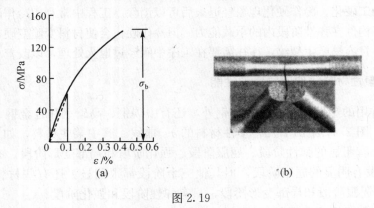

图 2.19

2.5　材料压缩时的力学性能

金属材料在室温下单向压缩，是指试样受轴向压缩时，弯曲的影响可以忽略不计，标距内应力均匀分布，且在试验过程中不发生屈曲。按国家标准 GB/T 7314—2005《金属材料室温压缩试验方法》要求，金属材料的压缩试样通常为圆柱形试样。

低碳钢压缩时的 $\sigma\varepsilon$ 曲线如图 2.20 实线所示。试验表明：屈服阶段以前，低碳钢压缩和拉伸（图 2.20 虚线）两条曲线基本重合，两者的比例极限 σ_p 和屈服极限 σ_s 大致相同。屈服阶段以后，试样越压越扁，横截面面积不断增大，试样抗压能力也继续提高。对于在压缩中不以粉碎性破裂而失效的塑性材料，则抗压强度取决于规定应变和试样几何形状，根据应力-应变曲线，在规定应变下测定其压缩应力，在报告中应指明所测应力处的应变。

脆性材料在压缩时的力学性能呈现出与拉伸时很不相同的特点，图 2.21 表示铸铁压缩时的 $\sigma\varepsilon$ 曲线。试验结果表明铸铁的抗压强度极限 σ_{bc} 比抗拉强度极限 σ_{bt} 大得多，约为 3～5 倍。破坏断面的法线与轴线大致成 $45°\sim55°$ 的倾角，表明试件沿斜截面因剪切而破坏。其他脆性材料，如混凝土、石料等，抗压强度也远高于其抗拉强度，加之价格比较低廉，所以脆性材料宜于作为抗压零部件的材料。相比之下，塑性材料更适于作为抗拉零部件的材料。

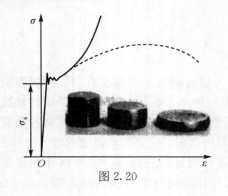

图 2.20

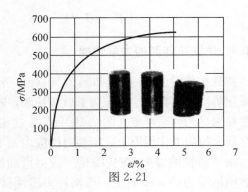

图 2.21

综上所述，衡量材料力学性能的指标主要有：比例极限（或弹性极限）σ_p（或 σ_e）、屈服极限 σ_s、强度极限 σ_b、弹性模量 E、断后延伸率 δ 和断面收缩率 ψ 等。其中屈服极限 σ_s 表示材料出现显著的塑性变形，强度极限 σ_b 表示材料将失去承载能力。因此，σ_s 和 σ_b 是衡量材料强度的两个重要指标。对很多金属材料来说，它们的力学性能往往受温度、作用时间及热处理等条件的影响。例如在短期静载低温情况下，碳钢的弹性极限和抗拉强度都有所提高，但延伸率则相应降低。这表明在低温下，碳钢的强度提高而塑性降低，倾向于变脆。表 2.1 中列出了几种常用材料在常温、静载下 σ_s、σ_b 和 δ 的数值。

表 2.1 　 几种常用材料的主要力学性能

材料名称	牌号	σ_s（MPa）	σ_b（MPa）	δ_s（%）
普通碳素钢	Q235 Q275	216～235 255～275	373～461 490～608	25～27 19～21
优质碳素结构钢	40 45	333 353	569 598	19 16
普通低合金结构钢	16Mn 15MnV	274～343 333～412	471～510 490～549	19～21 17～19
合金结构钢	20Cr 40Cr	539 785	834 981	10 9
铸造碳钢	ZG340-640	340	640	10
可锻铸铁	KTZ450-06	270	450	6
球墨铸铁	QT450-10	310	450	10
灰铸铁	HT150		150	

2.6 　 直杆轴向拉伸或压缩时的强度计算

前面讨论了轴向拉伸与压缩时的应力计算、材料的力学性能等问题，在此基础上本节将研究杆件的强度计算问题。

2.6.1 　 失效与许用应力

2.5 节的试验表明：对于脆性材料，当应力达到强度极限 σ_b 而变形还很小时，构件就会突然断裂；对于塑性材料，当应力达到屈服极限 σ_s 时，将产生显著的塑性变形，形状和尺寸的变化过大常使构件不能正常工作。工程中，把构件断裂或出现显著的塑性变形统称为**失效**，这些失效现象都是强度不足造成的。刚度不足或稳定性不足造成构件不能正常工作，也称为失效。这些将于以后介绍。

构件失效时的应力称为**极限应力**，用 σ_u 表示。在考虑构件强度时应限制构件的最大工作应力不要超过极限应力。但是为了确保构件在工作过程中安全，并且具有一定的强度储备，通常将极限应力除以大于 1 的系数 n 作为材料的**许用应力**，用 $[\sigma]$ 表示，即

$$[\sigma] = \frac{\sigma_u}{n} \tag{2.8}$$

式中，n 称为**安全系数**。对于脆性材料，取强度极限 σ_b 作为极限应力，对于塑性材料，一般取屈服极限 σ_s（或 $\sigma_{0.2}$）作为极限应力。两类材料的许用应力分别为

脆性材料 $\qquad\qquad\qquad\qquad [\sigma] = \dfrac{\sigma_b}{n_b},$

塑性材料 $\qquad\qquad\qquad\qquad [\sigma] = \dfrac{\sigma_s}{n_s}$

式中，n_b 和 n_s 分别为对应于强度极限和屈服极限的安全系数。

2.6.2 强度条件与安全系数

把许用应力 $[\sigma]$ 作为构件工作应力的最高值，即要求构件的最大工作应力 σ_{max} 不超过许用应力 $[\sigma]$，于是得构件轴向拉伸或压缩时的强度条件为

$$\sigma_{max} = \left(\frac{F_N}{A}\right)_{max} \leqslant [\sigma] \tag{2.9}$$

对于等截面杆，最大应力发生在轴力 F_N 最大的截面上，即 $\sigma_{max} = \dfrac{F_{Nmax}}{A}$。对于变截面杆，最大应力应是轴力 F_N 和横截面积 A 的比值达到最大，即 $\sigma_{max} = \left(\dfrac{F_N}{A}\right)_{max}$。在工程问题中，若工作应力 σ 略高于许用应力，但不超过许用应力 $[\sigma]$ 的 5%，一般是允许的。

建立强度条件时，之所以要引入安全系数，把许用应力作为杆件实际工作应力的最高限度，一方面是考虑强度条件中各因素在取值上常常会有偏差，如载荷估计的不准确，杆件制作时尺寸的偏差，材料性质的不均匀性，以及实际构件简化以后计算方法的精确程度等；另一方面则是考虑给构件一定的强度储备，以避免因遭受某些意外的载荷或不利的工作条件而导致破坏。有时考虑构件在结构中的重要性，或构件的破坏将引起严重后果时，更应给予较多的强度储备。安全系数的选择涉及安全和经济两方面的问题。安全系数过大会造成浪费，并使构件笨重；过小又保证不了安全，可能导致破坏事故的发生。所以应合理地权衡安全和经济两方面的要求，不应偏重于某一方面的需求。

许用应力和安全系数的数值，不仅与材料有关，同时还要考虑构件的具体工作条件。可以在有关部门的规范中查到。一般情况下，静载时常取 $n_s = 1.2 \sim 2.5$，$n_b = 2 \sim 3.5$。$n_b > n_s$，是考虑应力达到 σ_b 时发生的断裂失效比应力达到 σ_s 时的屈服失效危险性更大，n_b 有时甚至取到 $3 \sim 9$。

根据强度条件，可以解决以下三类强度计算问题。

(1) 强度校核。已知外力（轴力 F_N 可由外力确定）、横截面面积 A 和材料的许用应力 $[\sigma]$，根据强度条件（2.9）对构件进行强度校核。

(2) 截面设计。已知外力和材料的许用应力 $[\sigma]$，根据强度条件（2.9），使截面面积 $A \geqslant \dfrac{F_N}{[\sigma]}$，由此确定截面尺寸。

(3) 确定许可载荷。已知构件的横截面面积 A 和材料的许用应力 $[\sigma]$，根据强度条件（2.9），计算构件所能承受的最大轴力 $F_N \leqslant A[\sigma]$，进而确定结构的许可载荷。

例 2.5　如图 2.22 所示空心圆截面杆，外径 $D=20\text{mm}$，内径 $d=15\text{mm}$，承受轴向载荷 $F=20\text{kN}$ 作用，材料的屈服极限 $\sigma_s=235\text{MPa}$，安全系数 $n_s=1.5$。试校核该杆的强度。

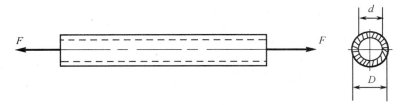

图 2.22

解　应用截面法求得杆件的轴力为

$$F_N=F=20\text{kN}$$

横截面面积为

$$A=\frac{\pi}{4}(D^2-d^2)=\frac{\pi}{4}\times(20^2-15^2)=137.44(\text{mm}^2)$$

所以，杆件横截面上的正应力为（注意到 $1\text{MPa}=1\text{MN/m}^2=1\text{N/mm}^2$）

$$\sigma=\frac{F_N}{A}=\frac{20\times10^3}{137.44}=145.5\ (\text{MPa})$$

而材料的许用应力为

$$[\sigma]=\frac{\sigma_s}{n_s}=\frac{235}{1.5}=156.7\ (\text{MPa})$$

可见，工作应力小于许用应力，说明杆件满足强度条件。

例 2.6　一悬臂吊车的计算简图如图 2.23（a）所示。已知横杆 AB 由两根型号相同的等边角钢组成，斜杆 AC 为一圆形钢杆。两杆材料的许用应力均为 $[\sigma]=120\text{MPa}$，载荷 $F=20\text{kN}$，夹角 $\alpha=20°$，忽略各杆自重。试确定等边角钢的型号及斜杆的直径。

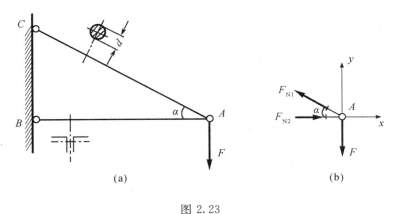

图 2.23

解　（1）计算各杆的轴力。假想地将吊车截开，保留部分如图 2.23（b）所示。由保留部分的平衡条件

$$\sum F_x = 0 , \quad F_{N2} - F_{N1}\cos\alpha = 0$$

$$\sum F_y = 0 , \quad F_{N1}\sin\alpha - F = 0$$

联立求解上两式，将 $F = 20\text{kN}$，$\alpha = 20°$ 代入可得

$$F_{N1} = \frac{20}{\sin 20°} = 58.5 \text{（kN）}$$

$$F_{N2} = 58.5 \times \cos 20° = 55.0 \text{（kN）}$$

求得 F_{N1} 和 F_{N2} 皆为正号，表明实际受力与假设方向相同，即 AC 杆受拉，AB 杆受压。

（2）确定各杆的面积。首先确定斜杆的面积，根据强度条件（2.9）可得

$$A_1 = \frac{1}{4}\pi d^2 \geqslant \frac{F_{N1}}{[\sigma]} = \frac{58.5 \times 10^3}{120 \times 10^6} = 4.88 \times 10^{-4} \text{（m}^2\text{）}$$

由此求出

$$d \geqslant 24.9\text{mm}$$

取 $d = 25\text{mm}$。

再考虑横杆，设每根角钢的横截面面积为 A_2，横杆的面积为

$$2A_2 \geqslant \frac{F_{N2}}{[\sigma]} = \frac{55.0 \times 10^3}{120 \times 10^6} = 4.58 \times 10^{-4} \text{（m}^2\text{）}$$

所以

$$A_2 \geqslant 229\text{mm}^2$$

由附录Ⅱ的型钢表，查得 36 号等边角钢（36mm×36mm×4mm），其横截面面积为 275.6mm²，比算出的面积略大一些，显然满足强度要求。

例 2.7 图 2.24（a）所示滑轮 A 由 AB 和 AC 两根圆截面杆支撑，起重绳索的一端绕在卷筒上。已知圆杆 AB 为钢杆，$[\sigma] = 160\text{MPa}$，直径 $d = 20\text{mm}$；圆杆 AC 为铸铁杆，$[\sigma] = 100\text{MPa}$，直径 $d = 40\text{mm}$，试根据两杆的强度条件确定最大起吊重量。

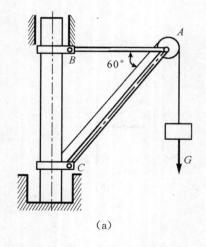

（a）

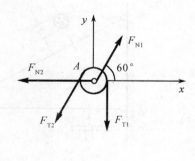

（b）

图 2.24

解 （1）计算各杆的轴力。取滑轮 A 为研究对象，受力如图 2.24（b）所示。由平

衡条件

$$\sum F_x = 0 , \quad F_{N1}\cos 60° - F_{N2} - F_{T2}\cos 60° = 0$$

$$\sum F_y = 0 , \quad F_{N1}\sin 60° - F_{T1} - F_{T2}\sin 60° = 0$$

联立求解上两式，由题意知绳子张力 F_{T1}，F_{T2} 与起重量 G 相等，以 $F_{T1} = F_{T2} = G$ 代入可得

$$F_{N1} = \frac{2\sqrt{3}+3}{3}G, \quad F_{N2} = \frac{\sqrt{3}}{3}G$$

求得 F_{N1} 和 F_{N2} 皆为正号，表明 AB 杆受拉，AC 杆受压。

　　（2）确定许可吊重。首先根据铸铁杆 AC 的强度条件确定许可吊重，由式（2.9）可得

$$F_{N1} = \frac{2\sqrt{3}+3}{3}G \leqslant A_1 \ [\sigma]_1 = \frac{1}{4} \times 3.14 \times 40^2 \times 10^{-6} \times 100 \times 10^6 = 125.6 \ (\text{kN})$$

$$[G] = 87\text{kN}$$

其次根据钢杆 AB 的强度条件确定许可吊重，由式（2.9）可得

$$F_{N2} = \frac{\sqrt{3}}{3}G \leqslant A_2 \ [\sigma]_2 = \frac{1}{4} \times 3.14 \times 20^2 \times 10^{-6} \times 160 \times 10^6 = 50.24 \ (\text{kN})$$

$$[G] = 58.4\text{kN}$$

只有两杆均满足强度条件，起重机才安全，故许可吊重 $[G] = 58.4\text{kN}$。

2.7　直杆轴向拉伸或压缩时的变形

　　直杆在轴向拉力作用下，轴向尺寸伸长，横向尺寸缩小。反之，在轴向压力作用下，轴向尺寸缩短，而横向尺寸增大。

2.7.1　轴向变形

　　设等直杆的原长为 l，横截面面积为 A。在轴向拉力 F 作用下，长度由 l 变为 l_1，如图 2.25 所示。杆件在轴线方向的伸长为

$$\Delta l = l_1 - l$$

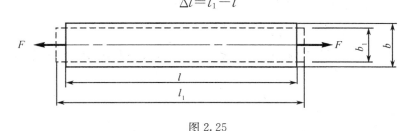

图 2.25

　　将绝对伸长 Δl 除以原长 l 得杆件轴线方向的线应变

$$\varepsilon = \frac{\Delta l}{l} \tag{2.10}$$

ε 称为杆件的**纵向线应变**，它是量纲为 1 的量，正值表示拉应变，负值表示压应变。此

外，杆件横截面上的应力为

$$\sigma=\frac{F_N}{A}=\frac{F}{A}$$

当应力不超过材料的比例极限时，应力与应变成正比。由胡克定律可知

$$\sigma=E\varepsilon$$

将式（2.10）和 $\sigma=\frac{F_N}{A}=\frac{F}{A}$ 代入上式，得

$$\Delta l=\frac{F_N l}{EA}=\frac{Fl}{EA} \tag{2.11}$$

式（2.11）表明：当应力不超过比例极限时，杆件的伸长 Δl 与轴力 F_N、杆件的原长 l 成正比，与横截面面积 A 成反比。它同样可用于计算杆件压缩时的变形。这是胡克定律的另一表达形式。对长度相同，受力相等的杆件，EA 越大，则变形 Δl 越小。所以 EA 称为杆件的**抗拉（压）刚度**。它反映了杆件抵抗拉伸（或压缩）变形的能力。

式（2.11）只适用于杆件横截面面积 A 和轴力 F_N 皆为常量的情况。对于 F_N 或 A 沿杆件轴线分段变化的情况，其轴向变形应分段计算后再求代数和，即

$$\Delta l=\sum_i \frac{F_{Ni} l_i}{EA_i} \tag{2.12}$$

对于 F_N 或 A 沿杆件轴线连续变化的情况，可用相邻的横截面从杆中取出长为 $\mathrm{d}x$ 的微段，将式（2.11）应用于这一微段，得微段的伸长为

$$\mathrm{d}(\Delta l)=\frac{F_N(x)}{EA(x)}\mathrm{d}x$$

式中 $F_N(x)$ 和 $A(x)$ 分别表示 x 截面的轴力和横截面面积。积分上式得杆件的伸长为

$$\Delta l=\int_l \frac{F_N(x)}{EA(x)}\mathrm{d}x \tag{2.13}$$

2.7.2　横向变形

若杆件变形前的横向尺寸为 b，轴向拉伸变形后为 b_1（图 2.25），则杆件的横向缩短为

$$\Delta b=b_1-b$$

将 Δb 除以 b 得杆件的**横向线应变**为

$$\varepsilon'=\frac{\Delta b}{b}$$

试验结果表明，当应力不超过比例极限时，杆件的横向线应变 ε' 与纵向线应变 ε 之比的绝对值是一个常数，即

$$\mu=\left|\frac{\varepsilon'}{\varepsilon}\right|$$

式中，μ 称为**横向变形系数**或**泊松比**，是量纲为 1 的量。因为 ε 和 ε' 的符号总是相反的，故上式还可以写成

$$\varepsilon'=-\mu\varepsilon \tag{2.14}$$

和弹性模量 E 一样，泊松比 μ 也是材料固有的弹性常数。表 2.2 给出一些常用材料的 E 和 μ 的近似值。

表 2.2　几种常用材料的 E 和 μ 的近似值

弹性常数	碳钢	合金钢	灰铸钢	铜及合金	铝合金
E/GPa	196～216	186～206	78.5～157	72.6～128	70
μ	0.24～0.28	0.25～0.30	0.23～0.27	0.31～0.42	0.33

例 2.8　如图 2.26 所示的阶梯杆中，已知 $F_A = 10\mathrm{kN}$，$F_B = 20\mathrm{kN}$，$l = 100\mathrm{mm}$，AB 段与 BC 段的横截面面积分别为 $A_{AB} = 100\mathrm{mm}^2$，$A_{BC} = 200\mathrm{mm}^2$，材料的弹性模量 $E = 200\mathrm{GPa}$。试求杆的总变形及端面 A 与 n-n 截面间的相对位移。

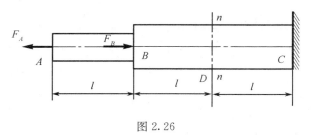

图 2.26

解　(1) AB 段及 BC 段的轴力 F_{NAB} 和 F_{NBC} 分别为

$$F_{\mathrm{NAB}} = F_A = 10\mathrm{kN} \text{（拉）}$$
$$F_{\mathrm{NBC}} = F_A - F_B = -10\mathrm{kN} \text{（压）}$$

杆的总变形为

$$\Delta l = \Delta l_{AB} + \Delta l_{BC} = \frac{F_{\mathrm{NAB}} l}{EA_{AB}} + \frac{F_{\mathrm{NBC}} \times 2l}{EA_{BC}}$$
$$= \left(\frac{10 \times 10^3 \times 100 \times 10^{-3}}{200 \times 10^9 \times 100 \times 10^{-6}} + \frac{-10 \times 10^3 \times 2 \times 100 \times 10^{-3}}{200 \times 10^9 \times 200 \times 10^{-6}} \right) \mathrm{m} = 0$$

(2) 端面 A 与 n-n 截面间的相对位移 Δl_{AD} 等于端面 A 与 n-n 截面间杆的变形量。

$$\Delta l_{AD} = \Delta l_{AB} + \Delta l_{BD} = \frac{F_{\mathrm{NAB}} l}{EA_{AB}} + \frac{F_{\mathrm{NBD}} l}{EA_{BD}}$$
$$= \frac{10 \times 10^3 \times 100 \times 10^{-3}}{200 \times 10^9 \times 100 \times 10^{-6}} + \frac{-10 \times 10^3 \times 100 \times 10^{-3}}{200 \times 10^9 \times 200 \times 10^{-6}} = 0.25 \text{（mm）}$$

例 2.9　如图 2.27 (a) 所示为一简单托架。已知 BC、BD 杆的横截面面积分别为 $A_1 = 320\mathrm{mm}^2$，$A_2 = 1050\mathrm{mm}^2$，$E = 200\mathrm{GPa}$，$F = 60\mathrm{kN}$。试求 B 点的位移。

解　$\triangle BCD$ 三边的长度比为 $\overline{BC} : \overline{CD} : \overline{DB} = 3 : 4 : 5$，由此求出 $\overline{BD} = 2\mathrm{mm}$。根据 B 点的平衡方程，求得 BC 杆的轴力 F_{N1} 和 BD 杆的轴力 F_{N2} 分别为

$$F_{\mathrm{N1}} = \frac{3}{4} F = 45\mathrm{kN} \text{（拉）}$$

$$F_{\mathrm{N2}} = \frac{5}{4} F = 75\mathrm{kN} \text{（压）}$$

根据胡克定律，求出 BC 和 BD 两杆的变形分别为

$$\overline{BB_1} = \Delta l_1 = \frac{F_{\mathrm{N1}} l_1}{EA_1} = \frac{45 \times 10^3 \times 1.2}{200 \times 10^9 \times 320 \times 10^{-6}} \mathrm{m} = 0.844\mathrm{mm}$$

$$\overline{BB_2} = \Delta l_2 = \frac{F_{\mathrm{N2}} l_2}{EA_2} = \frac{75 \times 10^3 \times 2}{200 \times 10^9 \times 1050 \times 10^{-6}} \mathrm{m} = 0.714\mathrm{mm}$$

式中，Δl_1 为拉伸变形，Δl_2 为压缩变形。设想将托架在节点 B 拆开，BC 杆伸长后变为 B_1C，BD 杆压缩变形后变为 B_2D。分别以 C 点和 D 点为圆心，$\overline{CB_1}$ 和 $\overline{DB_2}$ 为半径，作弧相交于 B_3。B_3 点即为托架变形后 B 点的位置。在小变形条件下，B_1B_3 和 B_2B_3 是两段极其微小的短弧，因而可用分别垂直于 BC 和 BD 的直线段来代替，这两段直线的交点即为 B_3。$\overline{BB_3}$ 即为 B 点的位移。

由图 2.27（b）的几何关系可以求出

$$\overline{B_2B_4} = \Delta l_2 \times \frac{3}{5} + \Delta l_1$$

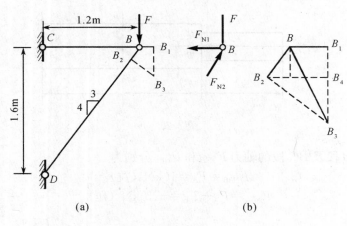

图 2.27

则 B 点的铅垂位移为

$$\Delta_{By} = \overline{B_1B_3} = \overline{B_1B_4} + \overline{B_4B_3} = \overline{BB_2} \times \frac{4}{5} + \overline{B_2B_4} \times \frac{3}{4}$$

$$= \Delta l_2 \times \frac{4}{5} + \left(\Delta l_2 \times \frac{3}{5} + \Delta l_1 \right) \times \frac{3}{4}$$

$$= \left[0.714 \times \frac{4}{5} + \left(0.714 \times \frac{3}{5} + 0.844 \right) \times \frac{3}{4} \right] \text{mm} = 1.52 \text{mm}$$

而 B 点的水平位移

$$\Delta_{Bx} = \overline{BB_1} = \Delta l_1 = 0.844 \ (\text{mm})$$

最后求出 B 点的位移 $\overline{BB_3}$ 为

$$\overline{BB_3} = \sqrt{(\overline{B_1B_3})^2 + (\overline{BB_1})^2} = 1.74 \ (\text{mm})$$

例 2.10 如图 2.28 所示一锥度不大的圆锥形杆，左右两端面的直径分别为 d_1 和 d_2。如不计杆件的自重，试求在轴向拉力 F 作用下杆件的轴向变形。材料的弹性模量 E 为已知。

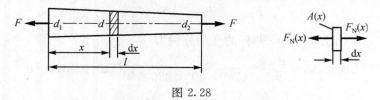

图 2.28

解　设距左端为 x 的横截面的直径为 d，按比例关系可以求出

$$d = d_1 - (d_1 - d_2)\frac{x}{l} = d_1\left(1 - \frac{d_1 - d_2}{d_1}\frac{x}{l}\right)$$

于是

$$A(x) = \frac{\pi}{4}d^2 = \frac{\pi}{4}d_1^2\left(1 - \frac{d_1 - d_2}{d_1}\frac{x}{l}\right)^2$$

由式 (2.13) 求得整个杆件的伸长为

$$\Delta l = \int_0^l \frac{4F\mathrm{d}x}{E\pi d_1^2\left(1 - \dfrac{d_1 - d_2}{d_1}\dfrac{x}{l}\right)^2} = \frac{4Fl}{\pi E d_1 d_2}$$

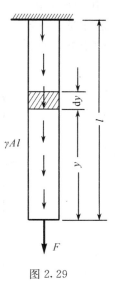

图 2.29

例 2.11　一艘重为 35.2kN 的潜艇，在水下 646m 处作业，将其连接在一根空心钢缆绳的下端，钢缆绳的截面积为 452mm²，弹性模量 $E = 200\text{GPa}$，比重为 77kN/m³。试确定钢缆绳的伸长。由于整个系统的体积很小，海水浮力可以忽略不计，同时光纤芯缆对拉伸的影响也可忽略不计。

解　将钢缆绳简化为上端固定，下端作用轴向拉力的拉杆（图 2.29），整个缆绳的伸长由系统重量和钢缆绳自重引起的两部分伸长组成。

(1) 系统重量引起钢缆的变形，直接应用胡克定律，得

$$\Delta l = \frac{Fl}{EA} = \frac{35.2 \times 10^3 \times 646}{200 \times 10^9 \times 452 \times 10^{-6}} = 0.2515 \text{ (m)}$$

(2) 自重引起钢缆的变形，在坐标 y 处（图 2.29），由其下方长为 y 段重量引起 $\mathrm{d}y$ 段的变形为

$$\mathrm{d}(\Delta l_2) = \frac{Ay\gamma}{EA}\mathrm{d}y$$

积分得自重引起的伸长为

$$\Delta l_2 = \int_0^l \frac{Ay\gamma}{EA}\mathrm{d}y = \frac{A\gamma}{EA}\frac{l^2}{2} = \frac{(A\gamma l)l}{2EA} = \frac{Wl}{2EA}$$

其中 W 表示钢缆的自重。由此可以看出，自重 W 产生的总伸长等于将同样重量施加于钢缆（杆）的重心所产生的伸长量。代入相关数据，得

$$\Delta l_2 = \frac{452 \times 10^{-6} \times 646^2 \times 77 \times 10^3}{2 \times 200 \times 10^9 \times 452 \times 10^{-6}} = 0.0803 \text{ (m)}$$

(3) 整个钢缆的总伸长为

$$\Delta = \Delta l_1 + \Delta l_2 = 0.2515 + 0.0803 = 0.332 \text{ (m)}$$

2.8　轴向拉伸或压缩时的应变能

变形固体受外力作用而变形。在变形过程中，外力所做的功将转变为储存于变形固体内的能量。当外力逐渐减小时，变形也逐渐消失，变形固体又将释放出储存的能量而做功。例如，机械钟表的发条被拧紧而产生变形，发条内储存应变能；随后发条在放松的过程中释放能量，带动齿轮系使指针转动而做功。变形固体在外力作用下，因变形而

储存的能量称为**应变能**，用符号 V_ε 表示。

下面讨论轴向拉伸或压缩时的应变能。设受拉杆件上端固定［图 2.30（a）］，作用于下端的拉力由零开始缓慢增加。拉力 F 与伸长量 Δl 的关系如图 2.30（b）所示。在逐渐加力的过程中，当拉力为 F 时，杆件的伸长为 Δl。如再增加一个 $\mathrm{d}F$，杆件相应的变形增量为 $\mathrm{d}(\Delta l)$。于是已经作用于杆件上的力 F 因位移 $\mathrm{d}(\Delta l)$ 而做功，且所做的功为 $\mathrm{d}W = F\mathrm{d}(\Delta l)$，容易看出，$\mathrm{d}W$ 等于图 2.30（b）中画阴影线的微面积。把拉力的增加看作是一系列 $\mathrm{d}F$ 的积累，则拉力所做的总功 W 应为上述微面积的总和，它等于 $F\text{-}\Delta l$ 曲线下面的面积，即

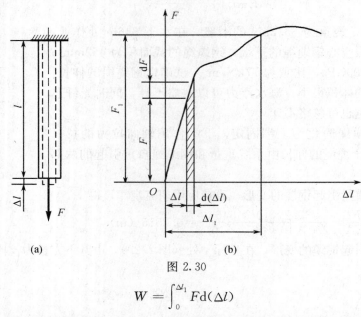

图 2.30

$$W = \int_0^{\Delta l_1} F\mathrm{d}(\Delta l)$$

在应力小于比例极限的范围内，F 与 Δl 的关系是一斜直线，斜直线下面的面积是一个三角形，故有

$$W = \frac{1}{2}F\Delta l \tag{a}$$

根据功能原理，拉力所完成的功应等于杆件储存的应变能与其他能量变化之和。对缓慢增加的静载荷，杆件的动能并无明显变化；金属杆受拉虽然也会引起热能的变化，但数量甚微。这样，如略去动能、热能等能量的变化，就可认为杆件内只储存了应变能 V_ε，其数量就等于拉力所做的功。线弹性范围内，外力做功由上式表示，故有

$$V_\varepsilon = W = \frac{1}{2}F\Delta l$$

考虑杆的轴力 F_N 与外力 F 相同，由轴向拉（压）的胡克定律，$\Delta l = \dfrac{F_\mathrm{N}l}{EA}$，上式又可写成

$$V_\varepsilon = W = \frac{1}{2}F\Delta l = \frac{F_\mathrm{N}^2 l}{2EA} \tag{2.15}$$

为了求出储存于单位体积内的应变能，设想从构件中取出边长为 $\mathrm{d}x$，$\mathrm{d}y$，$\mathrm{d}z$ 的单元体［图 2.31（a）］。如果单元体只在一个方向上受力，则单元体上、下两面上的力为

$\sigma \mathrm{d}y\mathrm{d}z$，$\mathrm{d}x$ 边的伸长量为 $\varepsilon \mathrm{d}x$。当应力有一个增量 $\mathrm{d}\sigma$ 时，$\mathrm{d}x$ 边伸长的增量为 $\mathrm{d}\varepsilon \mathrm{d}x$。

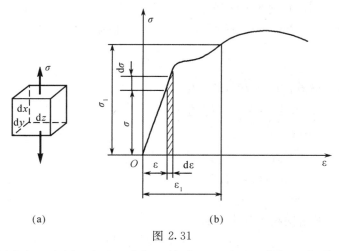

(a)　　　　　　　　　　(b)

图 2.31

依照前面的讨论，这里 $\sigma \mathrm{d}y\mathrm{d}z$ 对应于拉力 F，$\mathrm{d}\varepsilon \mathrm{d}x$ 对应于变形 $\mathrm{d}(\Delta l)$。由 $W = \frac{1}{2}F\Delta l$ 知，力 $\sigma \mathrm{d}y\mathrm{d}z$ 完成的功应为

$$\mathrm{d}W = \int_0^{\varepsilon_1} \sigma \mathrm{d}y\mathrm{d}z\mathrm{d}x\mathrm{d}\varepsilon$$

等于单元体内储存的应变能 $\mathrm{d}V_\varepsilon$，故有

$$\mathrm{d}W = \int_0^{\varepsilon_1} \sigma \mathrm{d}y\mathrm{d}z\mathrm{d}x\mathrm{d}\varepsilon = \left(\int_0^{\varepsilon_1} \sigma \mathrm{d}\varepsilon\right)\mathrm{d}V$$

式中，$\mathrm{d}V = \mathrm{d}x\mathrm{d}y\mathrm{d}z$ 是单元体的体积。用 $\mathrm{d}V_\varepsilon$ 除以 $\mathrm{d}V$ 得单位体积内的应变能为

$$v_\varepsilon = \frac{\mathrm{d}V_\varepsilon}{\mathrm{d}V} = \int_0^{\varepsilon_1} \sigma \mathrm{d}\varepsilon \tag{2.16}$$

上式表明，v_ε 等于 σ-ε 曲线下的面积 ［图 2.31（b）］。在应力小于比例极限的情况下，σ 与 ε 的关系为斜直线，斜直线下面的面积为

$$v_\varepsilon = \frac{1}{2}\sigma\varepsilon$$

由胡克定律 $\sigma = E\varepsilon$，上式又可以写成

$$v_\varepsilon = \frac{1}{2}\sigma\varepsilon = \frac{E\varepsilon^2}{2} = \frac{\sigma^2}{2E} \tag{2.17}$$

由于式（2.16）和式（2.17）是由单元体导出的，故不论构件内应力是否均匀，只要是在一个方向上受力，就可以用这两个式子。若杆件内应力是均匀的，则以杆件的体积 V 乘 v_ε，得整个杆件的应变能 $V_\varepsilon = v_\varepsilon V$；若杆件内应力不均匀，则可先由式（2.16）或式（2.17）求出 v_ε，然后用积分

$$V_\varepsilon = \int_v v_\varepsilon \mathrm{d}V \tag{2.18}$$

计算整根杆件的应变能。其中 v_ε 也称为**应变能密度**或**比能**，单位为 $\mathrm{J/m^3}$。用比例极限 σ_p 代入式（2.17）求出的应变能密度，称为回弹模量，它可以度量线弹性范围内材料吸收能量的能力。利用应变能的概念可以解决与结构或构件的弹性变形有关的问题，这种方法称为能量法。

例 2.12 用能量法求解例 2.9 中 B 点的铅垂位移。例 2.8 中已经求出轴力 $F_{N1}=45$kN，$F_{N2}=-75$kN，且已知两杆的横截面积分别为 $A_1=320$mm^2，$A_2=1050$mm^2，杆长为 $l_1=1.2$m，$l_2=2$m，弹性模量 $E=200$GPa，根据功能原理，则有

$$\frac{1}{2}F\Delta_{By}=\sum_{i=1}^{2}\frac{F_{Ni}^2 l_i}{2EA_i}$$

所以在力 F 作用点沿其作用线方向的位移为

$$\begin{aligned}\Delta_{By}&=\frac{2}{F}\left(\frac{F_{N1}^2 l_1}{2EA_1}+\frac{F_{N2}^2 l_2}{2EA_2}\right)\\&=\frac{1}{60\times10^3\times200\times10^9}\times\left(\frac{45^2\times10^6\times1.2}{320\times10^{-6}}+\frac{75^2\times10^6\times2}{1050\times10^{-6}}\right)\\&=0.083\times(7.594+10.71)\times10^{-3}\\&=1.52\ (\text{mm})\end{aligned}$$

此结果与前述位移图解法结果完全一致。

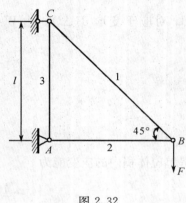

图 2.32

例 2.13 如图 2.32 所示桁架，承受铅垂载荷 F 作用。设各杆的抗拉（压）刚度均为 EA，忽略各杆自重的影响。试求节点 B 的铅垂位移。

解 （1）求各杆的轴力。从图示结构中解出各杆的长度分别为 $l_1=\sqrt{2}l$，$l_2=l_3=l$。根据节点 B、C 的平衡条件，求得杆 1、杆 2 及杆 3 的轴力分别为

$$F_{N1}=\sqrt{2}F\ (\text{拉}),\quad F_{N2}=F\ (\text{压}),\quad F_{N3}=F\ (\text{压})$$

（2）求系统的应变能。根据式（2.15）得

$$\begin{aligned}V_\varepsilon&=\sum_{i=1}^{3}\frac{F_{Ni}^2 l_i}{2E_i A_i}=\frac{F_{N1}^2\sqrt{2}l}{2EA}+\frac{F_{N2}^2 l}{2EA}+\frac{F_{N3}^2 l}{2EA}\\&=\frac{(\sqrt{2}+1)F^2 l}{EA}\end{aligned}$$

（3）确定节点 B 的铅垂位移。设节点 B 的铅垂位移为 δ 且与 F 同向，线弹性范围内铅垂载荷 F 所完成的功可用式 $W=\frac{1}{2}F\delta$ 计算，在数值上应等于该系统总的应变能，即

$$\frac{1}{2}F\delta=\frac{(\sqrt{2}+1)F^2 l}{EA}$$

由此求得

$$\delta=\frac{2(\sqrt{2}+1)Fl}{EA}$$

所求位移 δ 为正，说明位移的方向与载荷 F 的方向相同。本例只是初步利用能量方法计算了 B 点的位移，关于能量方法还将在第 10 章详细讨论。

2.9 轴向拉伸或压缩的超静定问题

在前面讨论的问题中，作用在杆件上的外力或杆件横截面上的内力，都可由静力平衡方程求出，这类问题称为静定问题。但有时为了提高结构的强度、刚度，或者为了满

足构造及其他工程技术要求，常常在静定结构中再附加某些约束即多余约束（包括添加构件）。这时由于未知力的个数多于所能提供的独立平衡方程的个数，仅仅应用静力平衡方程已不能确定全部未知力。这类问题称为**超静定问题**或**静不定问题**。以图 2.33（a）所示的三杆桁架为例，由图 2.33（b）列节点 A 的静力平衡方程为

$$\sum F_x = 0 , \quad F_{N1}\sin\alpha - F_{N2}\sin\alpha = 0$$
$$F_{N1} = F_{N2}$$
$$\sum F_y = 0 , \quad F_{N3} + F_{N1}\cos\alpha + F_{N2}\cos\alpha - F = 0$$
$$\tag{a}$$

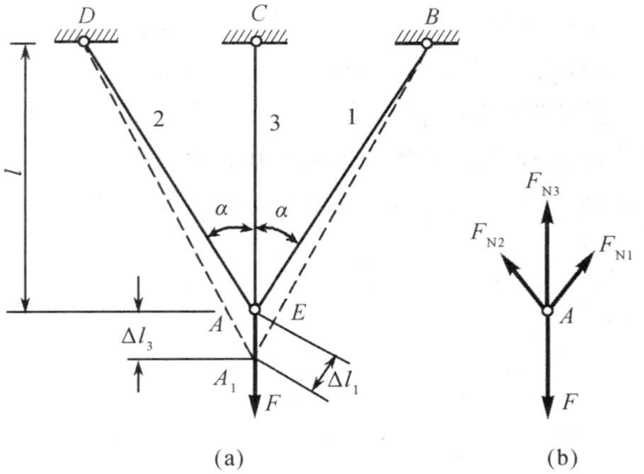

图 2.33

这里平衡方程只有两个，但未知力有三个，可见，单凭静力平衡方程不能求得全部轴力，所以是超静定问题。把未知力个数与独立平衡方程个数之差，称为超静定次数。图 2.33（a）所示结构属于一次超静定问题。

为了求解超静定问题，在静力平衡方程之外，还必须寻求补充方程。由于多余约束对结构或构件的变形起着一定的限制作用，而结构或构件的变形又与受力密切相关，因此，补充条件应是各构件变形之间的关系，或者构件各部分变形之间的关系，称为变形协调关系或变形协调条件。

图 2.33（a）杆系中，设 1、2 两杆的抗拉刚度相同。桁架变形是对称的，节点 A 垂直地移动到 A_1，位移 $\overline{AA_1}$ 也就是杆 3 的伸长 Δl_3。以 B 点为圆心，杆 AB 的原长为半径作圆弧，圆弧以外的线段即为杆 1 的伸长 Δl_1。由于变形很小，可用垂直于 A_1B 的直线代替上述弧线，且仍可认为 $\angle AA_1B = \alpha$。于是

$$\Delta l_1 = \Delta l_3 \cos\alpha \tag{b}$$

这是 1、2、3 三根杆件的变形必须满足的关系，只有满足了这一关系，它们才可能在变形后仍然在节点 A_1 联系在一起，变形才是协调的。式（b）即为变形协调条件（几何方程）。若杆 1、2 的抗拉刚度同为 EA，杆 3 的抗拉刚度为 E_3A_3，则由胡克定律得

$$\Delta l_1 = \frac{F_{N1}l_1}{EA} = \frac{F_{N1}l}{EA\cos\alpha}, \qquad \Delta l_3 = \frac{F_{N3}l}{E_3A_3} \tag{c}$$

这两个表示变形与轴力关系的式子称为物理方程，将其代入式（b），得

$$\frac{F_{N1}l}{EA\cos\alpha}=\frac{F_{N3}l}{E_3A_3}\cos\alpha \tag{d}$$

这是在静力平衡方程之外得到的补充方程，从式（a）、式（d）容易解出

$$F_{N1}=F_{N2}=\frac{F\cos^2\alpha}{2\cos^3\alpha+\dfrac{E_3A_3}{EA}},\qquad F_{N3}=\frac{F}{1+2\dfrac{EA}{E_3A_3}\cos^3\alpha}$$

以上例子表明，超静定问题是综合了静力方程、变形协调方程（几何方程）和物理方程等三方面的关系求解的；超静定问题中杆件的内力不仅与外力有关，而且与材料的性能和构件的几何尺寸有关。

例 2.14 图 2.34（a）所示刚性梁 AB 水平地挂在两根圆钢杆上，已知钢杆的弹性模量 $E=200\text{GPa}$，其直径分别是 $d_1=20\text{mm}$，$d_2=25\text{mm}$。在刚性梁 AB 上作用一横向力 F，问 F 在何处才能使刚性梁水平下降？

解 （1）列静力平衡方程。设圆钢杆 1 和 2 中的轴力分别是 F_{N1}（拉）和 F_{N2}（拉），对钢杆进行受力分析如图 2.34（b）所示。由平衡方程 $\sum F_y=0$ 和 $\sum M_A=0$ 得

$$\left.\begin{array}{l}F_{N1}+F_{N2}-F=0\\Fx-2F_{N2}=0\end{array}\right\} \tag{a}$$

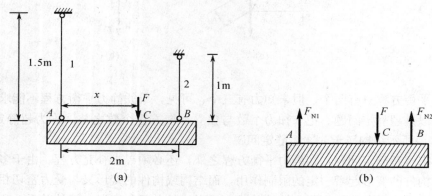

图 2.34

（2）变形协调关系。由题意知，刚性梁 AB 水平下降，1、2 两杆的伸长 Δl_1 和 Δl_2 应满足以下变形协调关系

$$\Delta l_1=\Delta l_2 \tag{b}$$

根据胡克定律得

$$\Delta l_1=\frac{F_{N1}l_1}{EA_1},\qquad \Delta l_2=\frac{F_{N2}l_2}{EA_2} \tag{c}$$

将式（c）代入式（b），得补充方程

$$\frac{F_{N1}l_1}{EA_1}=\frac{F_{N2}l_2}{EA_2} \tag{d}$$

联立式（a）、式（d），解得 $x=1.4\text{m}$。

例 2.15 如图 2.35（a）所示结构，杆 1 与杆 2 的横截面面积均为 A，弹性模量均为 E，许用拉应力 $[\sigma_t]=160\text{MPa}$，许用压应力 $[\sigma_c]=120\text{MPa}$，梁 BD 为刚体，载荷 $F=50\text{kN}$。试确定两杆的横截面面积。

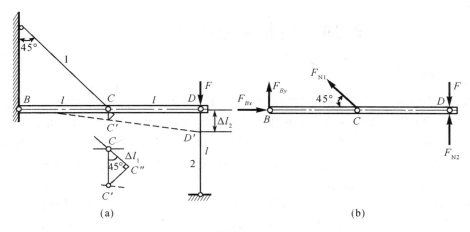

图 2.35

解 依题意取 BD 梁为研究对象，受力如图 2.35（b）所示。未知轴力和支反力各两个，根据平面一般力系的平衡可知，共有三个相互独立的平衡方程。由此判定，该问题属于一次超静定问题。

（1）列平衡方程。设杆 1 和 2 中的轴力分别是 F_{N1}（拉）和 F_{N2}（压），对 BD 梁列平衡方程 $\sum M_B = 0$，得

$$F_{N1}\sin45°l + F_{N2}2l - F2l = 0$$

整理得
$$F_{N1} + 2\sqrt{2}F_{N2} - 2\sqrt{2}F = 0 \qquad\qquad (a)$$

（2）建立补充方程。由图 2.35（a）虚线所表示的变形图看出

$$\Delta l_2 = 2\overline{CC'} = 2\sqrt{2}\Delta l_1 \qquad\qquad (b)$$

根据胡克定律得

$$\Delta l_1 = \frac{F_{N1}l_1}{EA} = \frac{\sqrt{2}F_{N1}l}{EA}, \qquad \Delta l_2 = \frac{F_{N2}l_2}{EA} = \frac{F_{N2}l}{EA}$$

将上述关系代入式（b），得补充方程为

$$F_{N2} = 4F_{N1} \qquad\qquad (c)$$

（3）轴力的计算与截面设计。联立求解平衡方程（a）与补充方程（c），得

$$F_{N1} = \frac{2\sqrt{2}F}{8\sqrt{2}+1} = \frac{2\sqrt{2}(50\times10^3)}{8\sqrt{2}+1} = 1.149\times10^4 \ (\text{N})$$

$$F_{N2} = \frac{8\sqrt{2}F}{8\sqrt{2}+1} = \frac{8\sqrt{2}(50\times10^3)}{8\sqrt{2}+1} = 4.59\times10^4 \ (\text{N})$$

根据强度条件，得杆 1 与杆 2 的横截面积分别为

$$A_1 \geqslant \frac{F_{N1}}{[\sigma_t]} = \frac{1.149\times10^4}{160\times10^6} = 7.17\times10^{-5} \ (\text{m}^2)$$

$$A_2 \geqslant \frac{F_{N2}}{[\sigma_c]} = \frac{4.59\times10^4}{120\times10^6} = 3.83\times10^{-4} \ (\text{m}^2)$$

按照题意，1、2 两杆的横截面面积相同，因此应取

$$A = A_2 = 3.83\times10^{-4}\text{m}^2 = 383\text{mm}^2$$

2.10 装配应力和温度应力

2.10.1 装配应力

构件在加工时，尺寸上的一些微小误差是难以避免的。对于静定结构，加工误差只是引起结构几何形状的微小变化，而不会在构件内引起应力。但对于静不定结构，加工误差将给装配工作带来困难，经强行装配以后，构件内会产生内力及应力。这种应力称为**装配应力**。装配应力是载荷作用之前就已经具有的应力，所以是一种初应力。装配应力的计算和超静定问题的求解方法相似。

例 2.16 在图 2.36（a）所示结构中，横梁 AB 为刚性杆。1、2 两杆的抗拉刚度分别为 E_1A_1、E_2A_2。由于加工误差，1 杆比名义长度短了 δ，试求 1、2 杆的内力。

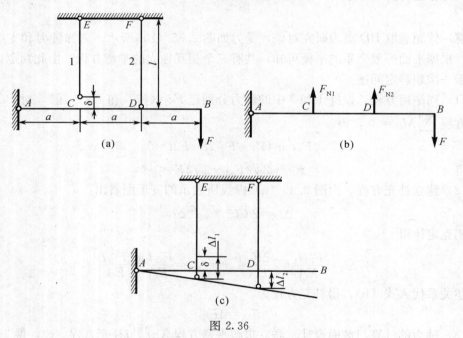

图 2.36

解 （1）静力平衡方程。设结构装配以后，1、2 杆的轴力分别为 F_{N1}、F_{N2}，见图 2.36（b）。由 AB 杆的平衡方程 $\sum M_A = 0$，得

$$F_{N1}a + 2F_{N2}a - 3Fa = 0 \qquad (a)$$

（2）几何方程。由于横梁 AB 是刚性杆，所以结构变形后，它仍为直杆，由图 2.36（c）可以看出，1、2 两杆的伸长 Δl_1、Δl_2 与 δ 应满足以下关系

$$\Delta l_2 = 2(\Delta l_1 - \delta) \qquad (b)$$

（3）物理关系。由胡克定律

$$\left. \begin{aligned} \Delta l_1 &= \frac{F_{N1}l}{E_1A_1} \\ \Delta l_2 &= \frac{F_{N2}l}{E_2A_2} \end{aligned} \right\}$$

代入式（b），得

$$\frac{F_{N2}l}{E_2A_2}=2\left(\frac{F_{N1}l}{E_1A_1}-\delta\right) \tag{c}$$

联立求解式（a）、式（c），得轴力为

$$F_{N1}=\frac{E_1A_1}{E_1A_1+4E_2A_2}\left(3F+\frac{4E_2A_2\delta}{l}\right)$$

$$F_{N2}=\frac{2E_2A_2}{E_1A_1+4E_2A_2}\left(3F-\frac{E_1A_1\delta}{l}\right)$$

2.10.2　温度应力

温度变化将引起物体的膨胀或收缩。设杆件的原长为 l，材料的线膨胀系数为 α，当温度变化 ΔT 时，杆件由温度改变而引起的变形（伸长或缩短）为

$$\Delta l_T=\alpha\,l\,\Delta T \tag{2.19}$$

对于静定结构，杆件可以自由变形，当温度均匀变化时，并不会引起构件的内力。但对于静不定结构，由于杆件的变形受到部分或全部约束，温度变化时往往要引起内力。例如，在图 2.37（a）中，AB 杆代表蒸汽锅炉与原动机间的管道。与锅炉和原动机相比，管道的刚度很小，故可把 A、B 两端简化成固定端 ［图 2.37（b）］。当管道中通过高压蒸汽时，就相当于两端固定的杆件温度发生了变化。因为固定端限制杆件的膨胀或收缩，所以势必有约束反力 F_{RA} 和 F_{RB} 作用于两端。这将引起杆件内的应力，这种应力称为**热应力**或**温度应力**。对上述两端固定的 AB 杆来说，由平衡方程只能给出

$$F_{RA}=F_{RB}$$

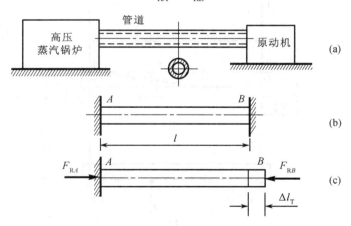

图 2.37

这并不能确定约束反力的数值，必须再补充一个变形协调方程。杆件因 F_{RB} 作用而产生的轴向变形为

$$\Delta l=\frac{F_{RB}l}{EA}$$

由于杆件的总长度不能变，所以有变形协调方程

$$\Delta l_T=\Delta l$$

即

$$\alpha l \Delta T = \frac{F_{RB} l}{EA}$$

由此求出

$$F_{RB} = EA\alpha\Delta T$$

温度应力

$$\sigma_T = \frac{F_{RB}}{A} = E\alpha\Delta T$$

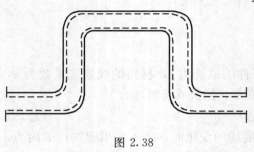

图 2.38

由此可见，当 ΔT 较大时，σ_T 的数值便非常可观。为了避免过高的温度应力，在管道中有时增加伸缩节（图 2.38），这样就可以削弱对膨胀的约束，降低温度应力。

例 2.17　在图 2.39（a）中，设横梁 ACB 为刚体，钢杆 AD 的横截面面积 $A_1 = 100\text{mm}^2$，长度 $l_1 = 330\text{mm}$，弹性模量 $E_1 = 200\text{GPa}$，线膨胀系数 $\alpha_1 = 12.5\times10^{-6}\,℃^{-1}$。铜杆 BE 的相应数据分别是 $A_2 = 200\text{mm}^2$，$l_2 = 220\text{mm}$，$E_2 = 100\text{GPa}$，$\alpha_2 = 16.5\times10^{-6}\,℃^{-1}$。如温度升高 30℃，试求两杆的轴力。

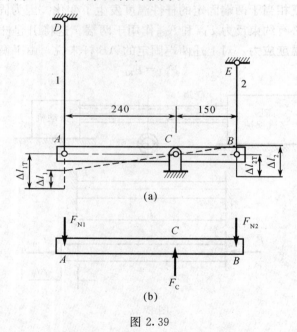

图 2.39

解　设想拆除钢杆和铜杆与横梁之间的联系，允许其自由膨胀。这时钢杆和铜杆的温度变形分别是 Δl_{1T} 和 Δl_{2T}。当把已经伸长的杆件再与横梁相连接时，必将在两杆内分别引起轴力 F_{N1} 和 F_{N2}，并使两杆再次变形。设 F_{N1} 和 F_{N2} 的方向如图 2.39（b）所示，横梁的最终位置如图 2.39（a）中虚线所示，而图中的 Δl_1 和 Δl_2 分别是钢杆和铜杆因轴力引起的变形。这样得变形协调方程为

$$\frac{\Delta l_{1T}-\Delta l_1}{\Delta l_2-\Delta l_{2T}}=\frac{240}{150}$$

这里 Δl_1 和 Δl_2 皆为绝对值。求出上式中的各项变形分别为

$$\Delta l_{1T}=330\times10^{-3}\times12.5\times10^{-6}\times30=124\times10^{-6}\ (\text{m})$$

$$\Delta l_{2T}=220\times10^{-3}\times16.5\times10^{-6}\times30=109\times10^{-6}\ (\text{m})$$

$$\Delta l_1=\frac{F_{N1}\times330\times10^{-3}}{200\times10^9\times100\times10^{-6}}=0.0165\times10^{-6}F_{N1}$$

$$\Delta l_2=\frac{F_{N2}\times220\times10^{-3}}{100\times10^9\times200\times10^{-6}}=0.011\times10^{-6}F_{N2}$$

把以上数据代入变形协调方程，经整理得

$$124-0.0165F_{N1}=\frac{8}{5}(0.011F_{N2}-109)$$

由横梁 ACB 的平衡方程 $\sum M_c=0$，得

$$240F_{N1}-150F_{N2}=0$$

从以上两式中解出钢杆和铜杆的轴力分别为

$$F_{N1}=6.68\text{kN},\quad F_{N2}=10.7\text{kN}$$

求得的 F_{N1} 及 F_{N2} 皆为正号，表示所设方向与实际受力方向相同，即两杆均受压。

2.11　应力集中的概念

等截面直杆受轴向拉伸或压缩时，横截面上的应力是均匀分布的。但在工程实际中，由于结构或工艺上的需要，有些零件必须有切口、切槽、油孔、螺纹、轴肩等，以致在这些部位上截面尺寸发生突然变化。实验结果和理论分析表明，在零件尺寸突然改变处的横截面上，应力并不是均匀分布的。例如，开有圆孔和带有切口的板条（图 2.40），当其受轴向拉伸时，在圆孔和切口附近的局部区域内，应力将急剧增加，但在离开这一区域稍远处，应力就迅速降低而趋于均匀。这种因杆件外形突然变化而引起局部应力急剧增大的现象，称为**应力集中**。

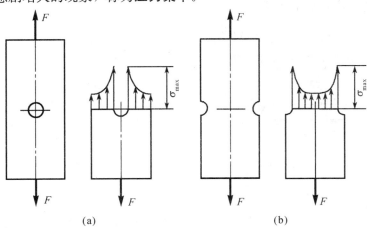

(a) 　　　　　　　　　　　　(b)

图 2.40

设发生应力集中的截面上的最大应力为 σ_{max}，同一截面上的平均应力为 σ_0，则比值

$$K=\frac{\sigma_{max}}{\sigma_0}$$

(2.20)

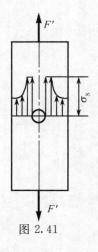

图 2.41

称为**理论应力集中系数**。它反映了应力集中的程度，是一个大于 1 的数。实验结果表明：截面尺寸改变得越急剧，角越尖，孔越小，应力集中的程度就越严重。因此，零件上应尽可能地避免带尖角的孔和槽，在阶梯轴的轴肩处要用圆弧过渡，而且在结构允许的范围内，应尽量增大圆弧半径。

各种材料对应力集中的敏感程度并不相同，塑性材料一般都有屈服阶段，当局部的最大应力 σ_{max} 到达屈服极限 σ_s 时，该处材料的应变可以继续增长，而应力却不再加大。如果外力继续增加，增加的力就由截面上尚未屈服的材料来承担，使截面上其他点的应力相继增大到屈服极限，如图 2.41 所示。这就使截面上的应力逐渐趋于平均，降低应力不均匀程度，也限制了最大应力 σ_{max} 的数值。因此，用塑性材料制成的零件在静载作用下，可以不考虑应力集中的影响。脆性材料没有屈服阶段，当载荷增加时，应力集中处的最大应力 σ_{max} 一直领先，不断增长，首先到达强度极限 σ_b，该处将首先产生裂纹。所以对于脆性材料制成的零件，应力集中的危害显得严重，这样，即使在静载下，也应考虑应力集中对零件承载能力的削弱。但是像灰铸铁这类材料，其内部的不均匀性和缺陷往往是产生应力集中的主要因素，而零件外形改变所引起的应力集中就可能成为次要因素，对零件的承载能力不一定造成明显的影响。

当零件受周期性变化的应力或冲击载荷作用时，不论是塑性材料还是脆性材料，应力集中对零件的强度都有严重影响，往往是零件破坏的根源，必须给予高度重视，这一问题将于第 11 章讨论。

2.12　剪切和挤压的实用计算

2.12.1　剪切的概念及实用计算

在工程实际中，经常遇到剪切问题。例如，剪床剪钢杆 [图 2.42 (a)]、铆钉连接 [图 2.43 (a)]，销轴、键及销钉等连接件，都是主要承受剪切作用的构件。

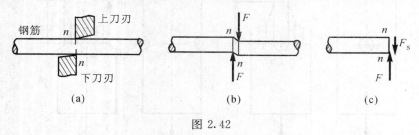

图 2.42

剪切变形的主要受力特点是构件受到与其轴线相垂直的大小相等、方向相反、作用线相距很近的一对外力的作用 [图 2.42 (b)、图 2.43 (b)]，构件的变形主要表现为沿

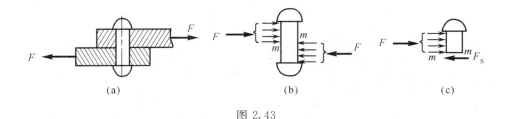

图 2.43

着与外力作用线平行的剪切面（n-n 面）发生相对错动 [图 2.42（b）]，直到最后被剪断。

讨论剪切的内力时，以剪切面 n-n 将受剪构件分成两部分，并以其中一部分为研究对象，如图 2.42（c）、图 2.43（c）所示，剪切面上必有与外力平行且与横截面相切的内力 F_S 的作用，称为**剪力**，由平衡方程容易求得

$$F_\mathrm{S} = F$$

受剪构件除了承受剪切外，往往同时伴随着挤压、弯曲和拉伸等作用。在图 2.42 中没有完全给出构件所受的外力和剪切面上的全部内力，而只给出了主要的外力和内力。实际受力和变形比较复杂，因而对这类构件的工作应力进行理论上的精确分析是困难的。工程中对这类构件的强度计算，一般采用在试验和经验基础上建立起来的比较简便的计算方法，称为剪切的实用计算。

实用计算中，假设应力在剪切面上均匀分布。若以 A 表示剪切面面积，则应力为

$$\tau = \frac{F_\mathrm{S}}{A} \qquad (2.21)$$

τ 与剪切面相切，故为切应力。以上计算是以假设"切应力在剪切面上均匀分布"为基础的，实际上它只是剪切面内的一个"平均切应力"，所以也称为名义切应力。

在建立剪切强度条件时，应使试样受力尽可能地接近实际连接件的情况，求得试样失效时的极限载荷。也用式（2.21）由极限载荷求出相应的名义极限应力，除以安全系数 n，得许用切应力 $[\tau]$，从而建立强度条件

$$\tau = \frac{F_\mathrm{S}}{A} \leqslant [\tau] \qquad (2.22)$$

2.12.2　挤压的概念及实用计算

一般情况下，连接件在承受剪切作用的同时，在连接件与被连接件之间传递压力的接触面上相互压紧，这种现象称为**挤压**。例如，在铆钉连接（图 2.44）中，铆钉与钢板就相互压紧，这就可能把铆钉或钢板的铆钉孔压成局部塑性变形，如铆钉孔被压成扁圆孔的情况，当然，铆钉也可能被压成扁圆柱。所以，对连接件进行挤压强度计算是必要的。在挤压面上应力分布一般比较复杂。而实用计算中，假设挤压面上应力是均匀分布的。

与上面解决剪切实用计算方法类同，按构件的名义挤压应力建立挤压强度条件

$$\sigma_\mathrm{bs} = \frac{F_\mathrm{bs}}{A_\mathrm{bs}} \leqslant [\sigma_\mathrm{bs}] \qquad (2.23)$$

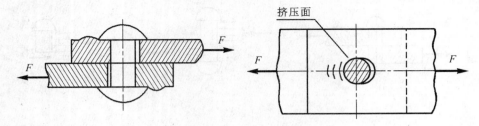

图 2.44

式中，F_{bs} 为挤压力，A_{bs} 为挤压面积，$[\sigma_{bs}]$ 为材料的挤压许用应力。许用应力值通常可根据材料、连接方式和载荷情况等实际工作条件在有关设计规范中查得。一般地，许用切应力 $[\tau]$ 要比同样材料的许用正应力 $[\sigma]$ 小，而许用挤压应力 $[\sigma_{bs}]$ 则比 $[\sigma]$ 大。

对于塑性材料 $\qquad\qquad [\tau]=(0.6\sim0.8)[\sigma]$

$$[\sigma_{bs}]=(1.5\sim2.5)[\sigma]$$

对于脆性材料 $\qquad\qquad [\tau]=(0.8\sim1.0)[\sigma]$

$$[\sigma_{bs}]=(0.9\sim1.5)[\sigma]$$

挤压面面积 A_{bs} 的计算，要根据连接件与被连接构件的接触面的情形而定。如果接触面为平面，挤压面面积就是实际接触面的面积；如果接触面是圆柱面（如铆钉或销钉等），实验和理论分析结果表明，挤压面上的挤压应力分布如图 2.45（a）、（b）所示。最大应力发生在圆柱形接触面的中心。若以直径投影面面积 [图 2.45（c）中画阴影线的面积] 作为等效挤压面面积 $A_{bs}=d\delta$，则所得应力与实际最大挤压应力接近。所以当接触面为圆柱面时，挤压面面积 A_{bs} 用直径投影面的面积计算。

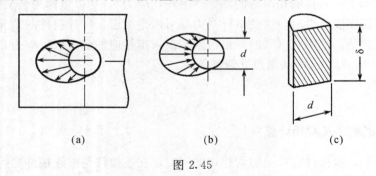

(a)　　　　　　　　(b)　　　　　　　　(c)

图 2.45

例 2.18　图 2.46（a）中，已知钢板厚度 $t=5$mm，其剪切极限应力 $\tau_b=320$MPa。若用冲床将钢板冲出直径 $d=20$mm 的孔，问需要多大的冲剪力 F?

解　剪切面是钢板内被冲头冲出的圆柱侧面，如图 2.46（b）所示。其面积为

$$A=\pi dt=\pi\times20\times5=314 \ (\text{mm}^2)$$

冲孔所需要的冲力应为

$$F\geqslant A\tau_b=314\times10^{-6}\times320\times10^6=100.5 \ (\text{kN})$$

例 2.19　图 2.47（a）表示齿轮用平键与轴连接（图中只画出了轴与平键，没有画齿轮）。已知轴的直径 $d=70$mm，键的尺寸为 $b\times h\times l=20$mm$\times12$mm$\times100$mm，传递

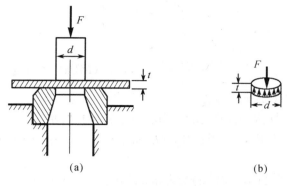

图 2.46

的扭转力偶矩 $M_e = 2kN \cdot m$，键的许用切应力 $[\tau] = 60MPa$，许用挤压应力 $[\sigma_{bs}] = 100MPa$。试校核键的强度。

解　（1）校核键的剪切强度。将键沿 n-n 截面假想地分成两部分，并把 n-n 截面以下部分和轴作为一个整体来考虑 ［图 2.47 （b）］。因为假设在 n-n 截面上的切应力均匀分布，故 n-n 截面上剪力 F_S 为

$$F_S = A\tau = bl\tau$$

对轴心取矩，由平衡条件 $\sum M_O = 0$，得

$$F_S \cdot \frac{d}{2} = bl\tau \frac{d}{2} = M_e$$

由此解得

$$\tau = \frac{2M_e}{bld} = \frac{2 \times 2 \times 10^3}{20 \times 100 \times 70 \times 10^{-9}} = 28.6 \ (MPa) < [\tau]$$

可见平键满足剪切强度条件。

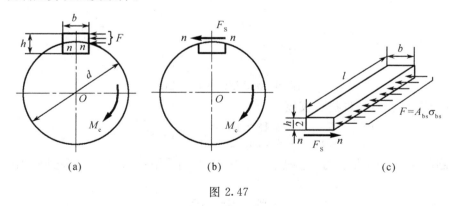

图 2.47

（2）校核键的挤压强度。考虑键在 n-n 截面以上部分的平衡 ［图 2.47 （c）］，在 n-n 截面上的剪力为 $F_S = bl\tau$，右侧面上的挤压力为

$$F_{bs} = A_{bs}\sigma_{bs} = \frac{h}{2}l\sigma_{bs}$$

由水平方向的平衡条件得

$$F_S = F_{bs} \quad 或 \quad bl\tau = \frac{h}{2}l\sigma_{bs}$$

由此求得

$$\sigma_{bs} = \frac{2b\tau}{h} = \frac{2 \times 20 \times 28.6}{12} = 95.3 \ (\text{MPa}) < [\sigma_{bs}]$$

故平键也满足挤压强度要求。

例 2.20 电瓶车挂钩用插销连接，如图 2.48（a）所示。已知 $\sigma = 8\text{mm}$，插销材料的许用切应力 $[\tau] = 60\text{MPa}$，许用挤压应力 $[\sigma_{bs}] = 200\text{MPa}$，牵引力 $F = 18\text{kN}$。试选定插销的直径 d。

解 （1）剪切强度设计。插销的受力情况如图 2.48（b）所示，考虑中间部分平衡 [图 2.48（c）] 可以求得

$$F_S = \frac{F}{2} = \frac{18}{2} = 9 \ (\text{kN})$$

按剪切强度条件进行设计

$$A \geqslant \frac{F_S}{[\tau]} = \frac{9000}{60 \times 10^6} = 1.5 \times 10^{-4} \ (\text{m}^2)$$

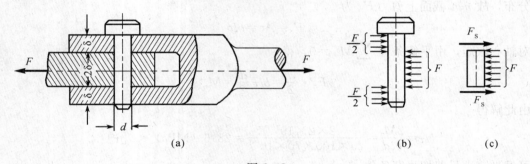

$$(a) \qquad\qquad\qquad (b) \qquad (c)$$

图 2.48

则

$$\frac{\pi d^2}{4} \geqslant 1.5 \times 10^{-4} \ (\text{m}^2)$$

即

$$d \geqslant 0.01382\text{m} = 13.82\text{m}$$

（2）用挤压强度条件进行校核。

$$\sigma_{bs} = \frac{F_{bs}}{A_{bs}} = \frac{F}{2\delta d} = \frac{18 \times 10^3}{2 \times 8 \times 13.82 \times 10^{-6}} \text{Pa} = 81.5\text{MPa} < [\sigma_{bs}]$$

所以挤压强度条件也是足够的。查机械设计手册，最后采用 $d = 15\text{mm}$ 的标准圆柱销钉。

思 考 题

2.1 等直杆如思考题 2.1 图所示，在力 F 作用下，试确定 a、b、c 三个截面上的轴力。

2.2 杆件上轴力最大的截面一定是危险截面。这种说法对吗？为什么？

2.3 某拉杆材料的力学参数为 $\sigma_p = 200\text{MPa}$，$\sigma_s = 240\text{MPa}$，$\sigma_b = 400\text{MPa}$，若取安全系数 $n = 2$，则该杆的许用应力 $[\sigma]$ 为多少？

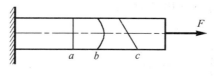

思考题 2.1 图

2.4 低碳钢试件轴向拉伸时，在弹性阶段所测的伸长是什么变形（弹性、塑性、弹塑性）？在强化阶段所测的伸长是什么变形？在断裂以后所测的伸长是什么变形？

2.5 若杆件的总伸长为零，则杆件内的应力也必然等于零。这种说法对吗？

2.6 当温度发生变化时，思考题 2.6 图（a）所示的杆件会产生温度应力。这种说法对吗？在思考题 2.6 图（b）所示的结构中，若 AB 杆的长度有加工误差 δ，当两杆铰接在一起时，杆 AB 和 AC 都会产生装配应力。这种说法对吗？

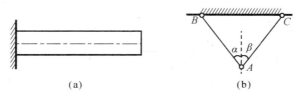

(a)　　　　　　　　(b)

思考题 2.6 图

习　　题

2.1 试求习题 2.1 图中各杆 1-1、2-2、3-3 截面上的轴力并绘制轴力图。

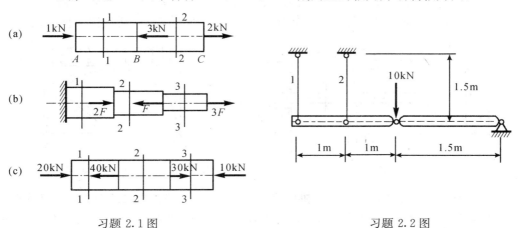

习题 2.1 图　　　　　　　　习题 2.2 图

2.2 习题 2.2 图示结构中，1、2 两杆的横截面直径均为 $d=20\text{mm}$，试求两杆内的应力。

2.3 横截面面积 $A=100\text{mm}^2$ 的钢杆，在拉力 $F=10\text{kN}$ 的作用下，试求与横截面夹角为 $\alpha=60°$ 的斜截面上的正应力及切应力。

2.4 钢制直杆，载荷情况见习题 2.4 图所示。各段横截面面积分别为 $A_1=A_3=$

$400mm^2$，$A_2=300mm^2$，材料许用应力 $[\sigma]=160MPa$。试作杆的轴力图并校核杆的强度。

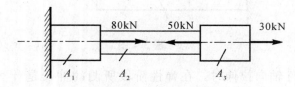

习题 2.4 图

2.5 习题 2.5 图所示，在圆钢杆上铣出一槽，已知：钢杆受拉力 $F=15kN$ 作用，杆的直径 $d=20mm$，试求 $A\text{-}A$ 和 $B\text{-}B$ 截面上的应力，并说明哪一个是危险截面（铣去槽的截面可近似按矩形计算，暂时不考虑应力集中）。

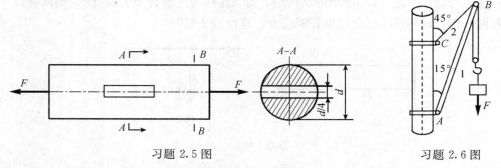

习题 2.5 图　　　　　　　　　　　　习题 2.6 图

2.6 自制桅杆式起重机的简图见习题 2.6 图所示。已知起重杆 1 为钢管，外径 $D=400mm$，内径 $d=20mm$，许用应力 $[\sigma]_1=80MPa$。钢丝绳 2 的横截面面积 $A=500mm^2$，许用应力 $[\sigma]_2=60MPa$。若最大起重量 $F=55kN$。试校核该起重机的强度。

2.7 气动夹具见习题 2.7 图所示。已知气缸内径 $D=140mm$，缸内气压 $p=0.6MPa$，活塞杆材料为 20 钢，许用应力 $[\sigma]=80MPa$。试设计活塞杆的直径 d。

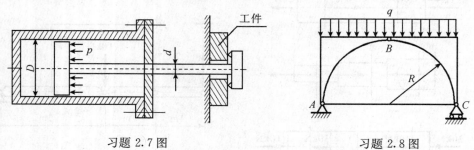

习题 2.7 图　　　　　　　　　　　习题 2.8 图

2.8 习题 2.8 图所示，一半圆拱由刚性块 AB 和 BC 及拉杆 AC 组成，受到均布载荷 $q=90kN/m$ 作用。若半圆拱半径 $R=12m$，拉杆的许用应力 $[\sigma]=150MPa$，试设计拉杆的直径 d。

2.9 习题 2.9 图示，T 形刚体，受杆 1、杆 2 和活动铰链约束，两杆横截面积为 $A_1=200mm^2$ 和 $A_2=300mm^2$，两杆材料相同，许用拉应力$[\sigma_t]=100MPa$，许用压应力 $[\sigma_c]=40MPa$。试按强度条件确定许可载荷 F 值。

2.10　某拉伸试验机的结构示意图见习题 2.10 图所示。设试验机的 CD 杆与试件 AB 材料同为低碳钢，其 $\sigma_p=200MPa$，$\sigma_s=240MPa$，$\sigma_b=400MPa$。试验机最大拉力为 100kN。

（1）用这一试验机作拉断试验时，试件直径最大可达多大？

（2）若设计时取试验机的安全系数 $n=2$，则 CD 杆的横截面面积为多少？

（3）若试件直径 $d=10mm$，今欲测弹性模量 E，则所加载荷最大不能超过多少？

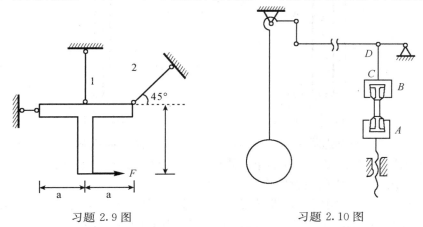

习题 2.9 图　　　　　　　　习题 2.10 图

2.11　习题 2.11 图示，杆件由两种材料在 I-I 斜面上用黏结剂黏结而成。已知杆件横截面面积 $A=2000mm^2$，根据黏结剂强度指标要求黏结面上拉应力不超过 10MPa，切应力不超过 6MPa，若要求黏结面上的正应力和切应力同时达到各自的容许值，试给定黏结面的倾角 α，并确定其容许轴向拉伸载荷 F。

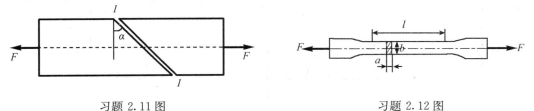

习题 2.11 图　　　　　　　　习题 2.12 图

2.12　习题 2.12 图示，板状硬铝试件，中部横截面尺寸 $\alpha=2mm,b=20mm$。试件受轴向拉力 $F=6kN$ 作用，在基长 $l=70mm$ 上测得伸长量 $\Delta l=0.15mm$，板的横向缩短 $\Delta b=0.014mm$。试求板材料的弹性模量 E 及泊松比 μ。

2.13　习题 2.13 图示桁架，1、2 杆的横截面积和材料均相同，在节点 A 处受载荷 F 作用。从试验中测得 1、2 两杆的轴向线应变分别为 $\varepsilon_1=400\times10^{-6}$，$\varepsilon_2=200\times10^{-6}$。试确定载荷 F 及其方位角 θ 的大小。已知 $A_1=A_2=200mm^2$，$E_1=E_2=200GPa$。

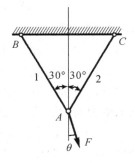

习题 2.13 图

2.14　等直杆受轴向载荷作用见习题 2.14 图所示。已知杆的横截面面积 $A=10cm^2$，材料的弹性模量 $E=200GPa$，试计算杆的总变形及各段的应力。

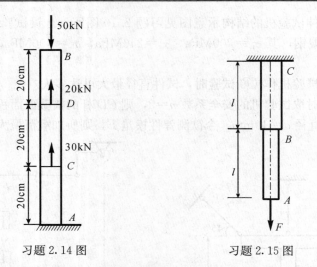

习题 2.14 图　　　　习题 2.15 图

2.15 矿井起重机钢绳见习题 2.15 图所示，AB 段横截面面积 $A_1 = 300\text{mm}^2$，BC 段横截面面积 $A_2 = 400\text{mm}^2$，钢绳的单位体积重量 $\gamma = 28\text{kN/m}^3$，长度 $l = 50\text{m}$，起吊重量 $F = 12\text{kN}$。试求钢绳内的最大应力。

2.16 如习题 2.16 图所示，设横梁 AB 为刚杆，斜杆 CD 为直径 $d = 20\text{mm}$ 的圆杆，$[\sigma] = 160\text{MPa}$，$E = 200\text{GPa}$。试求许可载荷和 B 点的铅垂位移。

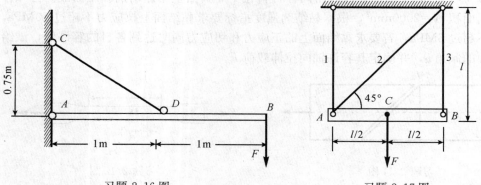

习题 2.16 图　　　　习题 2.17 图

2.17 已知习题 2.17 图示，结构中三根杆的抗拉刚度均为 EA，AB 为刚性杆，在杆 AB 的中点 C 作用铅垂方向的载荷 F，试计算 C 点的水平位移和铅垂位移。

2.18 如习题 2.18 图所示，外径为 D，壁厚为 δ，长度为 l 的均质圆管，由弹性模量为 E，泊松比为 μ 的材料制成。若在管壁的环形横截面上有集度为 q 的均布力作用，试求受力前后圆管的长度、壁厚及外径的改变量。

*2.19 如习题 2.19 图所示，打入黏土的木柱长为 l，顶上载荷为 F。设载荷全由摩擦力承担，且摩擦力集度为 $f = ky^2$，其中 k 为待定常数，忽略木桩自重的影响。若 $F = 400\text{kN}$，$l = 10\text{m}$，$A = 700\text{cm}^2$，$E = 10\text{GPa}$，试确定常数 k，并求木柱的压缩量。

2.20 如习题 2.20 图，两根材料不同但截面尺寸相同的杆件，同时固定连接于两端的刚性板上，且 $E_1 < E_2$。若使两杆都为均匀拉伸，试求拉力 F 的偏心距 e。

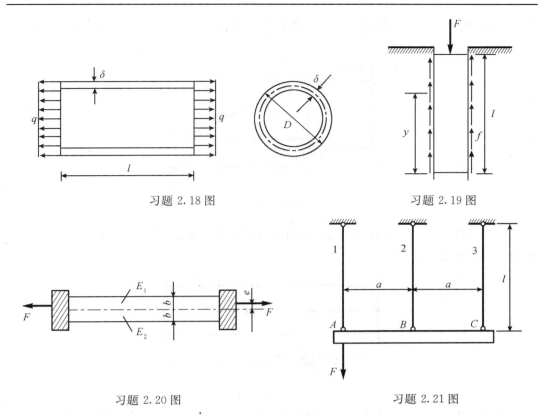

习题 2.18 图

习题 2.19 图

习题 2.20 图

习题 2.21 图

2.21　在习题 2.21 图示结构中，假设 AC 梁为刚杆，1 杆、2 杆、3 杆的横截面面积相等，材料相同。试求三杆的轴力。

2.22　习题 2.22 图示，钢螺栓 1 外有铜套管 2。已知钢螺栓 1 的横截面面积 $A_1 = 6\text{cm}^2$，弹性模量 $E_1 = 200\text{GPa}$，铜套管 2 的横截面面积 $A_2 = 12\text{cm}^2$，弹性模量 $E_2 = 100\text{GPa}$，螺栓的螺距 $s = 3\text{mm}$，$l = 75\text{cm}$。试求当螺母拧紧 1/4 圈时，螺距和套管内的应力。

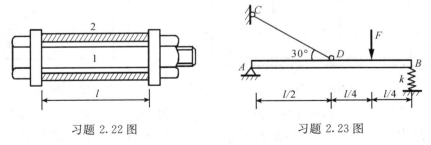

习题 2.22 图

习题 2.23 图

2.23　如习题 2.23 图示结构中，假设 AB 为刚性杆。杆 CD 的直径 $d = 20\text{mm}$，弹性模量 $E = 200\text{GPa}$，弹簧刚度 $k = 4000\text{kN/m}$，$l = 1\text{m}$，$F = 10\text{kN}$。试求钢杆 CD 的应力及 B 端弹簧的反力 F_B。

2.24　如习题 2.24 图所示，结构中的三角形板为刚性板，B 点为固定铰支座。1 杆（长杆）材料为钢，2 杆（短杆）材料为铜，两杆横截面面积分别为 $A_1 = 10\text{cm}^2$，$A_2 = 20\text{cm}^2$，当 $F = 200\text{kN}$，温度升高 20℃时，试求 1 杆、2 杆内的应力。已知钢、铜的弹性模量与线膨胀系数分别为 $E_1=210\mathrm{GPa}$, $\alpha_1=12.5\times10^{-6}\mathrm{℃}^{-1}$; $E_2=100\mathrm{GPa}$, $\alpha_2=16.5\times10^{-6}\mathrm{℃}^{-1}$。

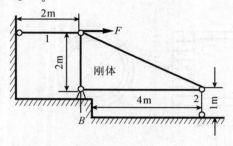

习题 2.24 图

2.25　横截面面积为 $A=10\mathrm{cm}^2$ 的钢杆两端固定，其载荷如习题 2.25 图所示。试求钢杆各段内的应力。

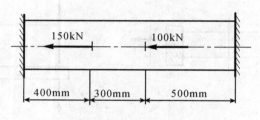

习题 2.25 图

2.26　如习题 2.26 图所示，刚杆由三根相同的杆吊起，杆的横截面面积 $A=200\mathrm{mm}^2$, $l=1\mathrm{m}$, $E=200\mathrm{GPa}$, 若杆 3 长度做短了 $\delta=0.8\mathrm{mm}$, 试计算安装后三根杆的应力。

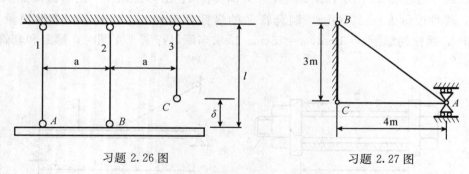

习题 2.26 图　　　　　　　　　习题 2.27 图

2.27　习题 2.27 图示杆系中，点 A 为水平可动铰支座，已知杆 AB 和杆 AC 的横截面面积均为 $A=1000\mathrm{mm}^2$, 线膨胀系数 $\alpha_1=12\times10^{-6}\mathrm{℃}^{-1}$, 弹性模量 $E=200\mathrm{GPa}$。试求当杆 AB 的温度升高 $30\mathrm{℃}$ 时，两杆内的应力。

2.28　在温度为 $2\mathrm{℃}$ 时安装的钢轨，每段长度均为 $12.5\mathrm{m}$, 两相邻段钢轨间预留的空隙为 $\Delta=1.2\mathrm{mm}$, 已知钢轨的弹性模量 $E=200\mathrm{GPa}$, 线膨胀系数 $\alpha=12.5\times10^{-6}\mathrm{℃}^{-1}$。试求当夏天气温升为 $40\mathrm{℃}$ 时，钢轨内的温度应力。

2.29　铆钉连接如习题 2.29 图所示，已知 $F=20\mathrm{kN}$, 铆钉材料的许用切应力 $[\tau]=80\mathrm{MPa}$, 试确定铆钉的直径。

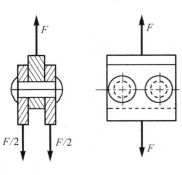

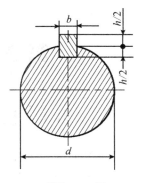

习题 2.29 图　　　　　　　　　习题 2.30 图

2.30　齿轮与轴用平键连接。如习题 2.30 图所示，轴的直径 $d=80\text{mm}$，平键的横截面尺寸 $b=24\text{mm}$，$h=14\text{mm}$。许用切应力 $[\tau]=40\text{MPa}$，许用挤压应力 $[\sigma_{\text{bs}}]=90\text{MPa}$。若轴所传递的扭转力偶矩 $T_{\text{e}}=3.2\text{kN}\cdot\text{m}$，试求所需平键的长度 l。

2.31　木榫接头如习题 2.31 图所示，$a=b=120\text{mm}$，$h=350\text{mm}$，$c=45\text{mm}$，$F=40\text{kN}$。试求接头的剪切和挤压应力。

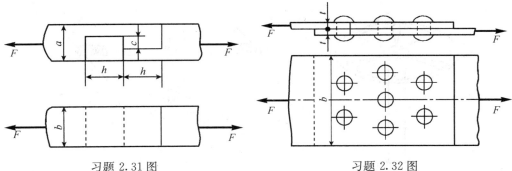

习题 2.31 图　　　　　　　　　　习题 2.32 图

2.32　两块钢板用 7 个铆钉连接在一起，载荷 $F=150\text{kN}$，如习题 2.32 图所示。已知钢板厚度 $t=6\text{mm}$，宽度 $b=200\text{mm}$，铆钉直径 $d=18\text{mm}$。钢板的许用应力 $[\sigma]=160\text{MPa}$，铆钉的许用切应力 $[\tau]=100\text{MPa}$，许用挤压应力 $[\tau_{\text{bs}}]=240\text{MPa}$。试校核此接头的强度。

2.33　如习题 2.33 图所示，用夹剪剪断直径为 3mm 的铅丝。若铅丝的剪切极限应力为 100MPa，试问需要多大的力 F？若销钉 B 的直径为 8mm，试求销钉内的切应力。

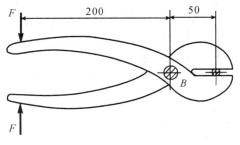

习题 2.33 图

第3章 扭 转

3.1 扭转的概念和工程实例

扭转变形是杆件的另一种基本变形。为了说明扭转变形，以汽车方向盘的转向轴为例，如图 3.1（a）所示，作用在轮盘边缘一对切向力构成一力偶，力偶矩 $M_e = Fd$。根据平衡条件，在轴的下端，必存在一反向力偶，其矩 $M' = M_e$。再以攻丝时丝锥的受力情况为例，如图 3.1（b）所示，通过绞杠把力偶作用于丝锥的上端，丝锥下端则受到工件的阻抗力偶作用。这些实例中，杆件（转向轴、丝锥）的受力特点是：在杆件两端作用大小相等、方向相反，且作用平面垂直于杆件轴线的力偶。在这样一对力偶的作用下，杆件的任意两个横截面绕其轴线作相对转动，杆件的这种变形称为**扭转**。

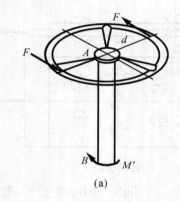
(a)

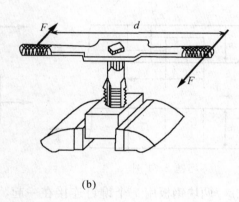
(b)

图 3.1

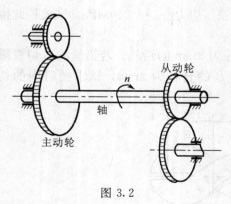

图 3.2

工程实际中，还有很多发生扭转变形的杆件，如机器中的传动轴、车床的光杆、搅拌机轴、电动机主轴等。需要指出的是，工程中单纯发生扭转的杆件不多，多数还伴随有其他变形，如图 3.2 所示的传动轴还有弯曲变形，属于组合变形，这类问题将在第 8 章中讨论。

工程中把以扭转变形为主的杆件通常称为**轴**，截面形状为圆形的轴称为**圆轴**，圆轴在工程上是最常见的一种受扭杆件。本章主要讨论圆截面等直杆扭转时的应力、变形、强度及刚度问题。对于非圆截面杆件的扭转，只作简单介绍。

3.2　外力偶矩的计算　扭矩和扭矩图

3.2.1　外力偶矩的计算

作用于轴上的外力偶矩，用 M_e 表示。工程上许多受扭构件（如传动轴等）往往不直接给出外力偶矩值，而是给出轴所传递的功率和转速，这时可用下述方法计算作用于轴上的外力偶矩。

由理论力学可知，力偶在单位时间内所做的功即为功率 P，等于该力偶矩 M_e 与相应角速度 ω 的乘积，即

$$P = M_e \omega$$

工程实际中，功率 P 的常用单位为千瓦（kW），力偶矩 M_e 与转速 n 的常用单位分别为 N·m 与转/分（r/min），此外，考虑到 1W＝1N·m/s，于是由 $P＝M_e\omega$ 得

$$P \times 10^3 = M_e \times \frac{2\pi n}{60}$$

由此得

$$\{M_e\}_{\mathrm{N \cdot M}} = 9549\,\frac{\{P\}_{\mathrm{kW}}}{\{n\}_{\mathrm{r/min}}} \tag{3.1}$$

3.2.2　受扭杆件横截面上的内力偶矩——扭矩

作用在轴上的外力偶矩 M_e 确定之后，可用截面法研究其内力。现以图 3.3（a）所示圆轴为例，假想地将圆轴沿 $n\text{-}n$ 截面分成 I、II 两部分，保留部分 I 作为研究对象 [图 3.3（b）]。由于整个轴是平衡的，所以部分 I 也处于平衡状态，这就要求截面 $n\text{-}n$ 上的内力系必须合成为一个内力偶矩 T。由部分 I 的平衡条件 $\sum M_x = 0$，即

$$T - M_e = 0$$

得

$$T = M_e$$

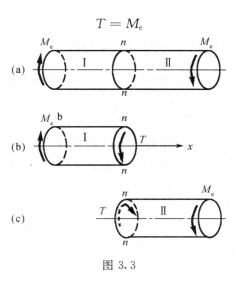

图 3.3

T 称为 n-n 截面上的**扭矩**，它是Ⅰ、Ⅱ两部分在 n-n 截面上相互作用的分布内力系的合力偶矩。

如果取部分Ⅱ作为研究对象［图3.3（c）］，所得 n-n 截面上的扭矩与前面求得的扭矩大小相等、方向相反。为了使无论从部分Ⅰ或部分Ⅱ求出的同一截面上的扭矩不但数值相等，而且符号相同，对扭矩的符号规定如下：按右手螺旋法则将扭矩表示为矢量，当矢量方向与截面的外法线方向一致时，T 为正，反之为负（图3.4）。按照这一法则，图3.3中，n-n 截面上扭矩无论取部分Ⅰ还是部分Ⅱ，都是正的。

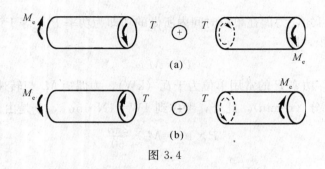

图3.4

3.2.3 扭矩图

当轴上同时作用多个外力偶时，杆件各截面上的扭矩则需分段求出。与拉伸（压缩）问题中画轴力图一样，可以用图线来表示各横截面上的扭矩沿轴线变化的情况。以横轴表示横截面的位置，纵轴表示相应截面上的扭矩，这种图线称为**扭矩图**。一般规定正扭矩画在横轴的上侧，负扭矩画在横轴的下侧。下面通过例题说明扭矩的计算和扭矩图的绘制。

例3.1 传动轴如图3.5（a）所示，主动轮 A 输入功率 $P_A = 36\text{kW}$，从动轮 B、C、D 输出功率分别为 $P_B = P_C = 11\text{kW}$，$P_D = 14\text{kW}$，轴的转速为 $n = 300\text{r/min}$，试画出轴的扭矩图。

解 （1）计算外力偶矩。由式（3.1）得

$$M_{eA} = 9549 \times \frac{36}{300} = 1146(\text{N} \cdot \text{m})$$

$$M_{eB} = M_{eC} = 9549 \times \frac{11}{300} = 350(\text{N} \cdot \text{m})$$

$$M_{eD} = 9549 \times \frac{14}{300} = 446(\text{N} \cdot \text{m})$$

（2）应用截面法计算各段内的扭矩。分别在截面1-1，2-2，3-3处假想地将轴截开，取左段或右段作为研究对象，并假设各截面上的扭矩为正，如图3.5（b）、（c）、（d）所示。由研究对象的平衡条件计算各段内的扭矩。

BC 段［图3.5（b）］： $T_1 + M_{eB} = 0$

$\qquad\qquad\qquad\qquad\qquad T_1 = -M_{eB} = -350\text{N} \cdot \text{m}$

CA 段［图3.5（c）］： $T_2 + M_{eC} + M_{eB} = 0$

$\qquad\qquad\qquad\qquad\qquad T_2 = -M_{eC} - M_{eB} = -700\text{N} \cdot \text{m}$

AD 段 [图 3.5 (d)]： $T_3 - M_{eD} = 0$

$$T_3 = M_{eD} = 446\text{N} \cdot \text{m}$$

计算所得的 T_1 和 T_2 为负，说明扭矩的实际方向与假设方向相反。

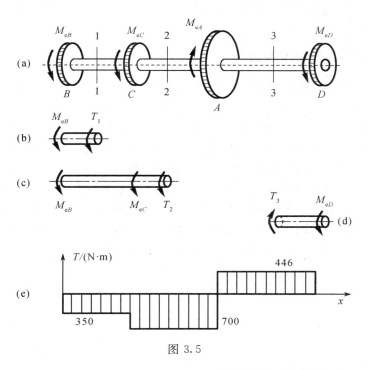

图 3.5

（3）绘扭矩图。根据所得数据，把各截面上的扭矩沿轴线变化的情况，用图 3.5 （e）表示出来，这就是扭矩图。从图中看出，最大扭矩发生于 CA 段内，且 $|T_{\max}| = 700\text{N} \cdot \text{m}$。

（4）讨论。对同一根轴，若把主动轮 A 安置于轴的一端，如放在右端，则轴的扭矩图如图 3.6 所示。这时，轴的最大扭矩 $|T_{\max}| = 1146\text{N} \cdot \text{m}$。可见，传动轴上主动轮和从动轮安置的位置不同，轴所承受的最大扭矩也就不同。两者相比，显然图 3.5 所示布局比较合理。在工程设计中，应合理布置主动轮和从动轮的位置，使得扭矩的最大值尽可能小。

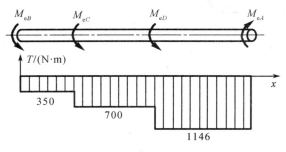

图 3.6

3.3　薄壁圆筒的扭转　纯剪切

在研究圆轴扭转的切应力之前，为了研究切应力和切应变的规律以及两者之间的关系，先考察薄壁圆筒的扭转。

3.3.1　薄壁圆筒扭转时的切应力

薄壁圆筒指的是壁厚 δ 远小于其平均半径 r 的圆筒。做扭转试验时，先在圆筒外表面画上圆周线和纵向线 ［图 3.7（a）］，然后在两端施加外力偶矩 M_e。当变形不太大时，可以看到以下现象：圆周线的形状和大小不变，它们之间的距离也不变，两相邻圆周线发生相对转动；各纵向平行线仍然平行，但都倾斜了同一个角度，由圆周线和纵向线所组成的矩形变成菱形。由此可以判断，圆筒横截面和包含轴线的纵向截面上都没有正应力，横截面上只有切于截面的切应力 τ。由于筒壁的厚度 δ 很小，可以认为沿筒壁厚度切应力不变，而且，根据圆筒扭转后，各纵向线都倾斜了同一个角度的现象，说明沿圆周上各点切应力相同 ［图 3.7（c）］。这样，横截面上的内力系组成一个力矩，它与外力偶矩 M_e 相平衡。平衡方程为

$$M_e = \int_A \tau \, dA \cdot r = \int_0^{2\pi} \tau r^2 \delta d\theta = 2\pi r^2 \delta \tau$$

所以

$$\tau = \frac{M_e}{2\pi r^2 \delta} \tag{3.2}$$

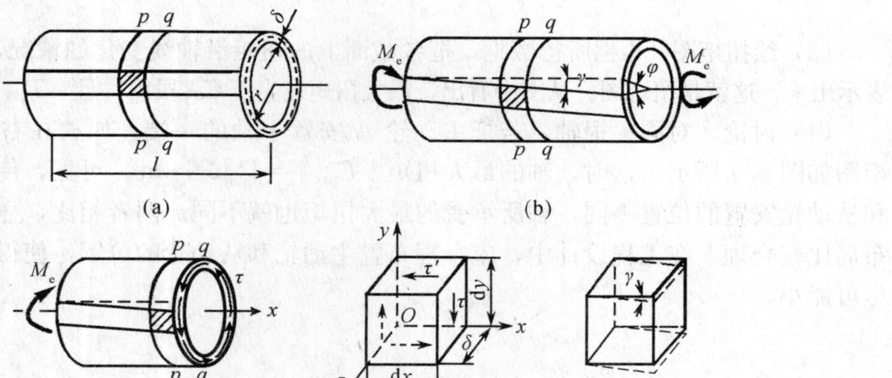

图 3.7

3.3.2　切应力互等定理

用相邻的两个横截面和两个纵向面，从薄壁圆筒中取出边长分别为 dx、dy 和 δ 的单元体，如图 3.7（d）所示。单元体的左、右两侧面是圆筒横截面的一部分，由前述分析可知，在这两个侧面上，没有正应力，只有切应力，大小按式（3.2）计算，数值

相等，但方向相反，其力偶矩为 $(\tau\delta\mathrm{d}y)\mathrm{d}x$ 。因为单元体是平衡的，由 $\sum F_x = 0$ 知，它的上、下两个侧面上必然存在大小相等、方向相反的切应力 τ'，组成力偶矩为 $(\tau'\delta\mathrm{d}x)\mathrm{d}y$ 的力偶与上述力偶平衡。这样，由单元体的平衡条件 $\sum M_z = 0$ ，得

$$(\tau\delta\mathrm{d}y)\mathrm{d}x = (\tau'\delta\mathrm{d}x)\mathrm{d}y$$
$$\tau = \tau' \tag{3.3}$$

上式表明，在相互垂直的两个平面上，切应力必然成对存在，且数值相等，两者都垂直于两个平面的交线，方向则共同指向或共同背离这一交线，这就是**切应力互等定理**。该定理具有普遍意义，在单元体各平面上同时有正应力的情况下也同样成立。

3.3.3 切应变 剪切胡克定律

单元体 [图 3.7 (d)] 在两对相互垂直的平面上只有切应力而无正应力，这种情况称为**纯剪切**。在纯剪切情况下，单元体的相对两侧面将发生微小的相对错动，原来相互垂直的两个棱边的夹角，改变了一个微量 γ，这就是切应变 [图 3.7 (e)]。

设 φ 为圆筒两端截面的相对扭转角，l 为圆筒的长度，由图 3.7 (b) 可知，切应变为

$$\gamma = \frac{r\varphi}{l} \tag{a}$$

纯剪切试验结果表明，当切应力不超过材料的剪切比例极限时，扭转角 φ 与扭转力偶矩 M_e 成正比，如图 3.8 (a) 所示。由式 (3.2) 和式 (a) 分别看出，切应力 τ 与 M_e 成正比，切应变 γ 与 φ 成正比。所以由上述试验结果可推断：当切应力不超过材料的剪切比例极限时，切应变 γ 与切应力 τ 成正比 [图 3.8 (b)]，这就是**剪切胡克定律**，可以写成

$$\tau = G\gamma \tag{3.4}$$

式中 G 为比例常数，称为材料的**切变模量**，它反映材料抵抗弹性剪切变形的能力。量纲与应力相同，常用单位是 GPa 。钢材的 G 值约为 80GPa 。

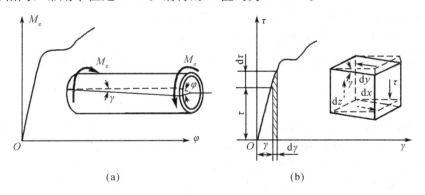

(a)   (b)

图 3.8

在讨论拉伸和压缩时，曾引进材料的两个弹性常量：弹性模量 E 和泊松比 μ 。现在又引进一个新的弹性常量：切变模量 G 。对于各向同性材料，可以证明 E、G、μ 之间存在下列关系：

$$G = \frac{E}{2(1+\mu)} \tag{3.5}$$

可见，三个弹性常数中只有两个是独立的。只要知道任意两个，另一个即可确定。

3.3.4　剪切应变能

设想从构件中取出受纯剪切的单元体［图 3.8（b）］，并设单元体左侧面固定，右侧面上的剪切内力为 $\tau \mathrm{d}y\mathrm{d}z$，由于剪切变形，右侧面将向下错动 $\gamma \mathrm{d}x$。若切应力有一增量 $\mathrm{d}\tau$，相应的切应变增量为 $\mathrm{d}\gamma$，右侧面向下位移的增量为 $\mathrm{d}\gamma\mathrm{d}x$。剪力 $\tau \mathrm{d}y\mathrm{d}z$ 在位移 $\mathrm{d}\gamma\mathrm{d}x$ 上完成的功为 $\tau \mathrm{d}y\mathrm{d}z \cdot \mathrm{d}\gamma\mathrm{d}x$。在应力从零逐渐增加的过程中，右侧面上剪力 $\tau \mathrm{d}y\mathrm{d}z$ 总共做的功为

$$\mathrm{d}W = \int_0^{\gamma_1} \tau \mathrm{d}y\mathrm{d}z \cdot \mathrm{d}\gamma\mathrm{d}x \tag{a}$$

单元体内储存的应变能 $\mathrm{d}V_\varepsilon$ 数值上等于 $\mathrm{d}W$，于是得单位体积的应变能即应变能密度 v_ε 为

$$v_\varepsilon = \frac{\mathrm{d}V_\varepsilon}{\mathrm{d}V} = \frac{\mathrm{d}W}{\mathrm{d}x\mathrm{d}y\mathrm{d}z} = \int_0^{\gamma_1} \tau \mathrm{d}\gamma \tag{b}$$

上式表明，v_ε 等于 τ-γ 曲线下的面积。在切应力小于剪切比例极限的情况下，有

$$v_\varepsilon = \frac{1}{2}\tau\gamma$$

由剪切胡克定律，上式可以写成

$$v_\varepsilon = \frac{1}{2}\tau\gamma = \frac{\tau^2}{2G} \tag{3.6}$$

3.4　圆轴扭转时的应力　强度条件

3.4.1　横截面上的切应力

与薄壁圆筒受扭时相似，要导出圆轴扭转时横截面上的切应力计算公式，关键在于确定切应力在横截面上的分布规律。这仍需要从研究变形入手，再利用切应力与切应变之间的关系来确定。最后通过静力学关系，把切应力和扭矩联系起来，得到横截面上的切应力计算公式。

1. 变形几何关系

观察圆轴的扭转变形，受扭前在其表面画上纵向线与圆周线［图 3.9（a）］。扭转后可以看到：当变形很小时，各圆周线的形状、大小及间距均没有改变，仅是绕轴线做相对转动；各纵向线倾斜同一角度，所有矩形网格均变为平行四边形，如图 3.9（b）所示。

根据上述现象，经过由表及里地推测，可对圆轴内部变形作如下假设：圆轴扭转变形前原为平面的横截面，变形后仍保持为平面，形状和大小不变，半径仍保持为直线，且相邻两横截面间的距离不变，这就是**圆轴扭转平面假设**。按照这一假设，圆轴扭转时，各横截面如同刚性圆片绕轴线做相对转动。以此假设为基础导出的应力和变形的计算公式，符合试验结果，且与弹性力学一致，说明该假设是正确的。

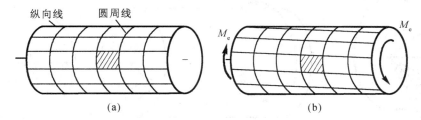

图 3.9

取相距 $\mathrm{d}x$ 的两个横截面以及夹角无限小的两个径向截面,从轴内取一楔形体 O_1ABCDO_2 进行分析（图 3.10）。根据平面假设,楔形体的变形如图中虚线所示,距轴线 ρ 处的任一矩形 $abcd$ 变为平行四边形 $abc'd'$,即在垂直于半径的平面内发生剪切变形;且两刚性平面 O_1AB 和 O_2CD 之间的距离保持不变,横截面上的正应力为零。设上述楔形体左、右两横截面间的相对扭转角为 $\mathrm{d}\varphi$,矩形 $abcd$ 的切应变为 γ_ρ,由图可知

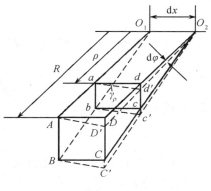

图 3.10

$$\gamma_\rho \approx \tan\gamma_\rho = \frac{\overline{dd'}}{\overline{ad}} = \frac{\rho\mathrm{d}\varphi}{\mathrm{d}x}$$

即

$$\gamma_\rho = \frac{\rho\mathrm{d}\varphi}{\mathrm{d}x} \tag{a}$$

式中 $\dfrac{\mathrm{d}\varphi}{\mathrm{d}x}$ 是扭转角 φ 沿 x 轴的变化率。对一个给定的横截面来说,它是常量。可见横截面上任意点的切应变与该点到圆心的距离 ρ 成正比。

2. 物理关系

由剪切胡克定律知,在剪切比例极限范围内,切应力与切应变成正比,所以横截面上距圆心为 ρ 处的切应力 τ_ρ 为

$$\tau_\rho = G\gamma_\rho = G\rho\frac{\mathrm{d}\varphi}{\mathrm{d}x} \tag{3.7}$$

上式表明,横截面上任意点的切应力 τ_ρ 与该点到圆心的距离 ρ 成正比。因为 γ_ρ 发生在垂直于半径的平面内,所以 τ_ρ 也与半径垂直。若再注意到切应力互等定理,在横截面和纵向截面上,沿半径切应力的分布如图 3.11 所示。

由于式（3.7）中的 $\dfrac{\mathrm{d}\varphi}{\mathrm{d}x}$ 尚未确定,所以仍不能用该式来计算切应力,需要从静力学方面作进一步分析。

3. 静力学关系

如图 3.12 所示,在距圆心 ρ 处,取一微面积 $\mathrm{d}A$,其上的微内力 $\tau_\rho\mathrm{d}A$ 对圆心的力矩为 $\rho\tau_\rho\mathrm{d}A$,在整个截面上这些力矩之和就等于该截面上的扭矩 T,即

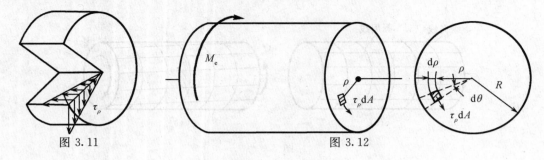

图 3.11 　　　　　　　　　　　　　　　　图 3.12

$$T = \int_A \rho \tau_\rho \mathrm{d}A \tag{b}$$

将式（3.7）代入上式，并注意到在给定的横截面上，$\dfrac{\mathrm{d}\varphi}{\mathrm{d}x}$ 为常量，于是有

$$T = \int_A \rho \tau_\rho \mathrm{d}A = G \frac{\mathrm{d}\varphi}{\mathrm{d}x} \int_A \rho^2 \mathrm{d}A \tag{c}$$

以 I_p 表示上式中的积分，即

$$I_\mathrm{p} = \int_A \rho^2 \mathrm{d}A \tag{d}$$

I_p 是一个只与截面形状、尺寸有关的量，称为截面对圆心 O 的**极惯性矩**，量纲为长度的四次方。这样，（c）式便可写成

$$T = G I_\mathrm{p} \frac{\mathrm{d}\varphi}{\mathrm{d}x} \tag{3.8}$$

从式（3.7）和式（3.8）中消去 $\dfrac{\mathrm{d}\varphi}{\mathrm{d}x}$，得

$$\tau_\rho = \frac{T\rho}{I_\mathrm{p}} \tag{3.9}$$

式（3.9）为圆轴扭转时横截面上任意点处切应力的计算公式。

在圆截面边缘上，$\rho = R$，得最大切应力为

$$\tau_{\max} = \frac{TR}{I_\mathrm{p}} = \frac{T}{I_\mathrm{p}/R} \tag{3.10}$$

式中，比值 I_p/R 称为**抗扭截面模量**，量纲为长度的三次方，用 W_t 表示，即

$$W_\mathrm{t} = \frac{I_\mathrm{p}}{R} \tag{e}$$

这样式（3.10）可写成

$$\tau_{\max} = \frac{T}{W_\mathrm{t}} \tag{3.11}$$

上式表明，最大扭转切应力与扭矩成正比，与抗扭截面模量成反比。

以上各式是以平面假设为基础导出的。试验结果表明，只有对横截面不变的圆轴，平面假设才是正确的，所以这些公式只适用于等直圆杆。对圆截面沿轴线变化缓慢的小锥度锥形杆，也可近似地用这些公式计算。此外，推导过程中还使用了剪切胡克定律，因而只适用于 $\tau_{\max}$ 不超过剪切比例极限的空心或实心圆截面杆。

下面给出实心和空心圆截面的极惯性矩 I_p 和抗扭截面模量 W_t。按照式（d）和式（e），可得：

实心圆截面

$$I_p = \int_A \rho^2 \, dA = \int_0^{2\pi} \int_0^R \rho^3 \, d\rho \, d\theta = \frac{\pi R^4}{2} = \frac{\pi D^4}{32} \qquad (3.12a)$$

$$W_t = \frac{I_p}{R} = \frac{\pi D^3}{16} \qquad (3.12b)$$

式中 D 为圆截面的直径。

空心圆截面

$$I_p = \int_A \rho^2 \, dA = \int_0^{2\pi} \int_{d/2}^{D/2} \rho^3 \, d\rho \, d\theta = \frac{\pi}{32}(D^4 - d^4) = \frac{\pi D^4}{32}(1 - \alpha^4) \qquad (3.13a)$$

$$W_t = \frac{I_p}{R} = \frac{\pi}{16D}(D^4 - d^4) = \frac{\pi D^3}{16}(1 - \alpha^4) \qquad (3.13b)$$

式中 D 和 d 分别为空心圆截面的外径和内径，$\alpha = d/D$。

3.4.2　强度条件

圆轴扭转时横截面上的最大工作切应力 τ_{max} 不得超过材料的许用切应力 $[\tau]$，得强度条件为

$$\tau_{max} = \left(\frac{T}{W_t}\right)_{max} \leqslant [\tau] \qquad (3.14)$$

对于等截面圆轴，最大切应力 τ_{max} 发生在 T_{max} 所在截面的边缘上，因而强度条件可写为

$$\tau_{max} = \frac{T_{max}}{W_t} \leqslant [\tau] \qquad (3.15)$$

对于变截面圆轴，如阶梯轴、圆锥形轴等，W_t 不是常量，τ_{max} 并不一定发生在扭矩为 T_{max} 的截面上，这要综合考虑 T 和 W_t，寻求 $\tau = \frac{T}{W_t}$ 的极值。

例 3.2　图 3.13（a）所示阶梯圆轴，AB 段直径 $d_1 = 120\text{mm}$，BC 段直径 $d_2 = 100\text{mm}$，外力偶矩 $M_{eA} = 22\text{kN·m}$，$M_{eB} = 36\text{kN·m}$，$M_{eC} = 14\text{kN·m}$。已知材料的许用切应力 $[\tau] = 80\text{MPa}$，试校核轴的强度。

解　用截面法求得 AB，BC 段的扭矩分别为

$$T_1 = 22\text{kN·m}, \quad T_2 = -14\text{kN·m}$$

扭矩图如图 3.13（b）所示。

由扭矩图可见，AB 段的扭矩大于 BC 段，但因两段轴的直径不同，所以两段轴都需要计算。

AB 段：
$$\tau_{1max} = \frac{T_1}{W_{t1}} = \frac{22 \times 10^3}{\frac{\pi}{16} \times 0.12^3} = 64.9(\text{MPa}) \leqslant [\tau]$$

BC 段：
$$\tau_{2max} = \frac{T_2}{W_{t2}} = \frac{14 \times 10^3}{\frac{\pi}{16} \times 0.1^3} = 71.3(\text{MPa}) \leqslant [\tau]$$

因此，该轴满足强度条件。

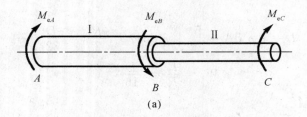

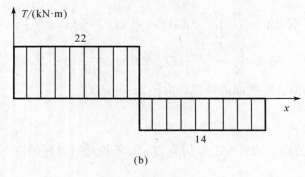

图 3.13

例 3.3 某传动轴，承受 $M_e = 2.2\text{kN·m}$ 的外力偶作用，材料的许用切应力为 $[\tau] = 80\text{MPa}$，试分别按以下两种方式确定轴的截面尺寸，并比较其重量。

（1）横截面为实心圆截面；

（2）横截面为 $\alpha = 0.8$ 的空心圆截面。

解 （1）实心圆截面。设轴的直径为 d，由式（3.15）得

$$W_t = \frac{\pi d^3}{16} \geqslant \frac{T}{[\tau]} = \frac{M_e}{[\tau]}$$

$$d \geqslant \sqrt[3]{\frac{16M_e}{\pi[\tau]}} = \sqrt[3]{\frac{16 \times 2.2 \times 10^3}{\pi \times 80 \times 10^6}} = 51.9 \times 10^{-3}\text{m} = 51.9\text{mm}$$

取 $d = 52\text{mm}$。

（2）空心圆截面。设轴的外径为 D，由式（3.15）得

$$W_t = \frac{\pi D^3}{16}(1 - \alpha^4) \geqslant \frac{T}{[\tau]} = \frac{M_e}{[\tau]}$$

$$D \geqslant \sqrt[3]{\frac{16M_e}{\pi(1 - \alpha^4)[\tau]}} = \sqrt[3]{\frac{16 \times 2.2 \times 10^3}{\pi \times (1 - 0.8^4) \times 80 \times 10^6}} = 61.9 \times 10^{-3}\text{m} = 61.9\text{mm}$$

取 $D = 62\text{mm}$，$d_1 = 0.8D \approx 50\text{mm}$。

在两轴长度和材料均相同的情况下，两轴重量之比等于横截面面积之比。利用以上计算结果得

$$\text{重量比} = \frac{A_{\text{空}}}{A_{\text{实}}} = \frac{\frac{\pi}{4}(D^2 - d_1{}^2)}{\frac{\pi}{4}d^2} = \frac{62^2 - 50^2}{52^2} = 0.50$$

可见在载荷相同的条件下，空心轴的重量仅为实心轴的 50%，其减轻重量、节约材料的效果非常明显。这是因为横截面上的切应力沿半径按线性规律分布，圆心附近的应力

很小，材料没有充分发挥作用。若把轴心附近的材料向边缘移置，使其成为空心轴，就会增大 I_p 和 W_t，从而提高轴的强度。

3.5　圆轴扭转时的变形　刚度条件

3.5.1　圆轴扭转变形

圆轴的扭转变形，用横截面绕轴线的相对扭转角表示。由式（3.8）知，相距为 $\mathrm{d}x$ 的两个横截面之间的相对扭转角为

$$\mathrm{d}\varphi = \frac{T}{GI_p}\mathrm{d}x \tag{a}$$

沿轴线 x 积分，即可求得距离为 l 的两个横截面之间的相对扭转角为

$$\varphi = \int_l \mathrm{d}\varphi = \int_0^l \frac{T}{GI_p}\mathrm{d}x \tag{b}$$

若两横截面间 T 值不变，且轴是等直杆，则（b）式中 $\frac{T}{GI_p}$ 为常量。于是，（b）式化为

$$\varphi = \frac{Tl}{GI_p} \tag{3.16}$$

上式表明，GI_p 越大，扭转角 φ 越小。GI_p 称为圆轴的**抗扭刚度**，它反映圆轴抵抗变形的能力。

对于各段扭矩不等或截面极惯性矩不等的圆轴，如阶梯轴，应该分段计算各段的扭转角，然后代数相加，得两端截面的相对扭转角为

$$\varphi = \sum_{i=1}^{n} \frac{T_i l_i}{GI_{pi}} \tag{c}$$

如果 T 与 I_p 是 x 的连续函数，则可直接用积分式（b）计算两端面的相对扭转角。

3.5.2　刚度条件

轴类零件除应满足强度要求外，一般还不应有过大的扭转变形。例如，若车床丝杆扭转角过大，会影响车刀进给，降低加工精度；发动机的凸轮轴扭转角过大，会影响气阀开关时间；镗床的主轴或磨床的传动轴如扭转角过大，将引起扭转振动，影响工件的精度和光洁度，所以要限制某些轴的扭转变形。

式（3.16）表示的扭转角与轴的长度 l 有关。为消除长度的影响，用扭转角的变化率 $\dfrac{\mathrm{d}\varphi}{\mathrm{d}x}$，即单位长度扭转角 φ' 表示扭转变形的程度。由式（3.8）可得

$$\varphi' = \frac{\mathrm{d}\varphi}{\mathrm{d}x} = \frac{T}{GI_p} \tag{3.17}$$

φ' 的单位为 $\mathrm{rad/m}$。

为保证轴正常工作，通常规定单位长度扭转角 φ' 的最大值 $\varphi'_{\max}$ 不得超过规定的允许值 $[\varphi']$，从而得圆轴扭转的刚度条件为

$$\varphi'_{\max} = \left(\frac{T}{GI_p}\right)_{\max} \leqslant [\varphi'] \tag{3.18}$$

工程中，常把（°）/m 作为 $[\varphi']$ 的单位。这样把上式中的弧度换算成度，得

$$\varphi'_{\max} = \left(\frac{T}{GI_p}\right)_{\max} \times \frac{180°}{\pi} \leqslant [\varphi'] \tag{3.19}$$

$[\varphi']$ 值根据载荷性质、工作要求和工作条件等因素来确定，可查有关机械设计手册。一般规定为：精密机器的轴，$[\varphi'] = (0.25 \sim 0.50)°/\text{m}$；一般传动轴，$[\varphi'] = (0.5 \sim 1.0)°/\text{m}$；精度要求不高的轴，$[\varphi'] = (1.0 \sim 2.5)°/\text{m}$。

例 3.4 图 3.14（a）中钢制圆轴直径 $d = 70\text{mm}$，切变模量 $G = 80\text{GPa}$，$l_1 = 300\text{mm}$，$l_2 = 500\text{mm}$，扭转外力偶矩分别为 $M_{e1} = 1592\text{N·m}$，$M_{e2} = 955\text{N·m}$，$M_{e3} = 637\text{N·m}$，试求 C、B 两截面相对扭转角 φ_{BC}。若规定 $[\varphi'] = 0.3°/\text{m}$，试校核此轴的刚度。

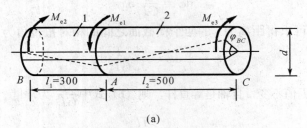

(a)

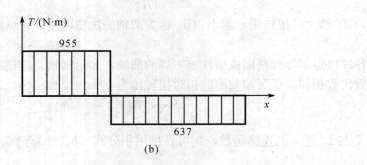

(b)

图 3.14

解 （1）作扭矩图。扭矩图如图 3.14（b）所示，$T_1 = 955\text{N·m}$，$T_2 = -637\text{N·m}$。
（2）求 φ_{BC}。由式（3.16）得

$$\varphi_{BA} = \frac{T_1 l_1}{GI_p} = \frac{955 \times 0.3 \times 32}{80 \times 10^9 \times \pi \times 0.07^4} = 1.52 \times 10^{-3} \ (\text{rad})$$

$$\varphi_{AC} = \frac{T_2 l_2}{GI_p} = \frac{-637 \times 0.5 \times 32}{80 \times 10^9 \times \pi \times 0.07^4} = -1.69 \times 10^{-3} \ (\text{rad})$$

$$\varphi_{BC} = \varphi_{BA} + \varphi_{AC} = -1.7 \times 10^{-4} \ (\text{rad})$$

（3）刚度校核。BA 段扭矩 T_1 大于 AC 段扭矩 T_2（绝对值），因此只需校核 BA 段刚度。

$$\varphi'_{\max} = \frac{T_{\max}}{GI_p} \times \frac{180°}{\pi} = \frac{955 \times 32}{80 \times 10^9 \times \pi \times 0.07^4} \times \frac{180°}{\pi} = 0.29°/\text{m} < [\varphi']$$

此轴满足刚度条件。

例 3.5 图 3.15（a）中传动轴的转速 $n = 300\text{r/min}$，A 轮输入功率 $P_A = 40\text{kW}$，其余各轮输出功率分别为 $P_B = 10\text{kW}$，$P_C = 12\text{kW}$，$P_D = 18\text{kW}$。材料的切变模量 $G = 80\text{GPa}$，$[\tau] = 50\text{MPa}$，$[\varphi'] = 0.3°/\text{m}$，试设计轴的直径 d。

解　（1）外力偶矩的计算。轴的计算简图如图 3.15（b）所示，由式（3.1）计算各外力偶矩分别为

$$M_A = 9549 \frac{P_A}{n} = 9549 \times \frac{40}{300} = 1273.2\,(\text{N}\cdot\text{m})$$

$$M_B = 9549 \frac{P_B}{n} = 9549 \times \frac{10}{300} = 318.3\,(\text{N}\cdot\text{m})$$

$$M_C = 9549 \frac{P_C}{n} = 9549 \times \frac{12}{300} = 382.0\,(\text{N}\cdot\text{m})$$

$$M_D = 9549 \frac{P_D}{n} = 9549 \times \frac{18}{300} = 572.9\,(\text{N}\cdot\text{m})$$

（2）作扭矩图。扭矩图如图 3.15（c）所示，最大扭矩为 $T_{\max} = 700.3\,\text{N}\cdot\text{m}$。

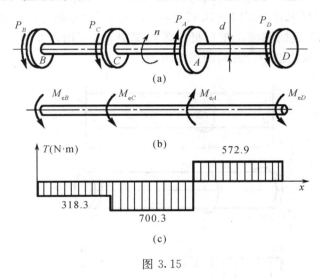

图 3.15

（3）按强度条件设计直径。由强度条件

$$\tau_{\max} = \frac{T_{\max}}{W_t} = \frac{16 T_{\max}}{\pi d^3} \leqslant [\tau]$$

$$d \geqslant \sqrt[3]{\frac{16 T_{\max}}{\pi [\tau]}} = \sqrt[3]{\frac{16 \times 700.3}{\pi \times 50 \times 10^6}} = 41.5\,(\text{mm})$$

（4）按刚度条件设计直径。由刚度条件

$$\varphi'_{\max} = \frac{T_{\max}}{G I_p} \times \frac{180°}{\pi} = \frac{32 T_{\max}}{G \pi d^4} \times \frac{180°}{\pi} \leqslant [\varphi']$$

$$d \geqslant \sqrt[4]{\frac{32 T_{\max}}{G \pi [\varphi']} \times \frac{180°}{\pi}} = \sqrt[4]{\frac{32 \times 700.3 \times 180°}{80 \times 10^9 \times \pi^2 \times 0.3}} = 64.2\,(\text{mm})$$

要使轴同时满足强度和刚度条件，取 $d = 65\text{mm}$。

　　例 3.6　如图 3.16 所示，直径为 d 的圆截面杆 AB 的左端固定，承受一集度为 m 的均布力偶矩作用。试导出计算截面 B 的扭转角的公式。

　　解　在距右端面 x 处截面处的扭矩为

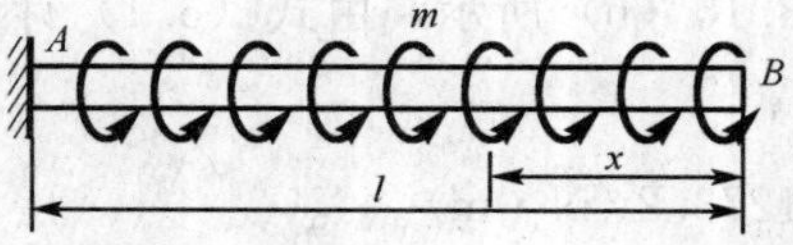

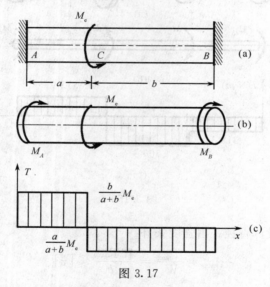

图 3.16

$$T = mx$$

由公式 $\mathrm{d}\varphi = \dfrac{T}{GI_\mathrm{p}}\mathrm{d}x$ 得

$$\mathrm{d}\varphi = \frac{mx}{GI_\mathrm{p}}\mathrm{d}x$$

积分上式，可得计算 B 截面的扭转角公式为

$$\varphi = \int_l \mathrm{d}\varphi = \int_0^l \frac{mx}{GI_\mathrm{p}}\mathrm{d}x = \frac{ml^2}{2GI_\mathrm{p}} = \frac{16ml^2}{G\pi d^4}$$

前面所研究的轴，其支反力偶矩与扭矩均可由平衡条件确定，属于静定问题。若通过平衡方程不能求出轴的全部支反力偶矩或扭矩，这类问题称为扭转超静定问题。求解扭转超静定问题同求解拉压超静定问题类似，需要建立变形协调方程，再结合静力平衡方程和物理方程进行求解。现以图 3.17（a）所示的超静定轴为例，介绍分析方法。

例 3.7 两端固定的圆轴，在 C 处受外力偶矩 M_e 作用，如图 3.17（a）所示。试求两固定端处的支反力偶矩，并绘制扭矩图。

图 3.17

解 解除 A、B 两端的约束，代以支反力偶矩 M_A 及 M_B [图 3.17（b）]。AB 轴只能列出一个独立的平衡方程 $\sum M_x = 0$，而未知的支反力偶矩有两个，因此是一次超静定问题。

由 $\sum M_x = 0$，得

$$M_A + M_B - M_\mathrm{e} = 0 \tag{a}$$

因为两端均为固定端，所以 B 截面相对 A 截面的扭转角 $\varphi_{AB} = 0$，即

$$\varphi_{BA} = \varphi_{BC} + \varphi_{CA} = 0 \tag{b}$$

物理方程

$$\varphi_{BC} = -\frac{M_B b}{GI_\mathrm{p}}, \quad \varphi_{CA} = \frac{M_A a}{GI_\mathrm{p}} \tag{c}$$

将式（c）代入式（b），得补充方程

$$-M_B b + M_A a = 0 \qquad (d)$$

联立求解式（a）和式（d）得

$$M_A = \frac{b}{a+b} M_e, \quad M_B = \frac{a}{a+b} M_e$$

扭矩图如图 3.17（c）所示。支反力偶矩确定后，可按前述方法分析轴的内力、应力和变形，并进行强度和刚度计算。

3.6 非圆截面杆扭转的概念

圆截面杆是最常见的受扭杆件，但在工程实际中，还可能遇到非圆截面杆的扭转，如农业机械中有时采用方轴作为传动轴，又如曲轴的曲柄承受扭转，其横截面是矩形的。现以矩形截面杆为例说明非圆截面杆扭转的主要特点。

3.6.1 自由扭转和约束扭转

在矩形截面杆的侧面画纵向线和横向周界线，如图 3.18（a）所示，扭转变形后发现横向周界线已变为空间曲线 ［图 3.18（b）］。这表明变形后杆的横截面已不再保持为平面，这种现象称为**翘曲**，这是非圆截面杆扭转时的一个主要特征。所以，平面假设对非圆截面杆件的扭转不再成立，故以平面假设为依据推导出的圆轴扭转应力、变形的计算公式均不适用。

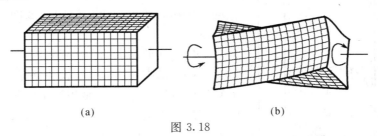

(a) (b)

图 3.18

非圆截面杆的扭转可分为自由扭转和约束扭转。等直杆两端受扭转力偶作用，且翘曲不受任何限制的情况，属于**自由扭转**。这种情况下杆件各横截面的翘曲程度相同，纵向纤维的长度无变化，故横截面上没有正应力而只有切应力。图 3.19（a）表示工字钢的自由扭转。若由于约束条件和受力条件的限制，造成杆件各横截面的翘曲程度不同，这势必引起相邻两截面间纵向纤维的长度改变，于是横截面上除切应力外还有正应力，这种情况称为**约束扭转**。图 3.19（b）即为工字钢约束扭转的示意图。

像工字钢、槽钢等薄壁杆件，约束扭转时横截面上的正应力往往是相当大的。但一些实体杆件，如截面为矩形或椭圆形的杆件，因约束扭转而引起的正应力很小，与自由扭转并无太大差别。

可以证明，杆件扭转时，横截面上边缘各点的切应力都与截面边界相切；角点处的切应力为零。说明如下：假设边缘某点的切应力不与边界相切（图 3.20 K_1 点），可将 τ 分解为切线方向的分量 τ_t 和法线方向的分量 τ_n。根据切应力互等定理，在轴自由表面上应存在切应力 τ'_n，且有 $\tau'_n = \tau_n$，但在自由表面上不可能有 τ'_n 作用，即 $\tau'_n = 0$，所以

必然有 $\tau_n = 0$。这就说明，在边缘上各点，切应力必然与边界相切。同理，假设在横截面的凸角处（如角点 K_2 处）有切应力 τ，可以把它分解成 τ_1 和 τ_2，由于轴表面上没有应力作用，所以 τ_1 和 τ_2 必为零，即截面凸角处的切应力等于零。

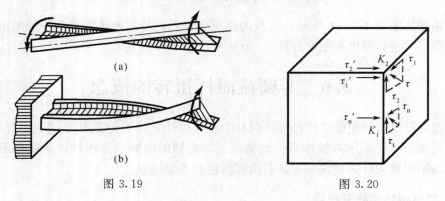

图 3.19   图 3.20

3.6.2 矩形截面杆的自由扭转

矩形截面杆的扭转问题一般在弹性力学中讨论，这里不加推导，直接引用弹性力学的主要结果。

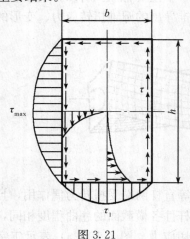

图 3.21

（1）横截面上切应力分布规律如图 3.21 所示。截面周边上各点切应力与边界相切，形成与周边相切的切应力流，流向与截面上的扭矩转向一致。

（2）横截面上四个角点处的切应力为零。

（3）最大切应力 τ_{max} 发生在矩形的长边中点，短边中点的切应力 τ_1 是短边上的最大值。假设矩形截面杆长为 l，截面长边和短边长度分别为 h 和 b，切应力计算公式为

$$\tau_{max} = \frac{T}{\alpha h b^2} \qquad (3.20)$$

$$\tau_1 = \nu \tau_{max} \qquad (3.21)$$

式中，α、ν 和下式中出现的 β 都是与截面边长比值 h/b 有关的系数，可由表 3.1 查得。

表 3.1 矩形截面杆扭转时的系数 α、β 和 ν

h/b	1.0	1.2	1.5	2.0	2.5	3.0	4.0	6.0	8.0	10.0	∞
α	0.208	0.219	0.231	0.246	0.258	0.267	0.282	0.299	0.307	0.313	0.333
β	0.141	0.166	0.196	0.229	0.249	0.263	0.281	0.299	0.307	0.313	0.333
ν	1.000	0.930	0.858	0.796	0.767	0.753	0.745	0.743	0.743	0.743	0.743

（4）杆件两端截面相对扭转角为

$$\varphi = \frac{Tl}{G\beta h b^3} = \frac{Tl}{GI_t} \qquad (3.22)$$

式中 GI_t 也称为杆件的抗扭刚度。

3.6.3 狭长矩形截面杆的自由扭转

$h/b > 10$ 的矩形称为狭长矩形，从表 3.1 可以看出，当 $h/b > 10$ 时，$\alpha = \beta \approx \dfrac{1}{3}$。用 δ 表示狭长矩形短边的长度，式（3.20）和式（3.22）可转化为

$$\tau_{\max} = \frac{T}{\dfrac{1}{3} h \delta^2} \tag{3.23}$$

$$\varphi = \frac{Tl}{\dfrac{1}{3} G h \delta^3} \tag{3.24}$$

图 3.22 给出了狭长矩形边缘线上扭转切应力的分布情况，可以看出，虽然最大切应力在长边的中点，但沿长边各点的切应力实际上变化已趋于平缓，大部分点的切应力均与 $\tau_{\max}$ 相等，在靠近短边处才迅速减小为零。

例 3.8 如图 3.23 所示，材料、横截面面积和长度 l 均相同的两根轴，受到相同的外力偶矩 M_e 作用。一根轴为圆形截面，直径为 d；另一根轴为高宽比 $h/b = 3/2$ 的矩形截面。试比较这两根轴的最大切应力和扭转角。

解 根据两轴的横截面面积相等得

$$\frac{\pi d^2}{4} = bh = \frac{3}{2} b^2$$

从而有

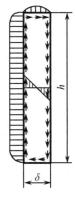

图 3.22

$$b = \sqrt{\frac{\pi}{6}} d \tag{a}$$

图 3.23

圆截面轴的最大切应力和扭转角分别为

$$\tau_{c,\max} = \frac{T}{W_t} = \frac{16 M_e}{\pi d^3}, \quad \varphi_c = \frac{Tl}{G I_p} = \frac{32 M_e l}{G \pi d^4}$$

对于矩形截面，由 $h/b = 3/2$，查表 3.1 得 $\alpha = 0.231$，$\beta = 0.196$，最大切应力和扭转角分别为

$$\tau_{r,\max} = \frac{T}{\alpha h b^2} = \frac{M_e}{0.231 h b^2} = \frac{M_e}{0.347 b^3} \,, \quad \varphi_r = \frac{Tl}{G\beta h b^3} = \frac{M_e l}{0.196 G h b^3} = \frac{M_e l}{0.294 G b^4}$$

考虑到式（a），得

$$\frac{\tau_{c,\max}}{\tau_{r,\max}} = \frac{16 \times 0.347}{\pi} \left(\sqrt{\frac{\pi}{6}}\right)^3 = 0.669 \,, \quad \frac{\varphi_c}{\varphi_r} = \frac{32 \times 0.294}{\pi} \left(\sqrt{\frac{\pi}{6}}\right)^4 = 0.821$$

由此可见，从轴的扭转强度和刚度考虑，圆形截面比矩形截面好。

思 考 题

3.1 试用功率、转速和外力偶矩的关系说明，为什么在同一减速器中，高速轴的直径较小，而低速轴的直径较大？

3.2 见思考题 3.2 图，T 为圆杆横截面上的扭矩，试画出截面上与 T 对应的切应力分布图。

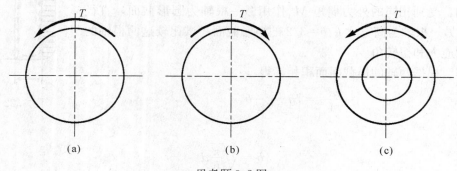

(a)   (b)   (c)

思考题 3.2 图

3.3 长为 l、直径为 d 的两根不同材料制成的圆轴，在其两端作用相同的扭转力偶矩 M_e，试问：

（1）最大切应力 $\tau_{\max}$ 是否相同？为什么？

（2）相对扭转角 φ 是否相同？为什么？

3.4 思考题 3.4 图示单元体，已知右侧面上有与 y 方向成 θ 角的切应力 τ。试画出其余面上的切应力。

*3.5 如思考题 3.5 图（a）所示，从受扭圆轴中用横截面 ABE，CDF 和包含轴线的纵向面 $ABCD$ 中截出一分离体，如思考题图 3.5（b）所示。根据切应力互等定理可知，在分离体的纵向截面上必有切应力 τ'。该纵向截面上的切应力合力将组成一力偶矩，试说明该力偶矩与分离体上的什么内力平衡。

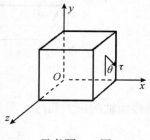

思考题 3.4 图

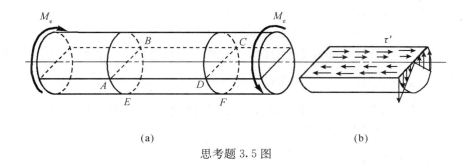

思考题 3.5 图

习 题

3.1 作习题 3.1 图示各轴的扭矩图，并求出最大扭矩。

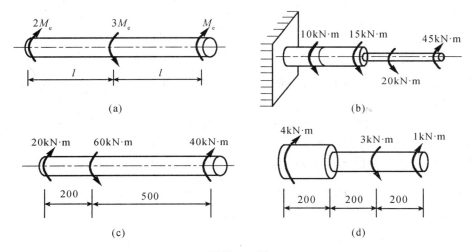

习题 3.1 图

3.2 直径 $D = 50$mm 的圆轴，受到扭矩 $T = 2.15$kN·m 的作用。试求在距离轴心 10mm 处的切应力，并求轴横截面上的最大切应力。

3.3 阶梯形圆轴直径分别为 $d_1 = 40$mm，$d_2 = 70$mm 轴上装有三个带轮，如习题 3.3 图所示。已知由轮 3 输入的功率 $P_3 = 30$kW，轮 1 输出的功率 $P_1 = 13$kW，轴作匀速转动，转速 $n = 200$r/min，材料的剪切许用应力 $[\tau] = 60$MPa，$G = 80$GPa，许用扭转角 $[\varphi'] = 2°$/m。试校核轴的强度和刚度。

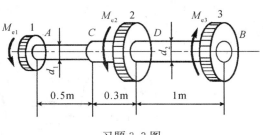

习题 3.3 图

3.4 空心圆轴的外径 $D = 100$mm，内径 $d = 50$mm。已知间距为 $l = 2.7$m 的两横截面的相对扭转角 $\varphi = 1.8°$，材料的切变模量 $G = 80$GPa。试求：

（1）轴的最大切应力；

（2）当轴以 $n = 80\text{r/min}$ 的速度旋转时，轴所传递的功率。

3.5　一薄壁圆管，两端承受外力偶矩 M_e 作用，设管的平均直径为 d，壁厚为 δ，管长为 l，切变模量为 G，试证明薄壁圆管的扭转角为 $\varphi = \dfrac{4M_e l}{G\pi d^3 \delta}$。

3.6　如习题 3.6 图所示直径为 d 的圆轴，其横截面上的扭矩为 T，试求二分之一截面（阴影）上内力系的合力的大小、方向和作用点。

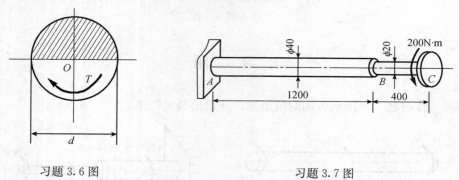

习题 3.6 图　　　　　　　　　　习题 3.7 图

3.7　如习题 3.7 图所示阶梯圆轴，材料的切变模量 $G = 80\text{GPa}$，试求 A、C 两截面的相对扭转角。

3.8　如习题 3.8 图所示，实心轴与空心轴通过牙嵌式离合器连接在一起。已知轴的转速 $n = 100\text{r/min}$，传递功率 $P = 7.5\text{kW}$，材料的许用应力 $[\tau] = 80\text{MPa}$，试确定实心轴直径 D_1 和内外径比值 $d/D = 0.5$ 的空心轴外径 D_2。

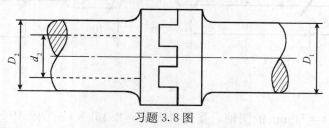

习题 3.8 图

3.9　传动轴的转速为 $n = 500\text{r/min}$，主动轮 1 输入功率 $P_1 = 368\text{kW}$，从动轮 2 和 3 分别输出功率 $P_2 = 147\text{kW}$，$P_3 = 221\text{kW}$。已知 $[\tau] = 70\text{MPa}$，$[\varphi'] = 1°/\text{m}$，$G = 80\text{GPa}$（习题 3.9 图）。

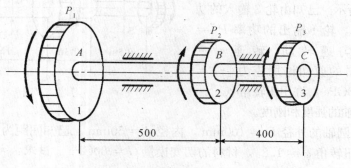

习题 3.9 图

（1）试确定 AB 段的直径 d_1 和 BC 段的直径 d_2。

（2）若 AB 和 BC 两段选用同一直径，试确定直径 d。

（3）主动轮和从动轮应如何安排才比较合理。

3.10　如习题 3.10 图所示，杆件为圆锥体的一部分，设其锥度不大，两端的直径分别为 d_1 和 d_2，长度为 l。沿轴线作用均匀分布的扭转力偶矩，它在每单位长度内的集度为 m。试计算两端截面的相对扭转角。

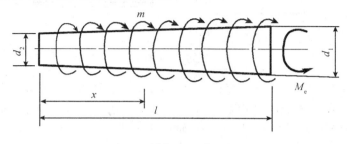

习题 3.10 图

3.11　如习题 3.11 图所示，阶梯形钢轴，AB 段直径 $D = 75\text{mm}$，BC 段直径 $d = 50\text{mm}$，$a = 0.5\text{m}$，材料的切变模量 $G = 80\text{GPa}$，$[\tau] = 50\text{MPa}$，$[\varphi'] = 2°/\text{m}$，试校核轴的强度和刚度。

3.12　如习题 3.12 图所示，空心圆轴外径 $D = 50\text{mm}$，AB 段内径 $d_1 = 25\text{mm}$，BC 段内径 $d_2 = 38\text{mm}$，材料的许用切应力 $[\tau] = 70\text{MPa}$，试求此轴所能承受的允许扭转外力偶矩 M_e。若要求两段的扭转角相等，各段长应为多少？

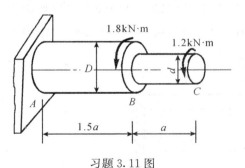

习题 3.11 图

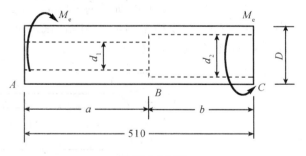

习题 3.12 图

3.13　如习题 3.13 图所示，折杆 AB 段直径 $d = 40\text{mm}$，长 $l = 1\text{m}$，许用切应力 $[\tau] = 70\text{MPa}$，切变模量 $G = 80\text{GPa}$，BC 段可视为刚性杆，$a = 0.5\text{m}$。当 $F = 1\text{kN}$ 时，试校核 AB 段的强度，并求 C 截面的铅垂位移。

3.14　设有 A、B 两个凸缘的圆轴如习题 3.14 图（a）所示。在扭转力偶矩 M_e 作用下发生变形。这时把一个薄壁圆筒与轴的凸缘焊接在一起，然后解

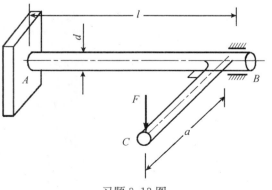

习题 3.13 图

除 M_e [习题 3.14 图 （b）]。设轴和筒的抗扭刚度分别为 $G_1 I_{p1}$ 和 $G_2 I_{p2}$ ，试求轴内和筒内的扭矩。

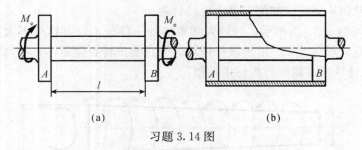

(a)   (b)

习题 3.14 图

3.15　如习题 3.15 图所示，直径 $d=60mm$ 的圆截面轴，两端固定，承受外力偶矩 M_e 的作用。已知轴材料的许用切应力 $[\tau]=50MPa$ ，$[\varphi']=0.35°/m$ ，切变模量 $G=80GPa$ 。试求许用外力偶矩 $[M_e]$ ，并作轴的扭矩图。

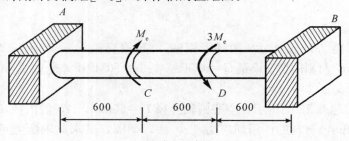

习题 3.15 图

3.16　如习题 3.16 图所示的 90mm×60mm 的矩形截面轴，已知轴的许用切应力 $[\tau]=80MPa$ ，切变模量 $G=80GPa$ ，试求许可外力偶矩 $[M_e]$ 以及在 $[M_e]$ 作用下 A、B 两截面的相对扭转角 φ_{BA} 。

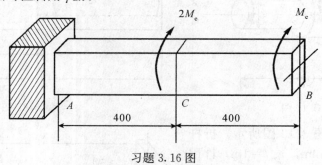

习题 3.16 图

第4章 弯曲内力

4.1 弯曲的概念和实例

工程实际中存在着大量发生弯曲变形的杆件。例如，桥式起重机大梁［图 4.1（a）］、火车轮轴［图 4.1（c）］以及车削工件［图 4.1（e）］等均为典型的弯曲杆件。这类杆件的受力和变形特点是：作用在杆件上的外力垂直于杆轴线，杆轴线由受力前的直线变成曲线。这种形式的变形称为**弯曲变形**。以弯曲变形为主的杆件通常称为**梁**。还有一些杆件，在载荷作用下，不但有弯曲变形，还有扭转变形。当讨论其弯曲变形时，仍然把它作为梁来处理，如图 4.1（g）所示的齿轮传动轴等。

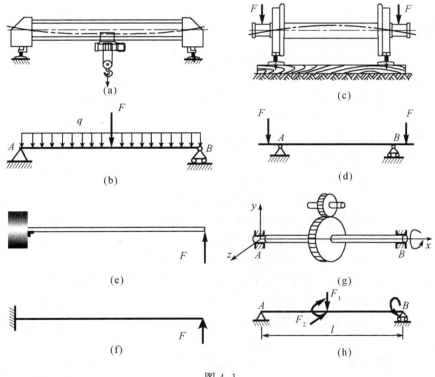

图 4.1

工程结构中，大多数受弯杆件的横截面至少有一根对称轴，如工字形、矩形、T 形截面等都属于这种情况。由各横截面的对称轴组成一个包含轴线的平面称为**纵向对称面**，如图 4.2 所示。当所有外力均作用在梁的纵向对称平面内，弯曲变形后梁的轴线变成位于该对称面内的一条曲线，这种弯曲称为**对称弯曲**。对称弯曲是弯曲问题中最基本、最常见的情况。本章主要讨论对称弯曲时横截面上的内力，以后两章将分别讨论弯曲应力和弯曲变形。

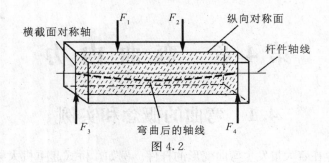

图 4.2

4.2 受弯杆件的简化

实际梁的支撑条件和载荷情况，一般都比较复杂。为了便于分析、计算，同时又要保证计算结果足够精确，往往需要对梁进行简化，得到梁的计算简图。下面分别对梁的支座和载荷的简化进行讨论。

4.2.1 支座的简化

按支座对梁的约束情况，可简化为以下三种基本形式：

（1）**可动铰支座**。允许梁在支座处转动和沿平行于支承面的方向移动，但不能沿垂直于支承面的方向移动，如图 4.3（a）所示，这种支座称为可动铰支座。平面问题中可动铰支座只能提供一个垂直于支承面的支座反力 F_y，计算简图如图 4.3（b）所示。

（2）**固定铰支座**。允许梁在支座处转动，但不能有任何方向的移动，如图 4.4（a）所示，这种支座称为固定铰支座。平面问题中固定铰支座能提供两个支座反力 F_x 和 F_y，计算简图如图 4.4（b）所示。像图 4.1（a）、（c）所示的桥式起重机大梁和火车轮轴，都是通过车轮安置于钢轨上，钢轨不限制轮轴（或大梁）平面的轻微偏转，但车轮凸缘与钢轨的接触却可约束沿轮轴轴线方向的位移。所以，可以把其中一条钢轨简化为固定铰支座，而另一条简化为可动铰支座，图 4.1（b）、（d）为计算简图。

（3）**固定端**。不允许梁在支座处发生任何方向的移动和转动，如图 4.5（a）所示，这种支座称为固定端支座，或简称为固定端。平面问题中固定端能提供两个支座反力 F_x、F_y 和一个支反力偶矩 M，计算简图如图 4.5（b）所示。像图 4.1（e）所示的车削工件。工件的左端用夹具夹紧、固定于夹具上，使工件对于夹具既不能有相对移动，也不能有相对转动，夹具可简化为固定端，图 4.1（f）为计算简图。

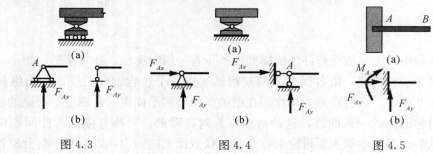

图 4.3　　　　　　　图 4.4　　　　　　　图 4.5

4.2.2 载荷的简化

作用在梁上的外载荷通常可以简化为以下三种类型。

（1）**集中载荷**。当外力的作用范围与梁的长度相比很小时，可简化为集中作用于一点的载荷，称为集中载荷，用 F 表示。如起重机吊重对大梁的作用力就可以简化成集中力 [图 4.1（a）]。

（2）**分布载荷**。当外力作用的范围与梁的长度相比不是很小，不能简化成一个集中载荷，可简化为分布载荷。单位长度上的载荷称为载荷集度，常用 q 表示。当 q 为常量时，称为均布载荷。例如，起重机大梁的自重可以简化成均布载荷。若 q 沿梁轴线变化则称为非均布载荷。

（3）**集中力偶**。如图 4.6（a）所示的齿轮传动轴，作用在齿轮上的轴向力 F 引起轴的弯曲变形。在计算轴的变形时，将 F 向轴线简化，会得到一个轴向力和一个附加力偶 [图 4.6（b）]，该力偶称为集中力偶，用 M_e 表示。

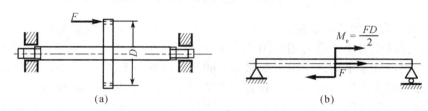

图 4.6

4.2.3 静定梁的基本形式

经过对支座和载荷的简化，得出梁的计算简图。若梁的支座反力均可由静力平衡方程完全确定，这种梁称为**静定梁**。常见的静定梁主要有以下三种基本形式：

（1）**简支梁**。一端为固定铰支座，另一端为可动铰支座的梁称为简支梁。例如，起重机大梁和齿轮传动轴均可简化成简支梁 [图 4.1（b）、（h）]。

（2）**外伸梁**。简支梁的一端或两端伸出铰支座之外，这种梁称为外伸梁。例如，火车轮轴可简化成图 4.1（d）所示的外伸梁。

（3）**悬臂梁**。一端为固定端另一端自由的梁称为悬臂梁。如车削工件可简化成图 4.1（f）所示的悬臂梁。

若梁的支座反力不能完全由静力平衡方程确定，这种梁称为**超静定梁**。关于超静定梁的问题将在第 6 章中讨论。

4.3 剪力与弯矩

静定梁的支座反力可由静力平衡方程完全确定，于是作用于梁上的外力均已知，进而可以研究梁横截面上的内力。截面法是计算内力的根本方法，现以图 4.7（a）所示的简支梁为例，介绍梁的内力计算。

简支梁受集中力 F_1、F_2 作用，两端的支座反力分别为 F_{Ay} 和 F_{By}，现求任一横截

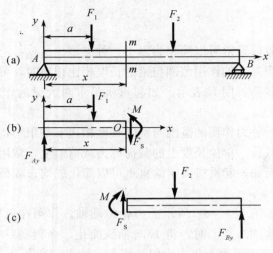

图 4.7

面 $m\text{-}m$ 上的内力。为了显示截面 $m\text{-}m$ 上的内力，沿截面 $m\text{-}m$ 假想地把梁分成两部分，并取左部分为研究对象，受力图如图 4.7（b）所示。由于梁原来处于平衡状态，所以梁的左部分仍应处于平衡。作用于左部分上的力，除外力 F_{Ay} 及 F_1 外，在截面 $m\text{-}m$ 上还应有右部分对它作用的内力，一般为分布力系。此分布内力系向截面形心 O 简化后得到两个内力分量（因为轴线方向无外力，所以沿轴线方向的内力分量为零）：与截面相切的内力分量 F_S，以及 xy 平面内的内力偶矩 M。根据左部分的平衡条件

$$\sum F_y = 0 , \quad F_{Ay} - F_1 - F_S = 0$$

$$\sum M_O = 0 , \quad M + F_1(x-a) - F_{Ay}x = 0$$

得

$$F_S = F_{Ay} - F_1 \tag{a}$$

$$M = F_{Ay}x - F_1(x-a) \tag{b}$$

F_S 称为截面 $m\text{-}m$ 上的**剪力**，它是与横截面相切的分布内力系的合力；M 称为截面 $m\text{-}m$ 上的**弯矩**，它是与横截面垂直的分布内力系的合力偶矩。剪力 F_S 和弯矩 M 同为梁横截面上的内力，它们均可由梁段的平衡方程来确定。

如取右部分作为研究对象，受力如图 4.7（c）所示，用相同的方法也可以求得截面 $m\text{-}m$ 上的剪力 F_S 和弯矩 M。由于剪力 F_S 与弯矩 M 是截面左、右两部分在截面 $m\text{-}m$ 上的相互作用力，所以右部分作用于左部分的剪力 F_S 和弯矩 M，在数值上必然等于左部分作用于右部分的剪力 F_S 和弯矩 M，但方向（转向）相反。

为了使取左、右不同部分进行内力计算时，所得同一截面的剪力和弯矩不仅在数值上相等，而且符号也一致，把剪力和弯矩的符号规则与梁的变形联系起来，规定如下：在图 4.8（a）所示变形的情况下，即截面 $m\text{-}m$ 的左段对右段向上相对错动时，截面 $m\text{-}m$ 上的剪力规定为正；反之，为负［图 4.8（b）］。在图 4.8（c）所示变形的情况下，即在截面 $m\text{-}m$ 处弯曲变形凸向下时，截面 $m\text{-}m$ 上的弯矩规定为正；反之为负［图 4.8（d）］。按此规定，同一截面上的剪力和弯矩，无论取该截面的左侧或右侧为研究对象，所得结果的数值和符号都是相同的。图 4.7 中所示的剪力和弯矩均为正。

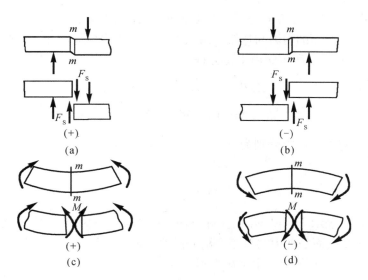

图 4.8

例 4.1　试求图 4.9（a）所示外伸梁 1-1、2-2 截面上的剪力和弯矩（两个截面都无限接近截面 A 或 B）。

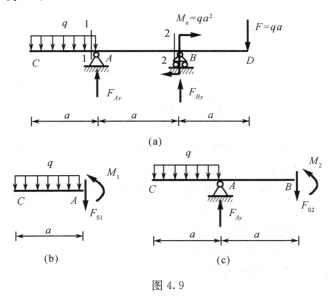

图 4.9

解　（1）计算支座反力。设 A、B 处的支座反力分别为 F_{Ay}、F_{By}（由外力知 $F_{Ax} = 0$）。由平衡方程

$$\sum M_B = 0, \quad F_{Ay} \times a - qa \times \frac{3}{2}a + qa^2 + qa \times a = 0$$

$$\sum M_A = 0, \quad F_{By} \times a - qa \times 2a - qa^2 + qa \times \frac{1}{2}a = 0$$

得

$$F_{Ay} = -\frac{qa}{2}, \quad F_{By} = \frac{5}{2}qa$$

F_{Ay} 为负，表示 F_{Ay} 的实际方向与图 4.9（a）中所示方向相反。

（2）计算 1-1 截面的剪力与弯矩。沿截面 1-1 将梁假想地截开，并选左段为研究对象，受力如图 4.9（b）所示。由平衡方程

$$\sum F_y = 0 , \quad F_{S1} + qa = 0$$

$$\sum M_{1-1} = 0 , \quad M_1 + qa \times \frac{1}{2}a = 0$$

求得截面 1-1 的剪力和弯矩分别为

$$F_{S1} = -qa$$

$$M_1 = -\frac{qa^2}{2}$$

F_{S1}、M_1 均为负，表示 F_{S1} 和 M_1 的实际方向与图 4.9（b）中所示的方向相反。

（3）计算 2-2 截面的剪力与弯矩。沿截面 2-2 将梁假想地截开，并选左段为研究对象，受力如图 4.9（c）所示。由平衡方程

$$\sum F_y = 0 , \quad F_{S2} + q \times a - F_{Ay} = 0$$

$$\sum M_{2-2} = 0 , \quad M_2 + qa \times \frac{3}{2}a - F_{Ay} \times a = 0$$

求得截面 2-2 的剪力和弯矩分别为

$$F_{S2} = -\frac{3}{2}qa$$

$$M_2 = -2qa^2$$

F_{S2}、M_2 均为负，表示 F_{S2} 和 M_2 的实际方向与图 4.9（c）中所示的方向相反。

由式（a）可知，剪力 F_S 在数值上等于截面 m-m 左侧所有外力在与梁轴线垂直方向（y 轴）上投影的代数和；由式（b）可知，弯矩 M 在数值上等于截面 m-m 左侧所有外力对该截面形心 O 的力矩的代数和。取右侧时也一样。按照剪力和弯矩的符号规定，截面左侧向上（或右侧向下）的外力产生正剪力，反之将产生负剪力。对于弯矩，无论在截面的左侧还是右侧，凡是向上的外力都产生正弯矩，向下的外力都产生负弯矩。这样，截面上的剪力 F_S 和弯矩 M 都可用截面一侧的外力来直接计算。

例 4.2　用截面一侧的外力直接计算上例外伸梁 1-1、2-2 截面上的剪力和弯矩。

解　（1）计算 1-1 截面的剪力和弯矩。在截面 1-1 左侧的外力只有向下的均布载荷，引起负剪力，所以 1-1 截面的剪力为

$$F_{S1} = -qa$$

均布载荷向下引起的弯矩为负。所以 1-1 截面的弯矩为

$$M_1 = -qa \times \frac{a}{2} = -\frac{qa^2}{2}$$

（2）计算 2-2 截面的剪力和弯矩。在截面 2-2 左侧的外力有均布载荷及支反力 F_{Ay}，F_{Ay} 向上引起正剪力，均布载荷向下引起负剪力。所以

$$F_{S2} = F_{Ay} - q \times a = -\frac{qa}{2} - qa = -\frac{3}{2}qa$$

F_{Ay} 向上引起的弯矩为正，均布载荷向下引起的弯矩为负，故截面 2-2 上的弯矩为

$$M_2 = F_{Ay} \times a - qa \times \frac{3}{2}a = -\frac{qa}{2}a - \frac{3}{2}qa^2 = -2qa^2$$

可见，与例 4.1 结果一致，而用外力直接计算的方法省去了列方程的步骤。

4.4 剪力方程与弯矩方程 剪力图与弯矩图

以上分析表明，一般情况下，梁横截面上的剪力和弯矩随截面位置的不同而变化。为了描述剪力、弯矩沿梁轴线的变化，通常沿梁的轴线选取横坐标 x 来表示横截面的位置，则梁横截面上的剪力和弯矩均可以表示为坐标 x 的函数，即

$$F_S = F_S(x)$$
$$M = M(x)$$

上式分别称为梁的**剪力方程**和**弯矩方程**。

与轴力图和扭矩图一样，梁的剪力与弯矩随截面位置的变化关系，也可以用图线来表示，这种图线分别称为**剪力图**和**弯矩图**。绘图时以平行于梁轴线的横坐标 x 表示横截面的位置，以纵坐标表示相应截面上的剪力或弯矩，正值画在 x 轴的上侧，负值画在下侧。剪力图和弯矩图能够更为直观地显示梁的剪力和弯矩的最大值及其所在截面的位置，是分析弯曲问题的重要基础，对于解决梁的强度和刚度问题是必不可少的。

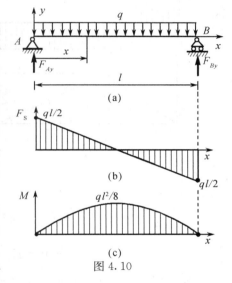

图 4.10

例 4.3 简支梁受均布载荷作用如图 4.10（a）所示。图中 q、l 均已知。试列出梁的剪力方程和弯矩方程，并绘出梁的剪力图和弯矩图。

解 （1）计算支座反力。由于载荷和支座对称，所以 A、B 两端的支座反力相等

$$F_{Ay} = F_{By} = \frac{1}{2}ql$$

（2）列剪力和弯矩方程。以梁的左端为坐标原点，建立坐标系如图 4.10（a）所示。剪力方程和弯矩方程分别为

$$F_S(x) = F_{Ay} - qx = \frac{ql}{2} - qx \quad (0 < x < l) \tag{a}$$

$$M(x) = F_{Ay} \cdot x - qx \cdot \frac{x}{2} = \frac{ql}{2}x - \frac{q}{2}x^2 \quad (0 \leqslant x \leqslant l) \tag{b}$$

（3）绘剪力图和弯矩图。由式（a）可见，剪力 F_S 是 x 的一次函数，因此剪力图是一条斜直线，只要确定直线上的两点就可以画出剪力图。由 $F_S\left(\frac{l}{4}\right) = \frac{ql}{4}$，$F_S\left(\frac{l}{2}\right) = 0$，得剪力图如图 4.10（b）所示。由式（b）可见，弯矩 M 是 x 的二次函数，其图形是一条抛物线，需要确定曲线上的几个点，才可以较准确地画出弯矩图。这里根据 $M(0) = 0$，$M\left(\frac{l}{4}\right) = \frac{3}{32}ql^2$，$M\left(\frac{l}{2}\right) = \frac{1}{8}ql^2$，$M\left(\frac{3l}{4}\right) = \frac{3}{32}ql^2$，$M(l) = 0$，绘出弯矩图如

图 4.10（c）所示。由图可见

$$|F_S|_{max} = \frac{ql}{2}, \quad |M|_{max} = \frac{ql^2}{8}$$

从此例可以看出，在均布载荷作用的梁段上，F_S 图为斜直线，M 图为抛物线。

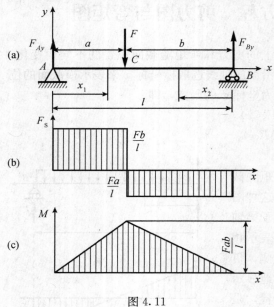

图 4.11

例 4.4 简支梁在 C 点受一集中力 F 作用，如图 4.11（a）所示。设 F、l、a 及 b 均为已知，试列出梁的剪力方程与弯矩方程，并绘剪力图与弯矩图。

解 （1）计算支座反力。由梁的平衡方程 $\sum M_B = 0$ 及 $\sum M_A = 0$，求得两端的支座反力分别为

$$F_{Ay} = \frac{b}{l}F, \quad F_{By} = \frac{a}{l}F$$

（2）列剪力方程与弯矩方程。由于集中力 F 作用于 C 点，C 点左右两段梁横截面上的剪力与弯矩不能用同一方程式表示，应将梁分成 AC、CB 两段，分别建立剪力与弯矩方程式。

在 AC 段，以 A 为坐标原点，方向向右，列出该段的剪力方程和弯矩方程分别为

$$F_S(x_1) = F_{Ay} = \frac{b}{l}F \quad (0 < x_1 < a) \tag{a}$$

$$M(x_1) = F_{Ay}x_1 = \frac{b}{l}Fx_1 \quad (0 \leqslant x_1 \leqslant a) \tag{b}$$

在 CB 段，为计算方便，以 B 点为坐标原点，方向向左，列出该段的剪力方程和弯矩方程分别为

$$F_S(x_2) = -F_{By} = -\frac{a}{l}F \quad (0 < x_2 < b) \tag{c}$$

$$M(x_2) = F_{By}x_2 = \frac{a}{l}Fx_2 \quad (0 \leqslant x_2 \leqslant b) \tag{d}$$

（3）绘剪力图和弯矩图。由式（a）可知，在 AC 段内，梁任意横截面上的剪力皆为正的常数，所以该段内的剪力图是在 x 轴上方且平行于 x 轴的直线。由式（c）可知，CB 段内的剪力为负的常数，因此该段内的剪力图是在 x 轴下方且平行于 x 轴的直线。梁的剪力图如图 4.11（b）所示。当 $b > a$ 时，最大剪力发生在 AC 段的各横截面上，其值为 $|F_S|_{max} = \frac{Fb}{l}$。

由式（b）和式（d）可知，AC 段和 CB 段的弯矩图均为斜直线。确定直线上两点可画出梁的弯矩图如图 4.11（c）所示。从弯矩图看出，最大弯矩发生在集中力 F 作用的 C 截面上，其值为 $|M|_{max} = \frac{Fab}{l}$。

从例 4.4 可以看出，集中力作用处，F_S 图有突变，突变的大小和方向与集中力 F 有关；M 图有转折，M 图在该截面两侧斜率发生变化。

例 4.5 试作图 4.12（a）所示悬臂梁的剪力图和弯矩图。

解 对于图示悬臂梁，若从自由端开始画剪力和弯曲图，不用求支座反力，可直接列出剪力和弯矩方程。

AC 段

$$F_S(x_1) = -F \quad (0 < x_1 \leqslant a) \tag{a}$$

$$M(x_1) = -Fx_1 \quad (0 \leqslant x_1 < a) \tag{b}$$

CB 段

$$F_S(x_2) = -F \quad (a \leqslant x_2 < 3a) \tag{c}$$

$$M(x_2) = -Fx_2 + Fa \quad (a < x_2 < 3a) \tag{d}$$

由式（a）和式（c）画出剪力图如图 4.12（b）所示，由式（b）和式（d）画出弯矩图如图 4.12（c）所示。由图可见，剪力和弯矩的最大值分别为 $|F_S|_{max} = F$，$|M|_{max} = 2Fa$。

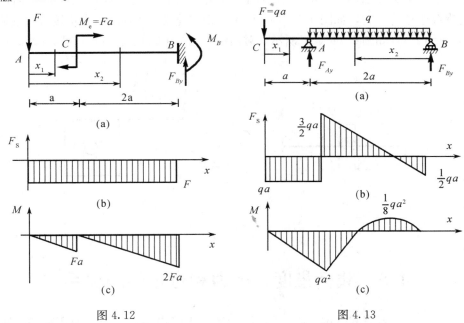

图 4.12   图 4.13

从例 4.5 可以看出，在集中力偶作用处，剪力图无变化；弯矩图有突变，且突变的大小和方向与集中力偶 M_e 有关。

例 4.6 外伸梁如图 4.13（a）所示，试列出剪力方程和弯矩方程，作出梁的剪力图和弯矩图。

解 （1）求支座反力。由平衡方程 $\sum M_B = 0$ 及 $\sum M_A = 0$，得

$$F_{Ay} = \frac{5}{2}qa \ , \quad F_{By} = \frac{1}{2}qa$$

（2）列剪力方程和弯矩方程。将梁分为 CA 和 AB 两段，选取坐标系如图 4.13（a）所示，列出剪力和弯矩方程如下：

CA 段：

$$F_{\mathrm{S}}(x_1) = -qa \quad (0 < x_1 < a) \tag{a}$$

$$M(x_1) = -qax_1 \quad (0 \leqslant x_1 \leqslant a) \tag{b}$$

AB 段：

$$F_{\mathrm{S}}(x_2) = qx_2 - \frac{1}{2}qa \quad (0 < x_2 < 2a) \tag{c}$$

$$M(x_2) = \frac{1}{2}qax_2 - \frac{1}{2}qx_2^2 \quad (0 \leqslant x_2 \leqslant 2a) \tag{d}$$

（3）画剪力图和弯矩图。剪力图与弯矩图如图 4.13（b）、（c）所示。剪力和弯矩的最大值分别为

$$|F_{\mathrm{S}}|_{\max} = \frac{3}{2}qa \ , \quad |M|_{\max} = qa^2$$

在以上几个例题中，凡是集中力（包括支座反力及集中载荷）作用的截面上，剪力似乎没有确定的值（有一个突变）。事实上，所谓集中力不可能"集中"作用于一点，而是作用于一个微段 Δx 内的分布力经简化后得出的结果，若在微段 Δx 范围内把这个分布载荷看作是均布的，如图 4.14（a）所示。则在此段上实际的剪力将按直线规律连续地从 F_{S1} 变到 F_{S2}，如图 4.14（b）所示。对集中力偶作用的截面，也可作同样的解释。

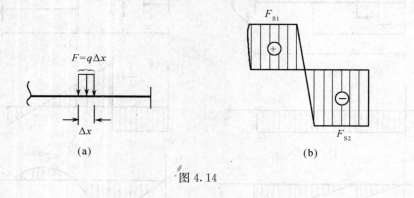

图 4.14

4.5 载荷集度、剪力和弯矩间的关系

在例 4.3 中，若将式（b）对 x 求一阶导数，正好得到式（a），即弯矩的一阶导数正好是剪力。这个结果不是偶然现象，实际上，在剪力、弯矩与载荷集度之间存在着普遍的微分关系。本节将讨论这种微分关系及其在绘制剪力图和弯矩图中的应用。

图 4.15（a）所示的直梁，以轴线为 x 轴，向右为正。y 轴向上为正。载荷集度 $q(x)$ 为 x 的连续函数，并规定向上（与 y 轴正向一致）为正。在距原点 x 处从梁中取出长为 $\mathrm{d}x$ 的微段，如图 4.15（b）所示。微段左侧截面上的剪力和弯矩分别是 $F_{\mathrm{S}}(x)$ 和 $M(x)$。当坐标 x 有一增量 $\mathrm{d}x$ 时，$F_{\mathrm{S}}(x)$ 和 $M(x)$ 的相应增量是 $\mathrm{d}F_{\mathrm{S}}(x)$ 和 $\mathrm{d}M(x)$。所以，微段右侧截面上的剪力和弯矩应分别为 $F_{\mathrm{S}}(x) + \mathrm{d}F_{\mathrm{S}}(x)$ 和 $M(x) + \mathrm{d}M(x)$。微段上的内力均取正值，且设该微段内无集中力和集中力偶作用。在各力的作用下，微段处于平衡状态，由微段的平衡方程 $\sum F_y = 0$ 和 $\sum M_C = 0$（C 为右侧截面的形心），得

$$F_S(x) - [F_S(x) + dF_S(x)] + q(x)dx = 0$$

$$-M(x) + [M(x) + dM(x)] - F_S(x)dx - q(x)dx \cdot \frac{dx}{2} = 0$$

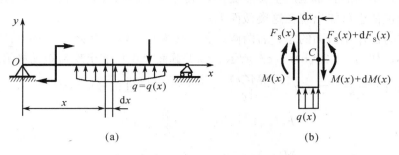

图 4.15

省略第二式中的高阶微量 $q(x)dx \cdot \dfrac{dx}{2}$，整理后得出

$$dF_S(x) = q(x)dx$$
$$dM(x) = F_S(x)dx$$

即

$$\frac{dF_S(x)}{dx} = q(x) \tag{4.1}$$

$$\frac{dM(x)}{dx} = F_S(x) \tag{4.2}$$

如将式（4.2）再对 x 求导，并利用式（4.1），又可得出

$$\frac{d^2 M(x)}{dx^2} = q(x) \tag{4.3}$$

式（4.1）～式（4.3）表示直梁的 $q(x)$、$F_S(x)$ 及 $M(x)$ 之间的导数关系。根据这种导数关系，容易得出下面一些推论。应用这些推论可以校核所作剪力图和弯矩图的正确性，也可以直接绘制梁的剪力图和弯矩图。

（1）无分布载荷作用的梁段，由于 $q(x) = 0$，由 $\dfrac{dF_S(x)}{dx} = q(x) = 0$ 可知，在这一段内 $F_S(x) =$ 常数，因此剪力图是平行于 x 轴的直线，如图 4.11（b）所示；由 $\dfrac{dM(x)}{dx} = F_S(x) =$ 常数，可知 $M(x)$ 是 x 的一次函数，弯矩图是斜率为 F_S 的斜直线，如图 4.11（c）所示。

（2）均布载荷作用的梁段，由于 $q(x) =$ 常数，则 $\dfrac{d^2 M(x)}{dx^2} = \dfrac{dF_S(x)}{dx} =$ 常数，故在这一段内 $F_S(x)$ 是 x 的一次函数，$M(x)$ 是 x 的二次函数。因而剪力图是斜直线，而弯矩图是抛物线，如图 4.10（b）、（c）所示。

若分布载荷 $q(x)$ 向上，即 $q(x) > 0$，则 $\dfrac{d^2 M(x)}{dx^2} > 0$，表明弯矩图是向下凸的曲线；反之，若 $q(x)$ 向下，则弯矩图是向上凸的曲线。

（3）若在梁的某一截面上 $F_S(x) = 0$，即 $\dfrac{dM(x)}{dx} = 0$，则在这一截面上弯矩有极值，如图 4.10 和图 4.13 所示。

在集中力作用截面的左、右两侧，剪力 F_S 有一突然变化，突变的数值等于集中力的大小，而弯矩图的斜率也产生突然变化，成为一个转折点，如图 4.11（b）、（c）所示。弯矩的极值也可能出现在这类截面上。

在集中力偶作用截面的左、右两侧，剪力无变化，弯矩有突变，突变的数值等于力偶矩的大小，如图 4.12（b）、（c）所示。该类截面上也可能出现弯矩的极值。

（4）利用 $\dfrac{\mathrm{d}F_S(x)}{\mathrm{d}x} = q(x)$，$\dfrac{\mathrm{d}M(x)}{\mathrm{d}x} = F_S(x)$，经过积分可得到

$$F_S(x_2) - F_S(x_1) = \int_{x_1}^{x_2} q(x)\mathrm{d}x \tag{4.4}$$

$$M(x_2) - M(x_1) = \int_{x_1}^{x_2} F_S(x)\mathrm{d}x \tag{4.5}$$

以上两式表明，两截面上的剪力之差等于两截面间分布载荷图的面积；两截面上的弯矩之差等于两截面间剪力图的面积。当已知 $x = x_1$ 截面的剪力 $F_S(x_1)$ 和弯矩 $M(x_1)$ 时，利用这种积分关系，可求出 $x = x_2$ 截面的剪力 $F_S(x_2)$ 和弯矩 $M(x_2)$。这种关系称为 $q(x)$、$F_S(x)$ 及 $M(x)$ 之间的积分关系式。

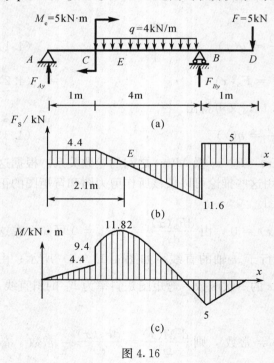

图 4.16

例 4.7 试作图 4.16（a）所示梁的剪力图和弯矩图。

解（1）计算支座反力。由平衡方程求得支座反力

$$F_{Ay} = 4.4\mathrm{kN}，F_{By} = 16.6\mathrm{kN}$$

（2）绘制剪力图和弯矩图。本例不列方程，直接根据微分关系的推论绘制剪力图和弯矩图。

剪力图：在支座 A 的右侧截面，剪力向上突变到 4.4kN。截面 A 和 C 之间梁上无分布载荷，剪力图为水平线。截面 C 和 B 之间有均布布载荷，剪力图为斜直线，斜率为 $q(=-4)$。算出 B 左侧截面上的剪力为 $(4.4-4\times4) = -11.6\mathrm{kN}$，即可确定这条直线。截面 B 的右侧截面剪力突变到 5kN。截面 B 和 D 之间无分布载荷，剪力图为水平线。D 截面右侧剪力向下突变 5kN，等于零。梁的剪力图如图 4.16（b）所示。

弯矩图：截面 A 上弯矩为零，从 A 到 C 梁上无分布载荷，弯矩图为斜直线，算出 C 截面左侧的弯矩为 $M_{C-} = 4.4\mathrm{kN \cdot m}$，即可确定这条直线。截面 C 上有一集中力偶 M_e，弯矩图有一突变，突变的数值等于 M_e，所以在 C 的右侧截面上，$M_{C+} = 4.4+5 = 9.4\mathrm{kN \cdot m}$。截面 C 到 B 间梁上有均布载荷，弯矩图为抛物线，截面 E 上剪力等于零，弯矩有极值，E 距左端 A 的距离为 2.1m，求出截面 E 上的极值弯矩为

$$M_E = 4.4 \times 2.1 + 5 - 4 \times 1.1 \times \frac{1.1}{2} = 11.82 (\text{kN} \cdot \text{m})$$

同时可算出截面 B 上的弯矩 $M_B = -5 \times 1\text{kN} \cdot \text{m}$，由 M_{C+}，M_E 和 M_B 便可连成抛物线。截面 B 到 D 间梁上无分布载荷，弯矩图为斜直线，截面 D 上 $M_D = 0$，于是确定了这条直线。梁的弯矩图如图 4.16（c）所示。

例 4.8 简支梁承受线性分布载荷如图 4.17（a）所示，载荷集度的最大值为 q_0。试作梁的剪力图和弯矩图。

解 （1）计算支座反力。由平衡方程 $\sum M_B = 0$ 及 $\sum M_A = 0$，得

$$F_{Ay} = \frac{q_0 l}{6}, \quad F_{By} = \frac{q_0 l}{3}$$

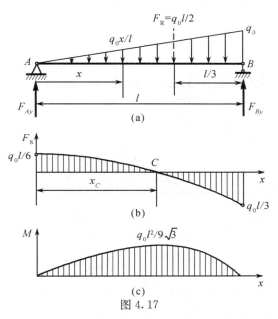

图 4.17

（2）列剪力、弯矩方程。建立坐标系如图 4.17（a）所示，梁的剪力方程和弯矩方程分别为

$$F_S(x) = F_{Ay} - \frac{x}{2} \cdot \frac{q_0 x}{l} = \frac{q_0 l}{6} - \frac{q_0}{2l}x^2 \tag{a}$$

$$M(x) = F_{Ay}x - \left(\frac{x}{2} \cdot \frac{q_0 x}{l}\right) \times \frac{x}{3} = \frac{q_0 l}{6}x - \frac{q_0}{6l}x^3 \tag{b}$$

（3）画剪力图和弯矩图。由式（a）、式（b）可知，剪力图为二次抛物线，弯矩图为三次曲线。因为 $\dfrac{\mathrm{d}^2 F_s(x)}{\mathrm{d}x^2} = -\dfrac{q_0}{l} < 0$，$\dfrac{\mathrm{d}^2 M(x)}{\mathrm{d}x^2} = q(x) < 0$，所以剪力图、弯矩图均为上凸的曲线。根据剪力方程求出 A_+，B_- 截面的剪力值后，即可画出梁的剪力图，如图 4.17（b）所示。截面 C 上剪力 $F_S = 0$，弯矩在该处有极值。在式（a）中，令 $F_S(x) = \dfrac{q_0 l}{6} - \dfrac{q_0}{2l}x^2 = 0$，得 $x_C = \dfrac{l}{\sqrt{3}}$，最大弯矩为 $M_C = \dfrac{q_0 l^2}{9\sqrt{3}}$。再根据 A、B 截面的弯矩值为零，即可画出弯矩图，如图 4.17（c）所示。

在线弹性、小变形条件下，梁的内力与载荷呈线性关系。可以认为，载荷的作用是独立的，即每一载荷所引起的内力不受其他载荷的影响。当梁上有多个载荷同时作用时，在梁上所产生的内力等于各载荷单独作用时内力的线性组合。因此，可以分别计算各载荷单独作用所引起的内力，然后进行叠加，便得到梁在多个载荷共同作用下的内力。这一方法称为**叠加法**。根据叠加法可以更为方便地作出内力图。

例 4.9　图 4.18 (a) 所示的外伸梁，已知 q、l 及 $F = ql$，试用叠加法作梁的弯矩图。

解　将图 4.18 (a) 中所示受两种载荷作用的外伸梁分解为只受集中力 F 及只受均布载荷 q 作用的两种情况，分别作 M 图，如图 4.18 (b)、(c) 所示。

再将图 4.18 (b) 和 (c) 中对应截面的纵坐标代数相加，得到图 4.18 (d)，即为梁在两种载荷共同作用时的 M 图。由图可见，最大弯矩发生在集中力 F 作用的横截面上，且 $M_{max} = \dfrac{3}{16} ql^2$。

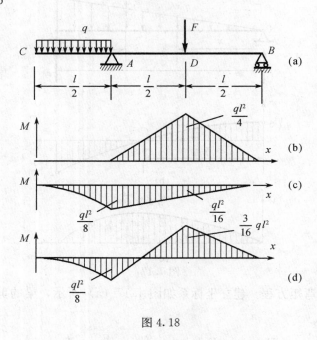

图 4.18

4.6　平面刚架和平面曲杆的弯曲内力

4.6.1　平面刚架

由多根杆件，通过杆端刚性连接组成的框架结构称为**刚架**。如门式起重机、钻床机架等均为刚架。刚性连接是指变形时，杆件在连接点的位移相同，但相交的夹角保持不变，不能有相对转动。连接处称为刚节点（或刚性接头），图 4.19 所示刚架结构中的节点 B、C 均为刚节点。

与铰接不同，刚节点不仅能传递力，还可以传递力偶矩。刚架任意横截面上的内力，一般有剪力、弯矩和轴力。求刚架的内力，仍需用截面法。内力和支座反力可由静

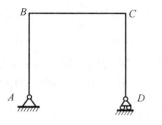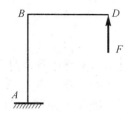

图 4.19

力平衡方程确定的刚架称为静定刚架。各杆轴线以及所受载荷均在同一平面内的刚架称为**平面刚架**。本节主要讨论静定平面刚架弯矩图的绘制方法，并规定刚架的弯矩图画在变形凹入一侧，不注明正负号。其他内力图可按类似方法绘制。

例 4.10 试画出图 4.20 (a) 所示刚架的弯矩图。

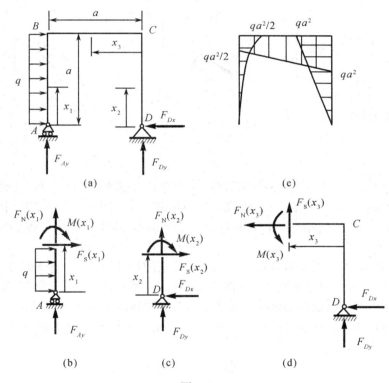

图 4.20

解 （1）求支座反力。由平衡方程 $\sum M_D = 0$，$\sum M_A = 0$ 和 $\sum F_x = 0$ 求得

$$F_{Ay} = -\frac{1}{2}qa, \quad F_{Dy} = \frac{1}{2}qa, \quad F_{Dx} = qa$$

（2）列弯矩方程。

AB 杆（图 4.20 (b)）：$M(x_1) = \frac{1}{2}qx_1^2$ （右侧凹） $(0 \leqslant x_1 \leqslant a)$ (a)

DC 杆（图 4.20 (c)）：$M(x_2) = -F_{Dx}x_2 = -qax_2$ （左侧凹） $(0 \leqslant x_2 \leqslant a)$ (b)

CB 杆（图 4.20 （d））：$M(x_3) = F_{Dx}a - F_{Dy}x_3 = qa^2 - \dfrac{1}{2}qx_3$　（下侧凹）　$(0 \leqslant x_3 \leqslant a)$

(c)

（3）绘制弯矩图。DC 和 CB 两杆无分布载荷，M 图均为斜直线；AB 杆有均布载荷作用，M 图为二次抛物线，算出截面 A、B、C 和 D 的弯矩值，画在凹入侧，分别用直线和曲线连接即可得到刚架弯矩图如图 4.20 （e）所示。

4.6.2　平面曲杆

工程结构中某些构件，如吊钩、链环、拱等，其轴线是一条曲线，称为**曲杆**或**曲梁**。若轴线是位于纵向对称面中的平面曲线，则称为**平面曲杆**。当作用于曲杆上的载荷都位于该纵向对称面内时，曲杆将发生弯曲变形。平面曲杆横截面上的内力一般有弯矩 M、剪力 F_{S} 和轴力 F_{N}。现以图 4.21 （a）所示曲杆为例，说明内力的计算方法及弯矩图的绘制方法。

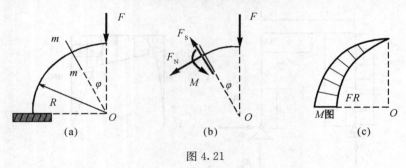

图 4.21

在圆心角为 φ 的任意横截面（径向截面）$m\text{-}m$ 处，假想地将曲杆切开，分成两部分。取 $m\text{-}m$ 截面以上部分为研究对象，受力如图 4.21 （b）所示，将作用于这一部分上的力，分别投影于 $m\text{-}m$ 截面的切线和法线方向，并对 $m\text{-}m$ 截面的形心取矩，根据平衡方程，得

$$F_{\mathrm{N}} = -F\sin\varphi, \qquad F_{\mathrm{S}} = F\cos\varphi, \qquad M = FR\sin\varphi$$

轴力 F_{N} 和剪力 F_{S} 的符号规定与前相同。弯矩的符号规定为：使轴线曲率增加的弯矩 M 为正。按照这样的符号规则，在图 4.21 （b）中所示的 F_{N}、F_{S} 和 M 均为正（实际 F_{N} 为负）。作图时，以曲杆的轴线为基线，沿曲杆轴线的法线方向标出相应点的内力值并连线，将弯矩 M 图画在曲杆凹入的一侧，不注明正负号，如图 4.21 （c）所示。

思　考　题

4.1　计算梁截面上的内力时，用截面法将梁分成两部分，下列说法是否正确？

（1）在截面的任一侧，向上的集中力产生正剪力，向下的集中力产生负剪力。

（2）在截面的任一侧，顺时针转向的集中力偶产生正弯矩，逆时针转向的集中力偶产生负弯矩。

4.2　内力与载荷、支座有关，它们与材料、截面形状有关吗？

4.3　在集中力和集中力偶作用处，梁的剪力图和弯矩图各有什么特点？

4.4　在剪力、弯矩和载荷集度的关系中，如果将坐标轴 x 的正向设定为自右向左，或将载荷集度 q 规定为向下为正，则它们之间的微分关系表达式有何变化？

4.5 叠加法绘制弯矩图存在什么不足?

习 题

4.1 试求习题 4.1 图示各梁中截面 1-1、2-2、3-3 上的剪力和弯矩,这些截面无限接近于截面 C 或截面 D。设 F、q、a 均为已知。

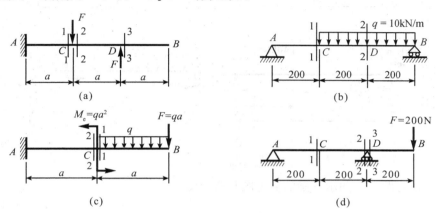

习题 4.1 图

4.2 设已知图示各梁的载荷 F、q、M 和尺寸 a。试列出图示梁的剪力方程和弯矩方程;作剪力图和弯矩图;并求出 $|F_S|_{max}$ 及 $|M|_{max}$(习题 4.2 图)。

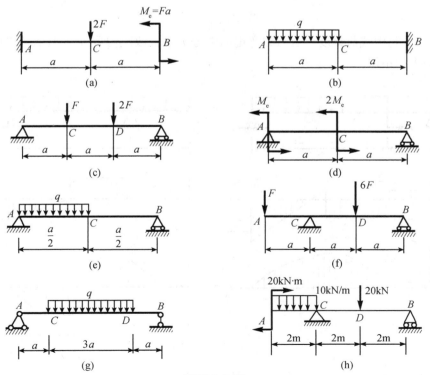

习题 4.2 图

4.3 试利用载荷集度、剪力和弯矩的导数关系，作各梁的剪力图和弯矩图。并求出 $|F_S|_{max}$ 及 $|M|_{max}$（习题 4.3 图）。

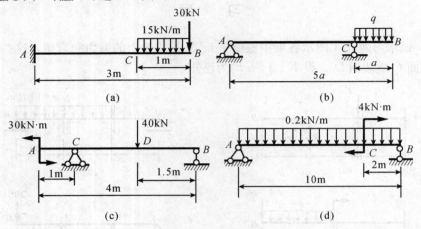

习题 4.3 图

4.4 作习题 4.4 图示各梁的剪力图和弯矩图。

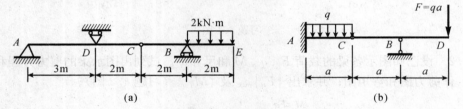

习题 4.4 图

4.5 试利用载荷集度、剪力和弯矩的微分关系，改正习题 4.5 图示各梁的剪力图和弯矩图中的错误。

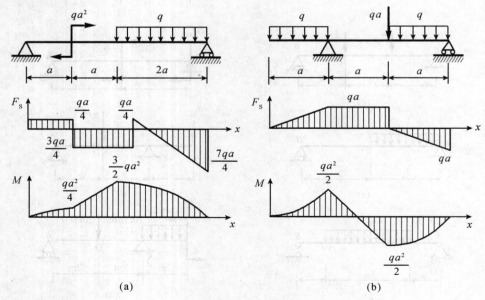

习题 4.5 图

4.6 设梁的剪力图如习题 4.6 图所示。已知梁上没有集中力偶作用，试作该梁的弯矩图和载荷图。

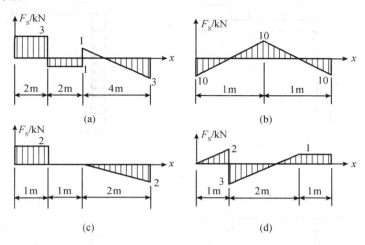

习题 4.6 图

4.7 已知梁的弯矩图如习题 4.7 图所示，试作梁的剪力图和载荷图。

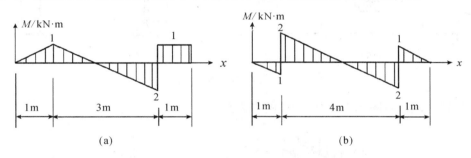

习题 4.7 图

4.8 试用叠加法作图示各梁的弯矩图（习题 4.8 图）。

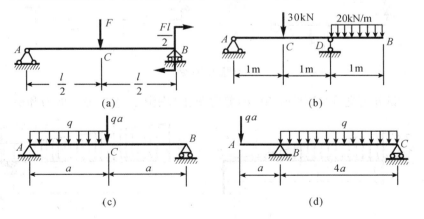

习题 4.8 图

4.9　作习题 4.9 图示各刚架的弯矩图。

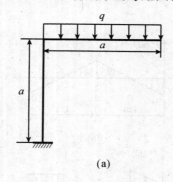

(a)

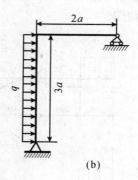

(b)

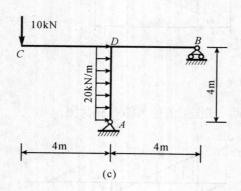

(c)

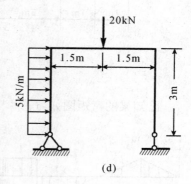

(d)

习题 4.9 图

*4.10　试作习题 4.10 图示杆件的内力图。

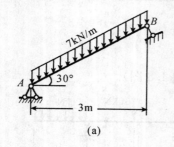

(a)

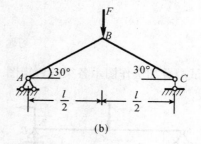

(b)

习题 4.10 图

*4.11　试作习题 4.11 图示各梁的剪力图和弯矩图。求出最大剪力和最大弯矩。

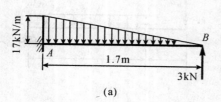

(a)

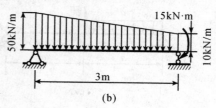

(b)

习题 4.11 图

*4.12 写出习题 4.12 图示各曲杆的轴力、剪力和弯矩的方程式，并作弯矩图。设曲杆的轴线皆为圆形。

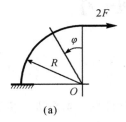

(a)

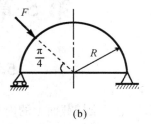

(b)

习题 4.12 图

第5章 弯曲应力

5.1 概　述

第4章讨论了梁横截面上的内力计算，为了进行强度计算，本章进一步研究梁横截面上的应力及其分布规律，导出弯曲应力的计算公式，在此基础上讨论梁的强度及相关问题。

如图5.1（a）所示简支梁横截面为矩形，两个外力 F 垂直于轴线，对称地作用于梁的纵向对称面内。梁的计算简图、剪力图和弯矩图分别表示于图5.1（b）、（c）和（d）中。从图中可以看出，在 AC 和 DB 两段内，梁各横截面上既有弯矩又有剪力，这种弯曲称为**横力弯曲**或**剪切弯曲**。在 CD 段内梁横截面上剪力为零，而弯矩为常数，这种弯曲称为**纯弯曲**。在第4章中曾指出弯矩是垂直于横截面的内力系的合力偶矩；而剪力是切于横截面的内力系的合力。因此，梁在横力弯曲时横截面上既有正应力又有切应力；而梁在纯弯曲时横截面上只有正应力而无切应力。以下先研究梁的正应力，然后再研究梁的切应力。

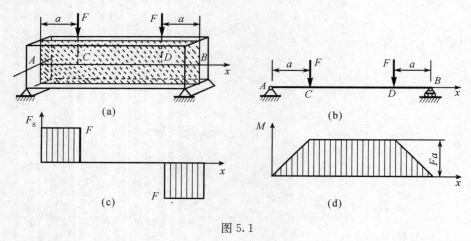

图5.1

5.2　弯曲正应力

首先讨论对称弯曲情况下，纯弯曲时梁横截面上的正应力。

5.2.1　纯弯曲试验与假设

为了分析横截面上正应力的分布规律，先研究横截面上任一点纵向线应变沿截面的分布规律。为此，可通过实验，观察其变形现象。为便于观察梁的变形，在其表面作纵向线 aa 和 bb，并作与它们垂直的横向线 mm 和 nn [图5.2（a）]，然后在梁两端纵向对称平面内，施加一对大小相等、方向相反的力偶，使杆件发生纯弯曲变形。从试验中观察到［图 5.2（b）］：

（1）各纵向线变为弧线，而且靠近梁顶面的纵向线缩短，靠近梁底面的纵向线伸长；

（2）各横向线仍为直线，且仍与纵向线正交，只是横向线间相对转过一个角度；

（3）从横截面看，在纵向线伸长区，梁的宽度减少，而在纵向线缩短区，梁的宽度则增加，变形情况与轴向拉、压时的变形相似。

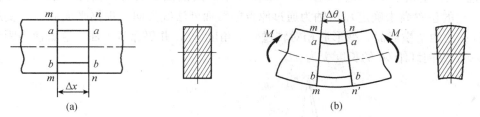

图 5.2

从上述观察到的梁表面的变形情况，对其内部变形可作如下假设：

（1）弯曲平面假设。即变形前的横截面，变形后仍保持为平面，且与变形后梁的轴线垂直，但要发生转动。

（2）单向受力假设。即纵向纤维之间无相互挤压，只受到轴向拉伸或压缩。

设想梁由无数层纵向纤维组成。根据平面假设，当梁弯曲时，由于上部各层纤维缩短，下部各层纤维伸长，而梁的变形又是连续的，因此可判定，中间必有一层纤维长度保持不变，这一层纤维称为**中性层**。中性层与横截面的交线称为**中性轴**（图 5.3）。梁的横截面绕中性轴转动，中性轴将横截面分为受拉区和受压区。在对称弯曲的情况下，梁的整体变形对称于梁的纵向对称面，因此中性轴必垂直于纵向对称面，在横截面上，中性轴必垂直于截面的纵向对称轴。

综上所述，纯弯曲时梁的所有横截面均保持为平面，且仍与变形后梁的轴线垂直，并绕中性轴做相对转动，而所有纵向纤维均处于单向受力状态。根据以上假设所得出的理论结果，在长期的实践中已经得到检验，且与弹性理论的结果相一致。

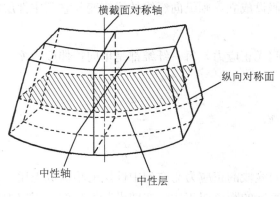

图 5.3

5.2.2 纯弯曲时梁横截面上的正应力

类似于圆轴扭转应力的分析方法，我们从梁的变形入手，分析变形几何关系、物理关系和静力学关系，得出纯弯曲时梁横截面上的正应力。

1. 变形几何关系

现在通过变形的几何关系来寻找纵向纤维的线应变沿截面高度的变化规律。设弯曲变形前后分别如图 5.4（a）和图 5.4（b）所示。设横截面的对称轴为 y 轴，中性轴为 z 轴（它的位置尚未确定）。x 轴为通过原点的截面外法线方向。根据平面假设，变形前相距 $\mathrm{d}x$ 的两个横截面，变形后相对转过一个角度 $\mathrm{d}\theta$，并仍保持平面。这就使得距中性层为 y 的纵向纤维 bb 的长度变为

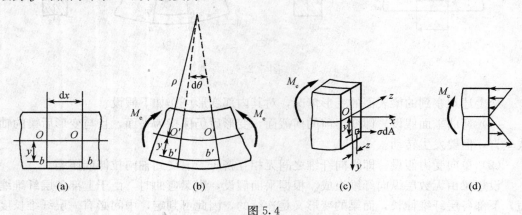

图 5.4

$$\widehat{b'b'} = (\rho + y)\mathrm{d}\theta$$

式中，ρ 为中性层的曲率半径。因为变形前、后中性层内纤维 OO 的长度不变，故有

$$\overline{bb} = \overline{OO} = \widehat{O'O'} = \mathrm{d}x = \rho\mathrm{d}\theta$$

根据应变的定义，求得纤维 bb 的应变为

$$\varepsilon = \frac{\widehat{b'b'} - \overline{bb}}{\overline{bb}} = \frac{(\rho + y)\mathrm{d}\theta - \rho\mathrm{d}\theta}{\rho\mathrm{d}\theta} = \frac{y}{\rho} \tag{a}$$

可见，只要平面假设成立，则纵向纤维的线应变与它到中性层的距离成正比。

2. 物理关系

因为纵向纤维之间无正应力，每一纤维都是单向拉伸或压缩。当应力不超过比例极限时，由胡克定律知

$$\sigma = E\varepsilon$$

将式（a）代入上式，得

$$\sigma = E\frac{y}{\rho} \tag{b}$$

这表明：任意纵向线段的正应力与它到中性层的距离成正比。在横截面上，任意点的正应力与该点到中性轴的距离成正比，亦即沿截面高度，正应力按直线规律变化，其分布规律如图 5.4（d）所示。

3. 静力关系

上面虽已找到了应变和应力的分布规律，但其中的曲率半径及中性轴位置尚未确定，它们可通过静力关系求出。

如图 5.4 (c) 所示，考虑微面积 $\mathrm{d}A$ 上的微内力 $\sigma \mathrm{d}A$，它构成垂直于横截面的空间平行力系，这一力系可简化成三个内力分量，即平行于 x 轴的轴力 F_N；对 y 轴和 z 轴的力偶矩 M_y 和 M_z，它们分别为

$$F_\mathrm{N} = \int_A \sigma \mathrm{d}A, \quad M_y = \int_A z\sigma \mathrm{d}A, \quad M_z = \int_A y\sigma \mathrm{d}A$$

在纯弯曲情况下，截面的轴力 F_N 及绕 y 轴的矩 M_y 均为零，而绕 z 轴的矩 M_z 即是横截面的弯矩 M。因此有

$$F_\mathrm{N} = \int_A \sigma \mathrm{d}A = 0 \tag{c}$$

$$M_y = \int_A z\sigma \mathrm{d}A = 0 \tag{d}$$

$$M_z = \int_A y\sigma \mathrm{d}A = M \tag{e}$$

将式 (b) 代入式 (c)，得

$$\int_A \sigma \mathrm{d}A = \int_A E \frac{y}{\rho} \mathrm{d}A = \frac{E}{\rho} \int_A y \mathrm{d}A = \frac{E}{\rho} S_z = 0 \tag{f}$$

因 $E/\rho \neq 0$，故必有静矩 $S_z = \int_A y \mathrm{d}A = 0$，即整个截面对中性轴的静矩为零。因此中性轴（$z$ 轴）通过横截面的形心。

将式 (b) 代入式 (d)，得

$$M_y = \int_A z\sigma \mathrm{d}A = \int_A z \frac{E}{\rho} y \mathrm{d}A = \frac{E}{\rho} \int_A yz \mathrm{d}A = \frac{E}{\rho} I_{yz} = 0 \tag{g}$$

由于 y 轴为对称轴，必然有 $I_{yz} = 0$，所以式 (g) 是自然满足的。

将式 (b) 代入式 (e)，得

$$\int_A yE \frac{y}{\rho} \mathrm{d}A = \frac{E}{\rho} \int_A y^2 \mathrm{d}A = \frac{E}{\rho} I_z = M \tag{h}$$

式中 $I_z = \int_A y^2 \mathrm{d}A$ 为横截面对中性轴的惯性矩。

由此可得

$$\frac{1}{\rho} = \frac{M}{EI_z} \tag{5.1}$$

式中，$1/\rho$ 是梁轴线变形后的曲率，式 (5.1) 表明：曲率 $1/\rho$ 与横截面上的弯矩 M_z 成正比，与 EI_z 成反比。乘积 EI_z 称为梁的抗弯刚度。惯性矩 I_z 综合反映了横截面形状与尺寸对弯曲变形的影响。

将式 (5.1) 代入式 (b)，得

$$\sigma = \frac{My}{I_z} \tag{5.2}$$

这就是纯弯曲时梁横截面上任一点的正应力计算公式。式中，M 为横截面上的弯矩；y 为欲求应力的点至中性轴的距离；I_z 为横截面对中性轴的惯性矩。应用式 (5.2) 计算

正应力时，可采用两种方法来判定正应力的正负号：一种是将弯矩 M 和坐标 y 的正、负号同时带入，在 M 为正的情况下，y 为正时 σ 为拉应力，y 为负时 σ 为压应力。另一种方法是根据弯曲变形直接判定正应力 σ 是拉应力还是压应力，以中性层为界，变形后梁凸出一侧为拉应力，凹入一侧为压应力，此时，式（5.2）中的 M 和 y 均以绝对值代入。

需要说明的是：在导出式（5.1）和式（5.2）时，为了方便，把梁截面画成矩形，但在推导过程中，并未涉及矩形截面的几何特征。所以，只要梁有纵向对称面且载荷作用于这个平面内，公式就适用。

5.2.3　横力弯曲时梁横截面上的正应力

式（5.2）是在纯弯情况下，并以上述提出的两个假设为基础导出的。但常见的弯曲问题多为横力弯曲，即梁的横截面上不但有正应力而且还有切应力。由于切应力的存在，梁的横截面将发生翘曲，不再保持为平面。此外，在与中性层平行的纵向截面上，还有由横向力引起的挤压应力。因此，梁在纯弯曲时所作的平面假设和单向受力状态的假设都不能成立。严格地说，式（5.2）不成立。但弹性理论的分析结果指出，在均布载荷作用下的矩形截面简支梁，当其跨度与截面高度之比大于 5（$l/h \geqslant 5$）时，横截面上的正应力按纯弯曲时的式（5.2）来计算，其误差不超过 1%。对于工程实际中常用的其他截面梁，应用纯弯曲正应力计算公式来计算横力弯曲时的正应力，所得结果误差偏大一些，但足以满足工程中的精度要求。且梁的跨高比 l/h 越大其误差越小。于是式（5.2）可推广为

$$\sigma = \frac{M(x)y}{I_z} \tag{5.3}$$

式中，$M(x)$ 为 x 截面的弯矩。

5.2.4　最大弯曲正应力

由式（5.3）可知，梁内最大的弯曲正应力发生在弯矩数值最大的截面，且距中性轴最远的边缘点上，如果横截面对称于中性轴，横截面上最大拉应力和最大压应力相等，均为

$$\sigma_{\max} = \frac{M_{\max} y_{\max}}{I_z} = \frac{M_{\max}}{I_z / y_{\max}}$$

令

$$W_z = \frac{I_z}{y_{\max}} \tag{5.4}$$

则

$$\sigma_{\max} = \frac{M_{\max}}{W_z} \tag{5.5}$$

式中 W_z 为截面的几何参数，称为**抗弯截面模量**。它综合反映了截面的形状、尺寸对弯曲强度的影响，量纲为长度的三次方。

对于高度为 h、宽度为 b 的矩形截面梁 [图 5.5（a）]，其抗弯截面模量为

$$W_z = \frac{I_z}{y_{\max}} = \frac{bh^3/12}{h/2} = \frac{bh^2}{6}$$

同理对于直径为 d 的圆形截面 [图 5.5（b）]，其抗弯截面模量为

$$W_z = \frac{I_z}{y_{\max}} = \frac{\pi d^4/64}{d/2} = \frac{\pi d^3}{32}$$

对于空心圆截面 [图 5.5（c）]，其抗弯截面模量为

$$W_z = \frac{I_z}{y_{\max}} = \frac{\dfrac{\pi d^4}{64}(1-\alpha^4)}{D/2} = \frac{\pi D^3}{32}(1-\alpha^4)$$

式中，$\alpha = d/D$，代表内外径的比值。对于工程中常用的各种型钢，其抗弯截面模量可从附录的型钢表中查得。

　　如果横截面关于中性轴不对称，则同一截面上的最大拉应力和最大压应力不相等。例如，T 形截面 [图 5.5（d）]，在计算最大应力时，应分别以横截面上受拉和受压部分距中性轴最远的距离 y_1 和 y_2 直接代入式（5.3），以求得相应的最大拉，压应力。

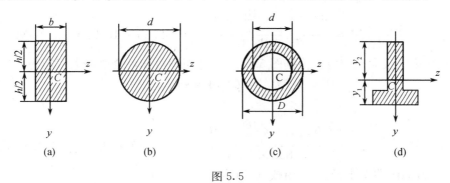

图 5.5

例 5.1　承受均布载荷的简支梁，载荷及尺寸如图 5.6（a）所示，求：

（1）C 截面上 K 点的正应力；

（2）C 截面上最大正应力；

（3）全梁的最大正应力；

（4）已知 $E = 200\text{GPa}$，C 截面的曲率半径 ρ_c。

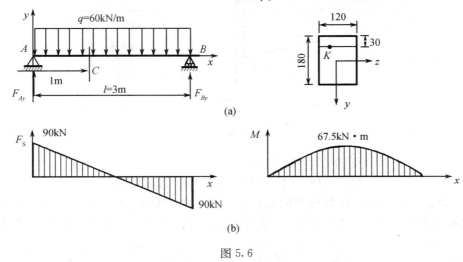

图 5.6

解 （1）根据平衡方程，可以求得支座 B 和 A 处的支座反力分别为

$$F_{Ay} = 90\text{kN}, \quad F_{By} = 90\text{kN}$$

（2）C 截面上 K 点的正应力。C 截面的弯矩为

$$M_C = 90 \times 1 - 60 \times 1 \times 0.5 = 60(\text{kN} \cdot \text{m})$$

截面惯性矩

$$I_z = \frac{bh^3}{12} = \frac{0.12 \times 0.18^3}{12} = 5.832 \times 10^{-5}(\text{m}^4)$$

因此

$$\sigma_K = \frac{M_C \cdot y_K}{I_z} = \frac{60 \times 10^3 \times \left(\frac{180}{2} - 30\right) \times 10^{-3}}{5.832 \times 10^{-5}} = 61.7 \times 10^6 \text{Pa} = 61.7\text{MPa}（压）$$

（3）C 截面上最大正应力

$$\sigma_{C,\max} = \frac{M_C \cdot y_{\max}}{I_z} = \frac{60 \times 10^3 \times \frac{180}{2} \times 10^{-3}}{5.832 \times 10^{-5}} = 92.55 \times 10^6 \text{Pa} = 92.55\text{MPa}$$

（4）全梁的最大正应力。根据图 5.6（b）弯矩图可知，全梁最大弯矩为

$$M_{\max} = 67.5\text{kN} \cdot \text{m}$$

所以

$$\sigma_{\max} = \frac{M_{\max} \cdot y_{\max}}{I_z} = \frac{67.5 \times 10^3 \times \frac{180}{2} \times 10^{-3}}{5.832 \times 10^{-5}} = 104.17 \times 10^6 \text{Pa} = 104.17\text{MPa}$$

（5）C 截面的曲率半径 ρ_C。由式（5.1）可得

$$\rho_C = \frac{EI_z}{M_C} = \frac{200 \times 10^9 \times 5.832 \times 10^{-5}}{60 \times 10^3} = 194.4(\text{m})$$

例 5.2 图 5.7 所示悬臂梁，$l = 0.4\text{m}$，承受载荷 $F = 15\text{kN}$ 作用，试计算横截面 B 的最大弯曲拉应力与最大弯曲压应力。

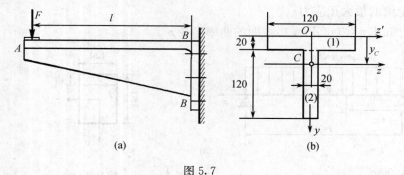

图 5.7

解 （1）计算 B 截面的弯矩。

$$M_B = Fl = 15 \times 10^3 \times 0.4 = 6(\text{kN} \cdot \text{m})$$

（2）确定截面形心，计算横截面惯性矩。选参考坐标系 yOz' 如图 5.7（b）所示，并将截面 B 分解为矩形（1）与（2）。由组合截面形心公式，得截面形心 C 的纵坐标为

$$y_C = \left[\frac{(0.120 \times 0.020)(0.010) + (0.020 \times 0.120)(0.020 + 0.060)}{0.120 \times 0.020 + 0.020 \times 0.120}\right] = 0.045(\text{m})$$

由平行移轴公式，可得矩形（1）与（2）对形心轴 z 的惯性矩分别为

$$I_{z1} = \frac{0.120 \times 0.020^3}{12} + (0.120 \times 0.020)(0.045 - 0.010)^2$$

$$= 3.02 \times 10^{-6} (\text{m}^4)$$

$$I_{z2} = \frac{0.020 \times 0.120^3}{12} + (0.020 \times 0.120)(0.080 - 0.045)^2$$

$$= 5.82 \times 10^{-6} (\text{m}^4)$$

因此，截面 B 对形心轴 z 的惯性矩为

$$I_z = I_{z1} + I_{z2} = 3.02 \times 10^{-6} + 5.82 \times 10^{-6} = 8.84 \times 10^{-6} (\text{m}^4)$$

（3）计算最大弯曲正应力。在截面 B 的上下边缘，分别作用有最大拉应力与最大压应力，其值分别为

$$\sigma_{t,max} = \frac{M_B y_C}{I_z} = \frac{6 \times 10^3 \times 0.045}{8.84 \times 10^{-6}} = 3.05 \times 10^7 \text{Pa} = 30.5\text{MPa}$$

$$\sigma_{c,max} = \frac{M_B(0.120 + 0.020 - y_C)}{I_z}$$

$$= \frac{6 \times 10^3 \times (0.120 + 0.020 - 0.045)}{8.84 \times 10^{-6}}$$

$$= 6.45 \times 10^7 \text{Pa} = 64.5\text{MPa}$$

5.3　弯曲切应力

横力弯曲时，梁横截面上的内力除弯矩以外还有剪力，因而在横截面上除了有正应力还有切应力。在弯曲问题中，一般来说，正应力是强度计算的主要因素，但在某些情况下，如跨度较短而截面较高的梁，其切应力就可能有相当大的数值，这时还有必要进行切应力的强度校核。

分析弯曲切应力的方法不同于分析弯曲正应力，且切应力的分布规律与横截面的形状有密切关系。下面讨论几种工程中常见截面梁的弯曲切应力。

5.3.1　矩形截面梁

如图 5.8（b）所示，高为 h，宽为 b 的矩形截面梁的任意截面上，剪力 F_S 沿截面的对称轴 y。关于横截面上切应力的分布规律，首先作以下两点假设：

（1）假设横截面上各点切应力 τ 的方向都平行于剪力 F_S；

（2）假设切应力 τ 沿截面宽度 b 均匀分布。

关于这两点假设，可作以下说明：在横截面两侧边缘的各点处，切应力与边缘平行，即与剪力平行。由对称性，y 轴上各点处的切应力必然与剪力方向一致。由此可假设横截面上各点切应力 τ 的方向都平行于剪力 F_S。另外，如果截面是比较狭长的，沿截面宽度方向，切应力的大小和方向不会有大的变化，也就是说可以假设弯曲切应力沿截面的宽度均匀分布。基于以上两点假设所得到的解，与精确解相比有足够的精度。按照这两点假设，在距中性轴为 y 的横线 pq 上，各点的切应力 τ 均相等，且平行于剪力 F_S［图 5.8（b）］。

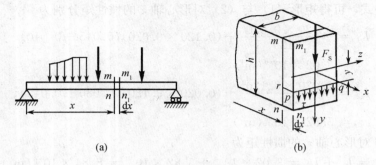

图 5.8

现以横截面 m-n 和 m_1-n_1 从图 5.8（a）所示梁中取出长为 $\mathrm{d}x$ 的微段。设截面 m-n 和 m_1-n_1 上的弯矩分别为 M 和 $M+\mathrm{d}M$，再以平行于中性层且距中性层为 y 的 pr 平面从这一段梁中截出一部分 $prnn_1$，则在这一截出部分的左侧面 m 上作用着因弯矩 M 引起的正应力；而在右侧面 pn_1 上作用着因弯矩 $M+\mathrm{d}M$ 引起的正应力。在顶面 pr 上作用着切应力 τ'。以上三种应力（即两侧正应力和顶面切应力 τ'）都平行于 x 轴［图 5.9（a）］。在右侧面 pn_1 上［图 5.9（b）］，由微内力 $\sigma\mathrm{d}A$ 组成的内力系的合力是

$$F_{\mathrm{N2}}=\int_{A_1}\sigma\mathrm{d}A \tag{a}$$

式中 A_1 为侧面 pn_1 的面积。正应力 σ 应按式（5.2）计算，于是

$$F_{\mathrm{N2}}=\int_{A_1}\sigma\mathrm{d}A=\int_{A_1}\frac{(M+\mathrm{d}M)y_1}{I_z}\mathrm{d}A=\frac{M+\mathrm{d}M}{I_z}\int_{A_1}y_1\mathrm{d}A=\frac{M+\mathrm{d}M}{I_z}S_z^*$$

式中

$$S_z^*=\int_{A_1}y_1\mathrm{d}A \tag{b}$$

是横截面的部分面积 A_1 对中性轴的静矩，即距中性轴为 y 的横线 pq 以外（远离中性轴的方向为"外"）的面积对中性轴的静矩。同理，可以求得左侧截面 m 上的内力系合力 F_{N1} 为

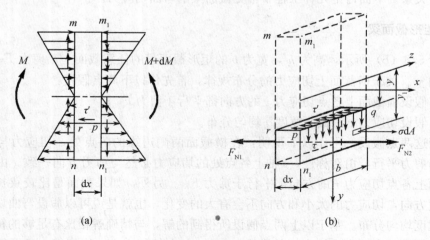

图 5.9

· 108 ·

$$F_{N1} = \frac{M}{I_z}S_z^*$$

在顶面 pr 上，与顶面相切的内力系的合力是

$$dF_S' = \tau'b\,dx$$

F_{N1}，F_{N2} 和 dF_S' 的方向都平行于 x 轴，应满足平衡方程 $\sum F_x = 0$，即

$$F_{N2} - F_{N1} - dF_S' = 0$$

将 F_{N1}，F_{N2} 和 dF_S' 的表达式代入上式，得

$$\frac{M+dM}{I_z}S_z^* - \frac{M}{I_z}S_z^* - \tau'b\,dx = 0$$

简化后可得出

$$\tau' = \frac{dM}{dx}\frac{S_z^*}{I_z b}$$

注意到上式中 $\dfrac{dM}{dx} = F_S$，于是上式化为

$$\tau' = \frac{F_S S_z^*}{I_z b}$$

式中 τ' 是距中性层为 y 的 pr 平面上的切应力，由切应力互等定理，它等于横截面上的横线 pq 上的切应力 τ，即

$$\tau = \frac{F_S S_z^*}{I_z b} \tag{5.6}$$

式中，F_S 为横截面上的剪力，b 为截面宽度，I_z 为整个横截面对中性轴的惯性矩，S_z^* 为横截面上距中性轴为 y 的横线以外部分的面积对中性轴的静矩。此即矩形截面梁弯曲切应力的计算公式。

上式中的 F_S、b 和 I_z 对某一横截面而言均为常量，因此横截面上切应力 τ 的变化规律由 S_z^* 确定，而 S_z^* 与坐标 y 有关，所以 τ 随坐标 y 而变化。对于矩形截面（图 5.10），可取 $dA = b\,dy_1$，于是式（b）化为

$$S_z^* = \int_{A_1} y_1\,dA = \int_y^{h/2} by_1\,dy_1 = \frac{b}{2}\left(\frac{h^2}{4} - y^2\right)$$

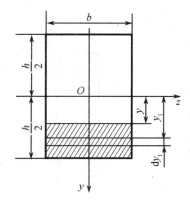

图 5.10

S_z^* 也可按照式（A.4）计算，即 S_z^* 等于横线以外部分面积与该面积的形心至中性轴距离的乘积：

$$S_z^* = A^* y_c^* = b\left(\frac{h}{2} - y\right)\left(\frac{h}{2} + y\right)\frac{1}{2} = \frac{b}{2}\left(\frac{h^2}{4} - y^2\right)$$

这样，式（5.6）可以写成

$$\tau = \frac{F_S}{2I_z}\left(\frac{h^2}{4} - y^2\right) \tag{5.7}$$

由式（5.7）可见，切应力沿截面高度按抛物线规律变化。当 $y = \pm h/2$ 时，$\tau = 0$，即截面的上、下边缘线上各点的切应力为零。随着离中性轴的距离 y 的减小，τ 逐渐增大。当 $y = 0$ 时，切应力 τ 有最大值，即最大切应力发生在中性轴上，其值为

$$\tau_{max} = \frac{F_S h^2}{8I_z}$$

将 $I_z = bh^3/12$ 代入上式，即可得出

$$\tau_{max} = \frac{3}{2}\frac{F_S}{bh} \tag{5.8}$$

可见，矩形截面梁横截面上的最大切应力为平均切应力 $\frac{F_S}{bh}$ 的 1.5 倍。

5.3.2 工字形截面梁

工字型截面如图 5.11（a）所示，其上、下的水平矩形称为翼缘，中间的竖直矩形称为腹板，设剪力 F_S 沿 y 轴方向。

下面先讨论腹板的弯曲切应力。在距中性轴为 y 的腹板各点上，τ 均匀分布，其方向与 F_S 相同，只需注意此处的 S_z^* 应为图 5.11（a）所示阴影面积对中性轴的静矩。即

$$S_z^* = \frac{b}{2}\left(\frac{h}{2} - \frac{h_0}{2}\right)\left[\frac{h_0}{2} + \frac{1}{2}\left(\frac{h}{2} - \frac{h_0}{2}\right)\right] + b_0\left(\frac{h_0}{2} - y\right)\left[y + \frac{1}{2}\left(\frac{h_0}{2} - y\right)\right]$$

$$= \frac{b}{8}(h^2 - h_0^2) + \frac{b_0}{2}\left(\frac{h_0^2}{4} - y^2\right)$$

于是

$$\tau = \frac{F_S}{I_z b_0}\left[\frac{b}{8}(h^2 - h_0^2) + \frac{b_0}{2}\left(\frac{h_0^2}{4} - y^2\right)\right] \tag{5.9}$$

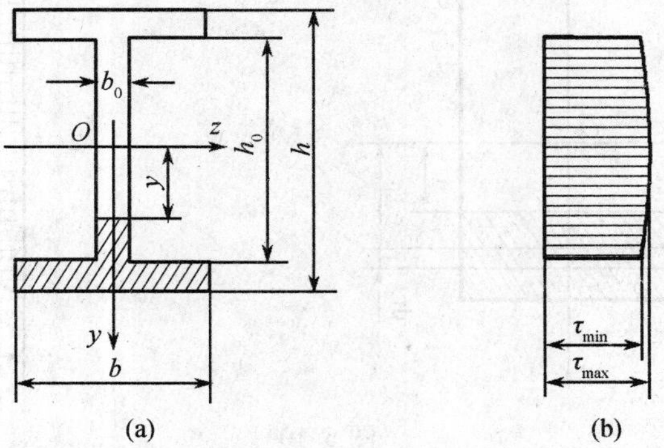

图 5.11

可见，工字形截面梁腹板上的切应力 τ 按抛物线规律分布 [图 5.11（b）]。以 $y=0$ 及 $y=\pm h_0/2$ 分别代入式（5.9）可得中性轴处的最大切应力及腹板与翼缘交界处的最小切应力分别为

$$\tau_{\max} = \frac{F_{\mathrm{S}}}{I_z b_0}\left[\frac{bh^2}{8} - (b - b_0)\frac{h_0^2}{8}\right]$$

$$\tau_{\min} = \frac{F_{\mathrm{S}}}{I_z b_0}\left(\frac{bh^2}{8} - \frac{bh_0^2}{8}\right)$$

由 $\tau_{\max}$ 与 $\tau_{\min}$ 的表达式可以看出，因 $b_0 \ll b$，所以 $\tau_{\max}$ 与 $\tau_{\min}$ 的差别并不大，可以认为，腹板上的弯曲切应力是近似地平均分布的。

对于工程上常用的标准工字钢，其 I_z/S_z^* 的数值可直接由型钢表查出。因此只需将此比值代入式（5.6）便可算出 $\tau_{\max}$，而不必根据式（5.9）去计算。

若将图 5.11（b）中腹板切应力分布图的面积乘以腹板的厚度 b_0，这便是腹板上切应力的合力，即 $\int_{-h_0/2}^{h_0/2} \tau b_0 \mathrm{d}y$。对于标准的工字形钢，此积分等于（0.95～0.97）F_{S}。也就是说，弯曲时腹板承担了绝大部分的剪力 F_{S}。又因为腹板上的 τ 近似均匀分布，所以 τ 可近似计算为

$$\tau = \frac{F_{\mathrm{S}}}{b_0 h_0} \tag{5.10}$$

在翼缘上，也应有平行于 F_{S} 的切应力分量，分布情况比较复杂，但其数值很小，并无实际意义，所以通常并不进行计算。此外，翼缘上还有平行于翼缘宽度 b 的切应力分量。它与腹板内的切应力比较，一般说也是次要的。工字梁翼缘的全部面积都在离中性轴最远处，每一点的正应力都比较大，所以翼缘承担了截面上的大部分弯矩。

5.3.3 圆形截面梁

对于圆形截面梁 [图 5.12（a）] 除中性轴处切应力与剪力平行外，其他点的切应力并不平行于剪力。考虑距中性轴为 y，长为 b 的弦线 AB 上各点的切应力 [图 5.12（a）]。根据切应力互等定理，弦线两个端点处的切应力必与圆周相切，且切应力作用线交于 y 轴的某点 P。弦线中点处切应力作用线由对称性可知也通过 P 点。因而可以假设 AB 线上各点切应力作用线都通过同一点 P，并假设各点切应力沿 y 方向的分量 τ_y 相等，则可沿用前述矩形截面的公式计算圆截面的切应力分量 τ_y，求得 τ_y 后，按所在点处切应力方向与 y 轴间的夹角，求出该点处的总切应力 τ。

根据以上假设，即可用式（5.6）求出截面上距中性轴为同一高度 y 处切应力沿 y 方向分量 τ_y，即

$$\tau_y = \frac{F_{\mathrm{S}} S_z^*}{I_z b} \tag{c}$$

其中 b 为 AB 弦的长度，S_z^* 是图 5.12（b）中阴影部分的面积对 z 轴的静矩。

圆截面的最大切应力 $\tau_{\max}$ 仍然发生在中性轴上各点处。由于在中性轴两端处切应力的方向与圆周相切，且与 F_{S} 平行，故中性轴上各点处的切应力都与 F_{S} 平行，且 τ_y 就是该点的总切应力。对中性轴上的点，

$$b = 2R, \quad S_z^* = \frac{\pi R^2}{2} \cdot \frac{4R}{3\pi}$$

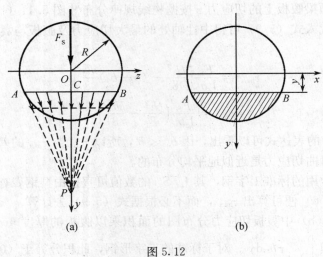

图 5.12

代入式（c），并注意到 $I_z = \dfrac{\pi R^4}{4}$，可得

$$\tau_{max} = \frac{4}{3}\,\frac{F_S}{\pi R^2} \tag{5.11}$$

式中 $\dfrac{F_S}{\pi R^2}$ 是梁截面上的平均切应力，可见最大切应力是平均切应力的 $1\dfrac{1}{3}$ 倍。

例 5.3 梁截面如图 5.13 所示，剪力 $F_S = 15\text{kN}$，作用于梁的纵向对称面（xy 平面）内。试计算该截面的最大弯曲切应力，以及腹板与翼缘交接处的弯曲切应力。已知截面的惯性矩 $I_z = 8.84 \times 10^{-6}\,\text{m}^4$，$C$ 为截面形心。

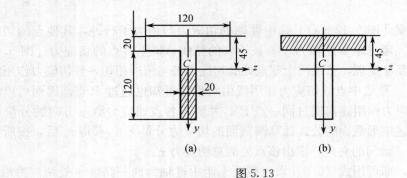

图 5.13

解 （1）计算 $S_{z\max}^*$，求 τ_{max}。中性轴一侧的部分截面对中性轴的静矩为

$$S_{z\max}^* = \frac{1}{2}\,(0.020 + 0.120 - 0.045)^2 \times 0.020 = 9.03 \times 10^{-5}\,(\text{m}^3)$$

所以，最大弯曲切应力为

$$\tau_{max} = \frac{F_S S_{z\max}^*}{bI_z} = \frac{(15 \times 10^3)(9.03 \times 10^{-5})}{(0.020)(8.84 \times 10^{-6})} = 7.66 \times 10^6\,\text{Pa} = 7.66\text{MPa}$$

（2）腹板、翼缘交接处的弯曲切应力。由图 5.13（b）可知，腹板、翼缘交接线一侧的部分面积对中性轴 z 的静矩为

$$S_z^* = (0.02 \times 0.120)\left(0.045 - \frac{0.020}{2}\right)$$
$$= 8.40 \times 10^{-5}\,(\mathrm{m}^3)$$

所以，交接线上各点处的弯曲切应力为

$$\tau = \frac{F_S S_z^*}{b I_z} = \frac{(15 \times 10^3)(8.40 \times 10^{-5})}{(0.020)(8.84 \times 10^{-6})} = 7.13 \times 10^6\,\mathrm{Pa} = 7.13\,\mathrm{MPa}$$

例 5.4 一矩形截面悬臂梁，在自由端承受集中载荷 F，如图 5.14（a）所示，试求梁的最大正应力 $\sigma_{\max}$ 和最大切应力 $\tau_{\max}$ 的比值。

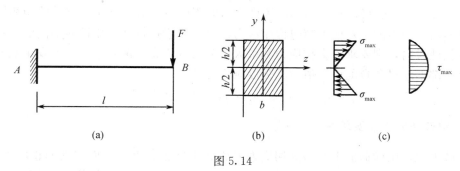

图 5.14

解 该梁的最大剪力和最大弯矩分别为

$$|F_S|_{\max} = F$$
$$|M|_{\max} = Fl$$

由应力的分布规律［图 5.14（c）］可知，最大正应力发生在 A 截面的上、下边缘，其值为

$$\sigma_{\max} = \frac{M_{\max}}{W_z} = \frac{Fl}{bh^2/6} = \frac{6Pl}{bh^2}$$

最大切应力发生在各截面的中性轴处，其值为

$$\tau_{\max} = \frac{3}{2}\frac{F}{A} = \frac{3}{2}\frac{F}{bh}$$

两者之比

$$\frac{\sigma_{\max}}{\tau_{\max}} = \frac{6Fl}{bh^2}\frac{2bh}{3F} = 4\left(\frac{l}{h}\right)$$

由上式可知，对于细长梁（$l > 5h$），梁的跨度 l 远大于其截面高度 h，梁的最大弯曲正应力远大于弯曲切应力。因此在一般细长的非薄壁截面梁中，弯曲正应力是决定强度的主要应力。

5.4　梁的强度条件及其应用

梁在发生横力弯曲时，横截面上既存在正应力又存在切应力，下面分别讨论这两种应力的强度条件。

5.4.1　弯曲正应力强度条件

横截面上最大的正应力发生在离中性轴最远的点上，一般来说，该处切应力为零或

很小。所以，梁弯曲时，最大正应力作用点可视为处于单向受力状态。因此，梁的弯曲正应力强度条件为

$$\sigma_{max} = \left(\frac{M}{W_z}\right)_{max} \leqslant [\sigma] \tag{5.12}$$

对等截面直梁，最大弯曲正应力发生在最大弯矩所在截面上，这时弯曲正应力强度条件可表示为

$$\sigma_{max} = \frac{M_{max}}{W_z} \leqslant [\sigma] \tag{5.13}$$

式（5.12）、式（5.13）中，$[\sigma]$ 为许用弯曲正应力。对于抗拉和抗压性能相同的材料，只要最大应力的绝对值不超过许用应力即可。对于抗拉和抗压性能不同的材料，如铸铁等脆性材料，则要求最大拉应力和最大压应力（注意：两者常常并不发生在同一横截面上）都不超过各自的许用值。其强度条件为

$$\sigma_{t,max} \leqslant [\sigma_t], \ \sigma_{c,max} \leqslant [\sigma_c] \tag{5.14}$$

5.4.2 弯曲切应力强度条件

一般来说，梁横截面上的最大切应力发生在中性轴各点处，而该处的正应力为零。因此最大弯曲切应力作用点处于纯剪切应力状态。这时弯曲切应力强度条件为

$$\tau_{max} = \left(\frac{F_S S_z^*}{I_z b}\right)_{max} \leqslant [\tau] \tag{5.15}$$

式中，$[\tau]$ 为许用切应力。

对于等截面梁，最大切应力发生在最大剪力所在的截面上。弯曲切应力强度条件为

$$\tau_{max} = \frac{F_{Smax} S_{zmax}^*}{I_z b} \leqslant [\tau] \tag{5.16}$$

值得注意的是，对于细长梁，弯曲切应力远小于弯曲正应力（如例5.4），所以说，弯曲正应力是控制梁强度的主要因素，一般不必考虑切应力的强度。但是，对于下列几种情况的梁，必须进行切应力的强度校核。

（1）短梁或者有较大荷载作用在支座附近时，梁的最大弯矩可能不大，而剪力却较大。

（2）由钢板和型钢焊接或铆接而成的组合截面梁，腹板较薄。

（3）胶合而成的组合梁，一般需对胶合面进行切应力强度校核。

（4）梁沿某一方向的抗剪能力较差（如木梁的顺纹方向）。

通常，在选择截面时，先按正应力的强度条件选择截面的尺寸和形状，然后再校核切应力强度条件。

例5.5 试校核图5.15（a）所示的机车轮轴的强度。已知轴的直径分别为 $d_1 = 160mm$，$d_2 = 130mm$，集中力 $F = 62.5kN$，$a = 267mm$，$b = 160mm$。材料的许用应力 $[\sigma] = 60MPa$，弹性模量 $E = 200GPa$。

解 机车轮轴的力学计算简图如图5.15（b）所示。

（1）求支座反力。根据静力平衡条件可以求得支座反力为

$$F_{Ay} = F_{By} = 62.5kN$$

（2）弯矩图如图5.15（c）所示。

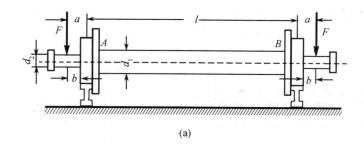

(a)

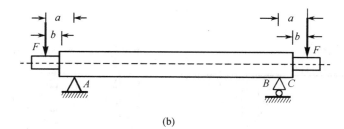

(b)

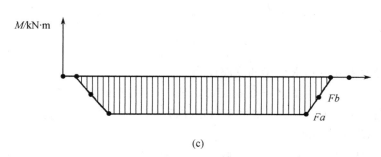

(c)

图 5.15

（3）校核强度。从弯矩图上可知，最大弯矩为

$$|M|_{\max} = Fa = 62.5 \times 10^3 \times 0.267 = 16.69 \, (\text{kN} \cdot \text{m})$$

最大弯矩截面上的最大应力为

$$\sigma_{\max} = \frac{M}{W} = \frac{|M|_{\max}}{\frac{\pi}{32} d_1^3} = \frac{32 \times 1.669 \times 10^4}{\pi \times 0.16^3}$$

$$= 4.15 \times 10^7 \text{Pa} = 41.5 \text{MPa} < [\sigma] = 60 \text{MPa}$$

在车轴外伸端与轮毂相配处（即轮轴变截面处），弯矩值虽然不是最大，但其直径较小，也需校核。该截面上弯矩为

$$|M_1| = Fb = 62.5 \times 10^3 \times 0.160 = 10 \text{kN} \cdot \text{m}$$

最大弯曲正应力为

$$\sigma_{\max} = \frac{M}{W} = \frac{|M_1|}{\frac{\pi}{32} d_2^3} = \frac{32 \times 1.0 \times 10^4}{\pi \times 0.13^3}$$

$$= 4.64 \times 10^7 \text{Pa} = 46.4 \text{MPa} < [\sigma] = 60 \text{MPa}$$

所以轮轴满足强度条件。

例 5.6 T 形截面铸铁梁，载荷和截面尺寸如图 5.16（a）所示，铸铁抗拉许用应

力为 $[\sigma_t] = 30\text{MPa}$ ，抗压许用应力为 $[\sigma_c] = 160\text{MPa}$ 。已知截面对形心轴 z 的惯性矩为 $I_z = 763\text{cm}^4$ ，且 $|y_1| = 52\text{mm}$ ，试校核梁的强度。

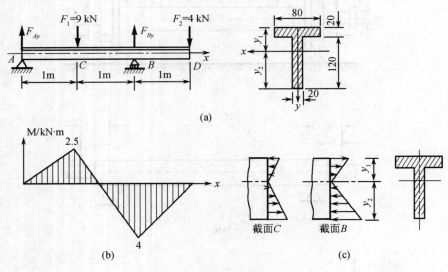

图 5.16

解 由静力平衡方程求出梁的支座反力为

$$F_{Ay} = 2.5(\text{kN}),\ F_{By} = 10.5(\text{kN})$$

作弯矩图如图 5.16（b）所示。最大正弯矩在截面 C 上，$M_C = 2.5\text{kN}\cdot\text{m}$ ，最大负弯矩在截面 B 上，$M_B = -4\text{kN}\cdot\text{m}$ 。

T 形截面对中性轴不对称，同一截面上的最大拉应力和压应力并不相等。计算最大弯曲正应力时，应以 y_1 和 y_2 分别代入式（5.2）。在截面 B 上，弯矩是负的，最大拉应力发生于上边缘各点 [图 5.16（c）]，

$$\sigma_t = \frac{M_B y_1}{I_z} = \frac{4\times10^3\times52\times10^{-3}}{763\times(10^{-2})^4}\text{Pa} = 27.2\text{MPa}$$

最大压应力发生于下边缘各点，

$$\sigma_c = \frac{M_B y_2}{I_z} = \frac{40\times10^3\times(120+20-52)\times10^{-3}}{763\times(10^{-2})^4}\text{Pa} = 46.2\text{MPa}$$

在截面 C 上，虽然弯矩 M_C 的绝对值小于 M_B ，但 M_C 是正弯矩，最大拉应力发生于截面的下边缘各点，而这些点到中性轴的距离比较远，因而就有可能发生比截面 B 还要大的拉应力，其值为

$$\sigma_t = \frac{M_C y_2}{I_z} = \frac{2.5\times10^3\times(120+20-52)\times10^{-3}}{763\times(10^{-2})^4}\text{Pa} = 28.8\text{MPa}$$

可见，最大拉应力是在截面 C 的下边缘各点处，但从所得结果看出，无论是最大拉应力或最大压应力都未超过许用应力，强度条件是满足的。

由此例题可见，当截面上的中性轴为非对称轴，且材料的抗拉、抗压许用应力数值不等时，最大正弯矩和最大负弯矩所在的两个截面均可能为危险截面，因而均应进行强度校核。

例 5.7 简支梁 AB 如图 5.17（a）所示。$l = 2\text{m}$，$a = 0.2\text{m}$。梁上的载荷为 $q = 10\text{kN/m}$，$F = 200\text{kN}$。材料的许用应力为 $[\sigma] = 160\text{MPa}$，$[\tau] = 100\text{MPa}$。试选择适用的工字钢型号。

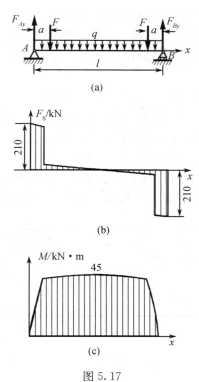

图 5.17

解　计算梁的支座反力，然后做剪力图和弯矩图，如图 5.17（b）、（c）所示。

根据最大弯矩选择工字钢型号，$M_{\max} = 45\text{kN} \cdot \text{m}$，由弯曲正应力强度条件，有

$$W_z = \frac{M_{\max}}{[\sigma]} = \frac{45 \times 10^3}{160 \times 10^6}\text{m}^3 = 281\ \text{cm}^3$$

查型钢表，选用 22a 工字钢，其 $W_z = 309\text{cm}^3$。

再校核梁的切应力。由型钢表查出 $\dfrac{I_z}{S_z^*} = 18.9\text{cm}$，腹板厚度 $d = 0.75\text{cm}$。由剪力图 $F_{S\max} = 210\text{kN}$。代入切应力强度条件

$$\tau_{\max} = \frac{F_{S\max} S_z^*}{I_z b} = \frac{210 \times 10^3}{18.9 \times 10^{-2} \times 0.75 \times 10^{-2}}\text{Pa} = 148\text{MPa} > [\tau]$$

$\tau_{\max}$ 超过 $[\tau]$ 很多，应重新选择更大的截面。现以 25b 工字钢进行试算。由表查出，$\dfrac{I_z}{S_z^*} = 21.27\text{cm}$，$d = 1\text{cm}$。再次进行切应力强度校核。

$$\tau_{\max} = \frac{210 \times 10^3}{21.27 \times 10^{-2} \times 1 \times 10^{-2}}\text{Pa} = 98.7\text{MPa} < [\tau]$$

因此，要同时满足正应力和切应力强度条件，应选用型号为 25b 的工字钢。

5.5 非对称弯曲

在 5.2 节中已经导出了适用于梁有个纵向对称面，且外力作用在该对称面内而发生对称弯曲时横截面上的正应力计算公式。本节将进一步讨论梁不具有纵向对称面或虽有纵向对称面但外力不作用在纵向对称面内，即发生**非对称弯曲**时，梁横截面上正应力的计算。

仍然从纯弯曲入手。设以梁的轴线为 x 轴，横截面上有通过形心的任意两个相互垂直的轴为 y 轴和 z 轴（图 5.18）。显然，y 轴和 z 轴并不一定是形心主惯性轴。可以认为两端的纯弯曲力偶矩在 xy 平面内，并将其记为 M_z。这并不影响问题的普遍性，因为作用于两端的弯曲力偶矩，总可以分解成 xy 和 xz 两个平面中的力偶矩 M_z 和 M_y，这就可以先讨论 M_z 引起的应力，再讨论 M_y 的影响，然后将两者叠加。对当前讨论的纯弯曲问题，仍采用 5.2 节中提出的两个假设，即①平面假设；②纵向纤维间无正应力。

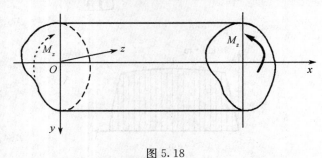

图 5.18

以相邻的两个横截面从梁中取出长为 $\mathrm{d}x$ 的微段，如图 5.19（a）所示。图中画阴影线的曲面为中性层，它与横截面的交线为中性轴。根据平面假设，变形后两相邻横截面各自绕中性轴相对转动 $\mathrm{d}\theta$ 角，并仍保持为平面。如图 5.19（b）表示垂直于中性轴的纵向平面，它与中性层的交线为 $O'O'$，ρ 为 $O'O'$ 的曲率半径。仿照 5.2 节中导出应变 ε 表达式的方法，可以求得距中性层为 η 的纤维的应变为

$$\varepsilon = \frac{(\rho+\eta)\mathrm{d}\theta - \rho\mathrm{d}\theta}{\rho\mathrm{d}\theta} = \frac{\eta}{\rho} \tag{a}$$

可见，纵向纤维的应变 ε 与它到中性层的距离 η 成正比。当然，中性层的位置，亦即中性轴在截面上的位置，尚待确定。式（a）即为变形几何关系。

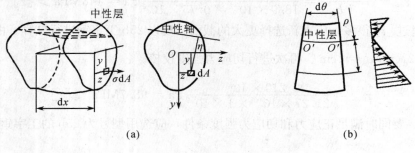

(a)   (b)

图 5.19

根据纵向纤维间无正应力的假设，各纵向纤维皆为单向拉伸或压缩。若应力不超过比例极限，按胡克定律

$$\sigma = E \cdot \varepsilon = E \cdot \frac{\eta}{\rho} \qquad\qquad (b)$$

此即物理关系。它表明，横截面上一点的正应力与该点到中性轴的距离 η 成正比 [图 5.19 (b)]。

现在列出静力关系。横截面上只有由微内力 $\sigma\mathrm{d}A$ 组成的内力系，它是垂直于横截面的空间平行力系，与它相应的内力分量是轴力 F_N、弯矩 M_z 和 M_y，分别表示为

$$F_N = \int_A \sigma \mathrm{d}A \quad M_y = -\int_A z\sigma\mathrm{d}A \quad M_z = \int_A y\sigma\mathrm{d}A$$

横截面左侧的外力，只有 xy 平面中的弯曲力偶矩，且也把它记为 M_z。此外就别无其他外力。因此，截面左侧梁段的平衡方程是

$$F_N = \int_A \sigma \mathrm{d}A = 0 \qquad\qquad (c)$$

$$M_y = -\int_A z\sigma \mathrm{d}A = 0 \qquad\qquad (d)$$

$$M_z = \int_A y\sigma \mathrm{d}A \qquad\qquad (e)$$

以式 (b) 代入式 (c) 得

$$\int_A \sigma \mathrm{d}A = \frac{E}{\rho}\int_A \eta \mathrm{d}A = 0$$

这里 $\dfrac{E}{\rho} \neq 0$，故有 $\int_A \eta \mathrm{d}A = 0$，$\eta$ 是 $\mathrm{d}A$ 到中性轴的距离。这表明横截面 A 对中性轴的静矩等于零，中性轴必然通过截面形心。于是把图 5.19 (a) 中的中性轴改为图 5.20 所表示的位置。这样，连接各截面形心的轴线就在中性层内，长度不变。在横截面上，以 θ 表示由 y 轴到中性轴的角度，并且以逆时针方向为正。$\mathrm{d}A$ 到中性轴的距离 η 就可表示为

$$\eta = y\sin\theta - z\cos\theta$$

代入式 (b) 得

$$\sigma = \frac{E}{\rho}(y\sin\theta - z\cos\theta) \qquad (f)$$

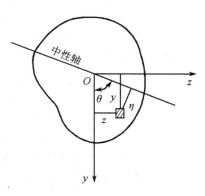

图 5.20

把式 (f) 代入平衡方程 (d)，得

$$M_y = -\frac{E}{\rho}\left(\sin\theta\int_A yz\,\mathrm{d}A - \cos\theta\int_A z^2\,\mathrm{d}A\right) = -\frac{E}{\rho}(I_{yz}\sin\theta - I_y\cos\theta) = 0$$

由此求得

$$\tan\theta = \frac{I_y}{I_{yz}} \qquad\qquad (5.17)$$

中性轴通过截面形心，y 轴与它的夹角 θ 又可用上式确定，所以中性轴的位置就完全确定了。

把式 (f) 代入平衡方程 (e)，得

$$M_z = \frac{E}{\rho}\left(\sin\theta\int_A y^2\,\mathrm{d}A - \cos\theta\int_A yz\,\mathrm{d}A\right) = \frac{E}{\rho}(I_z\sin\theta - I_{yz}\cos\theta) = 0 \tag{g}$$

从式（f）和式（g）中消去 $\dfrac{E}{\rho}$，得

$$\sigma = \frac{M_z(y\sin\theta - z\cos\theta)}{I_yI_z - I_{yz}^2}$$

以 $\cos\theta$ 除上式右边的分子和分母，并利用式（5.17）消去 $\tan\theta$，整理后得

$$\sigma = \frac{M_z(I_yy - I_{yz}z)}{I_yI_z - I_{yz}^2} \tag{5.18}$$

这是只在 xy 平面内作用纯弯曲力偶矩 M_z，且 xy 平面并非形心主惯性平面时，弯曲正应力的计算公式。这时，弯曲变形（挠度）发生于垂直于中性轴的纵向平面内，它与 M_z 的作用平面 xy 并不重合。

若只在 xz 平面内作用纯弯曲力偶矩 M_y，则可用导出式（5.18）的同样方法，求得相应的正应力计算公式为

$$\sigma = -\frac{M_y(I_zz - I_{yz}y)}{I_yI_z - I_{yz}^2} \tag{5.19}$$

最普遍的情况是，在包含杆件轴线的任意纵向平面内，作用一对纯弯曲力偶矩。这时，可把这一力偶矩分解成作用于 xy 和 xz 两坐标平面内的 M_z 和 M_y，于是叠加式（5.18）和式（5.19），得横截面上任一点 (y,z) 的弯曲正应力为

$$\sigma = \frac{M_z(I_yy - I_{yz}z)}{I_yI_z - I_{yz}^2} - \frac{M_y(I_zz - I_{yz}y)}{I_yI_z - I_{yz}^2} \tag{5.20}$$

现在确定中性轴的位置。若以 y_0、z_0 表示中性轴上任一点的坐标，则因中性轴上各点的正应力等于零，如以 y_0、z_0 代入式（5.20），应有

$$\sigma = \frac{M_z(I_yy_0 - I_{yz}z_0)}{I_yI_z - I_{yz}^2} - \frac{M_y(I_zz_0 - I_{yz}y_0)}{I_yI_z - I_{yz}^2} = 0$$

或者写成

$$(M_zI_y + M_yI_{yz})y_0 - (M_yI_z + M_zI_{yz})z_0 = 0 \tag{h}$$

这是中性轴的方程式，它表明中性轴是通过原点（截面形心）的一条直线。如以 θ 表示由 y 轴到中性轴的夹角，且以反时针方向为正，则由式（h）得

$$\tan\theta = \frac{z_0}{y_0} = \frac{M_zI_y + M_yI_{yz}}{M_yI_z + M_zI_{yz}} \tag{5.21}$$

下面我们讨论两种特殊情况。

（1）若只在 xy 平面内作用纯弯曲力偶矩 M_z，且 xy 平面为形心主惯性平面，即 y、z 轴为截面的形心主惯性轴，则因 $M_y = 0$，$I_{yz} = 0$，式（5.20）或式（5.18）化为

$$\sigma = \frac{M_zy}{I_z} \tag{5.22}$$

而且，由式（5.17）或式（5.21）都可得出 $\theta = \dfrac{\pi}{2}$，即中性轴与 z 轴重合。垂直于中性轴的 xy 平面，既是梁的挠曲线所在的平面，又是弯曲力偶矩 M_z 的作用平面，这种情况称为**平面弯曲**。显然，以前讨论的对称弯曲，载荷与弯曲变形都在纵向对称面内，就属于平面弯曲。还应指出，对实体杆件，若弯曲力偶矩 M_z 的作用平面平行于形

心主惯性平面，而不是与它重合，则因这并不会改变上面的推导过程，故所得结果仍然是适用的。这时，M_z 的作用平面与挠曲线所在的平面是相互平行的。

（2）若 M_z 和 M_y 同时存在，但它们的作用平面 xy 和 xz 皆为形心主惯性平面，即 y、z 为截面的形心主惯性轴，则因 $I_{yz} = 0$，式（5.20）和式（5.21）化为

$$\sigma = \frac{M_z y}{I_z} - \frac{M_y z}{I_y} \tag{5.23}$$

$$\tan\theta = \frac{M_z I_y}{M_y I_z} \tag{5.24}$$

问题化为在两个形心主惯性平面内的弯曲的叠加。

以上讨论的是非对称的纯弯曲。非对称的横力弯曲往往同时出现扭转变形（参见 5.7 节）。对实体杆件，在通过截面形心的横向力作用下，可以省略上述扭转变形，把载荷分解成作用于 xy 和 xz 两个平面内的横向力，并用以计算弯矩 M_z 和 M_y，然后便可将纯弯曲的正应力计算公式用于横力弯曲的正应力计算。

例 5.8 有一 Z 形钢制成的两端外伸梁，承受均布荷载，其计算简图如图 5.21（a）所示。已知该梁截面对形心轴 y、z 的惯性矩和惯性积分别为 $I_y = 283 \times 10^{-8} \mathrm{m}^4$、$I_z = 1930 \times 10^{-8} \mathrm{m}^4$ 和 $I_{yz} = 532 \times 10^{-8} \mathrm{m}^4$。钢材的许用弯曲正应力为 $[\sigma] = 170 \mathrm{MPa}$。求此梁的许可均布荷载集度值 q。

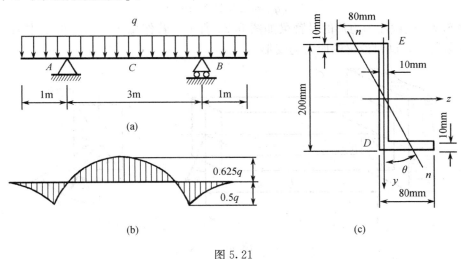

图 5.21

解 梁的许可均布荷载集度 q 值可根据梁的正应力强度条件求得。为此，先求梁内的最大弯矩及截面上危险点的 y、z 坐标值。由弯矩图可见，跨中截面 C 处的弯矩绝对值最大，其值为

$$M_{max} = 0.625q$$

式中，q 和 M_{max} 的单位取为 MN/m 和 MN·m。

由于均布荷载作用在 xy 平面内，故 $M_y = 0$，而 $M_{zmax} = M_{max} = 0.625q$。将 I_y、I_z 和 I_{yz} 值代入式（5.21），便可求出中性轴与 y 轴间的夹角 θ 值为

$$\tan\theta = \frac{I_y}{I_{yz}} = \frac{283 \times 10^{-8}}{532 \times 10^{-8}} = 0.53196$$

由此求得

$$\theta = 28°$$

于是中性轴位置应如图 5.21（c）中 $n\text{-}n$ 轴所示。作两条直线与中性轴平行，分别与截面同边相切于 D、E 两点，这两点距中性轴最远，因而是截面上的危险点。D、E 两点处的正应力绝对值是相等的。根据图示尺寸，可算出 D 点的坐标值为

$$y_D = 100\text{mm} = 0.1\text{m}$$
$$z_D = -5\text{mm} = -0.005\text{m}$$

按照式（5.20），可求得此梁横截面上的最大正应力

$$\sigma_{\max} = \sigma_D = \frac{M_{z\max}(I_y y_D - I_{yz} z_D)}{I_y I_z - I_{yz}^2}$$

该梁的正应力强度条件为

$$\frac{M_{z\max}(I_y y_D - I_{yz} z_D)}{I_y I_z - I_{yz}^2} \leqslant [\sigma]$$

代入数据，得

$$\frac{0.625q\left[283 \times 10^{-8} \times 0.1 - 532 \times 10^{-8} \times (-0.005)\right]}{283 \times 10^{-8} \times 1930 \times 10^{-8} - (532 \times 10^{-8})^2} \leqslant 170 \times 10^6$$

解得此梁的许可均布载荷集度值为

$$[q] = 23.1\text{kN/m}$$

例 5.9 横截面为矩形的悬臂梁如图 5.22 所示。若作用于自由端的集中力 F 与 y 轴的夹角为 φ，试讨论梁的应力与变形。

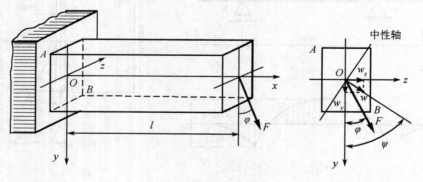

图 5.22

解 在选定的坐标系中，y 轴、z 轴为截面的形心主惯性轴。将 F 分解成沿 y 和 z 的分量

$$F_y = F\cos\varphi, \quad F_z = F\sin\varphi$$

问题转化为在 xy 和 xz 两个形心主惯性平面内弯曲的叠加。在固定端，M_z 和 M_y 的值为

$$M_z = -Fl\cos\varphi, \quad M_y = -Fl\sin\varphi$$

这里，弯矩 M_y 的符号规定为，在坐标 z 为正的点上引起拉应力的 M_y 为正。

由式（5.24）求得 y 轴与中性轴的夹角为

$$\tan\theta = -\frac{M_z I_y}{M_y I_z} = -\frac{I_y}{I_z}\cot\varphi \tag{i}$$

离中心轴最远的点为 A 和 B，两点的应力相等，且 σ_A 为拉应力，σ_B 为压应力。

由式（5.23）得

$$\sigma_B = -Fl\left(\frac{y_{\max}\cos\varphi}{I_z} + \frac{z_{\max}\sin\varphi}{I_y}\right)$$

利用 6.4 节表 6.1，求出自由端的形心因 F_y 引起的垂直位移为

$$w_y = \frac{F_y l^3}{3EI_z} = \frac{Fl^3\cos\varphi}{3EI_z}$$

w_y 沿 y 轴的正向。同理，F_z 引起的水平位移为

$$w_z = \frac{Fl^3\sin\varphi}{3EI_y}$$

w_z 沿 z 轴的正向。最后得自由端的位移（挠度）及其方向为

$$w = \sqrt{w_y^2 + w_z^2} = \frac{Fl^3}{3E}\sqrt{\left(\frac{\cos\varphi}{I_z}\right)^2 + \left(\frac{\sin\varphi}{I_y}\right)^2}$$

$$\tan\psi = \frac{w_z}{w_y} = \frac{I_z}{I_y}\tan\varphi \tag{j}$$

一般情况下，$I_z \neq I_y$，故 $\psi \neq \varphi$。这就再次说明，挠度所在的平面与外力作用面不重合。所以有时把这种情况称为斜弯曲。对圆形或正方形等截面，$I_z = I_y$，于是有 $\psi = \varphi$，表明梁的挠度与集中力 F 在同一平面内，这属于平面弯曲。式（i）、式（j）表明，$\tan\theta = -\dfrac{1}{\tan\psi}$，所以中性轴与挠度 w 所在的平面是垂直的。

5.6　提高弯曲强度的一些措施

前面曾指出，弯曲正应力是控制弯曲强度的主要因素，所以，弯曲正应力的强度条件

$$\sigma_{\max} = \frac{M_{\max}}{W_z} \leqslant [\sigma]$$

是设计梁的主要依据。从这个条件可以看出，提高梁承载能力应从两个方面来考虑：一方面是合理安排梁的受力情况，以降低 $M_{\max}$ 的数值；另一方面是采用合理的截面形状，以提高梁抗弯截面模量 W_z 的数值，充分利用材料的性能。下面我们分几点进行讨论。

5.6.1　合理安排梁的支撑和载荷

1. 合理安排梁的支撑

合理地安排支座位置，可降低梁内的最大弯矩值。例如，图 5.23（a）所示的受均布载荷作用的简支梁，其最大弯矩 $M_{\max} = \dfrac{1}{8}ql^2 = 0.125ql^2$；若将两支座分别向跨中移动 $0.2l$［图 5.23（b）］，则最大弯矩 $M_{\max} = \dfrac{1}{40}ql^2 = 0.025ql^2$，仅为前者的 $1/5$。由此可见，在可能的条件下，适当地调整梁的支座位置，可以降低最大弯矩值，提高梁的承载能力。例如，门式起重机的大梁图 5.24（a）、锅炉筒体图 5.24（b）等，就是采用上述措施，以达到提高强度，节省材料的目的。

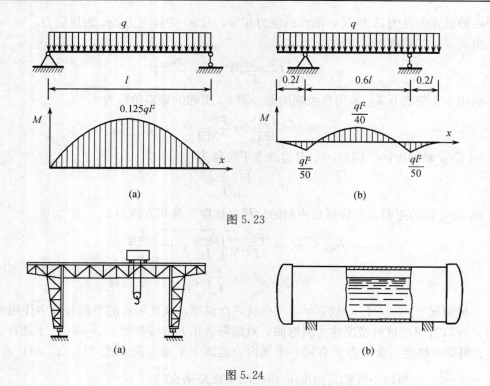

图 5.23

图 5.24

2. 合理布置载荷

合理地布置载荷也可降低梁的最大弯矩值。例如，图 5.25（a）所示的简支梁，在集中力 F 作用下梁的最大弯矩为 $M_{max} = \dfrac{1}{4}Fl$。当集中载荷作用位置不受限制时，应尽量靠近支座，如集中力 F 作用在距支座 $l/6$ 处 [图 5.25（b）]，则梁上的最大弯矩为 $M_{max} = \dfrac{5}{36}Fl$，是原来最大弯矩的 0.56 倍。当载荷的位置不能改变时，可以把集中力分散成较小的力或者改变成分布载荷，从而减小最大弯矩。例如把作用于跨中的集中力通过辅梁分散为两个集中力 [图 5.25（c）]，使得最大弯矩 $M_{max} = \dfrac{1}{4}Fl$ 降为 $\dfrac{1}{8}Fl$。

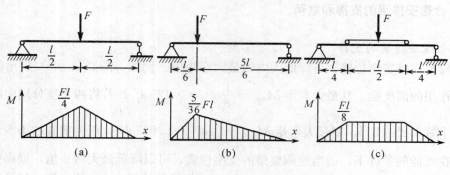

图 5.25

5.6.2　合理设计截面形状

从弯曲强度考虑，比较合理的截面形状是截面面积较小，而抗弯截面模量较大。

1. 增大单位面积的抗弯截面模量 W_z/A

梁的合理截面形状应该是：在不加大横截面面积的条件下，尽量使 W_z 大些，即应使比值 W_z/A 大一些，这样的截面既合理、又经济。常见的几种截面的比值 W_z/A 列于表 5.1 中。

表 5.1 说明，工字形和槽形比矩形截面经济合理，矩形比圆形截面经济合理。这可从弯曲正应力的分布规律得到解释。由于正应力按线性分布，中性轴附近正应力很小，而在距中性轴较远处正应力较大。因此，使横截面面积分布在距中性轴较远处可充分发挥材料的作用。工程中，大量采用的工字形和箱形截面梁就是运用了这一原理。而实心圆截面梁上、下边缘处材料较少，中性轴附近材料较多，因而不能做到材尽其用，所以，对于需做成圆形截面的轴类构件，可采用空心圆截面。

表 5.1　W_z/A 值

截面形状	矩形	圆形	环形	槽钢	工字钢
W_z/A	$0.167h$	$0.125h$	$0.205h$	$(0.27\sim0.31)\,h$	$(0.27\sim0.31)\,h$

值得注意的是，在提高 W_z 的过程中不可将矩形截面的宽度取得太小；也不可将空心圆、工字形、箱形及槽形截面的壁厚取得太小，否则可能出现失稳的问题。

2. 根据材料的性质选择截面的形状

塑性材料（如钢材）因其抗拉和抗压能力相同，因此截面应以中性轴为对称轴，这样可使最大拉应力和最大压应力相等，并同时达到许用应力，使材料得到充分利用。对于抗拉和抗压能力不相等的脆性材料，如铸铁等，设计截面时，应尽量选择中性轴不是对称轴的截面，如 T 形截面，且应使中性轴靠近受拉一侧（图 5.26），尽可能使截面上最大拉应力和最大压应力同时达到或接近材料抗拉和抗压的许用应力。通过调整截面尺寸，如能使 y_1 和 y_2 之比接近下列关系：

$$\frac{\sigma_{t,max}}{\sigma_{c,max}} = \frac{M_{max}y_1}{I_z} \Big/ \frac{M_{max}y_2}{I_z} = \frac{y_1}{y_2} = \frac{[\sigma_t]}{[\sigma_c]}$$

则最大拉应力和最大压应力便可同时接近许用应力。

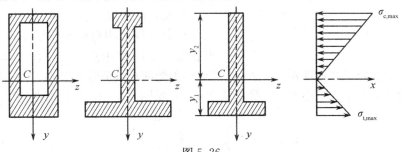

图 5.26

5.6.3 采用等强度梁

前面在进行梁的强度计算时，一般是根据危险截面上的 M_{max} 来设计 W_z ，然后取其他各横截面的尺寸和形状都和危险截面相等，这就是通常的等截面梁。等截面梁各个截面的最大应力并不相等，这是因为各截面的弯矩 $M(x)$ 不相等。除危险截面外的其他截面上作用的弯矩 $M(x)$ 都小于 M_{max} ，故其最大应力也就小于危险截面上的 σ_{max} 。因而在载荷作用下，只有 M_{max} 作用面上的 σ_{max} 才可能达到或接近材料的许用应力 $[\sigma]$ ，而梁的其他截面的材料便没有充分发挥作用。为了节约材料，减轻梁的自重，可以把其他截面的 $W_z(x)$ 作得小一些，使各横截面上的最大应力同时达到许用应力，这样的梁称为**等强度梁**。

等强度梁的截面是沿轴线变化的，所以是变截面梁。变截面梁横截面上的正应力仍可近似地用等截面梁的公式来计算。根据等强度梁的要求，应有

$$\sigma_{max} = \frac{M(x)}{W_z(x)} = [\sigma]$$

即

$$W_z(x) = \frac{M(x)}{[\sigma]} \tag{5.25}$$

由式（5.25）可见，确定了弯矩随截面位置的变化规律，即可求得等强度梁横截面的变化规律，下面举例说明。

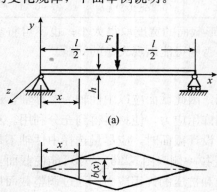

(a)

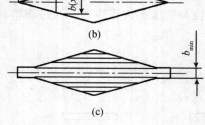

(b)

(c)

图 5.27

设图 5.27（a）所示受集中力 F 作用的简支梁为矩形截面的等强度梁，若截面高度 $h =$ 常量，则宽度 b 为截面位置 x 的函数，$b = b(x)$（$0 \leqslant x \leqslant \frac{l}{2}$），矩形截面的抗弯截面模量为

$$W_z(x) = \frac{b(x)h^2}{6} \tag{a}$$

弯矩方程式为

$$M(x) = \frac{F}{2}x \tag{b}$$

将以上两式代入式（5.25），得

$$b(x) = \frac{3F}{h^2[\sigma]}x \tag{c}$$

可见，截面宽度 $b(x)$ 为 x 的线性函数。由于约束与载荷均对称于跨度中点，因而截面形状也关于跨度中点对称 [图 5.27（b）]。在左、右两个端点处截面宽度 $b(x) = 0$，这显然不能满足抗剪强度要求。为了能够承受切应力，梁两端的截面应不小于某一最小宽度 b_{min}，见图 5.27（c）。由弯曲切应力强度条件

$$\tau_{max} = \frac{3}{2} \frac{F_{Smax}}{A} = \frac{3}{2} \frac{\dfrac{F}{2}}{b_{min}h} \leqslant [\tau]$$

得

$$b_{\min} = \frac{3F}{4h[\tau]} \qquad\qquad (d)$$

若设想把这一等强度梁分成若干狭条，然后叠置起来，并使其略微拱起，这就是汽车以及其他车辆上经常使用的叠板弹簧，如图 5.28 所示。

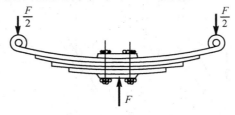

图 5.28

若上述矩形截面等强度梁的截面宽度 b 为常数，而高度 h 为 x 的函数，即 $h = h(x)$，用完全相同的方法可以求得

$$h(x) = \sqrt{\frac{3Fx}{b[\sigma]}} \qquad\qquad (e)$$

$$h_{\min} = \frac{3F}{4b[\tau]} \qquad\qquad (f)$$

按式（e）和式（f）确定的梁形状如图 5.29（a）所示。如把梁做成图 5.29（b）所示的形式，就成为厂房建筑中广泛使用的"鱼腹梁"。

使用式（5.25），也可求得圆截面等强度梁的截面直径沿轴线的变化规律。但考虑到加工的方便及结构上的要求，常用阶梯形状的变截面梁（阶梯轴）来代替理论上的等强度梁，如图 5.30 所示。

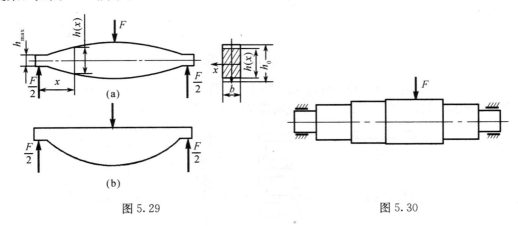

图 5.29   图 5.30

思 考 题

5.1　试问，在推导弯曲正应力公式时做了哪些假设? 在什么条件下这些假设才是正确的?

5.2　试指出下列每项中两个名词在概念上各有何差异：（1）纯弯曲与横力弯曲；（2）中性轴与形心轴；（3）惯性矩与极惯性矩；（4）抗弯刚度与抗弯截面系数；（5）梁的危险面与危险点。

5.3 试问在直梁弯曲时，为什么中性轴必定通过截面的形心？

5.4 正方形截面梁按思考题 5.4 图所示两种方式放置。当载荷沿铅垂方向作用在纵向对称平面内时，试比较两种放置方式的弯曲强度和弯曲刚度。

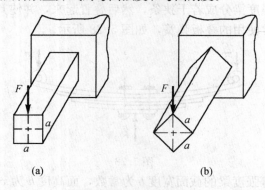

(a)   (b)

思考题 5.4 图

5.5 铸铁梁弯矩图和横截面形状如思考题 5.5 图所示。z 为中性轴。

(1) 画出图中各截面在 A，B 两处沿截面竖线 1-1 和 2-2 的正应力分布。

(2) 从正应力强度考虑，图中何种截面形状的梁最合理？

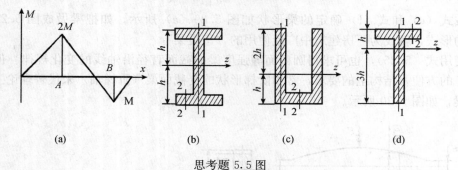

(a)   (b)   (c)   (d)

思考题 5.5 图

5.6 梁用四根角钢组合而成（思考题 5.6 图），问在纯弯曲时图示各种组合形式中哪一种强度最佳？哪一种最劣？并说明理由（外力平面为铅垂对称面）。

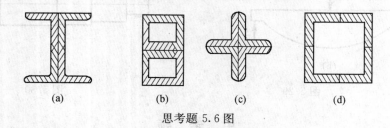

(a)   (b)   (c)   (d)

思考题 5.6 图

5.7 在计算思考题 5.7 图示矩形截面梁 a 点处的弯曲切应力时，式（5.6）的静矩 S_z^* 取 a 点以上或 a 点以下部分的面积来计算，试问结果是否相同？为什么？

5.8 为什么等直梁的最大切应力一般都是在最大剪力所在横截面的中性轴上各点处，而横截面的上、下边缘各点处的切应力为零？对于图示（思考题 5.8 图）的两个截面而言，其最大切应力是否也位于中性轴上各点处？为什么？

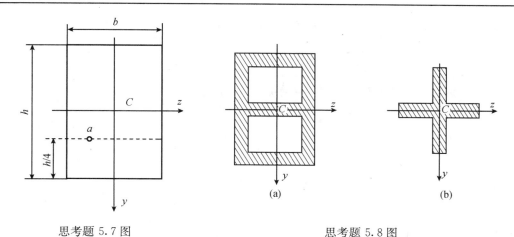

思考题 5.7 图   思考题 5.8 图

5.9 跨度为 l 的悬臂梁在自由端受集中力 F 作用。该梁的横截面由四块木板胶合而成。若按思考题 5.9 图（a），（b）两种方式胶合，试问两者的强度是否相同？

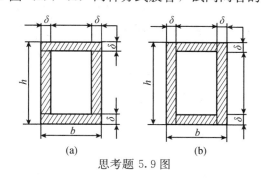

思考题 5.9 图

习 题

5.1 如习题 5.1 图所示，把一根直径 $d = 1mm$ 的钢丝绕在直径为 $D = 2m$ 的轮缘上，已知材料的弹性模量 $E = 200GPa$，试求钢丝内的最大弯曲正应力。

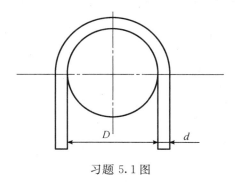

习题 5.1 图

5.2 受均布载荷的简支梁如习题 5.2 图所示。若分别采用截面面积相等的实心和空心圆截面，且 $D_l = 40mm$，$\dfrac{d_2}{D_2} = \dfrac{3}{4}$。试分别计算它们的最大弯曲正应力。并问空心截面比实心截面的最大弯曲正应力减小了百分之几？

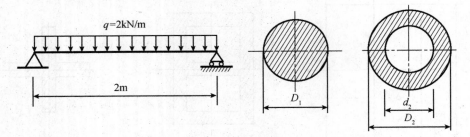

习题 5.2 图

5.3　矩形截面的悬臂梁受集中力和集中力偶作用，如习题 5.3 图所示。试求截面 $m\text{-}m$ 和固定端截面 $n\text{-}n$ 上 A，B，C，D 四点处的正应力。

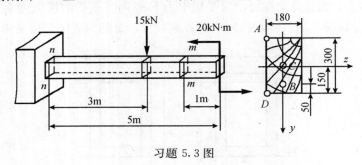

习题 5.3 图

5.4　某矩形截面悬臂梁如习题 5.4 图所示，已知 $l = 4\text{m}$，$\dfrac{b}{h} = \dfrac{3}{5}$，$q = 10\text{kN/m}$，$[\sigma] = 10\text{MPa}$。试确定此梁横截面的尺寸。

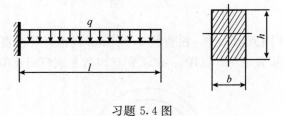

习题 5.4 图

5.5　20a 工字钢梁的支撑和受力情况如习题 5.5 图所示。若 $[\sigma] = 165\text{MPa}$，试求许可载荷 F。

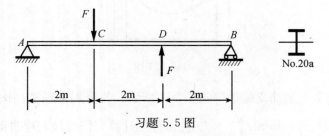

习题 5.5 图

5.6 习题 5.6 图示，轧辊轴直径 $D = 280\text{mm}$ ，跨长 $L = 1000\text{mm}$ ，$l = 450\text{mm}$ ，$b = 100\text{mm}$ 。轧辊材料的弯曲许用应力 $[\sigma] = 100\text{MPa}$ 。试求轧辊能承受的最大轧制力。

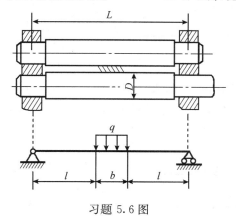

习题 5.6 图

5.7 习题 5.7 图示纯弯曲的铸铁梁，其截面为 ⊥ 形，材料的拉伸和压缩许用应力之比 $[\sigma_t]/[\sigma_c] = 1/3$ 。求水平翼板的合理宽度 b 。

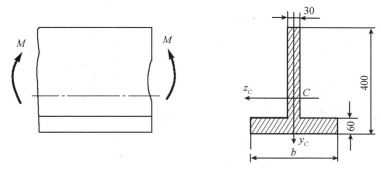

习题 5.7 图

5.8 ⊥ 形截面铸铁悬臂梁，尺寸及载荷如习题 5.8 图所示。若材料的拉伸许用应力 $[\sigma_t] = 40\text{MPa}$ ，压缩许用应力 $[\sigma_c] = 160\text{MPa}$ ，截面对形心轴 z_C 的惯性矩 $I_{zC} = 10180 \times 10^4\ \text{mm}^4$ ，$h_1 = 96.4\text{mm}$ ，试计算梁的许可载荷 F 。

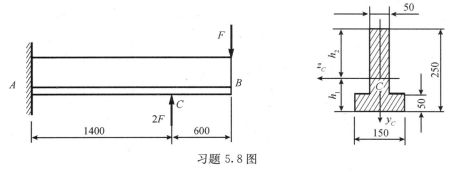

习题 5.8 图

5.9 如习题 5.9 图所示，20 号槽钢发生纯弯曲变形时，测出 A 、B 两点间长度的改变 $\Delta l = 27 \times 10^{-3}\text{mm}$ ，材料的 $E = 200\text{GPa}$ ，试求梁截面上的弯矩 M 。

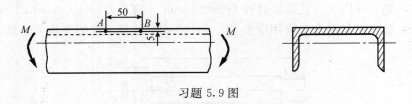

习题 5.9 图

5.10 如习题 5.10 图所示，简支梁承受均布荷载 q 作用，材料的许用应力 $[\sigma]=$ 160MPa，试设计梁的截面尺寸（1）圆截面；（2）矩形截面，$b/h=1/2$；（3）工字形截面，并求这三种截面梁的重量比。

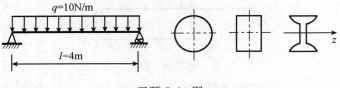

习题 5.10 图

5.11 铸铁梁的载荷及横截面尺寸如习题 5.11 图所示。许用拉应力 $[\sigma_t]=$ 40MPa，许用压应力 $[\sigma_c]=160MPa$。试按正应力强度条件校核梁的强度。若载荷不变，但将 T 形横截面倒置，即成为 ⊥ 形，是否合理？何故？

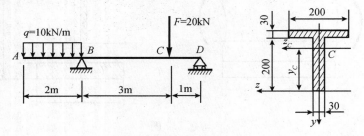

习题 5.11 图

5.12 试计算习题 5.12 图示矩形截面简支梁的 1-1 截面上 a 点和 b 点的正应力和切应力。

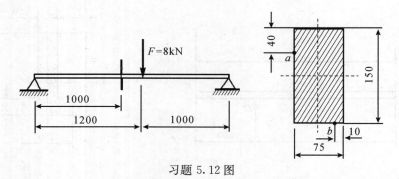

习题 5.12 图

5.13 习题 5.13 图示，圆形截面简支梁，受均布载荷作用。试计算梁内的最大弯曲正应力和最大弯曲切应力，并指出它们发生于何处。

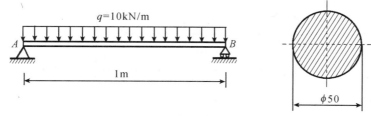

习题 5.13 图

5.14 试计算图示工字形截面梁内的最大正应力和最大切应力（习题 5.14 图）。

5.15 如习题 5.15 图所示，起重机下的梁由两根工字钢组成，起重机自重 $P = 50kN$，起重量 $F = 10kN$。许用应力 $[\sigma] = 160MPa$，$[\tau] = 100MPa$。若暂不考虑梁的自重，试按正应力强度条件选定工字钢型号，然后再按切应力强度条件进行校核。

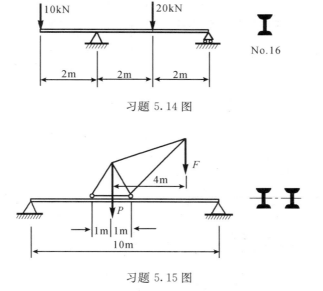

习题 5.14 图

习题 5.15 图

5.16 习题 5.16 图示简支梁，由四块尺寸相同的木板胶接而成，试校核其强度。已知载荷 $F = 4kN$，梁跨度 $l = 400mm$，截面宽度 $b = 50mm$，高度 $h = 80mm$，木板的许用正应力 $[\sigma] = 7MPa$，胶缝的许用切应力为 $[\tau] = 5MPa$。

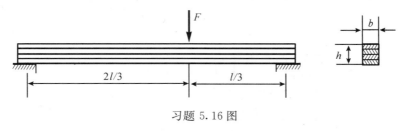

习题 5.16 图

5.17 习题 5.17 图示截面木梁，许用应力 $[\sigma] = 10MPa$。

（1）试根据强度要求确定截面尺寸 b；

（2）如果在截面 A 处钻一直径为 $d = 60mm$ 的圆孔，试问是否安全。

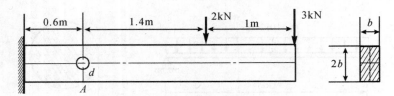

习题 5.17 图

5.18　用螺钉将四块木板连接而成的箱形梁如习题 5.18 图所示，设 $F = 6$kN。每块木板的横截面都为 150mm$\times 25$mm。若每一螺钉的许可剪力为 1.1kN，试确定螺钉的间距 s。

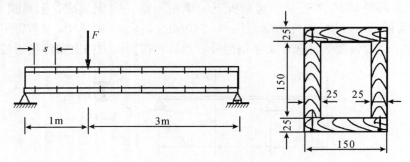

习题 5.18 图

5.19　习题 5.19 图示，梁由两根 No.36a 工字钢铆接而成。铆钉的间距为 $s = 150$mm，直径 $d = 20$mm，许用切应力 $[\tau] = 90$MPa。梁横截面上的剪力 $F_S = 40$kN，试校核该铆钉的剪切强度。

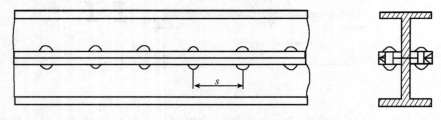

习题 5.19 图

5.20　习题 5.20 图示矩形截面简支梁，承受均布载荷 q 作用。若已知 $q = 2$kN/m，$l = 3$m，$h = 2b = 240$mm。试求：截面竖放［图（c）］和横放［图（b）］时梁内的最大正应力，并加以比较。

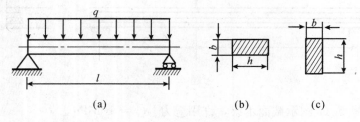

(a)　　　　(b)　　　(c)

习题 5.20 图

5.21 如习题 5.21 图，为改善载荷分布，在主梁 AB 上安置辅助梁 CD。设主梁和辅助梁的抗弯截面模量分别为 W_1 和 W_2，材料相同，试求辅助梁的合理长度 a。

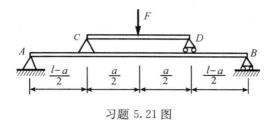

习题 5.21 图

5.22 如习题 5.22 图所示，在 No.18 工字梁上作用着可移动载荷 F。设 $[\sigma] = 160\text{MPa}$。为提高梁的承载能力，试确定 a 和 b 的合理数值及相应的许可载荷。

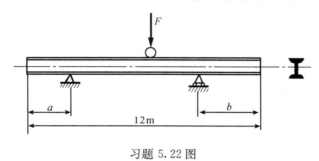

习题 5.22 图

5.23 习题 5.23 图示直径为 d 的圆木，现需从中切取一矩形截面梁。试问：
(1) 如欲使所切矩形截面梁的弯曲强度最高，h 和 b 应分别为何值。
(2) 如欲使所切矩形截面梁的弯曲刚度最高，h 和 b 又应分别为何值。

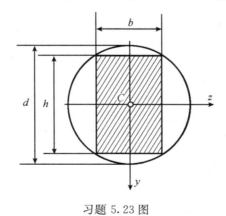

习题 5.23 图

5.24 均布载荷作用下的简支梁由圆管及实心圆杆套合而成，如习题 5.24 图所示。变形后两杆仍密切接触。两杆材料的弹性模量分别为 E_1 和 E_2，且 $E_1 = 2E_2$。试求两杆各自承担的弯矩。

5.25 如习题 5.25 图所示，以 F 力将置放于地面的钢筋提起。若钢筋单位长度的重量为 q，当 $b = 2a$ 时，试求所需的力 F。

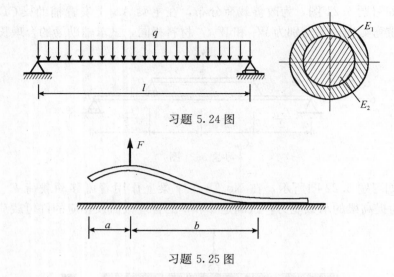

习题 5.24 图

习题 5.25 图

5.26　作用于习题 5.26 图示悬臂木梁上的载荷为：在水平面内 $F_1 = 800\text{N}$，在垂直平面内 $F_2 = 1650\text{N}$。木材的许用应力 $[\sigma] = 10\text{MPa}$。若矩形截面 $\dfrac{h}{b} = 2$，试确定其尺寸。

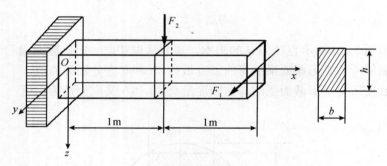

习题 5.26 图

5.27　习题 5.27 图示简支梁，跨度中点承受集中载荷 F 作用。若横截面的宽度 b 保持不变，试根据等强度观点确定截面高度 $h(x)$ 的变化规律。许用正应力 $[\sigma]$ 与许用切应力 $[\tau]$ 均为已知。

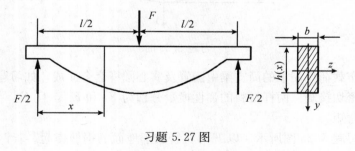

习题 5.27 图

第6章 弯曲变形

6.1 工程中的弯曲变形问题

一般情况下，梁在承受荷载作用时，除强度要求外，还需要对其变形做出一定的要求。这是因为对于机械结构中的某些零部件以及土木工程中的某些结构，若变形过大，也会引起结构的失效。例如，图 6.1 所示的机械传动机构中的齿轮轴，若变形过大将会严重影响齿轮间的啮合效果，增加齿轮之间、轴与支承之间的不均匀磨损，降低其使用寿命。再如图 6.2 所示门式起重机横梁，若变形过大，将会导致梁上小车出现爬坡现象，并可能引起较为严重的振动。可见，变形过大同样会严

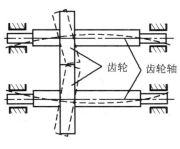

图 6.1

重影响结构功能，引起结构失效。对结构变形量的限制则体现了材料力学的另一设计要求，即**刚度要求**。

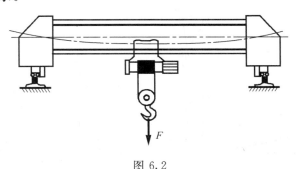

图 6.2

另一方面，工程实际中有一些情况是希望在结构满足强度要求下，尽量产生较大的弹性位移，以达到一定的功能效果。如图 6.3 所示车辆中用于减震的叠板弹簧能产生较大的弹性变形，吸收车辆振动和冲击时产生的能量，起到抗振和抗冲击的作用。再如一些弹性元件，为了提高其测试精度，要求在一定条件下有明显的弹性变形才能获得较好的测试效果，图 6.4 所示的扭力扳手，就是利用梁的弯曲变形设计的。

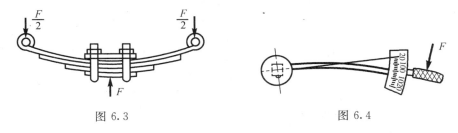

图 6.3   图 6.4

6.2 挠曲线近似微分方程

以变形前的梁轴线为 x 轴，垂直向上的轴为 y 轴，建立坐标系如图 6.5 所示。直梁发生平面弯曲时，梁轴线变为 xy 平面内的一条曲线，称为**挠度曲线**，简称**挠曲线**。挠曲线上任意点 x 的纵坐标，称为该点的**挠度**，用 w 表示，它代表坐标为 x 的横截面形心沿 y 轴方向的位移。而梁的横截面相对于原位置转过的角度，称为**转角**，用 θ 表示。挠度和转角是度量弯曲变形的两个基本量。在图 6.5 所示坐标系中，规定向上的挠度为正，向下的挠度为负；逆时针的转角为正，顺时针的转角为负。它们是 x 的函数，记为

$$w = f(x) \tag{6.1}$$
$$\theta = \theta(x) \tag{6.2}$$

上面两式分别称为**挠度函数**和**转角函数**。在平面假设下，弯曲变形前垂直于轴线的横截面，变形后垂直于挠曲线。所以，横截面的转角等于该截面处挠曲线的倾角，即等于挠曲线在该点的切线与 x 轴的夹角。从而有

$$\tan\theta = \frac{\mathrm{d}w}{\mathrm{d}x}, \quad \theta = \arctan\left(\frac{\mathrm{d}w}{\mathrm{d}x}\right) \tag{6.3}$$

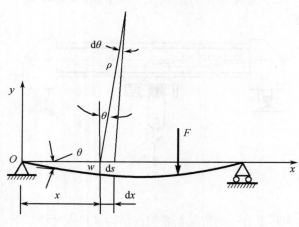

图 6.5

由高等数学知识可知：挠曲线的曲率可以表示为

$$\frac{1}{\rho(x)} = \pm \frac{\dfrac{\mathrm{d}^2 w}{\mathrm{d}x^2}}{\left[1 + \left(\dfrac{\mathrm{d}w}{\mathrm{d}x}\right)^2\right]^{3/2}} \tag{6.4}$$

在小变形条件下，有 $\dfrac{\mathrm{d}w}{\mathrm{d}x} = \tan\theta \approx \theta$，其绝对值远小于 1，于是上式可简化为

$$\frac{1}{\rho(x)} = \pm \frac{\mathrm{d}^2 w}{\mathrm{d}x^2} \tag{a}$$

另一方面，在建立纯弯曲正应力计算公式时，曾导出曲率公式

$$\frac{1}{\rho} = \frac{M}{EI_z}$$

对于等截面直梁的纯弯曲，ρ 是常数，挠曲线是圆弧。对于横力弯曲，由剪力引起的剪切变形会产生附加的挠度和转角。但计算结果表明，对于跨高比（l/h）大于 5 的细长梁而言，剪力对变形的影响可忽略不计。上式也适用于横力弯曲情况。但是，式中弯矩 M 和曲率半径 ρ 都是坐标 x 的函数，为

$$\frac{1}{\rho(x)} = \frac{M(x)}{EI_z} \tag{b}$$

由式（a）和式（b）得

$$\pm \frac{\mathrm{d}^2 w}{\mathrm{d}x^2} = \frac{M(x)}{EI} \tag{6.5}$$

式中正负号与弯矩的符号规定和所取坐标系有关。在图 6.6 所示的坐标系中（y 轴向上为正），当梁承受正弯矩时，挠曲线向下凸出 [图 6.6（a）]，由导数关系可知 $\frac{\mathrm{d}^2 w}{\mathrm{d}x^2} > 0$；若梁承受负弯矩时，挠曲线向上凸出 [图 6.6（b）]，由导数关系可知 $\frac{\mathrm{d}^2 w}{\mathrm{d}x^2} < 0$。可见，M 与 $\frac{\mathrm{d}^2 w}{\mathrm{d}x^2}$ 的符号总是一致的，式（6.5）左端应取正号，即

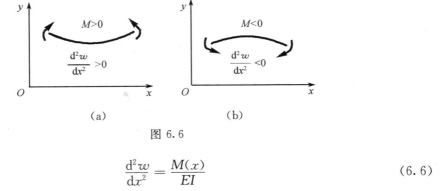

图 6.6

$$\frac{\mathrm{d}^2 w}{\mathrm{d}x^2} = \frac{M(x)}{EI} \tag{6.6}$$

式（6.6）称为挠曲线近似微分方程，简称**挠曲线方程**。其中，EI 被称为**弯曲刚度**，或**抗弯刚度**。对于等截面直梁 EI 为常数，在特定载荷条件下，挠曲线方程还可以写成下列高阶微分形式：

$$EI \frac{\mathrm{d}^3 w}{\mathrm{d}x^3} = \frac{\mathrm{d}M(x)}{\mathrm{d}x} = F_s(x)$$

$$EI \frac{\mathrm{d}^4 w}{\mathrm{d}x^4} = \frac{\mathrm{d}F_s(x)}{\mathrm{d}x} = q(x)$$

依据挠曲线方程可解出 w 和 θ。结合工程实际，若 $[w]$ 与 $[\theta]$ 为许可挠度和许可转角，则刚度条件可表示为

$$|w|_{\max} \leqslant [w]$$
$$|\theta|_{\max} \leqslant [\theta]$$

6.3 弯曲变形求解——积分法

式（6.6）给出了弯曲变形与弯矩之间的微分关系，对其积分得到转角方程和挠曲线方程分别为

$$\theta = \frac{\mathrm{d}w}{\mathrm{d}x} = \int \frac{M(x)}{EI}\mathrm{d}x + C \qquad (6.7)$$

$$w = \iint \left(\frac{M}{EI}\mathrm{d}x\right)\mathrm{d}x + Cx + D \qquad (6.8)$$

式中，C、D 为积分常数，其值可根据梁的变形条件确定。

梁的变形条件主要包括两大类：一类是在挠曲线的某些点上，挠度或转角为已知。例如，铰支座处挠度为零，固定端处挠度与转角均为零，弹性支座处的挠度等于弹性支座本身的变形量等。这类条件称为**位移边界条件**。另一类是在挠曲线的任意点上，应有唯一确定的挠度或转角，不应出现图 6.7（a）、（b）所示的不连续或不光滑的情况，这类条件称为**光滑连续性条件**。当梁有中间铰时〔图 6.7（c）〕，中间铰左、右截面的挠度应相等，这时可以列出连续性条件。利用位移边界条件和光滑连续性条件，就可以确定出积分常数。常见的位移边界条件和光滑连续性条件列入表 6.1 中。

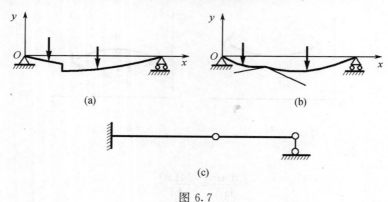

(a)   (b)

(c)

图 6.7

表 6.1 常见的位移边界条件和光滑连续条件

横截面位置	A 铰支座 / A 铰支座	A 固定端	A 弹性支座	A	A 中间铰
位移条件	$w_A = 0$	$\theta_A = 0$ $w_A = 0$	$w_A = \Delta$ Δ——弹簧变形	$\theta_{A,L} = \theta_{A,R}$ $w_{A,L} = w_{A,R}$	$w_{A,L} = w_{A,R}$

利用这些变形条件确定积分常数后，就可得到挠曲线方程及转角方程，这种求解梁变形的方法称为**积分法**。当梁的弯矩方程或抗弯刚度需要分段考虑时，应分段建立挠曲线近似微分方程。下面举例说明用积分法求解转角和挠度的过程。

例 6.1 图 6.8 所示悬臂梁的长度为 l，右端承受大小为 M_e 的外力偶矩，设弯曲刚度为 EI，求悬臂梁自由端的转角 θ 和挠度 w。

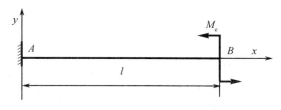

图 6.8

解 如图建立坐标系，弯矩 $M(x) = M_e$，由式（6.7）和式（6.8）得

$$\theta = \frac{\mathrm{d}w}{\mathrm{d}x} = \int \frac{M(x)}{EI}\mathrm{d}x + C = \frac{M_e}{EI}x + C \tag{a}$$

$$w = \iint \left(\frac{M(x)}{EI}\mathrm{d}x\right)\mathrm{d}x + Cx + D = \frac{M_e}{2EI}x^2 + Cx + D \tag{b}$$

固定端的位移边界条件为

$$\text{当 } x = 0 \text{ 时，} \quad \theta = 0，\quad w = 0 \tag{c}$$

代入式（a），式（b）可得

$$C = 0，\quad D = 0$$

因此，转角方程和挠曲线方程分别为

$$\theta = \frac{M_e}{EI}x$$

$$w = \frac{M_e}{2EI}x^2$$

将 $x = l$ 代入上述方程，即得自由端的转角和挠度分别为

$$\theta\big|_{x=l} = \frac{M_e}{EI}l，\qquad w\big|_{x=l} = \frac{M_e}{2EI}l^2$$

所得 θ、w 均为正，说明自由端截面沿逆时针方向转动，位移垂直向上。

例 6.2 图 6.9 所示简支梁 AB，承受集度为 q 的均布载荷与矩为 M_e 的集中力偶作用，试计算截面 A 的转角。设抗弯刚度 EI 为常数。

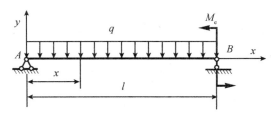

图 6.9

解 计算支座反力，由平衡方程得

$$F_{Ay} = \frac{ql}{2} + \frac{M_e}{l}，\quad F_{By} = \frac{ql}{2} - \frac{M_e}{l}$$

梁的弯矩方程为

$$M(x) = \left(\frac{ql}{2} + \frac{M_e}{l}\right)x - \frac{q}{2}x^2 \quad (0 \leqslant x < l)$$

所以，挠曲线的近似微分方程为

$$EI \frac{\mathrm{d}^2 w}{\mathrm{d}x^2} = \frac{q}{2}(lx - x^2) + \frac{M_e}{l}x$$

经积分，得

$$\frac{\mathrm{d}w}{\mathrm{d}x} = \frac{q}{12EI}(3lx^2 - 2x^3) + \frac{M_e}{EIl}x^2 + C \tag{a}$$

$$w = \frac{q}{24EI}(2lx^3 - x^4) + \frac{M_e}{6EIl}x^3 + Cx + D \tag{b}$$

梁两端铰支座的挠度均为零，即

在 $x=0$ 处，$w=0$；   在 $x=l$ 处，$w=0$

将上述条件分别代入式（a）、式（b），得

$$D = 0, \quad C = -\frac{ql^3}{24EI} - \frac{M_e l}{6EI}$$

代入式（a）与式（b），得梁的转角与挠度方程分别为

$$\theta = \frac{q}{24EI}(6lx^2 - 4x^3 - l^3) + \frac{M_e}{6EIl}(3x^2 - l^2) \tag{c}$$

$$w = \frac{qx}{24EI}(2lx^2 - x^3 - l^3) + \frac{M_e}{6EIl}(x^2 - l^2) \tag{d}$$

将 $x=0$ 代入式（c），即得截面 A 的转角为

$$\theta_A = \frac{ql^3}{24EI} - \frac{M_e l}{6EI} \tag{e}$$

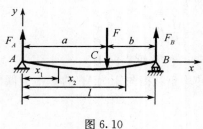

图 6.10

例 6.3 简支梁受集中载荷是工程中常见的一种结构承载形式，如内燃机的凸轮轴、某些齿轮轴、门式起重机等。试求解图 6.10 所示简支梁在集中力 F 作用下的最大挠度及最大转角，已知抗弯刚度 EI 为常量。

解 （1）列弯矩方程梁两端的支座反力

$$F_A = \frac{Fb}{l}, \quad F_B = \frac{Fa}{l}$$

分段列弯矩方程

AC 段（$0 \leqslant x_1 \leqslant a$） $M(x_1) = F_A x_1 = \frac{Fb}{l}x_1$ \tag{a}

CB 段（$a \leqslant x_2 \leqslant l$） $M(x_2) = F_A x_2 - F(x_2 - a) = \frac{Fb}{l}x_2 - F(x_2 - a)$ \tag{b}

（2）列挠曲线近似微分方程并积分

AC 段（$0 \leqslant x_1 \leqslant a$）

$$EIw_1'' = \frac{Fb}{l}x_1 \tag{c}$$

$$EI\theta_1 = \frac{Fb}{l}\frac{x_1^2}{2} + C_1 \tag{d}$$

$$EIw_1 = \frac{Fb}{l}\frac{x_1^3}{6} + C_1 x_1 + D_1 \tag{e}$$

CB 段（$a \leqslant x_2 \leqslant l$）

$$EIw_2'' = \frac{Fb}{l}x_2 - F(x_2 - a) \tag{f}$$

$$EI\theta_2 = \frac{Fb}{l}\frac{x_2^2}{2} - F\frac{(x_2 - a)^2}{2} + C_2 \tag{g}$$

$$EIw_2 = \frac{Fb}{l}\frac{x_2^3}{6} - F\frac{(x_2 - a)^3}{6} + C_2 x_2 + D_2 \tag{h}$$

其中，C_1，D_1，C_2，D_2 为积分常数，可由光滑连续性条件和位移边界条件确定。

（3）考虑光滑连续性条件

$$w_1 \mid_{x_1 = a} = w_2 \mid_{x_2 = a}, \quad \theta_1 \mid_{x_1 = a} = \theta_2 \mid_{x_2 = a} \tag{i}$$

上式表明，在 C 处，由式（d）和式（g）确定的转角应相等；同时，由式（e）和（h）确定的挠度也相等。令 $x_1 = x_2 = a$，由以上两式可求得

$$C_1 = C_2, \quad D_1 = D_2 \tag{j}$$

（4）考虑位移边界条件

$$w_1 \mid_{x_1 = 0} = 0, \ w_2 \mid_{x_2 = l} = 0 \tag{k}$$

将式（k）代入式（e）、式（h），并注意到式（j），可得

$$D_1 = D_2 = 0, \ C_1 = C_2 = -\frac{Fb}{6l}(l^2 - b^2) \tag{l}$$

（5）写出转角方程和挠度方程

AC 段（$0 \leqslant x_1 \leqslant a$）

$$EI\theta_1 = -\frac{Fb}{6l}(l^2 - 3x_1^2 - b^2) \tag{m}$$

$$EIw_1 = -\frac{Fbx_1}{6l}(l^2 - x_1^2 - b^2) \tag{n}$$

CB 段（$a \leqslant x_2 \leqslant l$）

$$EI\theta_2 = -\frac{Fb}{6l}\left[(l^2 - b^2 - 3x_2^2) + \frac{3l}{b}(x_2 - a)^2\right] \tag{o}$$

$$EIw_2 = -\frac{Fb}{6l}\left[(l^2 - b^2 - x_2^2)x_2 + \frac{l}{b}(x_2 - a)^3\right] \tag{p}$$

（6）最大转角。在式（m）及式（o）中，分别令 $x_1 = 0$ 及 $x_2 = l$，化简后得梁两端面的转角为

$$\theta_A = \theta_1 \mid_{x_1 = 0} = -\frac{Fab}{6EIl}(l + b) \tag{q}$$

$$\theta_B = \theta_2 \mid_{x_2 = l} = \frac{Fab}{6EIl}(l + a) \tag{r}$$

当 $a > b$ 时，θ_B 为最大转角。

（7）最大挠度。由极值条件可知，当 $\theta = \dfrac{\mathrm{d}w}{\mathrm{d}x} = 0$ 时，w 有极值。应首先确定转角 θ 为零的截面位置。由式（q）可知端截面 A 的转角 θ_A 为负，此外，若在式（m）中令 $x_1 = a$，可求得截面 C 的转角为

$$\theta_C = \frac{Fab}{3EIl}(a-b) \tag{s}$$

若 $a > b$，则 θ_C 为正。可见从截面 A 到截面 C，转角由负变为正，改变了符号。因此，对于光滑连续的挠曲线来说，$\theta = 0$ 的截面必然出现在 AC 段内。令 $x_1 = x_0$ 时，式（m）等于零，得

$$\frac{Fb}{6l}(l^2 - 3x_0^2 - b^2) = 0 \tag{t}$$

$$x_0 = \sqrt{\frac{l^2 - b^2}{3}} \tag{u}$$

x_0 即为挠度为最大值的截面的横坐标。以 x_0 代入式（n），求得最大挠度为

$$w_{\max} = -\frac{Fb}{9\sqrt{3}EIl}\sqrt{(l^2 - b^2)^3} \tag{v}$$

针对本题，我们讨论两种特殊情况。

（1）当集中力 F 作用于跨度中点时，$a = b = \dfrac{l}{2}$，由式（u）得 $x_0 = \dfrac{l}{2}$，即最大挠度发生于跨度中点。这也可由挠曲线的对称性直接看出。

（2）另一种极端情况是集中力 F 无限接近于右端支座，以致 b^2 与 l^2 相比可以省略，由式（u）及式（v）得

$$x_0 = \frac{l}{\sqrt{3}} = 0.577l$$

$$w_{\max} = -\frac{Fbl^2}{9\sqrt{3}EI}$$

可见，即使在这种极端情况下，发生最大挠度的截面仍然在跨度中点附近。也就是说挠度为最大值的截面总是靠近跨度中点，所以可以用跨度中点的挠度近似地代替最大挠度，在式（n）中令 $x = \dfrac{l}{2}$，求出跨度中点的挠度为

$$w_{\frac{l}{2}} = -\frac{Fb}{48EI}(3l^2 - 4b^2)$$

在上述极端情况下，集中力 F 无限靠近支座 B，b 远小于 l，则

$$w_{\frac{l}{2}} \approx -\frac{Fb}{48EI}3l^2 = -\frac{Fbl^2}{16EI}$$

这时用 $w_{\frac{l}{2}}$ 代替 $w_{\max}$ 所引起的误差为

$$\frac{w_{\max} - w_{\frac{l}{2}}}{w_{\max}} = \frac{\dfrac{1}{9\sqrt{3}} - \dfrac{1}{16}}{\dfrac{1}{9\sqrt{3}}} = 2.65\%$$

可见在简支梁中，只要挠曲线无拐点，总可以用跨度中点的挠度代替最大挠度，并且不会引起很大误差。

例 6.4 试建立图 6.11 所示的梁挠曲线近似微分方程，并列出确定积分常数的位移边界条件和光滑连续性条件。已知梁的抗弯刚度为 EI，支于 C 点处弹簧的刚度为 K。

解　（1）列弯矩方程。梁的 BC 段可视为简支梁，支反力 $F_B = F_C = \dfrac{ql}{4}$。$AB$ 段为受集中力 F_B' 作用的悬臂梁，$F_B' = F_B$。两段梁的弯矩方程分别为

AB 段　$M_1 = -\dfrac{ql}{4}\left(\dfrac{l}{2} - x_1\right)$　$\left(0 \leqslant x_1 \leqslant \dfrac{l}{2}\right)$

BC 段　$M_2 = \dfrac{ql}{4}\left(x_2 - \dfrac{l}{2}\right) - \dfrac{q}{2}\left(x_2 - \dfrac{l}{2}\right)^2$

$\left(\dfrac{l}{2} \leqslant x_2 \leqslant l\right)$

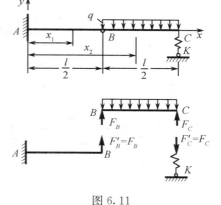

图 6.11

（2）列挠曲线近似微分方程

AB 段（$0 \leqslant x_1 \leqslant \dfrac{l}{2}$）　$EIw'' = -\dfrac{ql}{4}\left(\dfrac{l}{2} - x_1\right)$

BC 段（$\dfrac{l}{2} \leqslant x_2 \leqslant l$）　$EIw'' = \dfrac{ql}{4}\left(x_2 - \dfrac{l}{2}\right) - \dfrac{q}{2}\left(x_2 - \dfrac{l}{2}\right)^2$

（3）位移边界条件和光滑连续性条件

边界条件　$w_1\big|_{x_1=0} = 0$，$\theta_1\big|_{x_1=0} = 0$，$w_2\big|_{x_2=l} = -\dfrac{F_C}{K}$

连续条件　$w_1\big|_{x_1=\frac{l}{2}} = w_2\big|_{x_2=\frac{l}{2}}$

6.4　弯曲变形求解——叠加法

利用积分法求解梁的变形时，可以求出梁的转角和挠度的普遍方程。但是，有时只需要确定某些特定截面的转角和挠度，并不需要求出梁的转角和挠度的普遍方程。这时，积分法就显得过于繁琐。注意到在弯曲变形很小，且材料服从胡克定律的情况下，微分方程（6.6）是线性方程。此外，在小变形的前提下，弯矩与载荷的关系也是线性的，对于几种不同的载荷，弯矩可以叠加，方程（6.6）的解也可以叠加。所以，当梁同时受多个载荷作用时，梁任一截面处的转角和挠度等于各载荷单独作用时该截面转角和挠度的代数和。这就是计算弯曲变形的**叠加法**。为方便计算，将典型梁在某些简单载荷作用下的变形列入表 6.2 中，使用叠加法时可以直接查用。

例 6.5　图 6.12（a）所示简支梁，受均布载荷 q 及集中力 F 作用。已知抗弯刚度为 EI，$F = ql$，试用叠加法求梁 C 点的挠度。

解　把梁所受载荷分解为只受均布载荷 q 及只受集中力 F 两种情况，见图 6.12（b）、（c）。均布载荷 q 引起的 C 点挠度由表 6.2 第 10 栏查得

$$(w_C)_q = -\frac{5ql^4}{384EI}$$

集中力 F 引起的 C 点挠度由表 6.2 第 9 栏$\left(\text{令 } b = \dfrac{l}{2}\right)$查得

$$(w_C)_F = -\frac{Fl^3}{48EI} = -\frac{ql^4}{48EI}$$

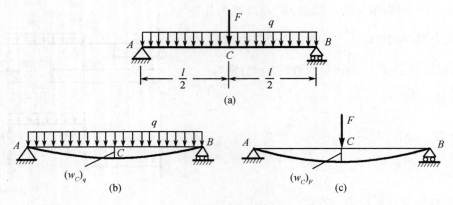

图 6.12

梁在均布载荷 q 及集中力 F 共同作用下，C 点的挠度等于以上结果的代数叠加

$$w_C = (w_C)_q + (w_C)_F = -\frac{5ql^4}{384EI} - \frac{ql^4}{48EI} = -\frac{13ql^4}{384EI}$$

表 6.2　梁在简单载荷作用下的变形

序号	梁的简图	挠曲线方程	端截面转角	最大挠度
1		$w = -\dfrac{M_e x^2}{2EI}$	$\theta_B = -\dfrac{M_e l}{EI}$	$w_B = -\dfrac{M_e l^2}{2EI}$
2		$w = -\dfrac{M_e x^2}{2EI},\ 0 \leqslant x \leqslant a$ $w = -\dfrac{M_e a}{EI}\left[(x-a)+\dfrac{a}{2}\right],$ $a \leqslant x \leqslant l$	$\theta_B = -\dfrac{M_e a}{EI}$	$w_B = -\dfrac{M_e a}{EI}\left(l-\dfrac{a}{2}\right)$
3		$w = -\dfrac{F x^2}{6EI}(3l-x)$	$\theta_B = -\dfrac{Fl^2}{2EI}$	$w_B = -\dfrac{Fl^3}{3EI}$
4		$w = -\dfrac{F x^2}{6EI}(3a-x),$ $0 \leqslant x \leqslant a$ $w = -\dfrac{F a^2}{6EI}(3x-a),$ $a \leqslant x \leqslant l$	$\theta_B = -\dfrac{Fa^2}{2EI}$	$w_B = -\dfrac{Fa^2}{6EI}(3l-a)$
5		$w = -\dfrac{q x^2}{24EI}(x^2 - 4lx + 6l^2)$	$\theta_B = -\dfrac{ql^3}{6EI}$	$w_B = -\dfrac{ql^4}{8EI}$

序号	梁的简图	挠曲线方程	端截面转角	最大挠度
6		$w = -\dfrac{M_e x}{6EIl}(l-x)(2l-x)$	$\theta_A = -\dfrac{M_e l}{3EI}$ $\theta_B = \dfrac{M_e l}{6EI}$	$x = \left(1 - \dfrac{1}{\sqrt{3}}\right)l$ $w_{max} = -\dfrac{M_e l^2}{9\sqrt{3}EI}$ $w_{\frac{l}{2}} = -\dfrac{M_e l^2}{16EI}$
7		$w = -\dfrac{M_e x}{6EIl}(l^2 - x^2)$	$\theta_A = -\dfrac{M_e l}{6EI}$ $\theta_B = \dfrac{M_e l}{3EI}$	$x = \dfrac{1}{\sqrt{3}}l$ $w_{max} = -\dfrac{M_e l^2}{9\sqrt{3}EI}$ $w_{\frac{l}{2}} = -\dfrac{M_e l^2}{16EI}$
8		$w = -\dfrac{Fx}{48EI}(3l^2 - 4x^2)$ $0 \leqslant x \leqslant l/2$	$\theta_A = -\theta_B$ $= -\dfrac{Fl^2}{16EI}$	$w_{max} = -\dfrac{Fl^3}{48EI}$
9		$w = -\dfrac{Fbx}{6EIl}(l^2 - x^2 - b^2)$ $0 \leqslant x \leqslant a$ $w = -\dfrac{Fb}{6EIl}$ $\left[\dfrac{l}{b}(x-a)^3 - x^3\right] +$ $\left[(l^2 - b^2)x\right] a \leqslant x \leqslant l$	$\theta_A =$ $-\dfrac{Fab(l+b)}{6EIl}$ $\theta_B =$ $\dfrac{Fab(l+a)}{6EIl}$	若 $a > b$，在 $x = \sqrt{\dfrac{l^2 - b^2}{3}}$ 处 $w_{max} = -\dfrac{Fb(l^2 - b^2)^{3/2}}{9\sqrt{3}EIl}$ $w_{\frac{l}{2}} = -\dfrac{Fb(3l^2 - 4b^2)}{48EI}$
10		$w = -\dfrac{qx}{24EI}(l^3 - 2lx^2 + x^3)$	$\theta_A = -\theta_B =$ $-\dfrac{ql^3}{24EI}$	$w_{max} = -\dfrac{5ql^4}{384EI}$

例 6.6 分析车床主轴变形时，可将其简化为图 6.13（a）所示的外伸梁，外伸端受集中力 F 作用，已知梁的抗弯刚度 EI 为常数，试求外伸端 C 的挠度和转角。

解 设想沿截面 B 将外伸梁分成两部分。BC 部分看成悬臂梁，自由端受集中力作用 [图 6.13（b）]。AB 部分看成简支梁，截面 B 上直接作用剪力 $F_s = F$ 和弯矩 $M = Fa$ [图 6.13（c）]。欲求 C 处的转角和挠度，可先分别求出这两段梁的变形在 C 处引起的转角和挠度，然后将其叠加。

（1）只考虑 BC 段变形。BC 段可视为悬臂梁，在集中力 F 作用下，C 点的转角和挠度可由表 6.2 查得

$$\theta_{C1} = -\frac{Fa^2}{2EI}$$

$$w_{C1} = -\frac{Fa^3}{3EI}$$

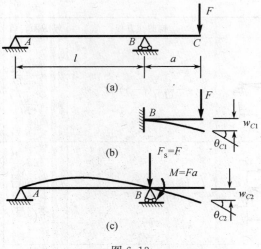

图 6.13

（2）只考虑 AB 段变形。由于 B 点处的集中力直接作用在支座 B 上，不引起 AB 梁的变形，因此，只需讨论弯矩 M 对 AB 梁的作用。在弯矩 M 作用下，由表 6.2 查得

$$\theta_B = -\frac{Fal}{3EI}$$

该转角在 C 点处引起转角和挠度，其值分别为

$$\theta_{C2} = \theta_B = -\frac{Fal}{3EI}$$

$$w_{C2} = a\tan\theta_B \approx a\theta_B = -\frac{Fa^2 l}{3EI}$$

（3）梁在 C 点处的挠度和转角。由叠加法得

$$\theta_C = \theta_{C1} + \theta_{C2} = -\frac{Fa^2}{2EI} - \frac{Fal}{3EI} = -\frac{Fa^2}{2EI}\left(1 + \frac{2}{3}\frac{l}{a}\right)$$

$$w_C = w_{C1} + w_{C2} = -\frac{Fa^3}{3EI} - \frac{Fa^2 l}{3EI} = -\frac{Fa^2}{3EI}(a+l)$$

例 6.7　如图 6.14（a）所示悬臂梁，已知梁的抗弯刚度为 EI，求自由端 B 的挠度 w_B。

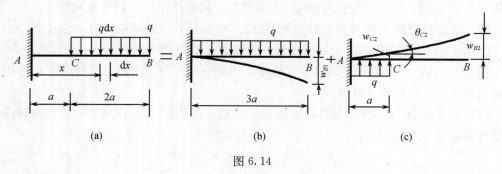

图 6.14

解　方法一：

（1）将图 6.14（a）所示的梁分解为图 6.14（b）、（c）两种情况的叠加。

（2）由表 6.2 查得图 6.14（b）中 B 点的挠度

$$w_{B1} = -\frac{q\,(3a)^4}{8EI} = -\frac{81qa^4}{8EI}$$

（3）由表 6.2 查得图 6.14（c）中 C 点的挠度与转角为

$$w_{C2} = \frac{qa^4}{8EI}\ ,\quad \theta_{C2} = \frac{qa^3}{6EI}$$

AC 段的变形引起 D 点的挠度为

$$w_{B2} = w_{C2} + \theta_{C2} \times 2a = \frac{qa^4}{8EI} + \frac{qa^3}{6EI} \times 2a = \frac{11qa^4}{24EI}$$

（4）B 点的挠度

$$w_B = w_{B1} + w_{B2} = -\frac{81qa^4}{8EI} + \frac{11qa^4}{24EI} = -\frac{29qa^4}{3EI}$$

方法二：

利用表 6.2 第 4 栏的公式，自由端 B 由微分载荷 $\mathrm{d}F = q\mathrm{d}x$［图 6.14（a）］而引起的挠度为

$$\mathrm{d}w_B = -\frac{\mathrm{d}Fx^2}{6EI}(9a - x) = -\frac{qx^2}{6EI}(9a - x)\mathrm{d}x$$

根据叠加原理，在图 6.14（a）所示均布载荷作用下，自由端 B 的挠度为

$$w_B = -\frac{q}{6EI}\int_a^{3a} x^2(9a - x)\mathrm{d}x = -\frac{29}{3}\frac{qa^4}{EI}$$

6.5　简单超静定梁

前面讨论的梁均为静定梁，即由独立的平衡方程就可以求出所有的未知力。但是，在工程实际中，为了提高梁的强度和刚度，或由于结构上的需要，往往在静定梁上再增加一个或多个约束。这样，梁的约束反力数目超过独立的平衡方程数目，仅由平衡方程不能解出全部的未知力，这样的梁称为**超静定梁**。这些增加的约束对于维持梁的平衡而言是多余的，因此称为多余约束，与此相应的反力，称为多余约束力。多余约束力的个数即为梁的超静定次数。求解超静定梁的方法不止一种，这里介绍一种比较简单的方法——**变形比较法**。

在图 6.15（a）所示的梁中，固定端 A 有三个约束，可动铰支座 B 有一个约束，而独立的平衡方程只有三个，故为一次超静定梁，有一个多余约束反力。将支座 B 视为多余约束去掉后，得到一个静定悬臂梁［图 6.15（b）］，称为**基本静定系**或**静定基**。在基本静定系上加上原来的荷载 q 和未知的多余约束反力 F_B［图 6.15（c）］所得的系统，称为原超静定系统的**相当系统**。

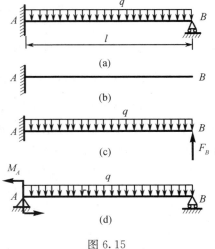

图 6.15

为了使相当系统与原超静定梁相同，相当系统在多余约束处的变形必须符合原超静定梁的约束条件，即满足变形协调条件。在此例中，要求

$$w_B = 0 \qquad\qquad\qquad (a)$$

由叠加法或积分法可算出，在外力 q 和 F_B 作用下，相当系统截面 B 的挠度为

$$w_B = (w_B)_q + (w_B)_{F_B} = -\frac{q\,l^4}{8EI} + \frac{F_B l^3}{3EI} \qquad (b)$$

将式（b）代入式（a），得补充方程为

$$\frac{F_B l^3}{3EI} - \frac{q\,l^4}{8EI} = 0 \qquad\qquad\qquad (c)$$

解得

$$F_B = \frac{3q\,l}{8}$$

F_B 为正，表示未知力的方向与图中所设方向一致。解出超静定梁的多余支座反力 F_B 后，其余的内力、应力及变形的计算与静定梁完全相同。

上述解题方法的关键是通过比较相当系统与原超静定系统在多余约束处的变形，导出变形协调条件，这种方法称为**变形比较法**。对于图 6.15（a）所示的超静定梁来说，也可将 A 截面限制转动的约束视为多余约束，如果将该约束解除，并以多余的约束反力偶 M_A 代替其作用，则原梁的相当系统如图 6.15（d）所示，而相应的变形协调条件是截面 A 的转角为零，即

$$\theta_A = (\theta_A)_q + (\theta_A)_{F_B} = 0$$

由此可求得与上述解答完全相同的结果。

6.6　提高弯曲刚度的一些措施

本章 6.2 节给出了梁在弯曲变形时的刚度条件为

$$|w|_{\max} \leqslant [w], \qquad |\theta|_{\max} \leqslant [\theta]$$

可见，梁的最大挠度或最大转角是衡量梁刚度高低的标志性几何量。提高梁的刚度，实际上就是要减小最大挠度和最大转角。从挠曲线的近似微分方程及其积分可以看出，弯曲变形与梁上作用载荷的类别和分布情况、梁的跨度、约束情况、梁截面的惯性矩，以及材料的弹性模量有关。因此，为提高梁的抗弯刚度，应从考虑以上因素入手。

6.6.1　改善结构形式和载荷作用方式，减小弯矩

弯矩是引起弯曲变形的主要因素，减小弯矩也就减小了梁的弯曲变形。通过调整加载方式，可以降低梁的弯矩值。例如图 6.16（a）所示的简支梁，若将集中力分散成作用于全梁上的均布载荷［图 6.16（b）］，此时最大挠度仅为集中力 F 作用时的 62.5%。如果将简支梁的支座内移，改为外伸梁［图 6.16（c）］，则梁的最大挠度进一步减小。

减小梁的跨度，也是减小弯曲变形的有效措施。例如，工程上对镗刀杆的外伸长度有一定的规定，以保证镗孔的精度要求。在跨度不能减小的情况下，可采取增加支承的方法提高梁的刚度。如镗刀杆，若外伸部分过长，可在端部加装尾架（图 6.17），以减小镗刀杆的变形，提高加工精度。车削细长工件时，除用尾顶针外，有时还加用中心架

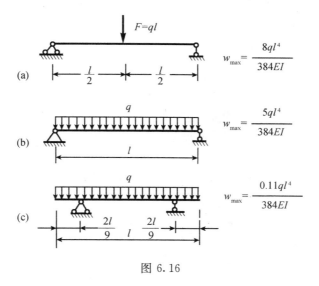

图 6.16

（图 6.18）或跟刀架，以减小工件的变形，提高加工精度。对较长的传动轴，有时采用三支承以提高轴的刚度。应该指出，为提高杆件的弯曲刚度而增加支承，都将使这些杆件由原来的静定梁变为超静定梁。

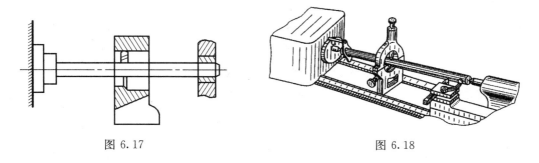

图 6.17   图 6.18

6.6.2 选择合理截面形状，增大截面惯性矩

不同形状的截面，尽管面积相等，但惯性矩并不一定相等。所以选取合理的截面形状，增大截面惯性矩，也是提高弯曲刚度的有效措施。例如，工字形、槽形和 T 形截面都比面积相等的矩形截面有更大的惯性矩。所以起重机大梁一般采用工字形或箱形截面；而机器的箱体采用加筋的办法提高箱壁的抗弯刚度，却不采取增加壁厚的方法。一般来说，提高截面惯性矩 I 的数值，往往也同时提高了梁的强度。不过，在强度问题中，更准确地说，是提高弯矩较大的局部范围内的抗弯截面模量。而弯曲变形与全长内各部分的刚度都有关系，往往要考虑提高杆件全长的弯曲刚度。

最后指出，弯曲变形还与材料的弹性模量 E 有关。对于 E 值不同的材料来说，E 值越大弯曲变形越小。因为各种钢材的弹性模量 E 大致相同，所以为提高弯曲刚度而采用高强度钢材，并不会达到预期的效果。

思 考 题

6.1 若两梁的抗弯刚度相同，弯矩方程相同，则两梁的挠曲线形状是否完全相同，为什么？

6.2 如何确定梁上最大挠度的位置？

6.3 判断下列说法是否正确，并说明为什么。

(1) 正弯矩产生正转角，负弯矩产生负转角。

(2) 弯矩最大的截面转角最大，弯矩为零的截面转角为零。

(3) 弯矩突变的地方转角也有突变。

(4) 弯矩为零处，挠曲线曲率必为零。

6.4 简述位移边界条件和光滑连续条件在求解梁的变形中起着怎样的作用？

6.5 若只在悬臂梁的自由端作用弯曲力偶 M_e，使其成为纯弯曲，则由 $\dfrac{1}{\rho} = \dfrac{M_e}{EI}$ 知 $\rho =$ 常数，挠曲线应为圆弧。若由微分方程（6.6）积分，将得到 $w = \dfrac{M_e x^2}{2EI}$。它表明挠曲线是一抛物线。何以产生这种差别？试求按两种结果所得最大挠度的相对误差。

习 题

6.1 写出习题 6.1 图示各梁的位移边界条件及光滑连续性条件。图（c）中 BC 杆的抗拉刚度设为 EA，图（d）中弹性支座 B 处弹簧的刚度为 K（N/m）。梁的抗弯刚度均为常量。

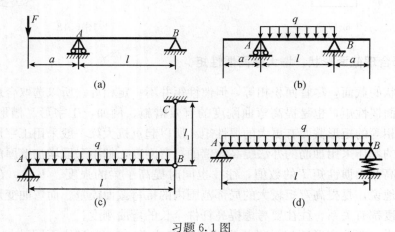

习题 6.1 图

6.2 用积分法求习题 6.2 图示各梁自由端的挠度和转角。设 EI 为常量。

6.3 用积分法求梁的端截面转角 θ_A 和 θ_B、跨度中点的挠度和最大挠度，设 EI 为常量（习题 6.3 图）。

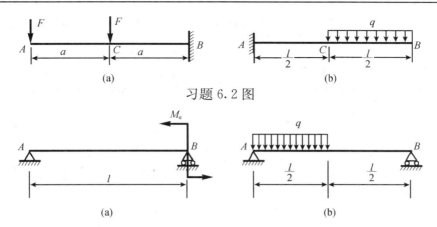

习题 6.2 图

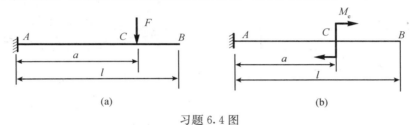

习题 6.3 图

6.4 用积分法求习题 6.4 图示悬臂梁的挠曲线方程时，要分几段积分？根据什么条件确定积分常数？并求出自由端的挠度和转角。设 EI 为常量。

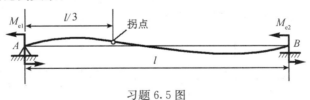

习题 6.4 图

6.5 简支梁受力如习题 6.5 图所示，为使挠曲线的拐点位于离左端的 $l/3$ 处，M_{e1} 和 M_{e2} 应保持什么比例关系？

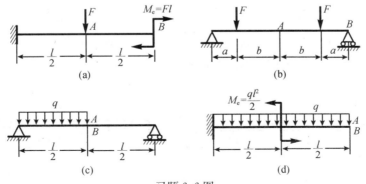

习题 6.5 图

6.6 试用叠加法求习题 6.6 图示各梁 A 截面的挠度及 B 截面的转角。EI 为常量。

习题 6.6 图

6.7 用叠加法求习题6.7图示外伸梁外伸端的挠度和转角，设 EI 为常量。

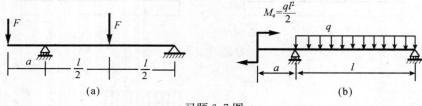

(a)   (b)

习题 6.7 图

6.8 变截面悬臂梁如习题6.8图所示，全梁承受均布载荷 q 的作用，试用叠加法求自由端的挠度。梁材料的弹性模量 E 及惯性矩 I_1、I_2 均为已知。

6.9 如习题6.9图，现有两根宽20mm、厚5mm的木条，中点处被一直径为50mm的光滑刚性圆柱分开，已知木材的弹性模量为11GPa，求使木条两端恰好接触时，作用在两端的力 F。

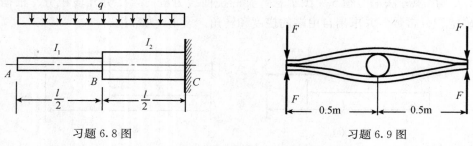

习题 6.8 图   习题 6.9 图

6.10 习题6.10图中，两根梁的 EI 相同，且等于常量，两梁由铰链相互连接，试求 F 力作用点 D 的位移。

6.11 桥式起重机的最大载荷为 $F=23$kN。起重机梁为32a工字钢，$E=210$GPa，$l=8.76$m。规定 $[w]=1/500$。试校核梁的刚度（习题6.11图）。

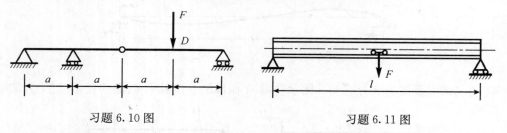

习题 6.10 图   习题 6.11 图

6.12 习题6.12图所示，滚轮沿简支梁移动时，要求该轮恰好走一水平路径，试问须将梁的轴线预先弯成怎样的曲线？设 EI 为常量。

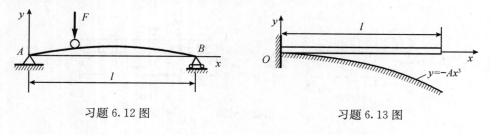

习题 6.12 图   习题 6.13 图

*6.13 习题 6.13 图示等截面梁，抗弯刚度 EI。设梁下有一曲面 $y = -Ax^3$，欲使梁变形后恰好与该曲面密合，且曲面不受压力。试问梁上应加什么载荷？并确定载荷的大小和方向。

6.14 一端固定的板条截面尺寸为 $0.4\,\text{mm} \times 6\,\text{mm}$（习题 6.14 图），将它弯成半圆形。求力偶矩 M_e 及最大正应力 $\sigma_{\max}$ 的数值。设 $E = 200\,\text{GPa}$。试问这种情况下，能否用 $\sigma = \dfrac{M}{W}$ 计算应力？能否用 $\dfrac{\mathrm{d}^2 w}{\mathrm{d} x^2} = \dfrac{M}{EI}$ 计算变形？为什么？

6.15 如习题 6.15 图所示的超静定梁，试求该梁的支座反力，设梁抗弯刚度为 EI。

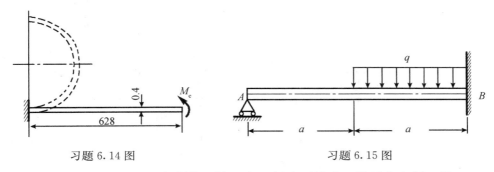

习题 6.14 图　　　　　　　　　　习题 6.15 图

6.16 习题 6.16 图示三支座截面轴，由于制造不精确，轴承有高低。设 EI、δ 和 l 均为已知量，试用变形比较法求图示两种情况的最大弯矩。

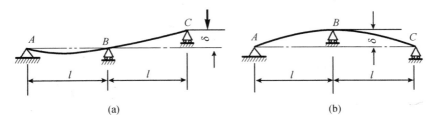

(a)　　　　　　　　　　　(b)

习题 6.16 图

6.17 如习题 6.17 图，刚架 ABC 的抗弯刚度 EI 为常量；拉杆 BD 的横截面面积为 A，弹性模量为 E。试求 C 点的位移。

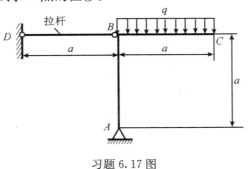

习题 6.17 图

6.18 习题 6.18 图示结构中 1、2 两杆的抗拉刚度同为 EA。（1）若将横梁 AB 视为刚体，试求 1、2 两杆的轴力。（2）若考虑横梁的变形，且抗弯刚度为 EI，试求 1、2 两杆的轴力。

6.19 习题 6.19 图示结构中，梁为 16 号工字钢。拉杆的截面为圆形，直径 $d=$ 10mm。两者均为 Q235 钢，$E=200$GPa。试求梁及拉杆内的最大正应力。

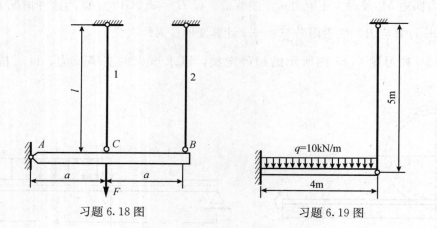

习题 6.18 图　　　　　习题 6.19 图

第7章　应力、应变分析及强度理论

7.1　应力状态的概念

7.1.1　一点处的应力状态

通过前面对基本变形的讨论可以看出，杆件内不同位置的点具有不同的应力，如弯曲或扭转时横截面上的应力随着点的位置而变化；即使是通过同一个点，不同方位的斜截面上应力也不同，如直杆轴向拉伸或压缩时，斜截面上的应力随着所取截面方位不同而变化。所以，杆件内一点处的应力既是该点坐标的函数，又是所取截面方位的函数。受力构件内任意一点在不同方位截面上的应力情况，称为该点的**应力状态**。分析受力构件的强度时，必须了解构件内各点处的应力状态，即了解各点处不同截面的应力情况，从而建立构件的强度条件。

7.1.2　通过单元体分析一点的应力状态

为了分析一点的应力状态，可围绕所研究的点取出一个单元体（微小正六面体），因单元体三个方向的尺寸均为无穷小，以致可以认为：单元体每个面上的应力都是均匀分布的；单元体相互平行的面上的应力相等；单元体各斜面上的应力，等同于通过该点的平行面上的应力。这样的单元体的应力状态就代表一点的应力状态。

现以直杆轴向拉伸为例［图 7.1（a）］，假设围绕杆内任一点 A 点以纵横六个截面截取单元体［图 7.1（b）］，其平面图则表示在图 7.1（c）中，单元体的左右两侧面是杆件横截面的一部分，其面上的应力皆为 $\sigma = F/A$。单元体的上、下、前、后四个面都是平行于轴线的纵向面，面上皆无任何应力。如果以斜截面截取单元体，如图 7.1（d）所示，前、后两个面无应力，其余四个面上既有正应力，又有切应力。所以，按不同的方位截取的单元体，单元体各面上的应力也就不同，但它们均可以表示同一点的应力状态。

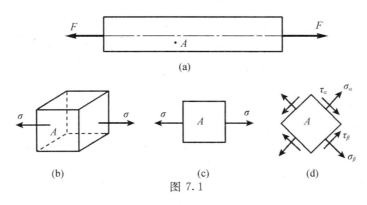

图 7.1

7.1.3　主应力及应力状态的分类

　　围绕杆件内任一点截取的单元体，一般来说，各面上既有正应力，又有切应力[图 7.2 (a)]。若单元体中某个面只有正应力，而无切应力，这样的平面称为**主平面**。主平面上的正应力称为**主应力**。若单元体三个相互垂直的面皆为主平面，这样的单元体称为**主单元体**。可以证明，通过受力构件任意点，以不同方位截取的诸单元体中，必有一个单元体为主单元体。主应力按代数值的大小排列，分别用 σ_1、σ_2 和 σ_3 表示，即 $\sigma_1 \geqslant \sigma_2 \geqslant \sigma_3$ [图 7.2 (b)]。

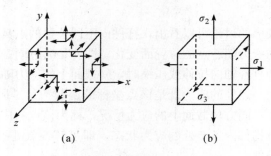

(a)　　　　　　　　　(b)

图 7.2

　　若在一个点的三个主应力中，只有一个主应力不为零，这样的应力状态称为**单向应力状态**。若三个主应力中有两个不为零，则称为**二向应力状态**或**平面应力状态**。若三个主应力都不为零，则称为**三向应力状态**或**空间应力状态**。单向应力状态也称为**简单应力状态**。二向和三向应力状态统称为**复杂应力状态**。关于单向应力状态，已于第 2 章详细讨论过，本章将重点讨论二向应力状态。

7.2　应力状态的实例

7.2.1　圆轴扭转时，轴表面上一点的应力状态

　　如图 7.3 所示，围绕圆轴表面上 A 点，以横截面和径向面截取单元体 [图 7.3 (b)]。单元体的左、右两侧面为横截面的一部分，正应力为零，而切应力为

$$\tau = \frac{T}{W_t}$$

　　由切应力互等定理知，在单元体的上、下两面上，有切应力 $\tau' = \tau$。因为单元体的前面为圆轴的自由表面，故单元体的前、后面上无任何应力。如图 7.3 (b)、(c) 所示。所以圆轴受扭时，A 点的应力状态为纯剪切应力状态。

　　进一步的分析表明（见本章例 7.1）若沿着与轴线成 $\pm 45°$ 方位截取单元体，$\pm 45°$ 方位上的切应力皆为零，而正应力分别为 $-\tau$ 和 $+\tau$[如图 7.3 (d)]，由于单元体前侧面为圆轴表面，所以无任何应力。这样截取的单元体为主单元体。单元体的主应力分别为

$$\sigma_1 = \tau, \quad \sigma_2 = 0, \quad \sigma_3 = -\tau$$

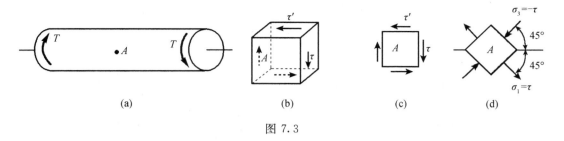

图 7.3

可见，纯剪切应力状态为二向应力状态。

7.2.2　圆筒形容器承受内压作用时任一点的应力状态

当圆筒形容器［图 7.4（a）］的壁厚 δ 远小于它的直径 D 时（例如 $\delta < D/20$），称为薄壁圆筒。

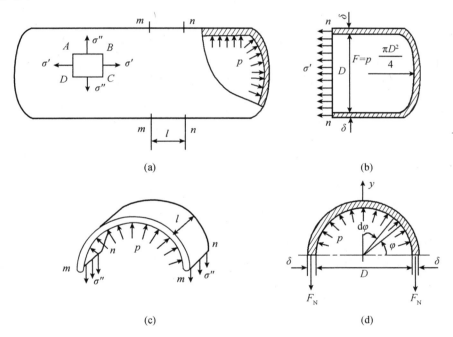

图 7.4

若封闭的薄壁圆筒承受的内压力为 p，则沿圆筒轴线方向作用于简底的总压力为 F ［图 7.4（b）］，且

$$F = p\,\frac{\pi D^2}{4}$$

薄壁圆筒的横截面面积为 $\pi D \delta$，因此圆筒横截面上的正应力 σ' 为

$$\sigma' = \frac{F}{A} = \frac{p\,\dfrac{\pi D^2}{4}}{\pi D \delta} = \frac{pD}{4\delta} \tag{7.1}$$

用相距为 l 的两个横截面和通过直径的纵向平面，从圆筒中截取一部分 ［图 7.4（c）］。

设圆筒纵向截面上的内力为 F_N，正应力为 σ''，则

$$\sigma'' = \frac{F_N}{\delta l}$$

取圆筒内壁上的微面积 $dA = l(D/2)d\varphi$，内压力 p 在微面积上的压力为 $pl(D/2)d\varphi$。它在 y 方向的投影为 $pl(D/2)d\varphi\sin\varphi$。通过积分求出上述投影的总和为

$$\int_0^\pi pl\frac{D}{2}d\varphi\sin\varphi = plD$$

积分结果表明：截取部分在纵向平面上的投影面积 lD 与 p 的乘积，就等于内压力在 y 方向投影的合力。考虑截取部分在 y 方向的平衡［图 7.4（d）］

$$\sum F_y = 0 , \qquad 2F_N - plD = 0$$

解得 $F_N = \dfrac{plD}{2}$。将 F_N 代入 σ'' 表达式中，得

$$\sigma'' = \frac{F_N}{\delta l} = \frac{pD}{2\delta} \tag{7.2}$$

从式（7.1）和式（7.2）看出，纵向截面上的应力 σ'' 是横截面上应力 σ' 的两倍。

由于内压力是轴对称载荷，所以在纵向截面上没有切应力。又因轴向拉伸，在横截面上也没有切应力，这样，通过薄壁圆筒任一点 A 的纵横两截面皆为主平面。此外，在薄壁圆筒的内壁和外壁上，内压力 p 和大气压力都远小于 σ' 和 σ''，可以认为等于零。所以，A 点的应力状态为二向应力状态，三个主应力分别为

$$\sigma_1 = \frac{pD}{2\delta} , \quad \sigma_2 = \frac{pD}{4\delta} , \quad \sigma_3 = 0$$

7.2.3　在车轮压力作用下，车轮与钢轨接触点处的应力状态

围绕着车轮与钢轨接触点 A［图 7.5（a）］，以垂直和平行于压力 F 的平面截取单元体，如图 7.5（b）所示。在车轮与钢轨的接触面上，有接触应力 σ_3。由于 σ_3 的作用，单元体将向四周膨胀。于是引起周围材料对它的约束压应力 σ_1 和 σ_2（理论计算表明，单元体周围材料对单元体约束应力的绝对值小于 P 引起的应力绝对值 $|\sigma_3| > |\sigma_1|$ 或 $|\sigma_2|$，故用 σ_1 和 σ_2 表示）。所取单元体的三个相互垂直的面皆为主平面，且三个主应力都不等于零，因此，A 点的应力状态为三向应力状态。

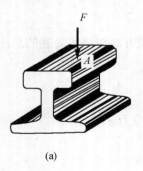

(a)

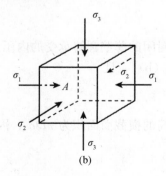

(b)

图 7.5

7.3 二向应力状态分析——解析法

7.3.1 二向应力状态斜截面上的应力

所谓应力状态分析，就是已知通过一点的某些截面上的应力，确定通过这一点的其他截面上的应力，从而进一步确定该点的主应力和主平面。首先讨论二向应力状态分析。

设从构件内某点截取的单元体如图 7.6（a）所示。单元体前、后两个面上无任何应力，故为主平面，且这个面上的主应力为零。设应力分量 σ_x、σ_y、τ_{xy} 和 τ_{yx} 皆为已知。图 7.6（b）为单元体的正投影图。σ_x（或 σ_y）表示法线与 x 轴（或 y 轴）平行的面上的正应力。切应力 τ_{xy}（或 τ_{yx}）的两个下角标的含义分别为：第一个角标 x（或 y）表示切应力作用平面的法线方向沿着 x 轴（或 y 轴）；第二个角标 y（或 x），表示切应力的方向平行于 y 轴（或 x 轴）。关于应力的符号规定为：正应力以拉应力为正，压应力为负；切应力以对单元体内任意点的矩为顺时针转向时，规定为正，反之为负。按照上述符号规定，在图 7.6（a）中 σ_x、σ_y 和 τ_{xy} 皆为正，而 τ_{yx} 为负。

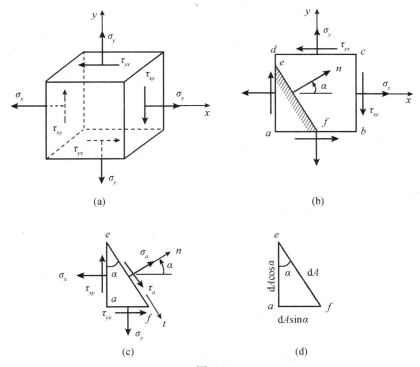

（a）   （b）

（c）   （d）

图 7.6

现研究单元体任意斜截面 ef 上的应力 [图 7.6（b）]。该截面外法线 n 与 x 轴的夹角为 α，规定：由 x 轴转到外法线 n 为逆时针转向时，则 α 为正。以斜截面 ef 把单元体假想截开，考虑任一部分的平衡，例如 aef 部分 [图 7.6（c）]，斜截面 ef 上有正应力 σ_a 和切应力 τ_a。设 ef 面的面积为 dA [图 7.6（d）]，则 af 面和 ae 面的面积应分别是

$\mathrm{d}A\sin\alpha$ 和 $\mathrm{d}A\cos\alpha$。将作用于 aef 部分上的力，向 ef 面的外法线 n 和切线 t 方向投影，得平衡方程

$$\sum F_n = 0, \quad \sum F_t = 0$$

即

$$\sigma_\alpha \mathrm{d}A + (\tau_{xy}\mathrm{d}A\cos\alpha)\sin\alpha - (\sigma_x\mathrm{d}A\cos\alpha)\cos\alpha + (\tau_{yx}\mathrm{d}A\sin\alpha)\cos\alpha - (\sigma_y\mathrm{d}A\sin\alpha)\sin\alpha = 0$$

$$\tau_\alpha \mathrm{d}A - (\tau_{xy}\mathrm{d}A\cos\alpha)\cos\alpha - (\sigma_x\mathrm{d}A\cos\alpha)\sin\alpha + (\sigma_y\mathrm{d}A\sin\alpha)\cos\alpha + (\tau_{yx}\mathrm{d}A\sin\alpha)\sin\alpha = 0$$

考虑到切应力互等定理，τ_{xy} 和 τ_{yx} 在数值上相等，以 τ_{xy} 代替 τ_{yx}，简化以上平衡方程，最后得出

$$\sigma_\alpha = \frac{\sigma_x + \sigma_y}{2} + \frac{\sigma_x - \sigma_y}{2}\cos2\alpha - \tau_{xy}\sin2\alpha \tag{7.3}$$

$$\tau_\alpha = \frac{\sigma_x - \sigma_y}{2}\sin2\alpha + \tau_{xy}\cos2\alpha \tag{7.4}$$

上式表明：σ_α 与 τ_α 都是 α 的函数，即任意斜截面上的正应力 σ_α 和切应力 τ_α 随截面方位的改变而变化。

7.3.2 主应力及主平面方位

为求正应力的极值，可将式（7.3）对 α 取导数，得

$$\frac{\mathrm{d}\sigma_\alpha}{\mathrm{d}\alpha} = -2\left(\frac{\sigma_x - \sigma_y}{2}\sin2\alpha + \tau_{xy}\cos2\alpha\right) \tag{a}$$

若 $\alpha = \alpha_0$ 时，导数 $\frac{\mathrm{d}\sigma_\alpha}{\mathrm{d}\alpha} = 0$，则在 α_0 所确定的截面上，正应力为极值。以 α_0 代入上式，并令其等于零

$$\frac{\sigma_x - \sigma_y}{2}\sin2\alpha_0 + \tau_{xy}\cos2\alpha_0 = 0 \tag{b}$$

得

$$\tan2\alpha_0 = -\frac{2\tau_{xy}}{\sigma_x - \sigma_y} \tag{7.5}$$

式（7.5）有两个解：α_0 和 $\alpha_0 \pm 90°$。因此，由式（7.5）可以求出相差90°的两个角度，由它们所确定的两个互相垂直的平面上，正应力取得极值。一个是最大正应力所在的平面，另一个是最小正应力所在的平面。从式（7.5）求出 $\sin2\alpha_0$ 和 $\cos2\alpha_0$，代入式（7.3），求得最大或最小正应力为

$$\begin{matrix}\sigma_{\max}\\\sigma_{\min}\end{matrix} = \frac{\sigma_x + \sigma_y}{2} \pm \sqrt{\left(\frac{\sigma_x - \sigma_y}{2}\right)^2 + \tau_{xy}^2} \tag{7.6}$$

至于式（7.5）确定的两个平面中哪一个对应着最大正应力，可按下述方法确定：若 σ_x 为两个正应力中代数值较大的一个，即 $\sigma_x \geqslant \sigma_y$，则式（7.5）确定的两个角度中，绝对值较小的一个对应着最大正应力 $\sigma_{\max}$ 所在的平面；绝对值较大的一个对应着最小正应力 $\sigma_{\min}$ 所在的平面。此结论可由二向应力状态分析的图解法得到验证。

现进一步讨论在正应力取得极值的两个相互垂直的平面上切应力的情况。为此，将 α_0 代入式（7.4），并与式（b）比较，显然 $\tau_{\alpha_0} = 0$。按照主平面，主应力的定义，正应力取极值的平面，就是主平面；而最大或最小的正应力就是主应力。

7.3.3　切应力的极值及其所在平面

为了求得切应力的极值及其所在平面的方位，将式（7.4）对 α 取导数

$$\frac{\mathrm{d}\tau_{\alpha}}{\mathrm{d}\alpha} = (\sigma_x - \sigma_y)\cos2\alpha - \tau_{xy}\sin2\alpha$$

若 $\alpha = \alpha_1$ 时，导数 $\frac{\mathrm{d}\tau_{\alpha}}{\mathrm{d}\alpha} = 0$，则在 α_1 所确定的截面上，切应力取极值。以 α_1 代入上式，并令其等于零，得

$$(\sigma_x - \sigma_y)\cos2\alpha_1 - 2\tau_{xy}\sin2\alpha_1 = 0$$

由此求得

$$\tan2\alpha_1 = \frac{\sigma_x - \sigma_y}{2\tau_{xy}} \tag{7.7}$$

由式（7.7）也可以解出两个角度 α_1 和 $\alpha_1 \pm 90°$。它们相差为 $90°$，从而可以确定两个相互垂直的平面，在这两个平面上分别作用着最大或最小切应力。由式（7.7）解出 $\sin2\alpha_1$ 和 $\cos2\alpha_1$，代入式（7.4），得切应力的最大和最小值是

$$\begin{matrix}\tau_{\max}\\\tau_{\min}\end{matrix} = \pm\sqrt{\left(\frac{\sigma_x - \sigma_y}{2}\right)^2 + \tau_{xy}{}^2} \tag{7.8}$$

与正应力相似，切应力的极值与所在两个平面方位的对应关系是：若 $\tau_{xy} > 0$，则绝对值较小的 α_1 对应最大切应力所在的平面。

比较式（7.5）和式（7.7），可以得到

$$\tan2\alpha_0 = -\frac{1}{\tan2\alpha_1}$$

所以有

$$2\alpha_1 = 2\alpha_0 + \frac{\pi}{2}, \quad \alpha_1 = \alpha_0 + \frac{\pi}{4}$$

即最大和最小切应力所在的平面与主平面夹角为 $45°$。

例 7.1　圆轴受扭如图 7.7（a）所示，试分析轴表面任一点的应力状态，并分析试件受扭时的破坏现象。

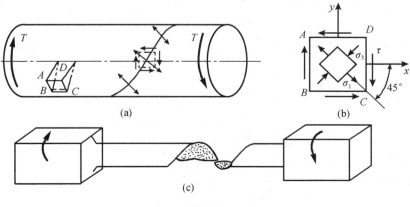

图 7.7

解 根据 7.2 节的讨论，沿纵横截面截取的单元体为纯剪切应力状态，取坐标轴如图 7.7（b）所示，单元体各面上的应力为

$$\sigma_x = \sigma_y = 0 , \quad \tau_{xy} = -\tau_{yx} = \tau = T/W_t$$

代入式（7.3）和式（7.4），即可得到单元体任意斜截面上的应力

$$\sigma_\alpha = -\tau_{xy}\sin2\alpha = -\tau\sin2\alpha$$

$$\tau_\alpha = \tau_{xy}\cos2\alpha = \tau\cos2\alpha$$

利用式（7.5）和式（7.6），得主应力的大小和主平面的方位：

$$\begin{matrix}\sigma_{\max}\\\sigma_{\min}\end{matrix} = \frac{\sigma_x + \sigma_y}{2} \pm \sqrt{\left(\frac{\sigma_x - \sigma_y}{2}\right)^2 + \tau_{xy}{}^2} = \pm\tau$$

$$\tan2\alpha_0 = -\frac{2\tau_{xy}}{\sigma_x - \sigma_y} = -\infty$$

$$2\alpha_0 = -90° 或 -270°$$

即

$$\alpha_0 = -45° 或 -135°$$

以上结果表明，从 x 轴量起，由 $\alpha_0 = -45°$ 所确定的主平面上，主应力 $\sigma_{\max} = \tau$，而 $\alpha_0 = -135°$（或 $\alpha_0 = +45°$）所确定的主平面上，主应力 $\sigma_{\min} = -\tau$，如图 7.7（b）所示，考虑到前后面为主平面，且该平面上的主应力为零。故有

$$\sigma_1 = \tau , \quad \sigma_2 = 0 , \quad \sigma_3 = -\tau$$

即纯剪切的两个主应力大小相等，都等于切应力 τ，但一个为拉应力，一个为压应力。

圆截面铸铁试样扭转时，表面各点 $\sigma_{\max}$ 所在的主平面联成倾角为 45° 的螺旋面 [图 7.7（a）]。由于铸铁抗拉强度较低，试件将沿这一螺旋面因拉伸而发生断裂破坏，如图 7.7（c）所示。

例 7.2 如图 7.8（a）所示，简支梁在跨中受集中力作用，m-m 截面点 1 至点 5 沿纵横截面截取的单元体各面上的应力方向如图 7.8（b）所示，若已知点 2 各面的应力情况如图 7.8（c）所示。试求点 2 的主应力的大小及主平面的方位，并讨论 m-m 截面上其他点的应力状态。

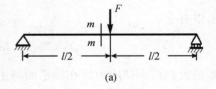

解 为了使 $\sigma_x > \sigma_y$，将 x 轴取在铅垂方向。这时

$$\sigma_x = 0 , \quad \sigma_y = -70\text{MPa} , \quad \tau_{xy} = -50\text{MPa}$$

由式（7.5）得

$$\tan2\alpha_0 = -\frac{2\tau_{xy}}{\sigma_x - \sigma_y} = -\frac{2\times(-50)}{0-(-70)} = 1.429$$

则 $\alpha_0 = 27.5°$ 或 $117.5°$。

由于 $\sigma_x > \sigma_y$，所以绝对值较小的角度 $\alpha_0 = 27.5°$，对应最大的主应力，而 $117.5°$ 对应最小的主应力，它们可由式（7.6）求得

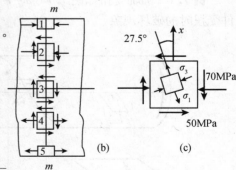

图 7.8

$$\begin{matrix}\sigma_{\max}\\\sigma_{\min}\end{matrix} = \frac{0 + (-70)}{2} \pm \sqrt{\left(\frac{0-(-70)}{2}\right)^2 + (-50)^2} = \begin{matrix}26(\text{MPa})\\-96(\text{MPa})\end{matrix}$$

所以有

$$\sigma_1 = 26\text{MPa} , \quad \sigma_2 = 0 , \quad \sigma_3 = -96\text{MPa}$$

主应力及主平面位置如图 7.8（c）所示。

在梁的横截面 $m\text{-}m$ 上，其他点的应力状态都可用相同的方法进行分析。截面上、下边缘处的各点为单向拉伸或压缩，横截面即为它们的主平面。在中性轴上，点的应力状态为纯剪切，主平面与梁轴线成 $45°$。

7.4　二向应力状态分析——图解法

7.4.1　应力圆方程及其作法

由 7.3 节二向应力状态分析的解析法可知，二向应力状态下，斜截面上的应力由式 (7.3) 和式 (7.4) 来确定，它们皆为 α 的函数。把 α 看作参数，为消去 α，将两式改写成

$$\sigma_\alpha - \frac{\sigma_x + \sigma_y}{2} = \frac{\sigma_x - \sigma_y}{2}\cos 2\alpha - \tau_{xy}\sin 2\alpha$$

$$\tau_\alpha = \frac{\sigma_x - \sigma_y}{2}\sin 2\alpha + \tau_{xy}\cos 2\alpha$$

将两式等号两边平方，然后再相加，得

$$\left(\sigma_\alpha - \frac{\sigma_x + \sigma_y}{2}\right)^2 + \tau_\alpha^2 = \left(\frac{\sigma_x - \sigma_y}{2}\right)^2 + \tau_{xy}^2$$

式中，σ_x、σ_y 和 τ_{xy} 皆为已知量，若以横坐标为 σ，纵坐标为 τ，建立一个坐标系。则上式是一个以 σ_α 和 τ_α 为变量的圆周方程。圆心的横坐标为 $(\sigma_x + \sigma_y)/2$，纵坐标为零，圆周的半径为 $\sqrt{\left(\dfrac{\sigma_x - \sigma_y}{2}\right)^2 + \tau_{xy}^2}$。这个圆称为**应力圆**，亦称**莫尔圆**。

现以图 7.9（a）所示的二向应力状态为例来说明应力圆的作法。单元体各面上应力正负号的规定与解析法一致。按一定的比例尺量取横坐标 $\overline{OA} = \sigma_x$，纵坐标 $\overline{AD} = \tau_{xy}$，确定 D 点。D 点的坐标代表单元体以 x 为法线的面上的应力。量取 $\overline{OB} = \sigma_y$，$\overline{BD'} = \tau_{yx}$，确定 D' 点（因 τ_{yx} 为负，故 D' 点在横坐标轴的下方）。D' 点的坐标代表以 y 为法线的面上的应力。连接 D 和 D'，与横坐标轴交于 C 点。由于 $\tau_{xy} = \tau_{yx}$，所以 $\triangle CAD \cong \triangle CBD'$，$\overline{CD} = \overline{CD'}$。以 C 点为圆心，以 $\overline{CD}$（或 $\overline{CD'}$）为半径作圆，如图 7.9（b）所示。此圆的圆心横坐标和半径分别为

$$\overline{OC} = \frac{1}{2}(\overline{OA} + \overline{OB}) = \frac{1}{2}(\sigma_x + \sigma_y)$$

$$\overline{CD} = \sqrt{\overline{CA}^2 + \overline{AD}^2} = \sqrt{\left(\frac{\sigma_x - \sigma_y}{2}\right)^2 + \tau_{xy}^2}$$

所以，此圆即为应力圆。

可以证明，单元体任意斜截面上的应力 σ_α 和 τ_α 对应着应力圆周上的一个点。反之，应力圆周上的任一点也对应着单元体某一斜截面的应力 σ_α 和 τ_α，即单元体斜截面上的应力与应力圆周上的点有着一一对应的关系。如欲通过应力圆确定图 7.9（a）所示斜

截面上的应力，则在应力圆上，从 D 点（代表以 x 轴为法线的面上的应力）按逆时针方向沿应力圆周移到 E 点，且使 $\overset{\frown}{DE}$ 弧所对的圆心角为实际单元体转过的 α 角的两倍，则 E 点的坐标就代表了以 n 为法线的斜截面上的应力〔图 7.9（b）〕。现证明如下：

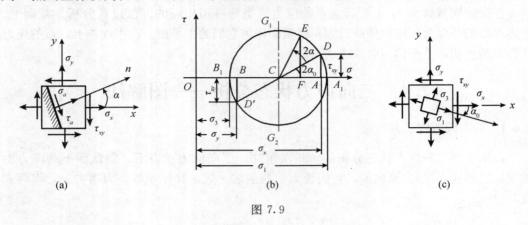

(a)　　　　　　　　　　　(b)　　　　　　　　　　　(c)

图 7.9

　　E 点的横、纵坐标分别为

$$\overline{OF} = \overline{OC} + \overline{CE}\cos(2\alpha_0 + 2\alpha) = \overline{OC} + \overline{CE}\cos2\alpha_0\cos2\alpha - \overline{CE}\sin2\alpha_0\sin2\alpha$$

$$\overline{FE} = \overline{CE}\sin(2\alpha_0 + 2\alpha) = \overline{CE}\sin2\alpha_0\cos2\alpha + \overline{CE}\cos2\alpha_0\sin2\alpha$$

因为 $\overline{CE}$ 和 $\overline{CD}$ 同为圆周的半径，可以互相代替，故有

$$\overline{CE}\cos2\alpha_0 = \overline{CD}\cos2\alpha_0 = \overline{CA} = \frac{\sigma_x - \sigma_y}{2}$$

$$\overline{CE}\sin2\alpha_0 = \overline{CD}\sin2\alpha_0 = \overline{AD} = \tau_{xy}$$

将以上结果代入 $\overline{OF}$ 和 $\overline{FE}$ 的表达式中，并注意到 $\overline{OC} = \frac{1}{2}(\sigma_x + \sigma_y)$，得

$$\overline{OF} = \frac{\sigma_x + \sigma_y}{2} + \frac{\sigma_x - \sigma_y}{2}\cos2\alpha - \tau_{xy}\sin2\alpha$$

$$\overline{FE} = \frac{\sigma_x - \sigma_y}{2}\sin2\alpha + \tau_{xy}\cos2\alpha$$

　　与式（7.3）和式（7.4）比较，可见 $\overline{OF} = \sigma_\alpha$，$\overline{FE} = \tau_\alpha$。即 E 点的坐标代表法线倾角为 α 的斜截面上的应力。

7.4.2　利用应力圆确定主应力、主平面和最大切应力

　　在应力圆中，正应力有两个极值，即应力圆与 σ 轴的两个交点 A_1 和 B_1 的横坐标。而这两点的纵坐标均为零，因而这两点的横坐标就是该点的两个主应力值。$\overset{\frown}{A_1B_1}$ 弧对应圆心角为 $180°$，说明单元体的两个主平面相互垂直。从应力圆上不难看出

$$\sigma_1 = \overline{OA_1} = \overline{OC} + \overline{CA_1}，\quad \sigma_2 = \overline{OB_1} = \overline{OC} - \overline{CB_1}$$

因为 $\overline{OC}$ 为圆心至原点的距离，而 $\overline{CA_1}$ 和 $\overline{CB_1}$ 皆为应力圆半径，故有

$$\begin{matrix}\sigma_1\\\sigma_2\end{matrix} = \frac{\sigma_x + \sigma_y}{2} \pm \sqrt{\left(\frac{\sigma_x - \sigma_y}{2}\right)^2 + \tau_{xy}^{\ 2}}$$

　　从 D 点顺时针转 $2\alpha_0$ 角至 A_1 点，故 α_0 就是单元体从 x 轴向主平面的法线转过的角

度。因为 D 点向 A_1 点是顺时针转动，因此 $\tan 2\alpha_0$ 为负值，即

$$\tan 2\alpha_0 = -\frac{\overline{AD}}{\overline{CA}} = -\frac{2\tau_{xy}}{\sigma_x - \sigma_y}$$

于是，再次得到式（7.5）和式（7.6）。

从应力圆不难看出，若 $\sigma_x \geqslant \sigma_y$，则 D 点在应力圆的右半个圆周上，所以和 A_1 点构成的圆心角的绝对值小于 D 点和 B_1 点构成的圆心角的绝对值，因此，式（7.5）中，绝对值较小的 α_0 对应着最大的正应力。

应力圆上 G_1 和 G_2 两点的纵坐标分别为最大值和最小值。它们分别代表单元体的最大和最小切应力（作用在于 z 轴平行的截面中）。因为 $\overline{CG_1}$ 和 $\overline{CG_2}$ 都是应力圆的半径，故有

$$\begin{matrix} \tau_{\max} \\ \tau_{\min} \end{matrix} = \pm \sqrt{\left(\frac{\sigma_x - \sigma_y}{2}\right)^2 + \tau_{xy}{}^2}$$

这就是式（7.8）。又因为应力圆的半径也等于 $\frac{1}{2}(\sigma_1 - \sigma_2)$，故切应力的极值又可表示为

$$\begin{matrix} \tau_{\max} \\ \tau_{\min} \end{matrix} = \pm \frac{1}{2}(\sigma_1 - \sigma_2) \tag{7.9}$$

在应力圆上，由 A_1 到 G_1 所对的圆心角为逆时针转 $90°$，所以，在单元体内，由 σ_1 所在的主平面逆时针旋转 $45°$，即为最大切应力所在的截面。

又若 $\tau_{xy} > 0$，则 D 点（以 x 为法向的面上的应力）在 σ 轴上方的应力圆周上，所以 D 点到 G_1 点所对圆心角的绝对值小于 D 点到 G_2 点所对圆心角的绝对值。因此，$\tau_{xy} > 0$，则式（7.7）所确定的两个值中，绝对值较小的 α_1 所确定的平面对应着最大切应力。

例 7.3 已知单元体的应力状态如图 7.10（a）所示。$\sigma_x = 40\text{MPa}$，$\sigma_y = -60\text{MPa}$，$\tau_{xy} = -50\text{MPa}$，试用图解法求主应力，并确定主平面的位置。

解 （1）作应力圆。按选定的比例尺，以 $\sigma_x = 40\text{MPa}$，$\tau_{xy} = -50\text{MPa}$ 为坐标，确定 D 点。以 $\sigma_y = -60\text{MPa}$，$\tau_{yx} = 50\text{MPa}$ 为坐标，确定 D' 点。连接 D 和 D' 点，与横坐标轴交于 C 点。以 C 为圆心，以 $\overline{CD}$ 为半径作应力圆，如图 7.10（b）所示。

（2）求主应力及主平面的位置。在图 7.10（b）的应力圆上，A_1 和 B_1 点的横坐标即为主应力值，按所用比例尺量出

$$\sigma_1 = \overline{OA_1} = 60.7\text{MPa}, \quad \sigma_3 = \overline{OB_1} = -80.7\text{MPa}$$

另一个主应力 $\sigma_2 = 0$。

在应力圆上，由 D 点至 A_1 点为逆时针方向，且 $\angle DCA_1 = 2\alpha_0 = 45°$，所以，在单元体中，从 x 轴以逆时针方向量取 $\alpha_0 = 22.5°$，确定了 σ_1 所在主平面的法线。而 D 至 B_1 点为顺时针方向，$\angle DCB_1 = 135°$，所以，在单元体中从 x 轴以顺时针方向量取 $\alpha_0 = 67.5°$，从而确定了 σ_3 所在主平面的法线方向。

例 7.4 用图解法定性画出图 7.8（b）中 3、4、5 点的应力圆，并分析应力圆的特点。

解 图 7.8（b）中点 3、4、5 的应力状态如图 7.11（a）所示。

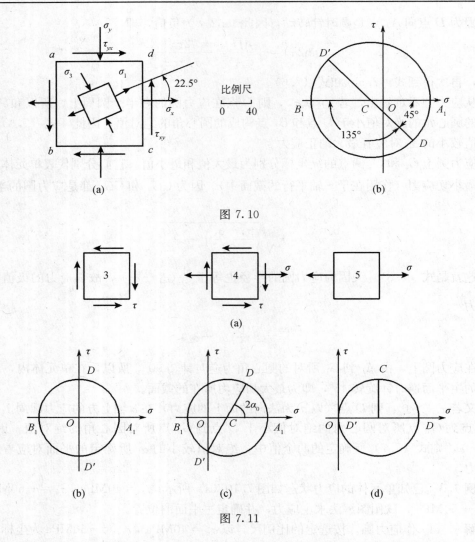

图 7.10

图 7.11

点 3 为纯剪切应力状态。以 $\sigma_x = 0$，$\tau_{xy} = \tau$ 在坐标系中确定的 D 点在 τ 轴上，而以 $\sigma_y = 0$，$\tau_{yx} = -\tau$ 确定的 D' 点也在 τ 轴上，但是为负值。D 和 D' 的连线与 σ 轴交于原点 O，以 O 为圆心，以 $\overline{OD}$（或 $\overline{OD'}$）为半径，作出应力圆如图 7.11（b）所示。可见，应力圆的特点是圆心与坐标原点重合。从图 7.11（b）看出

$$\sigma_1 = \tau , \quad \sigma_2 = 0 , \quad \sigma_3 = -\tau , \quad \tau_{max} = \tau$$

对于点 4 的应力状态，同样根据 $\sigma_x = \sigma$，$\tau_{xy} = \tau$，在坐标系中确定 D 点，而根据 $\sigma_y = 0$，$\tau_{yx} = -\tau$，确定的 D' 点在 τ 轴上，连接 D、D' 交 σ 轴于 C 点，以 C 点为圆心，以 $\overline{CD}$ 为半径，作出应力圆如图 7.11（c）所示。可见，应力圆的特点是应力圆总与 τ 轴相割，故必然有 $\sigma_1 > 0$，$\sigma_2 = 0$，$\sigma_3 < 0$。根据解析法，求得三个主应力分别为

$$\begin{array}{c}\sigma_1 \\ \sigma_3\end{array} = \frac{\sigma}{2} \pm \sqrt{\left(\frac{\sigma}{2}\right)^2 + \tau^2} , \quad \sigma_2 = 0$$

点 5 的应力状态是单向应力状态，$\sigma_x = \sigma$，$\sigma_y = 0$，$\tau_{xy} = \tau_{yx} = 0$，作出应力圆如图 7.11（d）所示。其特点是应力圆与 τ 轴相切。

7.5　三向应力状态

三向应力状态的分析比较复杂。这里只讨论当三个主应力 σ_1、σ_2 和 σ_3 已知时，单元体内的最大正应力和最大切应力。当研究单元体在复杂应力状态下的强度条件时，将要用到这些结果。

设某一单元体处于三向应力状态，如图 7.12 所示。取斜截面与 σ_1 平行，如图 7.13（a）中①所示。考虑截出部分三棱柱体的平衡，显然，沿 σ_1 方向自然满足平衡条件，故平行于 σ_1 诸斜面上的应力不受 σ_1 的影响，只与 σ_2、σ_3 有关。由 σ_2、σ_3 确定的应力圆周上的任意一点的横纵坐标表示平行于 σ_1 的某个斜面上的正应力和切应力。同理，由 σ_1、σ_3 确定的应力圆表示平行于 σ_2 诸平面上的应力情况；由 σ_1、σ_2 确定的应力圆表示平行于 σ_3 诸平面上的应力情况。这样作出的三个应力圆〔图 7.13（b）〕，称作三向应力圆。

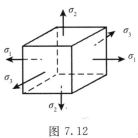

图 7.12

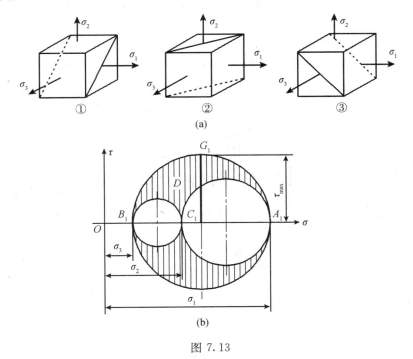

图 7.13

可以证明，对于三向应力状态任意斜截面上应力，必然对应着图 7.13（b）所示三向应力圆之间的阴影部分的某一点 D，该点的纵横坐标即为斜截面上的正应力和切应力的数值。

从图 7.13（b）看出，画阴影线的部分内，横坐标的极大值为 A_1 点，而极小值为 B_1 点，G_1 点为纵坐标的极值。因此，单元体正应力的极值为

$$\sigma_{\max} = \sigma_1, \quad \sigma_{\min} = \sigma_3 \tag{7.10}$$

最大切应力为 σ_1、σ_3 所确定的应力圆半径，即

$$\tau_{\max} = \frac{\sigma_1 - \sigma_3}{2} \tag{7.11}$$

由于 G_1 点在由 σ_1 和 σ_3 所确定的应力圆周上，此圆周上各点的纵横坐标代表与 σ_2 轴平行的斜截面上的应力，所以单元体的最大切应力所在平面与 σ_2 轴平行，且外法线与 σ_1 轴及 σ_3 轴的夹角为 45°。

二向应力状态是三向应力状态的特殊情况，当 $\sigma_1 > \sigma_2 > 0$，而 $\sigma_3 = 0$ 时，按照式 (7.11) 得单元体的最大切应力为

$$\tau_{\max} = \frac{\sigma_1 - \sigma_3}{2} = \frac{\sigma_1}{2}$$

但是若按式 (7.9) 计算，则有

$$\tau_{\max} = \frac{\sigma_1 - \sigma_2}{2}$$

此结果显然小于 $\sigma_1/2$。这是因为在二向应力状态分析中，斜截面的外法线仅限于在 σ_1、σ_2 所在的平面内，在这类平面中，切应力的最大值是 $\frac{\sigma_1 - \sigma_2}{2}$。但若截面外法线方向是任意的，则单元体最大切应力所在平面总是与 σ_2 平行，与 σ_1 及 σ_3 夹角为 45°，其值总是 $\frac{\sigma_1 - \sigma_3}{2}$。

例 7.5 单元体各面上的应力如图 7.14（a）所示，求主应力和最大切应力。

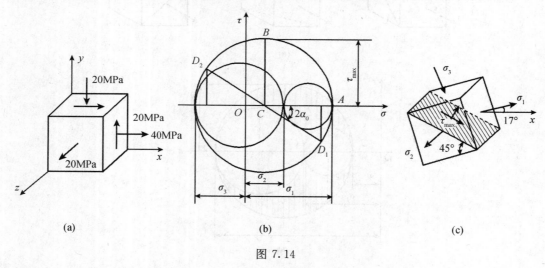

图 7.14

解 单元体正面上的应力 $\sigma_z = 20\text{MPa}$，即为主应力，z 面为主平面。由于三个主平面相互垂直，所以，另两个主平面的法线方向与 z 轴垂直，在这些面上的应力与 σ_z 无关，于是可依据 x、y 面上的应力情况，按平面应力求解方法求出另外两个主应力。

$$\begin{matrix} \sigma_{\max} \\ \sigma_{\min} \end{matrix} = \frac{40 + (-20)}{2} \pm \sqrt{\left(\frac{40 - (-20)}{2}\right)^2 + (-20)^2} = \begin{matrix} 46\text{MPa} \\ -26\text{MPa} \end{matrix}$$

所以

$$\sigma_1 = 46\text{MPa}, \quad \sigma_2 = 20\text{MPa}, \quad \sigma_3 = -26\text{MPa}$$

最大切应力为

$$\tau_{\max} = \frac{\sigma_1 - \sigma_3}{2} = \frac{46 - (-26)}{2} = 36(\text{MPa})$$

7.6　平面应变状态分析

7.6.1　任意方向应变的解析表达式

构件各点的位移和应变都发生于同一平面内（如 xy 平面）的情况，称为**平面应变状态**。分析一点处沿不同方向的线应变和切应变，称为应变状态分析。

设构件上某一点 O（图 7.15），沿 x,y 方向的线应变分别为 ε_x 和 ε_y，切应变为 γ_{xy}（直角的改变量）。这里规定，线应变以伸长为正，缩短为负，切应变以使直角增大为正，反之为负。现将坐标系旋转 α 角，且规定逆时针转 α 为正，得到新的坐标系 $Ox'y'$，通过几何关系推导（过程省略），可以证明 O 点沿 x' 方向的线应变 ε_a 及 $x'y'$ 轴的切应变 γ_a 可通过下式求得

$$\varepsilon_a = \frac{\varepsilon_x + \varepsilon_y}{2} + \frac{\varepsilon_x - \varepsilon_y}{2}\cos 2\alpha - \frac{\gamma_{xy}}{2}\sin 2\alpha \tag{7.12}$$

$$\frac{\gamma_a}{2} = \frac{\varepsilon_x - \varepsilon_y}{2}\sin 2\alpha + \frac{\gamma_{xy}}{2}\cos 2\alpha \tag{7.13}$$

利用式（7.12）和式（7.13）便可求出一点任意方向的线应变 ε_a 和切应变 γ_a。

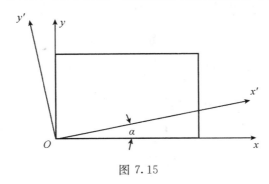

图 7.15

7.6.2　主应变及主应变的方位

将式（7.12）、式（7.13）分别与式（7.3）、式（7.4）进行比较，可看出这两组公式是相似的。在应变状态分析中的 ε_x、ε_y 和 ε_a，相当于二向应力状态中的 σ_x、σ_y 和 σ_a；而应变状态分析中的 $\dfrac{\gamma_{xy}}{2}$ 和 $\dfrac{\gamma_a}{2}$，相当于二向应力状态中的 τ_{xy} 和 τ_a。所以，在二向应力分析中由式（7.3）和式（7.4）导出的结论，在应变分析中必然也可以得到。例如，与主应力和主平面相对应，在平面应变状态中，通过一点一定存在两个相互垂直的方向，在这两个方向上，线应变为极值，而切应变为零。这样的极值应变称为**主应变**。在式（7.5）和式

(7.6) 中，以 ε_x、ε_y 和 $\dfrac{\gamma_{xy}}{2}$ 分别取代 σ_x、σ_y 和 τ_{xy}，得到主应变方向和主应变分别为

$$\tan 2\alpha_0 = -\frac{\gamma_{xy}}{\varepsilon_x - \varepsilon_y} \tag{7.14}$$

$$\left.\begin{array}{c}\varepsilon_{max}\\\varepsilon_{min}\end{array}\right\} = \frac{\varepsilon_x + \varepsilon_y}{2} \pm \sqrt{\left(\frac{\varepsilon_x - \varepsilon_y}{2}\right)^2 + \left(\frac{\gamma_{xy}}{2}\right)^2} \tag{7.15}$$

可以证明：对于各向同性材料，当变形很小，且在线弹性范围时，主应变的方向与主应力的方向重合。

在二向应力分析中，曾用图解法进行二向应力状态分析。由于上述的相似关系，在应变状态分析中也可采用图解法。作图时，以线应变 ε 为横坐标，以二分之一的切应变 $\gamma/2$ 为纵坐标，作出的圆称为应变圆。由于问题与二向应力状态的图解法相似，所以，对应变圆不再作讨论。最后指出，以上对平面应力状态的应变分析，未涉及材料的性质，只是纯几何上的关系。所以，在小变形条件下，无论是对线弹性变形还是非线弹性变形，各向同性材料还是各向异性材料，结论都是正确的。

例 7.6 在构件表面 O 点，沿 $0°$，$45°$ 与 $90°$ 方位粘贴三个应变片（称为直角应变花）（图 7.16），测得相应线应变依次为 $\varepsilon_{0°} = 450 \times 10^{-6}$，$\varepsilon_{45°} = 350 \times 10^{-6}$ 与 $\varepsilon_{90°} = 100 \times 10^{-6}$，试求该点处的切应变 γ_{xy} 以及最大与最小线应变。

解 根据题意有

$$\varepsilon_x = \varepsilon_{0°} = 450 \times 10^{-6}, \quad \varepsilon_y = \varepsilon_{90°} = 100 \times 10^{-6}$$

由式 (7.12)，并令 $\alpha = 45°$，得切应变

$$\gamma_{xy} = \varepsilon_{0°} + \varepsilon_{90°} - 2\varepsilon_{45°} = 10^{-6}(450 + 100 - 2 \times 350)$$
$$= -150 \times 10^{-6}$$

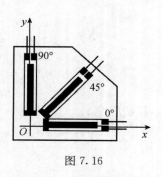

图 7.16

将上述数据代入式 (7.15)，得最大与最小正应变分别为

$$\left.\begin{array}{c}\varepsilon_{max}\\\varepsilon_{min}\end{array}\right\} = \frac{10^{-6}}{2}\left[450 + 100 \pm \sqrt{(450-100)^2 + (-150)^2}\right] = \left.\begin{array}{c}465 \times 10^{-6}\\84.6 \times 10^{-6}\end{array}\right.$$

而最大线应变的方位角为

$$\alpha_0 = \arctan\frac{150 \times 10^{-6}}{2 \times (465 - 100) \times 10^{-6}} = 11°37'$$

7.7 广义胡克定律

7.7.1 广义胡克定律

在讨论轴向拉伸或压缩时，根据实验结果，曾得到线弹性范围内（$\sigma \leqslant \sigma_p$），应力与应变成正比的关系，即

$$\sigma = E\varepsilon \quad \text{或} \quad \varepsilon = \frac{\sigma}{E}$$

这便是单向应力状态的胡克定律。此外，由于轴向变形还将引起横向变形，根据第 2 章

的讨论，横向应变 ε' 可表示为

$$\varepsilon' = -\mu\varepsilon = -\mu\frac{\sigma}{E}$$

在纯剪切时，根据实验结果，曾得到线弹性范围内（$\tau \leqslant \tau_p$），切应力与切应变成正比，即

$$\tau = G\gamma \quad \text{或} \quad \gamma = \frac{\tau}{G}$$

这便是剪切胡克定律。

一般情况下，描述一点处的应力状态需要九个应力分量（图 7.17）。根据切应力互等定理，τ_{xy} 和 τ_{yx}、τ_{yz} 和 τ_{zy}、τ_{zx} 和 τ_{xz} 分别在数值上相等。所以 9 个应力分量中，只有 6 个是独立的。这种普遍情况可看作是三组单向应力状态和三组纯剪切状态的组合。可以证明，对于各向同性材料，在小变形及线弹性范围内，线应变只与正应力有关，而与切应力无关；切应变只与切应力有关，而与正应力无关。这样，可以利用单向应力状态和纯剪切应力状态的

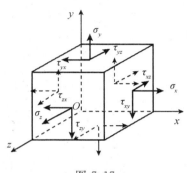

图 7.17

胡克定律，分别求出各应力分量所对应的应变，然后再进行叠加。例如，正应力 σ_x、σ_y、σ_z 单独作用，在 x 方向引起的线应变分别为 $\dfrac{\sigma_x}{E}$，$-\mu\dfrac{\sigma_y}{E}$，$-\mu\dfrac{\sigma_z}{E}$，于是，x 方向的线应变为

$$\varepsilon_x = \frac{\sigma_x}{E} - \mu\frac{\sigma_y}{E} - \mu\frac{\sigma_z}{E}$$

同理，可写出其余两个线应变 ε_z 和 ε_y，列于表 7.1。

表 7.1　正应力单独作用引起的线应变

	σ_x	σ_y	σ_z
ε_x	$\dfrac{1}{E}\sigma_x$	$-\dfrac{\mu}{E}\sigma_y$	$-\dfrac{\mu}{E}\sigma_z$
ε_y	$-\dfrac{\mu}{E}\sigma_x$	$\dfrac{1}{E}\sigma_y$	$-\dfrac{\mu}{E}\sigma_z$
ε_z	$-\dfrac{\mu}{E}\sigma_x$	$-\dfrac{\mu}{E}\sigma_y$	$\dfrac{1}{E}\sigma_z$

根据表 7.1，得出 x、y 和 z 方向的线应变表达式为

$$\left.\begin{array}{l}\varepsilon_x = \dfrac{1}{E}[\sigma_x - \mu(\sigma_y + \sigma_z)] \\[2mm] \varepsilon_y = \dfrac{1}{E}[\sigma_y - \mu(\sigma_z + \sigma_x)] \\[2mm] \varepsilon_z = \dfrac{1}{E}[\sigma_z - \mu(\sigma_x + \sigma_y)]\end{array}\right\} \tag{7.16}$$

根据剪切胡克定律，在 Oxy、Oyz、Ozx 三个面内的切应变分别是

$$\left.\begin{aligned}\gamma_{xy} &= \frac{\tau_{xy}}{G} \\ \gamma_{yz} &= \frac{\tau_{yz}}{G} \\ \gamma_{zx} &= \frac{\tau_{zx}}{G}\end{aligned}\right\} \tag{7.17}$$

式（7.16）和式（7.17）称为**广义胡克定律**。

当单元体的六个面皆为主平面时，若使 x、y 和 z 的方向分别与 σ_1、σ_2 和 σ_3 的方向一致。这时

$$\sigma_x = \sigma_1, \quad \sigma_y = \sigma_2, \quad \sigma_z = \sigma_3; \quad \tau_{xy} = 0, \tau_{yz} = 0, \tau_{zx} = 0$$

代入式（7.16）和式（7.17），广义胡克定律化为

$$\left.\begin{aligned}\varepsilon_1 &= \frac{1}{E}\big[\sigma_1 - \mu(\sigma_2 + \sigma_3)\big] \\ \varepsilon_2 &= \frac{1}{E}\big[\sigma_2 - \mu(\sigma_3 + \sigma_1)\big] \\ \varepsilon_3 &= \frac{1}{E}\big[\sigma_3 - \mu(\sigma_1 + \sigma_2)\big]\end{aligned}\right\} \tag{7.18}$$

$$\gamma_{xy} = 0, \gamma_{yz} = 0, \gamma_{zx} = 0 \tag{7.19}$$

式（7.19）表明，在三个坐标平面内的切应变皆等于零根据主应变的定义，ε_1、ε_2 和 ε_3 就是主应变，其方向与主应力一致。式（7.18）是主方向的广义胡克定律。若用实测的方法测出某点的主应变，将其代入广义胡克定律，即可求出主应力。当然，这只适用于各向同性的线弹性材料。

7.7.2 体积应变

设单元体的六个面皆为主平面，边长分别是 $\mathrm{d}x$、$\mathrm{d}y$ 和 $\mathrm{d}z$。主应力为 σ_1、σ_2 和 σ_3（图 7.18）。变形前单元体的体积为

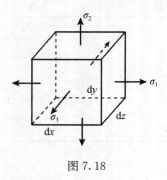

图 7.18

$$V = \mathrm{d}x\mathrm{d}y\mathrm{d}z$$

变形后，三个棱边的长度变为

$$\mathrm{d}x + \varepsilon_1\mathrm{d}x = (1 + \varepsilon_1)\mathrm{d}x$$
$$\mathrm{d}y + \varepsilon_2\mathrm{d}y = (1 + \varepsilon_2)\mathrm{d}y$$
$$\mathrm{d}z + \varepsilon_3\mathrm{d}z = (1 + \varepsilon_3)\mathrm{d}z$$

所以，变形后的体积为

$$V_1 = (1 + \varepsilon_1)(1 + \varepsilon_2)(1 + \varepsilon_3)\mathrm{d}x\mathrm{d}y\mathrm{d}z$$

将上式展开，略去含二阶以上微量的各项，得

$$V_1 = (1 + \varepsilon_1 + \varepsilon_2 + \varepsilon_3)\mathrm{d}x\mathrm{d}y\mathrm{d}z$$

单位体积的体积改变为

$$\theta = \frac{V_1 - V}{V} = \varepsilon_1 + \varepsilon_2 + \varepsilon_3$$

θ 称为**体积应变**，无量纲。

将式（7.18）代入上式，得到以应力表示的体积应变

$$\theta = \varepsilon_1 + \varepsilon_2 + \varepsilon_3 = \frac{1-2\mu}{E}(\sigma_1 + \sigma_2 + \sigma_3) \tag{7.20}$$

将上式变形为

$$\theta = \frac{3(1-2\mu)}{E} \cdot \frac{\sigma_1 + \sigma_2 + \sigma_3}{3} = \frac{\sigma_m}{K} \tag{7.21}$$

式中 $K = \dfrac{E}{3(1-2\mu)}$ ，称为**体积弹性模量**，$\sigma_m = \dfrac{\sigma_1 + \sigma_2 + \sigma_3}{3}$ ，是三个主应力的平均值。

式（7.21）说明，体积应变 θ 只与平均应力 σ_m 有关，或者说只与三个主应力之和有关，而于三个主应力之间的比例无关。式（7.21）还表明，体积应变 θ 与平均应力 σ_m 成正比，因此式（7.21）也可称为**体积胡克定律**。

例7.7　在一体积较大的钢块上开一个贯穿的槽，其宽度和深度都是 10mm 。在槽内紧密无隙地嵌入一铝质立方块，尺寸是 10mm × 10mm × 10mm 。假设钢块不变形，铝的弹性模量 $E = 70\text{GPa}$ ，$\mu = 0.33$ 。当铝块受到压力 $F = 6\text{kN}$ 时 ［图7.19（a）］，试求铝块的三个主应力及相应的应变。

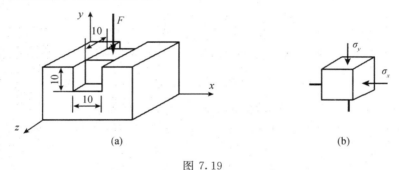

图 7.19

解　为分析方便，建立坐标系如图7.19（a）所示，在 F 作用下，铝块内竖直方向的应力为

$$\sigma_y = -\frac{F}{A} = -\frac{6 \times 10^3}{10 \times 10 \times 10^{-6}} = -60 \times 10^6 \text{Pa} = -60\text{MPa}$$

由于钢块不变形，它阻止了铝块在 x 方向的膨胀，所以 $\varepsilon_x = 0$ 。铝块外法线为 z 的平面是自由表面，所以 $\sigma_z = 0$ 。若不考虑钢槽与铝块之间的摩擦，从铝块中沿平行于三个坐标面截取单元体 ［图7.19（b）］，各面上没有切应力，是主平面。已知条件为

$$\sigma_y = -60\text{MPa} ， \quad \sigma_z = 0 ， \quad \varepsilon_x = 0$$

由主方向的广义胡克定律（7.18）得

$$0 = \frac{1}{E}\left[\sigma_x - \mu(-60 + 0)\right]$$

$$\varepsilon_y = \frac{1}{E}\left[-60 - \mu(\sigma_x + 0)\right]$$

$$\varepsilon_z = \frac{1}{E}\left[0 - \mu(\sigma_x - 60)\right]$$

联立解方程得

$$\sigma_x = -19.8\text{MPa} ， \quad \varepsilon_y = -17.65 \times 10^{-4} ， \quad \varepsilon_z = 3.76 \times 10^{-4}$$

所以
$$\sigma_1 = \sigma_z = 0, \quad \sigma_2 = \sigma_x = -19.8\text{MPa}, \quad \sigma_3 = \sigma_y = -60\text{MPa}$$
$$\varepsilon_1 = \varepsilon_z = 3.76 \times 10^{-4}, \quad \varepsilon_2 = \varepsilon_x = 0, \quad \varepsilon_3 = \varepsilon_y = -17.65 \times 10^{-4}$$

例7.8 图 7.20（a）所示的应力状态可分解成图 7.20（b）、（c）两种应力状态。其中 $\sigma_1 = \sigma_1' + \sigma_m$，$\sigma_2 = \sigma_2' + \sigma_m$，$\sigma_3 = \sigma_3' + \sigma_m$，$\sigma_m = \dfrac{1}{3}(\sigma_1 + \sigma_2 + \sigma_3)$。试分别计算图 7.20（b）、（c）两种应力状态的体积应变。

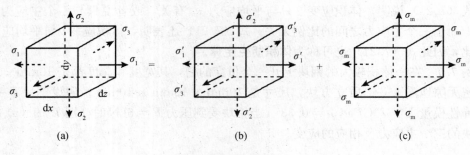

图 7.20

解 （1）将 $\sigma_1' = \sigma_1 - \sigma_m$，$\sigma_2' = \sigma_2 - \sigma_m$，$\sigma_3' = \sigma_3 - \sigma_m$ 代入式（7.20），得

$$\theta = \frac{1-2\mu}{E}\left[(\sigma_1 - \sigma_m) + (\sigma_2 - \sigma_m) + (\sigma_3 - \sigma_m)\right] = \frac{(1-2\mu)}{E}(\sigma_1 + \sigma_2 + \sigma_3 + 3\sigma_m) = 0$$

所以图 7.20（b）所示应力状态，体积应变为零。一般情况下，$\sigma_1' \neq \sigma_2' \neq \sigma_3'$，所以，单元体三个方向的线应变互不相等。说明这种应力状态的单元体，体积没有发生变化，而形状发生了变化。

（2）将 $\sigma_1 = \sigma_m$，$\sigma_2 = \sigma_m$，$\sigma_3 = \sigma_m$ 代入式（7.20），得

$$\theta = \frac{1-2\mu}{E}(\sigma_m + \sigma_m + \sigma_m) = \frac{3(1-2\mu)}{E}\sigma_m = \frac{\sigma_m}{K}$$

上式结果即为式（7.21），即图 7.20（c）所示的体积应变等于图 7.20（a）所示的体积应变。再考虑图 7.20（c）所示单元体的三个主应变

$$\varepsilon_1 = \varepsilon_2 = \varepsilon_3 = \frac{1}{E}[\sigma_m - \mu(\sigma_m + \sigma_m)] = \frac{1-2\mu}{E}\sigma_m$$

由于三个方向的应变相同，所以变形后三个棱边的长度之比保持不变，即单元体变形前后的形状不变，只是体积发生改变。

7.8　复杂应力状态下的应变能密度

单向拉伸或压缩时，当应力 σ 与应变 ε 满足线性关系时，曾根据外力功和应变能在数值上相等的关系，导出应变能密度的计算公式为

$$v_\varepsilon = \frac{1}{2}\sigma\varepsilon$$

本节将讨论在复杂应力状态下，已知主应力 σ_1、σ_2 和 σ_3 时应变能密度的计算。在此情况下，弹性体储存的应变能在数值上仍与外力所做的功相等。但应明确以下两点：

（1）应变能的大小只取决于外力和变形的最终数值，而与加力次序无关。这是因为若应变能与加力次序有关，那么，按一个储存能量较多的次序加力，而按另一个储存能量较小的次序卸载，完成一个循环后，弹性体内将增加能量，显然，这与能量守恒原理相矛盾。

（2）应变能的计算不能采用叠加原理。这是因为应变能与载荷不是线性关系，而是载荷的二次函数，从而不满足叠加原理的应用条件。

鉴于以上两点，对于复杂应力状态，可选择一个便于计算应变能的加力次序，所得应变能与按其他加力次序是相同的。为此，假定应力按比例同时从零增加到最终值，在线弹性情况下，每一主应力与相应的主应变之间仍保持线性关系，因而与每一主应力相应的应变能密度仍可按 $v_\varepsilon = \frac{1}{2}\sigma\varepsilon$ 计算，于是，复杂应力状态下的应变能密度是

$$v_\varepsilon = \frac{1}{2}\sigma_1\varepsilon_1 + \frac{1}{2}\sigma_2\varepsilon_2 + \frac{1}{2}\sigma_3\varepsilon_3 \tag{7.22}$$

式中，ε_1（或 ε_2、ε_3）是在主应力 σ_1、σ_2 和 σ_3 共同作用下产生的应变。将广义胡克定律（7.18）式代入上式，经过整理后得出

$$v_\varepsilon = \frac{1}{2E}[\sigma_1^2 + \sigma_2^2 + \sigma_3^2 - 2\mu(\sigma_1\sigma_2 + \sigma_2\sigma_3 + \sigma_3\sigma_1)] \tag{7.23}$$

由例 7.8 知道，单元体的变形一方面表现为体积的改变［图 7.20（c）］，另一方面表现为形状的改变［图 7.20（b）］。对于单元体的应变能也可以认为是由以下两部分组成：①因体积改变而储存的应变能密度 v_V，称为**体积改变能密度**；②体积不变，只因形状改变而储存的应变能密度 v_d，称为**畸变能密度**。因此

$$v_\varepsilon = v_V + v_d$$

对于图 7.20（c）所示的应力状态（只发生体积改变），将平均应力 σ_m 代入式（7.23），得到单元体的体积改变能密度为

$$v_V = \frac{1}{2E}[3\sigma_m^2 - 2\mu(3\sigma_m^2)] = \frac{1-2\mu}{2E}3\sigma_m^2 \tag{7.24}$$

将 $\sigma_m = \frac{1}{3}(\sigma_1 + \sigma_2 + \sigma_3)$ 代入上式，得

$$v_V = \frac{1-2\mu}{6E}(\sigma_1 + \sigma_2 + \sigma_3)^2$$

对于图 7.20（b）所示应力状态（只发生形状改变），根据 $v_\varepsilon = v_V + v_d$，有

$$v_d = v_\varepsilon - v_V$$

将式（7.22）和式（7.23）代入上式，得

$$v_d = \frac{1+\mu}{3E}(\sigma_1^2 + \sigma_2^2 + \sigma_3^2 - \sigma_1\sigma_2 - \sigma_2\sigma_3 - \sigma_3\sigma_1)$$

$$= \frac{1+\mu}{6E}[(\sigma_1 - \sigma_2)^2 + (\sigma_2 - \sigma_3)^2 + (\sigma_3 - \sigma_1)^2] \tag{7.25}$$

考虑特殊情况，在单向应力状态下（如 $\sigma_1 \neq 0$，$\sigma_2 = \sigma_3 = 0$），单元体的畸变能密度为

$$v_d = \frac{1+\mu}{6E}[\sigma_1^2 + 0 + \sigma_1^2] = \frac{1+\mu}{3E}\sigma_1^2 \tag{7.26}$$

例 7.9 导出各向同性材料在线弹性范围内材料的弹性常数 E、G、μ 之间的关系。

解 对于纯剪切应力状态，已经导出以切应力表示的应变能密度为

$$v_{\varepsilon 1}=\frac{\tau^2}{2G}$$

另外，对于纯剪切应力状态，单元体的三个主应力分别为 $\sigma_1=\tau$，$\sigma_2=0$，$\sigma_3=-\tau$。把主应力代入式（7.23），可算出应变能密度为

$$v_{\varepsilon 2}=\frac{1}{2E}[\tau^2+0+\tau^2-2\mu(0+0-\tau^2)]=\frac{1+\mu}{E}\tau^2$$

按两种方式算出的应变能密度同为纯剪切应力状态的应变能密度，所以 $v_{\varepsilon 1}=v_{\varepsilon 2}$，从而得

$$G=\frac{E}{2(1+\mu)}$$

7.9 强度理论概述

回顾杆件在基本变形时所建立的强度条件。例如，轴向拉伸和压缩时，杆件内部任一点为单向应力状态；横力弯曲时，最大弯曲正应力发生在截面边缘上，危险点也处于单向应力状态。强度条件可表示为

$$\sigma_{\max}\leqslant[\sigma]$$

其中，许用应力 $[\sigma]$ 是材料的失效应力（σ_s 或 σ_b），除以安全系数 n 获得的。而失效应力是通过拉伸实验直接测出的。可见，在单向应力状态下，强度条件是以实验为基础的。

实际构件危险点的应力状态往往不是单向的。若要进行复杂应力状态的实验，要比单向拉伸或压缩实验困难得多。如二向应力状态实验，常用的方法是把材料加工成薄壁圆筒（图 7.21），在内压力 p 作用下，筒壁为二向应力状态。如再配以轴向拉力 F，可使两个主应力之比等于各种预定的数值。除此之外，有时还在筒壁两端作用扭转力偶矩，这样还可得到更普遍的情况。尽管如此，也不能说，利用这种方法可以获得任意的二向应力状态（如周向应力为压应力的情况）。此外，虽然还有一些实现复杂应力状态的其他实验方法，但完全实现实际中遇到的各种复杂应力状态并不容易。所以，不能直接通过实验方法来建立复杂应力状态下的强度条件，而要依据部分实验结果，根据失效的形式，推测材料失效的原因，从而建立强度条件。

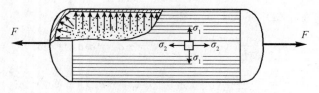

图 7.21

各种材料因强度不足引起的失效现象是不同的。对于塑性材料，如低碳钢，以发生屈服为失效的标志。对于脆性材料，如铸铁，则以断裂失效为主。材料处于复杂应力状态时，其失效现象虽然比较复杂，但是，失效形式大致可以分为两类，一是**屈服**；二是

断裂。人们在长期的生产实践中，综合分析材料强度的失效现象，提出了各种不同的假说。各种假说尽管各有差异，但它们都认为：材料之所以按某种方式失效（屈服或断裂），是由于应力、应变或应变能密度等诸因素中的某一因素引起的。按照这种假说，无论单向或复杂应力状态，只要失效方式相同，造成失效的原因是相同的。通常把这类假说称为**强度理论**。

由于单向拉伸或压缩实验最容易实现，而且又能获得材料失效时的应力、应变和应变能密度等数值，所以，利用强度理论可以由简单应力状态的实验结果，来建立复杂应力状态的强度条件。

必须指出，强度理论既然是一种假说，那么它是否正确，在什么情况下适用，必须通过实践来检验。本章只介绍四种常用强度理论，这些都是在常温、静载条件下，适用于均匀、连续、各向同性材料的强度理论。当然，强度理论远不止这几种。而且，现有的各种强度理论还不能说已经圆满地解决所有的强度问题，这方面还有待发展。

7.10　四种常用强度理论

强度失效的形式主要有两种，即屈服与断裂。故强度理论也应分为两类：一类是解释断裂失效的，其中有最大拉应力理论和最大伸长线应变理论；另一类是解释屈服失效的，其中有最大切应力理论和畸变能密度理论。

7.10.1　最大拉应力理论（第一强度理论）

这一理论认为：不论材料处在什么应力状态，引起材料脆性断裂的因素是最大拉应力 σ_1 达到了某个极限值。这个极限值可通过单向拉伸实验确定。在单向拉伸时，横截面上的拉应力达到强度极限 σ_b 时，材料发生断裂。所以，根据这一理论，在复杂应力状态下，只要最大拉应力 σ_1 达到 σ_b 时，就会发生脆性断裂。即断裂准则为

$$\sigma_1 = \sigma_b$$

考虑到一定的安全储备，**第一强度理论的强度条件**为

$$\sigma_1 \leqslant \frac{\sigma_b}{n} = [\sigma] \tag{7.27}$$

式中，σ_1 是第一主应力，且必须是拉应力。

利用第一强度理论可以很好地解释铸铁等脆性材料在轴向拉伸和扭转时的破坏现象。铸铁在单向拉伸时，沿最大拉应力所在的横截面发生断裂；在扭转时，沿最大拉应力所在的 45°螺旋面发生断裂。这些都与最大拉应力理论相一致。但是，这一理论没有考虑其他两个主应力的影响，而且对于没有拉应力的应力状态（如单向压缩、三向压缩等）也无法应用。

7.10.2　最大伸长线应变理论（第二强度理论）

这一理论认为，不论材料处在什么应力状态，引起脆性断裂的因素是由于最大伸长线应变（$\varepsilon_{max} = \varepsilon_1 > 0$）达到了某个极限值。这个极限应变可通过单向拉伸实验确定。在单向拉伸时，最大伸长线应变的方向为轴线方向，材料发生脆性断裂时，失效应力为

σ_b，相应的最大伸长线应变为 σ_b/E。所以，根据这一强度理论可以预测：在复杂应力状态下，只要最大伸长线应变（$\varepsilon_{max} = \varepsilon_1$）达到 σ_b/E 时，材料就发生脆性断裂。于是，这一理论的断裂准则为

$$\varepsilon_1 = \frac{\sigma_b}{E}$$

对于复杂应力状态，可由广义胡克定律式（7.18）求得最大伸长线应变

$$\varepsilon_1 = \frac{1}{E}[\sigma_1 - \mu(\sigma_2 + \sigma_3)]$$

于是，**第二强度理论的强度条件为**

$$\sigma_1 - \mu(\sigma_2 + \sigma_3) \leqslant [\sigma] \tag{7.28}$$

这一强度理论与石料、混凝土等脆性材料的轴向压缩实验结果相符合。这些材料在轴向压缩时，如在试验机与试块的接触面上加添润滑剂，以减小摩擦力的影响，试块将沿垂直于压力的方向裂开。裂开的方向就是 ε_1 的方向。铸铁在拉、压二向应力，且压应力较大的情况下，试验结果也与这一理论接近。但是，对于二向受压状态，这时的 ε_1 与单向受力时不同，强度也应不同。但混凝土、石料的实验结果却表明，两种受力情况的强度并无明显的差别。与此相似，按照这一理论，铸铁在二向拉伸时应比单向拉伸安全，但试验结果并不能证实这一点。

7.10.3 最大切应力理论（第三强度理论）

最大切应力理论认为：不论材料处在什么应力状态，引起材料屈服的因素是最大切应力 τ_{max} 达到了某个极限值。这个极限切应力值可通过单向拉伸实验确定。在单向拉伸时，当横截面上的拉应力到达屈服极限 σ_s 时，与轴线成 45° 的斜截面上的最大切应力为 $\tau_{max} = \sigma_s/2$，此时材料出现屈服。可见 $\sigma_s/2$ 就是导致屈服的最大切应力的极限值。因此，在复杂应力状态下，只要最大切应力达到此极限值时，就会发生屈服，即

$$\tau_{max} = \frac{\sigma_s}{2}$$

将最大切应力为 $\tau_{max} = (\sigma_1 - \sigma_3)/2$，代入上式，得到屈服准则为

$$\sigma_1 - \sigma_3 = \sigma_s$$

因此，第三强度理论的强度条件为

$$\sigma_1 - \sigma_3 \leqslant [\sigma] \tag{7.29}$$

最大切应力理论较为满意地解释了塑性材料的屈服现象。低碳钢拉伸时在与轴线成 45° 的斜截面上切应力最大，也正是沿这些截面的方向出现滑移线，表明这是材料内部沿这一方向滑移的痕迹。这一理论既解释了材料出现塑性变形的现象，又形式简单，概念明确，在工程实际中得到了广泛的应用。但是，这一理论忽略了中间主应力 σ_2 的影响，且计算的结果与实验相比，偏于保守。

7.10.4 畸变能密度理论（第四强度理论）

畸变能密度理论认为：不论材料处在什么应力状态，材料发生屈服的原因是由于畸变能密度 v_d 达到了某个极限值。根据式（7.25）知，单向拉伸时的畸变能密度为

$$v_d = \frac{1+\mu}{3E}\sigma_1^2$$

当工作应力达到 σ_s 时，材料发生屈服，此时的畸变能密度为

$$v_d = \frac{1+\mu}{3E}\sigma_s^2$$

按照这一理论，复杂应力状态的畸变能密度 v_d 达到这一极限值时，材料发生屈服，复杂应力状态的畸变能密度为

$$v_d = \frac{1+\mu}{6E}\left[(\sigma_1-\sigma_2)^2 + (\sigma_2-\sigma_3)^2 + (\sigma_3-\sigma_1)^2\right]$$

于是，得到屈服准则为

$$\frac{1+\mu}{6E}\left[(\sigma_1-\sigma_2)^2 + (\sigma_2-\sigma_3)^2 + (\sigma_3-\sigma_1)^2\right] = \frac{1+\mu}{3E}\sigma_s^2$$

化简后有

$$\sqrt{\frac{1}{2}\left[(\sigma_1-\sigma_2)^2 + (\sigma_2-\sigma_3)^2 + (\sigma_3-\sigma_1)^2\right]} = \sigma_s$$

因此，**第四强度理论的强度条件**为

$$\sqrt{\frac{1}{2}\left[(\sigma_1-\sigma_2)^2 + (\sigma_2-\sigma_3)^2 + (\sigma_3-\sigma_1)^2\right]} \leqslant [\sigma] \tag{7.30}$$

几种塑性材料（钢、铜、铝）的薄管试验资料表明，第四强度理论比第三强度理论更符合实验结果。在纯剪切的情况下，按第三强度理论和第四强度理论的计算结果差别最大（相差 15%）。

综合上述讨论，四个常用强度理论的强度条件可写成统一的形式

$$\sigma_r \leqslant [\sigma] \tag{7.31}$$

式中，σ_r 称为**相当应力**。按照从第一强度理论到第四强度理论的顺序，相当应力分别为

$$\sigma_{r1} = \sigma_1$$
$$\sigma_{r2} = \sigma_1 - \mu(\sigma_2+\sigma_3)$$
$$\sigma_{r3} = \sigma_1 - \sigma_3 \tag{7.32}$$
$$\sigma_{r4} = \sqrt{\frac{1}{2}\left[(\sigma_1-\sigma_2)^2 + (\sigma_2-\sigma_3)^2 + (\sigma_3-\sigma_1)^2\right]}$$

相当应力 σ_r 是危险点的三个主应力按一定形式的组合，是与复杂应力状态危险程度相当的单轴应力。

7.10.5　强度理论的应用

第一、第二强度理论是解释断裂失效的强度理论，第三、第四强度理论是解释屈服失效的强度理论。一般情况下，脆性材料常发生断裂失效，故常用第一、第二强度理论；而塑性材料常发生屈服失效，所以，常采用第三、第四强度理论。应当指出的是：材料强度失效的形式虽然与材料性质有关，但同时又与应力状态有关，同一种材料，在不同的应力状态下，失效的形式有可能不同，因此在选择强度理论时也应不同对待。例如，三向拉伸且三个主应力数值接近时，则不论是脆性材料还是塑性材料，均以断裂的形式失效，这时宜采用第一或第二强度理论。当三向压缩且三个主应力数值接近时，则不论是脆性材料还是塑性材料，均以屈服的形式失效，这时宜采用第三或第四强度理论。

例 7.10 试按第三和第四强度理论建立图 7.22 所示应力状态的强度条件。

解 （1）求主应力。在例 7.4 中已求出图 7.22 所示应力状态的主应力为

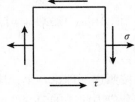

$$\begin{matrix} \sigma_1 \\ \sigma_3 \end{matrix} = \frac{\sigma}{2} \pm \sqrt{\left(\frac{\sigma}{2}\right)^2 + \tau^2}, \quad \sigma_2 = 0$$

（2）求相当应力 σ_r。将主应力分别代入式（7.32）中的第三和第四式，得

图 7.22

$$\sigma_{r3} = \sigma_1 - \sigma_3 = \frac{\sigma}{2} + \sqrt{\left(\frac{\sigma}{2}\right)^2 + \tau^2} - \left[\frac{\sigma}{2} - \sqrt{\left(\frac{\sigma}{2}\right)^2 + \tau^2}\right] = \sqrt{\sigma^2 + 4\tau^2}$$

$$\sigma_{r4} = \sqrt{\frac{1}{2}\left[(\sigma_1 - \sigma_2)^2 + (\sigma_2 - \sigma_3)^2 + (\sigma_3 - \sigma_1)^2\right]} = \sqrt{\sigma^2 + 3\tau^2}$$

（3）强度条件。第三和第四强度理论的强度条件为

$$\sigma_{r3} = \sqrt{\sigma^2 + 4\tau^2} \leqslant [\sigma]$$

$$\sigma_{r4} = \sqrt{\sigma^2 + 3\tau^2} \leqslant [\sigma]$$

在横力弯曲、弯扭组合变形及拉（压）扭组合变形中，危险点多处于这种应力状态，会经常用到本例的结果。

例 7.11 图 7.23 所示摇臂，用 Q235 钢制成，承受载荷 $F = 3\text{kN}$ 作用。已知 $l = 60\text{mm}$，$h = 30\text{mm}$，$b = 20\text{mm}$，$\delta_1 = 2\text{mm}$，$\delta = 4\text{mm}$，$I_z = 2.92 \times 10^{-8}\text{m}^4$，$W_z = 1.94 \times 10^{-6}\text{m}^3$，$[\sigma] = 160\text{MPa}$，$[\tau] = 70\text{MPa}$。试校核横截面 B 的强度。

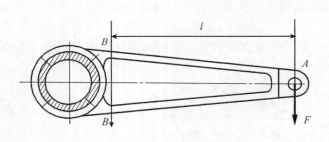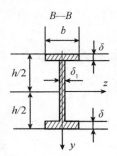

图 7.23

解 （1）截面 B 的内力计算。截面 B 的剪力与弯矩分别为

$$F_S = F = 3\text{kN}$$

$$M = Fl = 3 \times 0.06 = 0.18(\text{kN} \cdot \text{m})$$

（2）最大弯曲正应力与最大弯曲切应力作用点的强度校核。最大弯曲正应力为

$$\sigma_{\max} = \frac{M}{W_z} = \frac{0.18 \times 10^3}{1.94 \times 10^{-6}} = 92.8(\text{MPa}) < [\sigma]$$

最大弯曲切应力为

$$\tau_{\max} = \frac{F_S S_{z\max}^*}{I_z b} = \frac{F_S}{8 I_z \delta_1}\left[bh^2 - (b - \delta_1)(h - 2\delta)^2\right]$$

$$= \frac{3 \times 10^3}{8 \times 2.92 \times 10^{-8} \times 0.002} \times \left[0.02 \times 0.03^2 - (0.02 - 0.002) \times (0.03 - 2 \times 0.004)^2 \right]$$

$$= 59.6 (\text{MPa}) < [\tau]$$

满足强度要求。

（3）腹板与翼缘交界处的强度校核。在腹板与翼缘的交界处，弯曲正应力与弯曲切应力都比较大，且为复杂应力状态。此处的正应力与切应力分别为

$$\sigma = \frac{M}{I_z} \left(\frac{h}{2} - \delta \right) = \frac{180}{2.92 \times 10^{-8}} \times \left(\frac{0.03}{2} - 0.004 \right) = 67.8 (\text{MPa})$$

$$\tau = \frac{F_s b \delta (h - \delta)}{2 I_z \delta_1} = \frac{3 \times 10^3 \times 0.02 \times 0.004 \times (0.03 - 0.004)}{2 \times 2.92 \times 10^{-8} \times 0.002} = 53.4 (\text{MPa})$$

若选用第三强度理论校核，利用例 7.10 结果

$$\sigma_{r3} = \sqrt{\sigma^2 + 4\tau^2} = \sqrt{67.8^2 + 4 \times 53.4^2} = 126.5 (\text{MPa}) < [\sigma]$$

也满足强度要求。

（4）讨论。在截面的上、下边缘，弯曲正应力最大；在中性轴处，弯曲切应力最大；在腹板与翼缘的交界处，弯曲正应力与弯曲切应力都比较大，且为复杂应力状态。因此，应对上述三处都进行强度校核。

*7.11　莫尔强度理论

7.11.1　莫尔强度理论简介

第三强度理论认为：引起材料屈服的主要因素是最大切应力。而莫尔强度理论认为：引起材料失效的主要因素是切应力，但同时还应考虑这个切应力所在截面上的正应力的影响。

图 7.24（a）所示的主单元体，各面上有主应力 σ_1、σ_2 和 σ_3。根据主应力作出单元体的三向应力圆 [图 7.24（b）]。单元体任一斜面上的应力由阴影范围内的某一点坐标来代表。作垂直于 $O\sigma$ 轴的直线 DEF，在直线 EF 上的点，正应力相同，而 F 点的纵坐标（切应力）为最大值。所以，在直线 EF 诸点对应的截面中，F 点对应的截面最为危险。由于 F 点在由 σ_1、σ_3 确定的应力圆上，因此可以推论，若发生强度失效，则发生滑移或断裂的面将是由 σ_1、σ_3 确定的应力圆所对应的诸面中的某个截面，即这个断面的外法线与 σ_2 轴垂直。因而在莫尔理论中认为，材料是否失效取决于三向应力圆中的最大应力圆，即假设中间主应力 σ_2 不影响材料的强度。

莫尔强度理论失效准则的建立，以实验为基础。对于某一种材料的单元体，作用不同比值的主应力 σ_1、σ_2 和 σ_3。先指定 3 个主应力的某一种比值，然后按这种比值使主应力增长，直到材料强度失效，以失效时的主应力 σ_1、σ_3 作应力圆 1，如图 7.25 所示。这种失效寸的应力圆称作极限应力圆。然后再给定 3 个主应力另一种比值，并维持这种比值给单元体加载，直至材料强度失效，这样又得到极限应力圆 2。仿此，不断改变主应力的比值，得到这种材料一系列的极限应力圆 1，2，3，…。然后画出这些极限应力圆的包络线 MLG。莫尔强度理论认为，不同的材料，包络线是不同的；但对同一种材料而言，则包络线是唯一的。

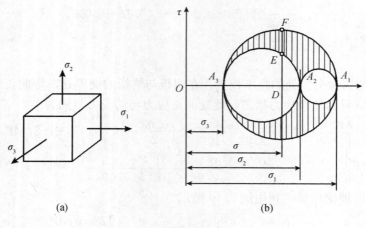

图 7.24

对于一个已知的应力状态，如由 σ_1 和 σ_3 确定的应力圆在上述包络线之内，则这一应力状态不会失效。如恰与包络线相切，就表明这一应力状态已达到失效状态，且该切点对应的单元体的面即为失效面。

7.11.2 莫尔强度理论的强度条件

在莫尔强度理论的实际应用中，为了简化起见，只画出单向拉伸和压缩的极限应力圆，并以此两圆的公切线来代替包络线。同时，考虑到强度计算，还应当引入适当的安全系数 n，这就相当于将单向拉、压的极限应力圆缩小 n 倍。根据缩小后的应力圆的公切线即可建立莫尔强度理论的强度条件。

设某种材料的许用拉应力和许用压应力分别为 $[\sigma_t]$ 和 $[\sigma_c]$，作出两应力圆及两圆的公切线如图 7.25 所示。假如某一单元体考虑了安全系数 n 以后的极限应力圆与公切线 $\overline{ML}$ 相切于 K 点，C 为该极限应力圆圆心。这时，$\overline{O_1L}$，$\overline{O_2M}$ 和 $\overline{CK}$ 均与公切线 $\overline{ML}$ 垂直，再作 $\overline{O_1P}$ 垂直于 $\overline{O_2M}$。根据 $\triangle O_1NC$ 和 $\triangle O_1PO_2$ 相似，得

$$\frac{\overline{NC}}{\overline{PO_2}} = \frac{\overline{CO_1}}{\overline{O_2O_1}} \tag{7.33}$$

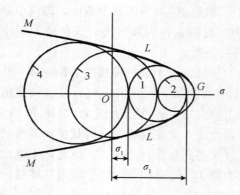
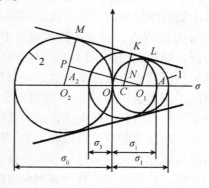

图 7.25

式中

$$\overline{NC} = \overline{KC} - \overline{KN} = \frac{\sigma_1 - \sigma_3}{2} - \frac{[\sigma_t]}{2}$$

$$\overline{PO_2} = \overline{MO_2} - \overline{MP} = \frac{[\sigma_c]}{2} - \frac{[\sigma_t]}{2}$$

$$\overline{CO_1} = \overline{OO_1} - \overline{OC} = \frac{[\sigma_t]}{2} - \frac{\sigma_1 + \sigma_3}{2}$$

$$\overline{O_2O_1} = \overline{OO_1} + \overline{OO_2} = \frac{[\sigma_t]}{2} + \frac{[\sigma_c]}{2}$$

将上式代入式（7.33），经简化得出

$$\sigma_1 - \frac{[\sigma_t]}{[\sigma_c]}\sigma_3 = [\sigma_t]$$

对实际的应力状态来说，由 σ_1 和 σ_3 确定的应力圆应该在公切线之内。设想 σ_1 和 σ_3 加大到 K 倍后（$K \geqslant 1$）应力圆才与公切线相切，即才能满足上式，于是有

$$K\sigma_1 - \frac{[\sigma_t]}{[\sigma_c]}K\sigma_3 = [\sigma_t] \tag{7.34}$$

因为 $K \geqslant 1$，所以**莫尔强度理论的强度条件**为

$$\sigma_1 - \frac{[\sigma_t]}{[\sigma_c]}\sigma_3 \leqslant [\sigma_t] \tag{7.35}$$

仿照式（7.32），莫尔强度理论的相当应力写成

$$\sigma_{rM} = \sigma_1 - \frac{[\sigma_t]}{[\sigma_c]}\sigma_3$$

7.11.3　莫尔强度条件的讨论

对于一般塑性材料，其抗拉和抗压性能相等（如低碳钢），即 $[\sigma_t] = [\sigma_c]$。这时，包络线 $\overline{ML}$ 变成与横坐标轴 OC 平行的直线，式（7.35）成为

$$\sigma_1 - \sigma_3 \leqslant [\sigma]$$

此即第三强度理论的强度条件。故莫尔理论用于一般塑性材料时与第三强度理论相同。但是，对于某些塑性较低的金属（如 30CrMnSi 合金钢），它的拉伸屈服极限和压缩极限不相等，这时，采用莫尔强度条件就比第三强度条件更合理。一般来说，这一理论可用于脆性材料和低塑性材料。例如，某种灰铸铁，它有 $4[\sigma_t] = [\sigma_c]$，以这种铸铁作纯剪切实验，$\sigma_1 = \tau$，$\sigma_3 = -\tau$，代入式（7.34）得出断裂条件为

$$\tau - \frac{[\sigma_t]}{[\sigma_c]}(-\tau) \leqslant [\sigma_t]$$

即当 $\tau = \frac{4}{5}[\sigma_t]$ 时，发生断裂，试验结果与此相符。

莫尔强度理论很好地解释了三向等值拉伸时（应力圆为点圆）容易破坏（点圆超出图 7.25 所示包络线的顶点 G），而在三向等值压缩时不易破坏（点圆在包络线之内）的现象。莫尔强度理论的缺点是它未顾及中间主应力对失效的影响。

例 7.12　有一铸铁零件，其危险点处单元体的应力情况如图 7.26 所示。已知铸铁的许用拉应力 $[\sigma_t] = 50\text{MPa}$，许用压应力 $[\sigma_c] = 150\text{MPa}$，试用莫尔理论强度校核其强度。

解 （1）求主应力。将 $\sigma_x = 28\text{MPa}$ ，$\sigma_y = 0$ ，$\tau_{xy} = -24\text{MPa}$ 代入主应力计算公式得

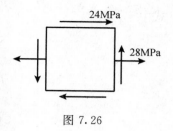

$$\left.\begin{array}{c}\sigma_1\\\sigma_3\end{array}\right\} = \frac{\sigma_x}{2} \pm \sqrt{\left(\frac{\sigma_x}{2}\right)^2 + \tau_{xy}^2}$$

$$= \frac{28}{2} \pm \sqrt{\left(\frac{28}{2}\right)^2 + 24^2} = \begin{array}{c}41.8(\text{MPa})\\-13.8(\text{MPa})\end{array}$$

图 7.26

（2）强度校核。将主应力代入式（7.35），有

$$\sigma_1 - \frac{[\sigma_t]}{[\sigma_c]}\sigma_3 = 41.8 - \frac{50}{150}(-13.8) = 46.4(\text{MPa}) < [\sigma_t]$$

故此零件是安全的。

思 考 题

7.1 "构件中 A 点的应力等于 80MPa"，这种说法是否恰当？应怎样确切地描述一点的受力情况？

7.2 单元体最大正应力作用面上，切应力为多少？单元体最大切应力作用面上，正应力是否一定为零？

7.3 切应力互等定理是否只适合于两个相互垂直的截面上切应力的关系？在什么情况下，两个相互不垂直的截面上切应力也互等？

7.4 如思考题 7.4 图（a）、（b）两种应力状态是否等价？为什么？

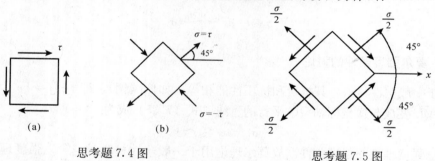

思考题 7.4 图　　　　　　　　　　思考题 7.5 图

7.5 沿与杆轴线成 $\pm 45°$ 斜截面截取单元体，单元体各面上的应力如思考题 7.5 图所示。此单元体是否是二向应力状态？

7.6 如思考题 7.6 图所示，由二向应力状态解析法求得最大切应力 $\tau_{\max} = \dfrac{\sigma_1 - \sigma_2}{2}$ 是否是单元体的最大切应力？为什么？

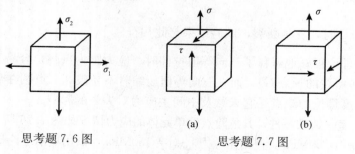

思考题 7.6 图　　　　　思考题 7.7 图

7.7 两单元体应力状态如思考题 7.7 图所示，设 σ 与 τ 数值相等，按第三强度理论比较哪一个较危险。

习　题

7.1 试用单元体表示习题 7.1 图中构件 A 点的应力状态，并算出单元体各面上的应力数值。

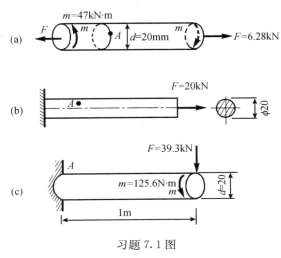

习题 7.1 图

7.2 试用解析法和图解法求习题 7.2 图示各单元体斜截面 ab 上的应力（图中应力单位为 MPa）。

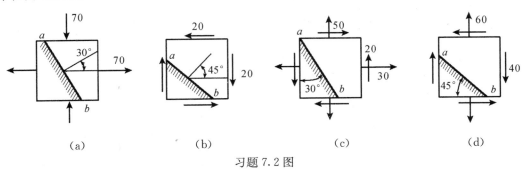

（a）　　　　　　（b）　　　　　　（c）　　　　　　（d）

习题 7.2 图

7.3 已知应力状态如习题 7.3 图所示，试用解析法及图解法求：（1）主应力的大小，主平面的方位；（2）在单元体上绘出主平面位置及主应力方向；（3）最大剪应力。图中应力单位皆为 MPa。

7.4 矩形截面梁的尺寸如习题 7.4 图所示，已知载荷 $F = 256\text{kN}$。试求：（1）若以纵横截面截取单元体，试画出指定点（1 至 5 点）的单元体图；（2）用解析法求解点 2 处的主应力。

7.5 如习题 7.5 图所示，木质悬臂梁的横截面是高为 200mm，宽为 60mm 的矩形。在 A 点木质纤维与水平线的倾角为 $20°$。试求通过 A 点沿纤维方向的斜面上的正应力和切应力。

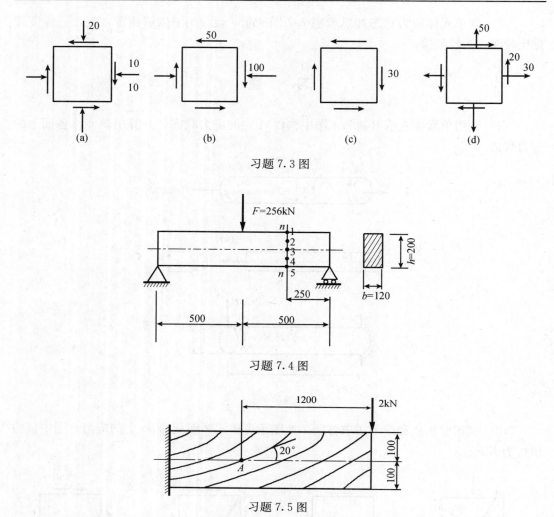

习题 7.3 图

习题 7.4 图

习题 7.5 图

7.6 如习题 7.6 图所示的单元体为二向应力状态，应力单位为 MPa 。试求主应力及主单元体，并作应力圆。

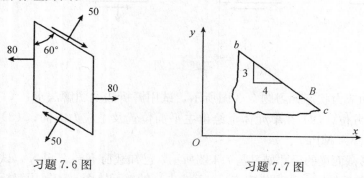

习题 7.6 图　　　　习题 7.7 图

7.7 处于二向应力状态的物体，其边界 bc 上的 B 点处的最大切应力为 35MPa，如习题 7.7 图所示。试求 B 点的主应力。若在 B 点周围以垂直于 x 轴和 y 轴的平面截取单元体，试求单元体各面上的应力分量。

7.8　过受力构件的某点，铅垂面上作用着正应力 $\sigma_x = 130\text{MPa}$ 和切应力 τ_{xy}，已知该点处的主应力 $\sigma_1 = 150\text{MPa}$，最大切应力 $\tau_{\max} = 100\text{MPa}$。试确定水平截面和铅垂截面的未知应力分量 σ_y，τ_{yx} 及 τ_{xy}。

7.9　试求习题 7.9 图示各单元体的主应力及最大切应力。图中应力单位均为 MPa。

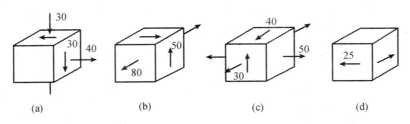

习题 7.9 图

7.10　已知两点的应变分量：(1) $\varepsilon_x = 1200 \times 10^{-6}$，$\varepsilon_y = -400 \times 10^{-6}$，$\gamma_{xy} = 1200 \times 10^{-6}$；(2) $\varepsilon_x = 800 \times 10^{-6}$，$\varepsilon_y = 200 \times 10^{-6}$，$\gamma_{xy} = 800 \times 10^{-6}$，试求两点的主应变及主方向。

7.11　若测得构件表面上某点处 x 方向的线应变 $\varepsilon_x = 700 \times 10^{-6}$，$y$ 方向的线应变 $\varepsilon_y = -500 \times 10^{-6}$ 及从 x 方向逆时针旋转 $45°$ 方向的线应变 $\varepsilon_{45°} = 350 \times 10^{-6}$，试求该点处的主应变数值及主方向。

7.12　如习题 7.12 图所示，在一厚钢板上挖了一个立方空穴，它的尺寸是 $10\text{mm} \times 10\text{mm} \times 10\text{mm}$，在这空穴内恰好放一钢立方体而无间隙，这立方块受有 $F = 7\text{kN}$ 的压力作用。假设厚钢板为钢体，钢立方块的弹性模量 $E = 200\text{GPa}$，泊松比 $\mu = 0.3$。试求钢立方块内的三个主应力。

7.13　从钢构件内某点取出一单元体如习题 7.13 图所示。已知 $\sigma = 30\text{MPa}$，$\tau = 15\text{MPa}$，材料弹性模量 $E = 200\text{GPa}$，泊松比 $\mu = 0.3$。试求对角线 AC 的长度改变 Δl_{AC}。

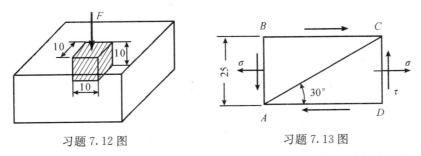

习题 7.12 图　　　　　　习题 7.13 图

7.14　习题 7.14 图示为直径 $d = 20\text{mm}$ 的钢制圆轴，两端承受外力偶矩 m_0。现用应变仪测得圆轴表面上与轴线成 $45°$ 度方向的线应变 $\varepsilon = 5.2 \times 10^{-4}$，若钢的弹性模量

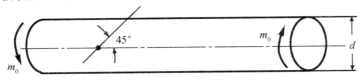

习题 7.14 图

$E=200\text{GPa}$，$\mu=0.3$，试求圆轴承受的外力偶矩 m_0 的值。

7.15　在题 7.9 中的各应力状态下，求单位体积的体积改变 θ，应变能密度 v_e 和畸变能密度 v_d。设 $E=200\text{GPa}$，$\mu=0.3$。

7.16　对习题 7.3 图中所示的各应力状态，求出四个常用强度理论及莫尔强度理论的相当应力。设 $\mu=0.25$，$[\sigma_t]/[\sigma_c]=1/4$。

7.17　已知危险点的应力状态如习题 7.17 图所示，测得该点处的应变 $\varepsilon_{0°}=\varepsilon_x=25\times10^{-6}$，$\varepsilon_{-45°}=140\times10^{-6}$，材料的弹性模量 $E=210\text{GPa}$，$\mu=0.28$，$[\sigma]=70\text{MPa}$。试用第三强度理论校核强度。

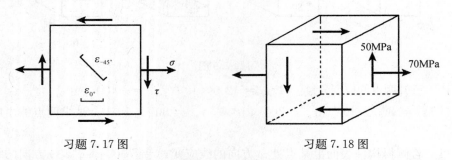

习题 7.17 图　　　　　　　习题 7.18 图

7.18　设有单元体如习题 7.18 图所示，已知材料的许用拉应力 $[\sigma_t]=60\text{MPa}$，许用压应力 $[\sigma_c]=180\text{MPa}$，试按莫尔强度理论作强度校核。

第8章 组 合 变 形

8.1 组合变形的概念

前面各章分别讨论了杆件的拉伸（压缩）、剪切、扭转和弯曲等基本变形。但在工程实际中，结构的某些构件往往同时产生几种基本变形。例如，图 8.1（a）所示的烟囱除自重引起的轴向压缩外还有水平风力引起的弯曲，图 8.1（b）所示的机械设备中的传动轴，在外力作用下，将同时发生扭转变形及在水平平面和竖直平面内的弯曲变形；图 8.1（c）所示的厂房吊车立柱，除受轴向压力 F_1 外，还受到偏心压力 F_2 的作用，立柱将同时发生轴向压缩和弯曲变形。这类由两种或两种以上基本变形组合的情况，称为**组合变形**。

在材料服从胡克定律、小变形的条件下，任一载荷在构件内引起的应力和变形，不受其他载荷的影响，或影响很小，可以忽略不计。因此，可以采用叠加原理对组合变形的构件进行分析计算。即首先根据静力等效的原则将外力进行分解或简化、分组，使每一组载荷对应着一种基本变形；然后分别计算每一种基本变形各自引起的内力、应力和变形，最后将所得结果叠加，便得到构件在组合变形情况下的内力、应力和变形。

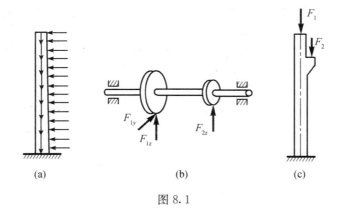

图 8.1

本章主要研究工程实际中较常遇见的几种组合变形情况，包括拉伸或压缩与弯曲的组合、弯曲与扭转的组合等。其分析方法同样适用于其他组合变形形式。

8.2 拉伸或压缩与弯曲的组合

当杆件同时承受垂直于轴线的横向力和沿着轴线方向的轴向力作用时，杆件将发生弯曲与拉伸或压缩的组合变形。这是工程中常见的情况。现举例说明其强度计算方法。

例 8.1 图 8.2（a）所示起重机的最大起吊重量（包括行走小车等）为 $W =$

35kN，横梁 AC 由两根 No.18 槽钢组成，材料为 Q235 钢，许用应力 $[\sigma] = 120\mathrm{MPa}$。试校核横梁的强度。

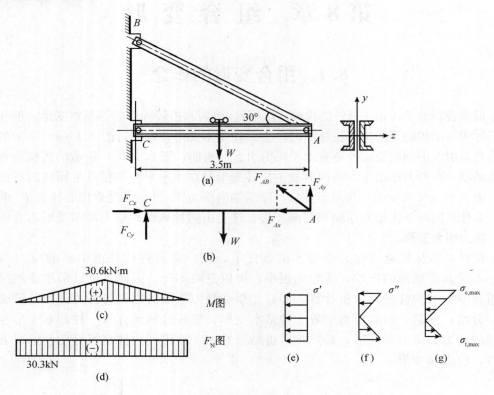

图 8.2

解 当小车行走到横梁中点时梁的弯矩最大，横梁最危险。此时，横梁受力如图 8.2（b）所示。由平衡方程

$$\sum M_c = 0，\quad F_{Ay} \times 3.5 - W \times \frac{3.5}{2} = 0$$

得

$$F_{Ay} = 17.5\mathrm{kN}$$

$$F_{Ax} = \frac{F_{Ay}}{\tan 30°} = \frac{17.5 \times 3}{\sqrt{3}} = 30.31(\mathrm{kN})$$

$$\sum F_x = 0，\quad F_{Cx} = F_{Ax} = 30.31\mathrm{kN}$$

$$\sum F_y = 0，\quad F_{Cy} = W - F_{Ay} = 17.5\mathrm{kN}$$

横梁 AC 的刚度较大，变形很小，轴向力 F_{Ax} 和 F_{Cx} 仅引起横梁的压缩变形。横向力 F_{Cy}、W 和 F_{Ay} 使梁发生弯曲变形，横梁 AC 处于压缩和弯曲的组合变形状态。作横梁的内力图如图 8.2（c）、（d）所示。这时梁的中点截面（集中力作用处）就是梁的危险截面。该截面的弯矩值和轴力值分别为

$$M_{\max} = 30.6\mathrm{kN \cdot m}，\quad F_N = 30.3\mathrm{kN}$$

在危险截面上，与轴力对应的压应力 σ' 均匀分布，如图 8.2（e）所示，且

$$\sigma' = \frac{F_N}{A}$$

与弯矩对应的正应力 σ'' 沿截面高度成线性分布，如图 8.2（f）所示，且

$$\sigma'' = \frac{M_{max}\, y}{I_z}$$

将以上两种应力叠加，得到横截面上任意一点处的正应力为

$$\sigma = \sigma' + \sigma'' = \frac{F_N}{A} + \frac{M_{max}\, y}{I_z}$$

应力分布规律如图 8.2（g）所示。在危险截面的上边缘各点正应力的绝对值最大，是危险点。最大应力为

$$\left| \sigma_{max} \right| = \left| \sigma' + \sigma'' \right| = \left| \frac{F_N}{A} + \frac{M_{max}}{W_z} \right|$$

查表可得 No.18 槽钢 $A = 29.30\ \text{cm}^2$，$W_z = 152\ \text{cm}^3$，代入上式得

$$\left| \sigma_{max} \right| = \left| \frac{30.3 \times 10^3}{2 \times 29.30 \times 10^{-4}} + \frac{30.6 \times 10^3}{2 \times 152 \times 10^{-6}} \right| = \left| 5.3 + 100.7 \right|$$
$$= 106(\text{MPa}) < [\sigma]$$

横梁满足强度要求。

由上例可以看到：

（1）杆件发生拉伸或压缩与弯曲组合变形时，在 σ_{max} 中由弯曲产生的正应力比拉伸或压缩产生的应力大很多，因此一般情况下，在拉伸或压缩与弯曲组合变形中，弯曲产生的正应力起主导作用。设计截面尺寸时，可以先不考虑轴力的影响，只根据弯曲强度条件选取截面尺寸，选好尺寸后，再同时考虑轴力和弯矩的影响，进行强度校核。

（2）拉伸或压缩与弯曲组合变形，中性轴不通过截面的形心。截面上部分区域受拉，部分区域受压。如果材料的许用拉应力与许用压应力值不同，为充分发挥材料的作用，在设计截面时，应合理安排中性轴的位置，使截面上的最大拉应力和最大压应力同时接近各自的许用应力。

例 8.2 小型压力机的铸铁机架，如图 8.3（a）所示。材料的许用拉应力 $[\sigma_t] = 30\text{MPa}$，许用压应力 $[\sigma_c] = 160\text{MPa}$。试按立柱的强度确定压力机的最大许可压力 F。立柱的截面尺寸如图 8.3（b）所示。

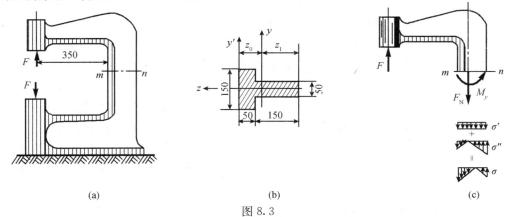

(a)　　　　　　　　　　(b)　　　　　　　　　　(c)

图 8.3

解 （1）计算截面的几何性质。以截面的对称轴为 z 轴，并取 y' 为参考轴，则形心坐标为

$$z_0 = \frac{\sum Az_{ci}}{\sum A_i} = \frac{150 \times 50 \times 25 + 150 \times 50 \times (50 + 75)}{150 \times 50 + 150 \times 50} = 75 (\text{mm})$$

过形心作形心主轴 y，则截面对 y 轴的惯性矩为

$$I_y = \frac{150 \times 50^3}{12} + 150 \times 50 \times 50^2 + \frac{50 \times 150^3}{12} + 150 \times 50 \times 50^2 = 5310 \times 10^4 (\text{mm}^4)$$

截面的面积为

$$A = 150 \times 50 + 150 \times 50 = 15 \times 10^3 (\text{mm}^2)$$

（2）计算立柱横截面的内力和应力。沿截面 $m-n$ 将机架分成两部分，取上部分作为研究对象［图 8.3（c）］。根据上部分的平衡条件，可以求得截面 $m-n$ 上的内力为

$$F_N = F, \quad M_y = (350 + 75) \times 10^{-3} F = 425 \times 10^{-3} F (\text{N} \cdot \text{m})$$

轴力 F_N 将在横截面上引起均匀分布的拉应力

$$\sigma' = \frac{F_N}{A} = \frac{F}{15 \times 10^{-3}} = 66.7F (\text{Pa})$$

弯矩 M_y 在截面上将引起按线性规律分布的正应力，最大拉应力和最大压应力分别为

$$\sigma''_{tmax} = \frac{M_y z_0}{I_y} = \frac{425 \times 10^{-3} F \times 75 \times 10^{-3}}{5310 \times 10^{-8}} = 600.3F (\text{Pa})$$

$$\sigma''_{cmax} = \frac{M_y z_1}{I_y} = \frac{425 \times 10^{-3} F \times 125 \times 10^{-3}}{5310 \times 10^{-8}} = 1000.5F (\text{Pa})$$

将以上两种应力叠加，如图 8.3（c）所示，在截面左侧边缘上受最大拉应力，其值为

$$\sigma_{tmax} = \sigma''_{tmax} + \sigma' = (600.3 + 66.7)F = 667F (\text{Pa})$$

在截面右侧边缘上受最大压应力，其值为

$$\sigma_{cmax} = \sigma''_{cmax} - \sigma' = (1000.5 - 66.7)F = 934F (\text{Pa})$$

（3）确定许可压力 F。由抗拉强度条件 $\sigma_{tmax} \leqslant [\sigma_t]$，解得

$$F \leqslant 45\text{kN}$$

由抗压强度条件 $\sigma_{cmax} \leqslant [\sigma_c]$，解得

$$F \leqslant 171.3\text{kN}$$

为使立柱同时满足抗拉和抗压强度条件，压力 F 不应超过 45kN。

偏心压缩[*]：杆件所受的压力与轴线平行但并不与轴线重合时，即为**偏心压缩**。例如图 8.1（c）所示的厂房立柱，就属于偏心压缩的构件。偏心压缩是压弯组合变形的一种常见形式。

图 8.4（a）所示的构件，横截面上的 y 轴和 z 轴为形心主惯性轴，顶端作用一偏心压力 F，偏心距为 e，其作用点的坐标为 (y_F, z_F)。将偏心压力 F 向截面形心 O 简化如图 8.4（b）所示，得到三个载荷：与轴线重合的轴向压力 F，以及力矩分别为 $M_y = Fz_F$ 与 $M_z = Fy_F$ 的附加力偶。轴向压力使构件受压，而 M_y 与 M_z 则引起 xz 平面和 xy 平面的弯曲。

在杆的所有横截面上，轴力及弯矩都保持不变，它们是

$$F_N = -F, \quad M_y = Fz_F, \quad M_z = Fy_F$$

叠加以上三个内力所对应的正应力，可得任意横截面上任意点 $B(y,z)$（图8.5）的正应力为

$$\sigma = -\frac{F_N}{A} - \frac{M_y}{I_y}z - \frac{M_z}{I_z}y = -\frac{F}{A}\left[1 + \frac{z_F}{i_y^2}z + \frac{y_F}{i_z^2}y\right] \tag{8.1}$$

式中，A 为横截面面积，i_y 与 i_z 分别为横截面对轴 y 和 z 的惯性半径。上式表明，横截面上的正应力按线性规律变化，距中性轴最远的点有最大正应力。

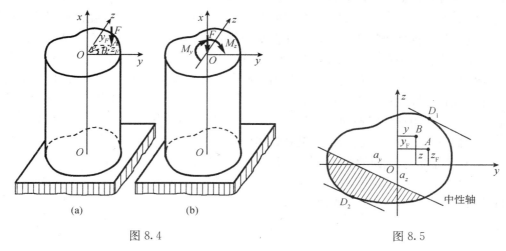

图8.4

图8.5

如以 (y_0, z_0) 代表中性轴上任意点的坐标，代入式（8.1），应该有

$$\sigma = -\frac{F}{A}\left(1 + \frac{z_F}{i_y^2}z_0 + \frac{y_F}{i_z^2}y_0\right) = 0$$

于是得中性轴方程式为

$$1 + \frac{z_F}{i_y^2}z_0 + \frac{y_F}{i_z^2}y_0 = 0 \tag{8.2}$$

可见，在偏心压缩的情况下，中性轴是一条不通过截面形心的直线，如图8.5所示。为定出中性轴的位置，可以利用其在 y、z 两轴上的截距 a_y 和 a_z。在上式中令 $z_0 = 0$，相应的 y_0 即为截距 a_y，而令 $y_0 = 0$，相应的 z_0 即为截距 a_z。由此可得

$$a_y = -\frac{i_z^2}{y_F}, \quad a_z = -\frac{i_y^2}{z_F} \tag{8.3}$$

式（8.3）表明，a_y 与 y_F 以及 a_z 与 z_F 符号相反，所以中性轴与外力作用点分别位于截面形心的两侧，如图8.5所示。

中性轴将截面划分为两个区域，一部分受拉另一部分受压（图中划阴影线的部分为受拉区）。在截面的周边上作平行于中性轴的切线，切点 D_1 与 D_2 就是截面上距中性轴最远的点，应力最大，也就是危险点。对于具有凸出棱角的截面，如矩形、T形等截面，最大拉应力、最大压应力分别在离中性轴最远的两个不同的角点。棱角的顶点显然就是危险点。

由中性轴的截距式（8.3）可以看出，当偏心载荷作用点的位置 (y_F, z_F) 改变时，

中性轴在两轴上的截距 a_y 与 a_z 也随之改变，而且载荷作用点越是靠近形心，即 y_F、z_F 越小，则 a_y 和 a_z 越大，中性轴就越是远离形心；当 $y_F = z_F = 0$ 时，即轴向载荷作用的情况，横截面上的正应力均匀分布，中性轴在无穷远处。当力的作用点远离形心时，则中性轴向形心接近，表明在偏心载荷作用下中性轴可能位于截面内，此时截面上既有拉应力，也有压应力。当中性轴与截面边缘相切时，整个截面上只有拉应力（偏心拉伸的情况）或只有压应力（偏心压缩的情况）。因而，可通过控制偏心载荷作用点位置的办法，使中性轴移出截面之外，这样整个截面上将产生同一符号的正应力。这一点具有重要的实际意义。例如，土建工程中常用的混凝土构件和砖、石砌体等脆性材料的承压构件，其抗拉强度远低于抗压强度，因此在受到偏心压缩的时候，就不希望截面上产生拉应力，而希望整个横截面上只受压应力。这就要求对力作用点偏离形心的距离加以限制。在横截面上存在一个包围形心的封闭区域，当外力作用点在这个封闭区域时，就可以保证中性轴不穿过横截面，横截面上不会出现异号应力，这个封闭的区域就称为**截面核心**。显然当外力作用在截面核心的边界上时，与此相对应的中性轴就正好与截面的周边相切，如图 8.6 所示。利用这一关系就能确定截面核心的边界。

为确定任意形状截面的截面核心边界，可将与截面周边相切的任一直线①（图 8.6），看作是中性轴，它在 y、z 两个形心主惯性轴上的截距分别为 a_{y1} 和 a_{z1}。根据这两个值，就可从式（8.3）确定与该中性轴对应的外力作用点 1，亦即截面核心边界上的一个点的坐标（y_{F1}，z_{F1}）：

$$y_{F1} = -\frac{i_z^2}{a_{y1}}, \quad z_{F1} = -\frac{i_y^2}{a_{z1}} \tag{a}$$

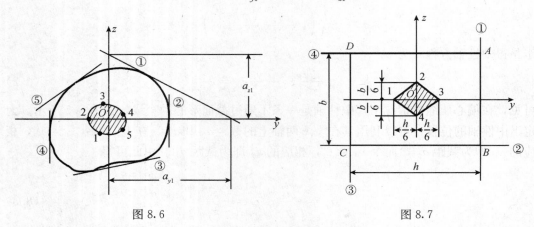

图 8.6　　　　　　　　　　　　　　　　　图 8.7

同样，分别将与截面周边相切的直线②、③、…看作是中性轴，并按上述方法求得与它们对应的截面核心边界上点 2、3、…的坐标。连接这些点，得到的一条封闭曲线，就是所求截面核心的边界。而该边界曲线所包围的带阴影线的面积，即为截面核心。当偏心压力作用在这个封闭区域时，横截面上各点处只有压应力。

例 8.3　试确定边长为 b 和 h 的矩形截面立柱（图 8.7）的截面核心。

解　矩形截面的 y、z 两对称轴就是该截面的形心主惯性轴。且

$$i_y^2 = \frac{b^2}{12}, \quad i_z^2 = \frac{h^2}{12}$$

先将与 AB 边相切的直线①看作是中性轴，其在 y 、z 两轴上的截距分别为

$$a_{y1} = \frac{h}{2} , \quad a_{z1} = \infty$$

将以上各值代入式（8.3），就可以得到与中性轴①对应的截面核心边界上点 1 的坐标为

$$y_{F1} = -\frac{i_z^2}{a_{y1}} = -\frac{h^2/12}{h/2} = -\frac{h}{6} , \quad z_{F1} = -\frac{i_y^2}{a_{z1}} = 0$$

如图 8.7 所示。同理分别将与 BC 、CD 和 DA 边相切的直线②、③、④看成是中性轴，可求得对应的截面核心边界上点 2、3、4 的坐标依次为

$$y_{F2} = 0 , z_{F2} = \frac{b}{6} ; \quad y_{F3} = \frac{h}{6} , z_{F3} = 0 ; \quad y_{F4} = 0 , z_{F4} = -\frac{b}{6}$$

这样，就得到了截面核心边界上的 4 个点。用直线依次连接 1、2、3、4，所形成的菱形区域，就是矩形截面的截面核心，如图 8.7 所示。

对于具有棱角的截面，均可按上述方法确定截面核心。对于周边有凹进部分的截面，如槽形或 T 形截面等，在确定截面核心的边界时，应该注意不能取与凹进部分的周边相切的直线作为中性轴，因为这种直线是穿过横截面与其相交的。

8.3 弯曲与扭转的组合

弯曲与扭转的组合变形是机械工程中最常见的情况。例如，连接齿轮、皮带轮的传动轴和曲柄轴等。弯扭组合变形的分析方法与前面介绍的组合变形相同，区别仅在于这种组合变形的构件，其横截面上既有正应力又有切应力，需用强度理论设计和校核。由于工程上的传动轴大多是圆截面，所以下面以圆轴为主，讨论这类组合变形的强度计算。

如图 8.8（a）所示直径为 d 的等直圆杆 AB，A 端的约束可视为固定端，B 端与刚臂 BC 成直角，在 C 处受铅垂力 F 作用。现在讨论在 F 力作用下，AB 杆的受力情况。将力 F 向 AB 杆的 B 端简化，得一力 F 和一力偶矩 Fa，如图 8.8（b）所示。横向力 F 使杆 AB 产生弯曲变形，力偶矩 Fa 使杆 AB 产生扭转变形，因而杆 AB 将发生弯曲与扭转的组合变形，扭矩图和弯矩图如图 8.8（c）、（d）所示。固定端截面 A 为危险截面，其内力值分别为 $T = Fa$，$M = Fl$；其正应力 σ 和切应力 τ 分布如图 8.8（e）所示。在铅垂直径的上、下两端点 D_1、D_2 为危险点，这两点同时有最大弯曲正应力与最大扭转切应力，其值分别为

$$\sigma = \frac{M}{W} , \quad \tau = \frac{T}{W_t}$$

考虑塑性材料抗拉、抗压性能相同，只校核一点就可以。现研究 D_1 点，围绕 D_1 点用横截面、径向截面和圆柱表面切取单元体，其应力状态如图 8.8（f）所示。可见 D_1 点处于平面应力状态，应按强度理论建立强度条件。D_1 点的三个主应力分别为

$$\left.\begin{array}{c} \sigma_1 \\ \sigma_3 \end{array}\right\} = \frac{\sigma}{2} \pm \frac{1}{2} \sqrt{\sigma^2 + \tau^2} , \quad \sigma_2 = 0 \tag{a}$$

对塑性材料，应采用第三或第四强度理论，若采用第三强度理论，强度条件为

$$\sigma_{r3} = \sigma_1 - \sigma_3 \leqslant [\sigma]$$

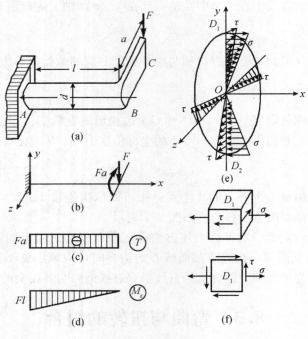

图 8.8

将式（a）表示的主应力代入上式，得出

$$\sigma_{r3} = \sqrt{\sigma^2 + 4\tau^2} \leqslant [\sigma]$$

同理，采用第四强度理论的强度条件是

$$\sigma_{r4} = \sqrt{\sigma^2 + 3\tau^2} \leqslant [\sigma]$$

如将 $\sigma = \dfrac{M}{W}$ 和 $\tau = \dfrac{T}{W_t}$ 代入上面两式，并注意到圆轴的抗扭截面模量 $W_t = 2W$，于是得到圆轴弯扭组合变形时的第三强度理论表达式为

$$\sigma_{r3} = \frac{1}{W} \sqrt{M^2 + T^2} \leqslant [\sigma] \tag{8.4}$$

第四强度理论表达式为

$$\sigma_{r4} = \frac{1}{W} \sqrt{M^2 + 0.75T^2} \leqslant [\sigma] \tag{8.5}$$

式中 M 和 T 分别为危险截面的弯矩和扭矩，$W = \dfrac{\pi d^3}{32}$ 为圆轴截面的抗弯截面模量。

例 8.4 如图 8.9（a）所示，传动轴上的齿轮 C 节圆直径 $d_C = 400\text{mm}$，齿轮 C 上作用有径向力 1.82 kN，铅垂切向力 5 kN。齿轮 D 上作用有径向力 3.64 kN，水平切向力 10 kN。齿轮 D 节圆直径 $d_D = 200\text{mm}$。传动轴许用应力 $[\sigma] = 100\text{MPa}$，试按第三强度理论确定轴的直径。

解 （1）内力分析。将齿轮上的作用力向传动轴的轴线简化，得轴的计算简图如图 8.9 （b）所示。

根据轴的计算简图，分别作出轴在 xy 和 xz 两个相互垂直平面内的弯矩图以及扭矩图，如图 8.9 （c）、（d）、（e）所示。由内力图可见，轴在 CD 段内各截面上的扭矩都相等，而在 C、B 处弯矩较大，所以，危险截面可能是截面 C 或 B。对于截面为圆形的轴，包含轴线在内的任意纵向面都是纵向对称面，所以，可以把同一横截面上两个相互垂直的弯矩按矢量和求其合弯矩。合弯矩 M 的作用面仍然是圆轴的纵向对称平面，仍然是对称弯曲的问题。这样，问题就成为由合弯矩 M 和扭矩 T 引起的弯曲和扭转的组合变形问题。经过计算，横截面 B 上的合弯矩 M 大于截面 C 的合弯矩，因此截面 B 为危险截面，其内力分量为［图 8.10 （a）］

$$M_B = \sqrt{M_{By}^2 + M_{Bz}^2} = \sqrt{(364)^2 + (1000)^2} = 1064 (\text{N} \cdot \text{m})$$

$$T_B = -1 \text{ kN} \cdot \text{m} = -1000 \text{N} \cdot \text{m}$$

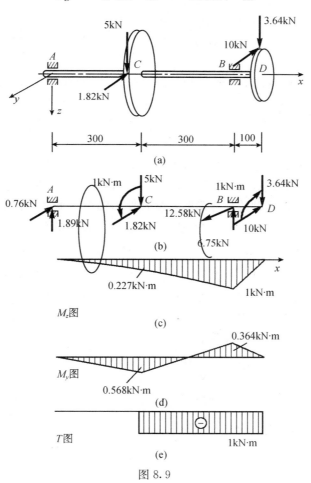

图 8.9

沿截面 B 的直径 $D_1 D_2$，切应力和正应力的分布如图 8.10 （b）所示。D_1 和 D_2 两点的扭转切应力与边缘上其他各点相同，但弯曲正应力为最大值，因此这两点是危险点。D_1 点处的应力状态如图 8.10 （c）所示。

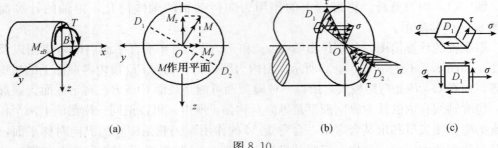

图 8.10

（2）计算轴的直径。按第三强度理论［见式（8.4）］建立强度条件

$$\sigma_{r3} = \frac{1}{W}\sqrt{M_B^2 + T_B^2} = \frac{1}{W}\sqrt{(1064)^2 + (-1000)^2} = \frac{1460}{W}(\text{Pa}) \leqslant [\sigma]$$

对实心圆轴 $W = \dfrac{\pi d^3}{32}$，代入上式，求得圆轴所需的直径为

$$d \geqslant \sqrt[3]{\frac{32 \times 1460}{\pi \times (100 \times 10^6)}} = 0.05298\text{m} = 52.98\text{mm}$$

可取 $d = 53\text{mm}$。

例 8.5 带轮传动轴 AB 如图 8.11（a）所示，轮轴直径 $d = 28\text{mm}$。已知轮 C 胶带处于铅垂位置，直径 $d_1 = 250\text{mm}$，轮 D 胶带处于水平位置，直径 $d_2 = 100\text{mm}$，轴受到胶带张力作用。若轴的许用应力 $[\sigma] = 140\text{MPa}$，试按第三强度理论校核轴的强度。

解 （1）外力简化。将两个带轮的张力向轮心简化，得传动轴 AB 的计算简图如图 8.11（b）所示。由图可见，轴的 CD 段将发生扭转与弯曲的组合变形。

（2）作内力图。根据轴的计算简图，分别作出轴在铅垂平面、水平平面的弯矩图与扭矩图，如图 8.11（c）、（d）和（f）所示。C、D 两截面的合弯矩值分别为

$$M_C = \sqrt{M_y^2 + M_z^2} = \sqrt{96^2 + 120^2} = 153.7(\text{N} \cdot \text{m})$$

$$M_D = \sqrt{M_y^2 + M_z^2} = \sqrt{48^2 + 240^2} = 244.8(\text{N} \cdot \text{m})$$

用同样方法也可以求出其他截面上的合成弯矩。合成弯矩图如图 8.11（e）所示。

（3）确定危险截面。由内力图可以看出，轮 D 处截面左侧的扭矩和其他截面相同，但合弯矩最大，故该截面为危险截面。其内力为

$$M_D = 244.8\text{N} \cdot \text{m}$$

$$T = 60\text{N} \cdot \text{m}$$

（4）校核强度。按第三强度理论［见式（8.4）］对轴进行校核

$$\sigma_{r3} = \frac{1}{W}\sqrt{M^2 + T^2} = \frac{32}{\pi \times 28^3 \times 10^{-9}}\sqrt{244.8^2 + 60^2}$$

$$= 117.1 \times 10^6 \text{Pa} = 117.1\text{MPa} < [\sigma]$$

该轴满足强度条件。

* **例 8.6** 水平放置的等截面圆杆 AB，截面半径为 60mm，承受铅垂载荷 F 作用，如图 8.12 所示，其轴线为 $1/4$ 圆弧，圆弧的平均半径 $R = 60\text{cm}$，许用应力 $[\sigma] = 80\text{MPa}$。试按第三强度理论校核其强度。

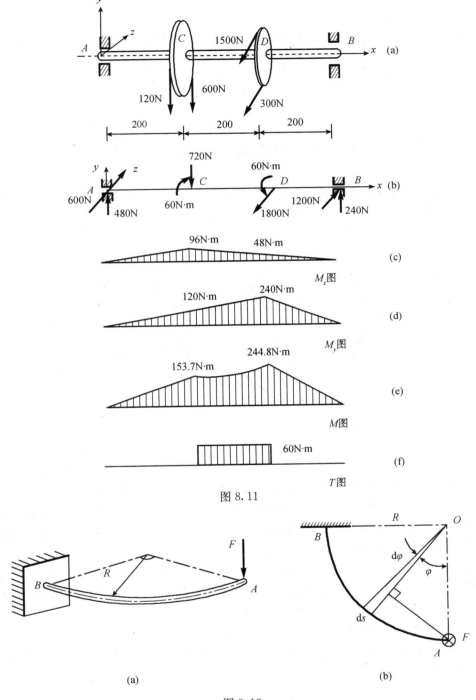

图 8.11

(a)   (b)

图 8.12

解 AB 杆任意截面上的弯矩和扭矩分别为

$$M = FR\sin\varphi, \quad T = FR(1-\cos\varphi)$$

该杆处于弯扭组合变形状态。危险截面为固定端截面，其内力分量为

$$M_{\max} = T_{\max} = FR = 1.5 \times 10^3 \times 60 \times 10^{-2} = 900 (\text{N} \cdot \text{m})$$

危险截面 B 的上、下两个顶点为危险点，按第三强度理论进行校核。由式（8.4）得

$$\sigma_{r3} = \frac{1}{W} \sqrt{M_{\max}^2 + T_{\max}^2} = \frac{32}{\pi (60 \times 10^{-3})^3} \sqrt{(900)^2 + (900)^2}$$

$$= 60.1 \times 10^6 \text{Pa} = 60.1 \text{MPa} < [\sigma]$$

圆杆满足强度要求。

*8.4　组合变形的普遍情况

在任意载荷作用下的等截面直杆，任意截面 $m\text{-}m$ 上一般有六个内力分量，即沿三个坐标轴的内力分量 F_N、F_{Sy}、F_{Sz} 及对坐标轴的内力矩分量 T、M_y、M_z，如图 8.13 所示。

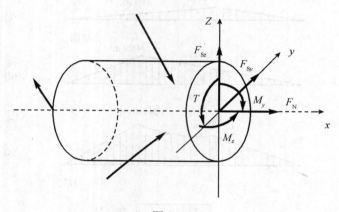

图 8.13

在内力分量中，与轴力 F_N 对应的是拉伸（压缩）变形，相应的正应力可按轴向拉伸（压缩）计算。剪力 F_{Sy}、F_{Sz} 分别对应着 xy 和 xz 平面内的剪切变形，相应的切应力可按横力弯曲时切应力的计算公式计算。T 为扭矩，对应扭转变形，相应的扭转切应力可按第三章的扭转理论计算。M_y 和 M_z 为弯矩，分别对应着 xz 和 xy 平面内的弯曲变形，相应的弯曲正应力可按弯曲理论计算。这些内力分量分别引起的拉压，剪切，扭转和弯曲变形，是组合变形的最普遍情况。在这六个内力分量中，如有某些内力分量为零，就可得到前几节讨论的某一种组合变形。

根据叠加原理。叠加上述各内力和内力矩分量所对应的应力，即为组合变形的应力。其中与 F_N、M_y 和 M_z 对应的是正应力，可按代数相加。如横截面上坐标为 (y,z) 的任意一点的正应力为

$$\sigma = \frac{F_N}{A} + \frac{M_y z}{I_y} + \frac{M_z y}{I_z}$$

与 F_{Sy}、F_{Sz} 和 T 对应的是切应力，一般情况下它们的方向不同，应按矢量相加。例如

$$\tau = \sqrt{\tau_z^2 + \tau_y^2}$$

与横力弯曲的强度计算相似，以上求得的各应力中，一般来说 F_{Sy} 和 F_{Sz} 引起

的切应力是次要的，有时可以忽略不计。例如，轴类零件的强度计算就可以这样处理。

组合变形普遍情况的强度计算方法与本章前几节介绍的方法完全相同，其分析步骤可归纳为：①对杆件的外力进行简化，转化为几组静力等效的载荷，使每一种载荷对应一种基本变形；②作每一种基本变形的内力图，由内力图判定危险截面；③根据危险截面上各种基本变形的应力分布，确定危险点的位置，并根据叠加法计算危险点的应力；④根据危险点的应力状态和构件的材料，选取适当的强度理论进行强度计算。

例 8.7 图 8.14（a）所示的直角曲拐，受铅垂载荷 F_1 和水平载荷 F_2 作用，已知轴 AB 的直径 $d = 40\text{mm}$，材料的许用应力 $[\sigma] = 160\text{MPa}$，试按第四强度理论校核轴 AB 的强度。

解 （1）外力简化。将外力向 AB 轴线简化，计算简图如图 8.14（b）所示，可见轴 AB 发生轴向拉伸、扭转和弯曲的组合变形。

（2）画内力图［图 8.14（c）～（f）］。由内力图可知 A 截面为危险截面，该截面上的内力有轴力 $F_N = 3 (\text{kN})$，扭矩 $T = 0.2 (\text{kN·m})$，弯矩 $M = \sqrt{M_z^2 + M_y^2} = \sqrt{0.4^2 + 0.6^2} = 0.72 (\text{kN·m})$。

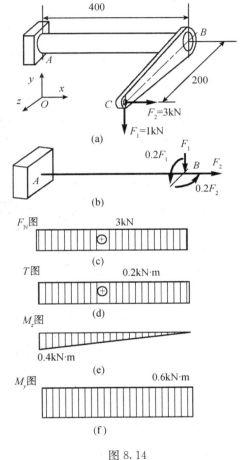

图 8.14

（3）危险点的应力计算。在 A 截面上，合弯矩对应的最大正应力与拉应力叠加就是危险点的正应力

$$\sigma = \frac{F_N}{A} + \frac{M}{W} = \frac{3 \times 10^3}{\frac{\pi \times 40^2}{4} \times 10^{-6}} + \frac{0.72 \times 10^3}{\frac{\pi \times 40^3}{32} \times 10^{-9}}$$

$$= 117.1 (\text{MPa})$$

扭转切应力

$$\tau = \frac{T}{W_t} = \frac{0.2 \times 10^3}{\frac{\pi \times 40^3}{16} \times 10^{-9}} = 15.9 (\text{MPa})$$

（4）强度校核。采用第四强度理论［见式（8.5）］得

$$\sigma_{r4} = \sqrt{\sigma^2 + 3\tau^2} = \sqrt{117.1^2 + 3 \times 15.9^2} = 120.3 (\text{MPa}) < [\sigma]$$

AB 轴满足强度条件。

思 考 题

8.1 试判断思考题 8.1 图中构件各段的变形形式。

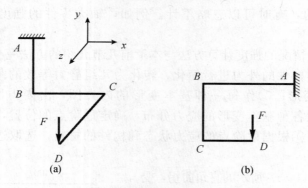

思考题 8.1 图

8.2 构件发生拉伸（压缩）与弯曲组合变形时，在什么条件下可以按叠加原理计算其横截面上的最大正应力。

8.3 压力机立柱用铸铁材料制成，受力情况如思考题 8.3（a）图所示，从强度考虑，其横截面 *m-m* 采用哪种截面形状比较合理？

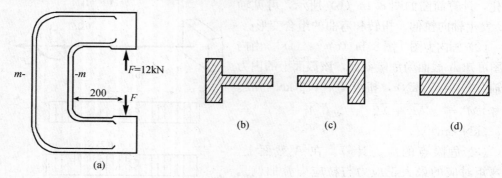

思考题 8.3 图

8.4 下列第三强度理论的强度条件表达式的适用条件各是什么？

$$\sigma_{r3} = \sigma_1 - \sigma_3 \leqslant [\sigma] \qquad \sigma_{r3} = \sqrt{\sigma^2 + 4\tau^2} \leqslant [\sigma]$$

$$\sigma_{r3} = \frac{1}{W}\sqrt{M^2 + T^2} \leqslant [\sigma]$$

8.5 圆截面杆的危险截面上，受弯矩 M_y、M_z、扭矩 M_x 和轴力 F_N 作用，按第三强度理论建立的强度条件应为

（A） $\sigma_{r3} = \dfrac{F_N}{A} + \dfrac{1}{W}\sqrt{M_y^2 + M_z^2 + M_x^2} \leqslant [\sigma]$ ；

（B） $\sigma_{r3} = \sqrt{\left(\dfrac{F_N}{A}\right)^2 + \left(\dfrac{M_y + M_z}{W}\right)^2 + 4\left(\dfrac{M_x}{W_t}\right)^2} \leqslant [\sigma]$ ；

（C） $\sigma_{r3} = \dfrac{F_N}{A} + \sqrt{\left(\dfrac{M_y}{W}\right)^2 + \left(\dfrac{M_z}{W}\right)^2 + 4\left(\dfrac{M_x}{W_t}\right)^2} \leqslant [\sigma]$ ；

（D） $\sigma_{r3} = \sqrt{\left[\dfrac{F_N}{A} + \dfrac{\sqrt{M_y^2 + M_z^2}}{W}\right]^2 + 4\left(\dfrac{M_x}{W_t}\right)^2} \leqslant [\sigma]$ 。

习　题

8.1　试求习题 8.1 图示各杆件在指定截面上的内力分量。

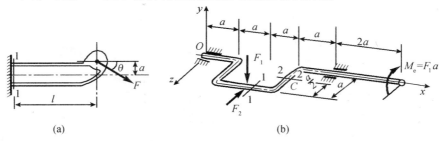

习题 8.1 图

8.2　习题 8.2 图示结构，承受集中载荷作用，$F = 36$kN。横梁用一对 No.18 槽钢制成，许用应力 $[\sigma] = 140$MPa。试校核该横梁的强度。

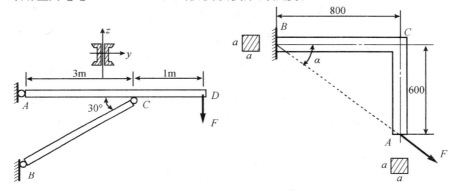

习题 8.2 图　　　　　　习题 8.3 图

8.3　习题 8.3 图示一边长 $a = 60$mm 的正方形截面折杆，外力作用线通过 A 及 B 截面的形心。若 $F = 10$kN，试求杆内的最大正应力。

8.4　材料为灰铸铁 HT15-33 的压力机框架如习题 8.4 图所示。许用拉应力为 $[\sigma_t] = 30$MPa，许用压应力为 $[\sigma_c] = 80$MPa，试校核框架立柱的强度。

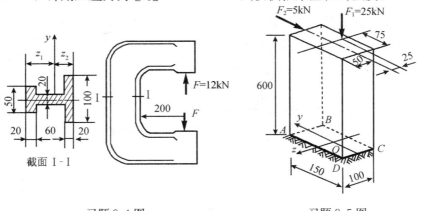

习题 8.4 图　　　　　　习题 8.5 图

8.5 习题8.5图示短柱受载荷 $F_1 = 25\text{kN}$ 和 $F_2 = 5\text{kN}$ 的作用，试求固定端截面上角点 A、B、C 及 D 的正应力，并确定固定端截面中性轴的位置。

8.6 习题8.6图示钻床的立柱由铸铁制成，$F = 18\text{kN}$，许用拉应力 $[\sigma_t] = 35\text{MPa}$，试确定立柱所需直径 d。

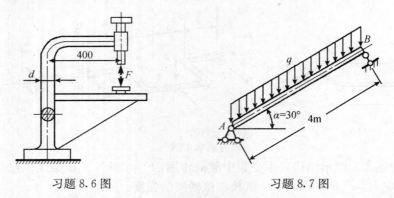

习题8.6图　　　　　　　习题8.7图

8.7 习题8.7图示楼梯木斜梁，长度为 $l = 4\text{m}$，截面为 $0.2\text{m} \times 0.1\text{m}$ 的矩形，受均布载荷作用，$q = 2\text{kN/m}$。试作梁的轴力图和弯矩图，并求横截面上的最大拉应力和最大压应力。

8.8 短柱的截面形状分别如习题8.8图（a）、（b）所示，试确定截面核心。

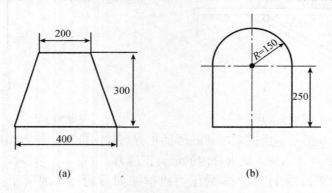

(a)　　　　　　　　(b)

习题8.8图

8.9 手摇绞车如习题8.9图所示，轴的直径 $d = 30\text{mm}$，材料为Q235钢，$[\sigma] = 80\text{MPa}$。试按第三强度理论，求绞车的最大起吊重量 F。

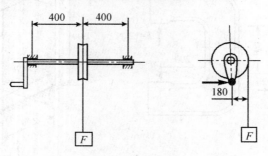

习题8.9图

8.10 电动机的功率为 10kW，转速 $n = 715 \text{r/min}$，带轮直径 $D = 250 \text{mm}$，主轴外伸部分长度为 $l = 120 \text{mm}$，主轴直径 $d = 40 \text{mm}$，如习题 8.10 图所示。若 $[\sigma] = 65 \text{MPa}$，试用第三强度理论校核轴的强度。

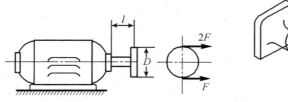

习题 8.10 图   习题 8.11 图

8.11 曲拐受力如习题 8.11 图所示，圆杆部分的直径 $d = 50 \text{mm}$。试画出 A 点处应力状态的单元体图，并求出该点的主应力及最大切应力。

8.12 习题 8.12 图示传动轴转速 $n = 100 \text{r/min}$，传递功率为 $P = 7.5 \text{kW}$，轮 A 上的皮带处于水平位置，轮 B 上的皮带处于铅垂位置。两轮直径均为 $D = 600 \text{mm}$，已知 $F_1 = 1.5 \text{kN}$，$F_1 < F_2$。若轴材料的许用应力 $[\sigma] = 80 \text{MPa}$，试用第三强度理论设计轴的直径 d。

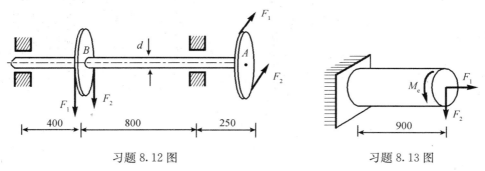

习题 8.12 图   习题 8.13 图

8.13 习题 8.13 图示直径为 $d = 60 \text{mm}$ 的实心圆杆，受轴向拉力 $F_1 = 15 \text{kN}$，横向力 $F_2 = 500 \text{N}$ 及扭转力偶矩 $M_e = 1.2 \text{kN·m}$ 的作用，已知杆材料的许用应力 $[\sigma] = 100 \text{MPa}$，试按第三强度理论校核杆的强度。

8.14 受横向力 F 和扭转外力偶 M_e 作用的等截面圆杆如习题 8.14 图所示。由实验测得杆表面 A 点处沿轴线方向的线应变 $\varepsilon_0 = 4 \times 10^{-4}$，杆表面 B 点处沿与轴线成 $-45°$ 方向的线应变 $\varepsilon_{-45°} = 3.75 \times 10^{-4}$。已知杆的 $W = 6000 \text{mm}^3$，$E = 200 \text{GPa}$，$\mu = 0.25$，许用应力 $[\sigma] = 140 \text{MPa}$。试按第三强度理论校核杆的强度。

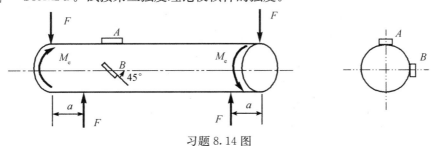

习题 8.14 图

8.15　习题 8.15 图示飞机起落架的折轴为管状截面，内径 $d = 70\text{mm}$，外径 $D = 80\text{mm}$。已知 $F_1 = 1\text{kN}$，$F_2 = 4\text{kN}$。材料的许用应力 $[\sigma] = 100\text{MPa}$，试按第三强度理论校核折轴的强度。

8.16　习题 8.16 图示折杆的横截面为边长 12mm 的正方形。试用单元体表示 A 点的应力状态，确定其主应力。

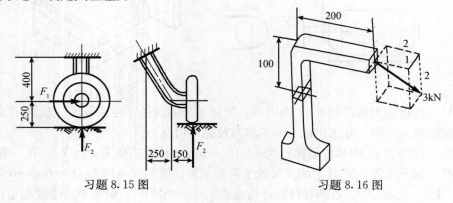

习题 8.15 图　　　　　　　习题 8.16 图

第 9 章 压 杆 稳 定

9.1 压杆稳定的概念

在绪论中曾经指出，衡量构件是否具有足够的承载能力，要从三个方面考虑：强度、刚度和稳定性。**稳定性**是指构件在外力作用下保持其原有平衡状态的能力。例如，一根细长的杆件受压时，开始轴线为直线，而当压力逐渐增大至某一数值时，杆件将突然变弯，即产生失稳，此时杆件会产生很大的变形而丧失承载能力。在细长压杆失稳时，应力并不一定很高，有时甚至低于比例极限，可见这种形式的失效，并非强度不足，而是稳定性不够，因此，对于轴向受压杆件，除应考虑其强度与刚度问题外，还应考虑稳定性问题。

为了讨论压杆的稳定性，我们先借助刚性小球处于三种平衡位置的情形来说明物体平衡状态的稳定性。在图 9.1（a）中，小球在凹面内的 O 点处于平衡，若用外加干扰力使其偏离原有的平衡位置，然后再把干扰力去掉，小球还能回到原来的平衡位置，因此，小球原有的平衡状态是稳定平衡。在图 9.1（c）中，小球在凸面上的 O 点处于平衡，当用外加干扰力使其偏离原有的平衡位置后，小球将继续下滚，不再回到原来的平衡位置，因此，小球原有的平衡状态是不稳定平衡。在图 9.1（b）中，小球在平面上的 O 点处于平衡，当用外加干扰力使其偏离原有的平衡位置后，再把干扰力去掉，小球将在新的位置 O_1 再次处于平衡，既没有恢复原位的趋势，也没有继续偏离的趋势，因此，我们称小球原有的平衡状态为随遇平衡。

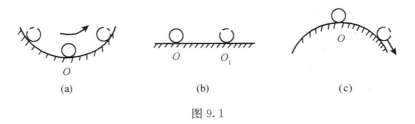

(a) (b) (c)

图 9.1

轴向细长压杆也存在类似情况。我们用一微小侧向干扰力使处于直线平衡状态的压杆偏离原有的位置，如图 9.2（a）所示，当压力值 F 较小时，杆件偏离原来的平衡位置后，再去掉侧向干扰力，压杆将在直线平衡位置左右摆动，最终将恢复到原来的直线平衡位置 [图 9.2（b）]，所以，该杆原有直线平衡状态是稳定平衡。当压力值 F 超过某一极限值 F_{cr} 时，只要有一轻微的侧向干扰，杆件偏离原来的平衡位置后，压杆不仅不能恢复直线形状，而且将继续弯曲，因此，该杆原有直线平衡状态是不稳定平衡。介于二者之间，存在着一种临界状态，当压力值正好等于 F_{cr} 时，若去掉侧向干扰力，压杆将在微弯状态下达到新的平衡，既不恢复原状，也不再继续弯曲，该状态称为临界状态，如图 9.2（c）所示。临界状态是杆件从稳定平衡向不稳定平衡转化的极限状态，压杆处于临界状态时的轴向压力称为临界压力或临界力，用 F_{cr} 表示。

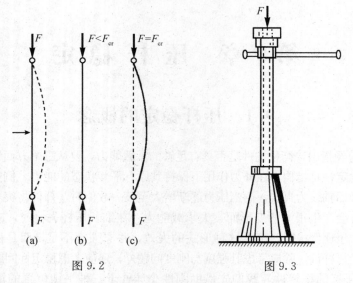

图 9.2

图 9.3

工程结构中有很多受压的细长杆，例如，千斤顶的丝杠（图 9.3），磨床液压装置的活塞杆（图 9.4），托架中的压杆（图 9.5），还有，内燃机、空气压缩机、蒸汽机的连杆也是受压杆件，桁架结构中的抗压杆、建筑物中的立柱也都是压杆。

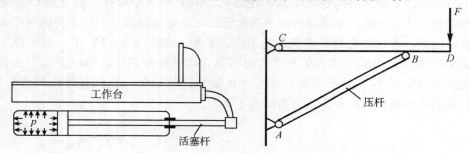

图 9.4

图 9.5

除压杆外，薄壁杆与某些杆系结构也存在稳定问题。例如，狭长的矩形截面梁，在横向载荷作用下，会出现侧向弯曲和绕轴线的扭转（图 9.6）；受外压作用的圆柱形薄壳，当外压过大时，其形状可能突然变成椭圆（图 9.7）；薄壳在轴向压力或扭矩作用下，会出现局部折皱（图 9.8），这些都是稳定性问题。本章只讨论受压杆件的稳定性，其他形式的稳定问题这里不进行讨论。

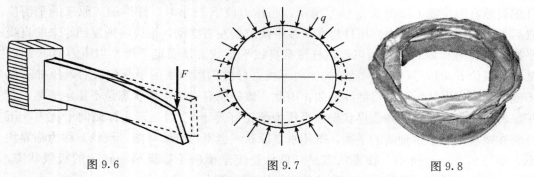

图 9.6

图 9.7

图 9.8

显然，解决压杆稳定问题的关键是确定临界压力。如果将作用在压杆上的轴向工作压力，控制在由临界载荷所确定的某一许可范围内，则压杆不致失稳。本章讨论压杆临界压力的确定，支座形式等对临界压力的影响，以及压杆的稳定性条件与合理稳定设计等问题。

9.2　两端铰支细长压杆的临界压力

由上述分析可知，只有当轴向压力 F 等于临界压力 F_{cr} 时，压杆才可能在微弯状态下保持平衡。因此，使压杆在微弯状态保持平衡的最小轴向压力，即为压杆的**临界压力**。现以两端铰支细长压杆为例，说明确定临界压力的方法。

设细长压杆的两端为球铰支座，如图 9.9 所示，轴线为直线，压力 F 与轴线重合。选取坐标系如图所示，距原点为 x 的任意截面的挠度为 w，弯矩 M 的绝对值为 Fw。若只取压力 F 的绝对值，则 w 为正时，M 为负；w 为负时，M 为正，即 M 与 w 的符号相反，所以

$$M(x) = -Fw \tag{a}$$

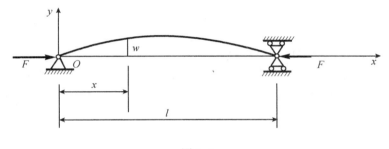

图 9.9

对于微小的弯曲变形，挠曲线近似微分方程为 (6.6) 式，即

$$\frac{\mathrm{d}^2 w}{\mathrm{d}x^2} = \frac{M(x)}{EI} = -\frac{Fw}{EI} \tag{b}$$

由于两端是球铰支座，允许杆件在任意纵向平面内发生弯曲变形，因而杆件的微小弯曲变形一定发生于抗弯能力最弱的纵向平面内，所以上式中的 I 应该是横截面的最小惯性矩。

引用记号

$$k^2 = \frac{F}{EI} \tag{c}$$

式 (b) 可改写为

$$\frac{\mathrm{d}^2 w}{\mathrm{d}x^2} + k^2 w = 0 \tag{d}$$

此微分方程的通解为

$$w = A\sin kx + B\cos kx \tag{e}$$

式中 A、B 为积分常数。压杆两端铰支的边界条件是

$$x = 0，\quad w = 0 \tag{f}$$

$$x = l, \quad w = 0 \tag{g}$$

将式（f）代入式（e），得 $B = 0$，于是

$$w = A\sin kx \tag{h}$$

将式（g）代入式（h），有

$$A\sin kl = 0 \tag{i}$$

在式（i）中，积分常数 A 不能等于零，否则将有 $w \equiv 0$，这意味着压杆处于直线平衡状态，与事先假设压杆处于微弯状态相矛盾。所以只能有

$$\sin kl = 0 \tag{j}$$

由式（j）解得

$$kl = n\pi \quad (n = 0, 1, 2, \cdots)$$

由此求得

$$k = \frac{n\pi}{l} \tag{k}$$

将 k 代回式（c），得

$$k^2 = \frac{n^2\pi^2}{l^2} = \frac{F}{EI}$$

或

$$F = \frac{n^2\pi^2 EI}{l^2} \quad (n = 0, 1, 2, \cdots) \tag{l}$$

因为 n 可取 0，1，2，…中任一个整数，所以式（l）表明，使压杆保持曲线形态平衡的压力，在理论上是多值的。而这些压力中，使压杆保持微小弯曲的最小压力，才是临界压力。取 $n = 0$，则 $F = 0$，表示杆件上无压力，这不是我们要讨论的情况。取 $n = 1$，得到两端铰支细长压杆临界压力的计算公式

$$F_{cr} = \frac{\pi^2 EI}{l^2} \tag{9.1}$$

式（9.1）又称为两端铰支细长压杆的**欧拉公式**。

在此临界压力作用下，$k = \dfrac{\pi}{l}$，则式（h）可写成

$$w = A\sin\frac{\pi x}{l} \tag{m}$$

可见，两端铰支细长压杆在临界压力作用下处于微弯状态时的挠曲线是一条半波正弦曲线。将 $x = \dfrac{l}{2}$ 代入式（m），可得压杆跨度中点处挠度，即压杆的最大挠度

$$w_{x=\frac{l}{2}} = A\sin\left(\frac{\pi}{l} \cdot \frac{l}{2}\right) = A = w_{\max}$$

A 是任意微小位移值，A 之所以没有一个确定值，是因为式（b）中采用了挠曲线的近似微分方程式，如果采用挠曲线的精确微分方程式，那么 A 值便可以确定。这时可得到最大挠度 $w_{\max}$ 与压力 F 之间的理论关系，如图 9.10 的 OAB 曲线。此曲线表明，当压力小于临界力 F_{cr} 时，F 与 $w_{\max}$ 之间的关系是直线 OA，说明压杆一直保持直线平衡状态，当压力超过临界力 F_{cr} 时，压杆挠度急剧增加。

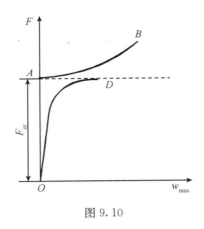

图 9.10

在以上的讨论中，假设压杆轴线是理想直线，压力作用线与轴线重合，压杆材料均匀连续，这是一种理想情况，称为理想压杆。但工程实际中的压杆并非如此，压杆的轴线难以避免有一些初弯曲，压力也无法保证没有偏心，材料也经常有不均匀或存在缺陷的情况。实际压杆与理想压杆不符的因素，就相当于作用在杆件上的压力有一个微小的偏心距 e。试验结果表明，实际压杆的 F 与 w_{max} 的关系如图 9.10 中的曲线 OD 所示，偏心距越小，曲线 OD 越靠近 OAB。

例 9.1　两端铰支细长压杆，长度 $l = 1500mm$，横截面为圆形，直径 $d = 50mm$，材料为 Q235 钢，弹性模量 $E = 206GPa$。试确定其临界压力。

解　计算截面惯性矩

$$I = \frac{\pi d^4}{64} = \frac{\pi}{64} \times 0.05^4 = 307 \times 10^{-9} \ (m^4)$$

利用欧拉公式计算临界压力

$$F_{cr} = \frac{\pi^2 EI}{l^2} = \frac{\pi^2 \times 206 \times 10^9 \times 307 \times 10^{-9}}{1.5^2} = 277 \times 10^3 \ N = 277kN$$

9.3　其他支座条件下细长压杆的临界压力

压杆临界压力计算公式（9.1）是在两端铰支的情况下推导出来的，由推导过程可知，临界压力与支座形式有关，支座条件不同，压杆的临界压力也不相同。在工程实际中，压杆两端除同为铰支座外，还有其他形式的支座。例如，千斤顶螺杆的下端可简化成固定端，而上端可与顶起的重物共同作微小的位移，所以可简化成自由端，这样就成为下端固定、上端自由的压杆。对于具有其他形式支座的细长压杆，计算临界压力的公式可以仿照两端铰支压杆临界压力的推导方法求得，但也可以用比较简单的方法求出，这里用变形比较的方法导出几种常见支座条件下压杆的临界压力计算公式。

9.3.1　一端固定另一端自由细长压杆的临界压力

图 9.11 为一端固定另一端自由，长度为 l 的细长压杆，设杆件以微弯形状保持平衡，现将挠曲线 AB 对称于固定端 A 向下延长一倍，如图中假想线所示。延长后挠曲

线是一条半波正弦曲线，与上节讨论的两端铰支细长压杆的挠曲线形状一样，所以，对于一端固定另一端自由，且长为 l 的细长压杆，其临界压力等于两端铰支长为 $2l$ 的压杆的临界压力，即

$$F_{cr} = \frac{\pi^2 EI}{(2l)^2}$$

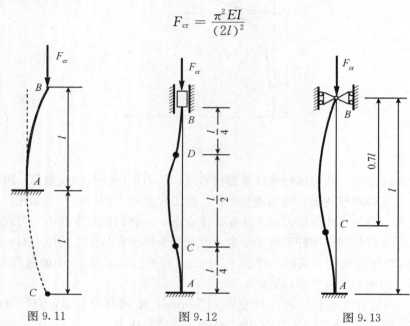

图 9.11　　　　图 9.12　　　　图 9.13

9.3.2　两端固定细长压杆的临界压力

某些压杆的两端都是固定支座，例如，连杆在垂直于摆动的平面内发生弯曲时，连杆的两端就可以简化成固定支座（参看图 9.20）。两端固定的细长压杆丧失稳定后，挠曲线的形状如图 9.12 所示。该曲线的两个拐点 C 和 D 分别在距上、下端为 $\frac{l}{4}$ 处，居于中间的 $\frac{l}{2}$ 长度内，挠曲线是半波正弦曲线，所以，对于两端固定且长为 l 的压杆，其临界压力等于两端铰支长为 $\frac{l}{2}$ 的压杆的临界压力，即

$$F_{cr} = \frac{\pi^2 EI}{\left(\dfrac{l}{2}\right)^2}$$

上式所求得的 F_{cr} 虽然是 CD 段的临界压力，但因 CD 是压杆的一部分，所以它的临界压力也就是整个杆件 AB 的临界压力。

9.3.3　一端固定另一端铰支细长压杆的临界压力

若细长压杆的一端为固定端，另一端为铰支座，失稳后挠曲线形状如图 9.13 所示。在距铰支端 B 为 $0.7l$ 处，曲线有一个拐点 C，在 $0.7l$ 长度内，挠曲线是一条半波正弦曲线，所以，对于一端固定另一端铰支且长为 l 的压杆，其临界压力等于两端铰支长为 $0.7l$ 的压杆的临界压力，即

$$F_{cr} = \frac{\pi^2 EI}{(0.7l)^2}$$

综上所述，若引入相当长度的概念，将压杆的实际长度转化为相当长度，则可将细长压杆的临界压力统一写成

$$F_{cr} = \frac{\pi^2 EI}{(\mu l)^2} \tag{9.2}$$

称为欧拉公式的普遍形式。式中，μl 表示把长为 l 的压杆折算成两端铰支压杆后的长度，称为**相当长度**，μ 称为**长度系数**。几种常见支座情况下的长度系数 μ 列入表 9.1 中。

表 9.1　压杆的长度系数 μ

压杆的支座条件	长度系数
两端铰支	$\mu = 1$
一端固定，另一端自由	$\mu = 2$
两端固定	$\mu = 1/2$
一端固定，另一端铰支	$\mu \approx 0.7$

表 9.1 中所列的只是几种典型情况，实际问题中压杆的约束情况可能更复杂。例如，杆端与其他弹性构件固接的压杆（参看例 9.3），由于弹性构件也将发生变形，所以压杆的端截面是介于自由和铰支座之间的弹性支座。此外，压杆上的载荷也有多种形式。例如，压力可能沿轴线分布而不是集中于两端，又如在弹性介质中的压杆，还将受到介质的阻抗力。上述各种情况，也可用不同的长度系数 μ 来反映，这些复杂约束的长度系数可以从有关设计手册中查得。

例 9.2　试由压杆挠曲线微分方程，导出一端固定，另一端铰支压杆的欧拉公式。

解　一端固定、另一端铰支的压杆失稳后，计算简图如图 9.14 所示。为使杆件平衡，上端铰支座应有横向反力 F_R，于是挠曲线的微分方程为

$$\frac{d^2 w}{dx^2} = \frac{M(x)}{EI} = -\frac{Fw}{EI} + \frac{F_R}{EI}(l-x)$$

设 $k^2 = \dfrac{F}{EI}$ ，则上式可写为

$$\frac{d^2 w}{dx^2} + k^2 w = \frac{F_R}{EI}(l-x)$$

以上微分方程的通解为

$$w = A\sin kx + B\cos kx + \frac{F_R}{F}(l-x)$$

由此求出 w 的一阶导数为

$$\frac{dw}{dx} = Ak\cos kx - Bk\sin kx - \frac{F_R}{F}$$

压杆的边界条件为

$$x=0, \quad w=0, \quad \frac{dw}{dx}=0$$

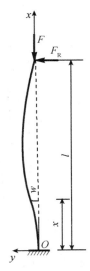

图 9.14

$$x = l, \quad w = 0$$

把以上边界条件代入 w 及 $\dfrac{\mathrm{d}w}{\mathrm{d}x}$ 中，可得

$$B + \frac{F_R}{F} l = 0$$

$$Ak - \frac{F_R}{F} = 0$$

$$A\sin kl + B\cos kl = 0$$

这是关于 A，B 和 $\dfrac{F_R}{F}$ 的齐次线性方程组，因为 A，B 和 $\dfrac{F_R}{F}$ 不能都为零，所以其系数行列式应等于零。即

$$\begin{vmatrix} 0 & 1 & l \\ k & 0 & -1 \\ \sin kl & \cos kl & 0 \end{vmatrix} = 0$$

展开得

$$\tan kl = kl$$

上式超越方程可用图解法求解。以 kl 为横坐标，作直线 $y = kl$ 和曲线 $y = \tan kl$（图 9.15），其第一个交点的横坐标

$$kl = 4.49$$

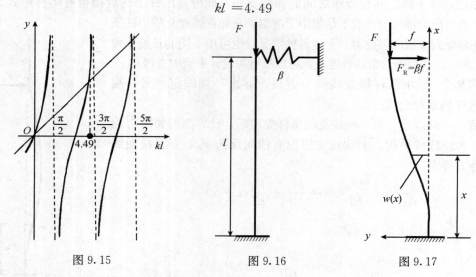

图 9.15　　　　　　　图 9.16　　　　　　　图 9.17

显然是满足超越方程的最小根。由此求得

$$F_{cr} = k^2 EI = \frac{20.16EI}{l^2} \approx \frac{\pi^2 EI}{(0.7l)^2}$$

例 9.3　证明图 9.16 所示杆件的临界压力满足特征方程

$$\tan kl - kl + k^3 l^3 / 3 = 0$$

其中 $k^2 = F/EI$，EI 为抗弯刚度，已知弹簧常数 $\beta = 3EI/l^3$。

证明　取坐标系如图 9.17 所示，则

$$M(x) = F[f - w(x)] - F_R(l - x)$$
$$= f\beta x + f(F - \beta l) - Fw(x)$$

于是挠曲线微分方程为

$$\frac{\mathrm{d}^2 w(x)}{\mathrm{d}x^2} = \frac{M(x)}{EI} = \frac{1}{EI}\big[f\beta x + f(F-\beta l) - Fw(x)\big]$$

令 $k^2 = \dfrac{F}{EI}$，则上式可写为

$$\frac{\mathrm{d}^2 w(x)}{\mathrm{d}x^2} + k^2 w(x) = \big[f\beta x + f(F-\beta l)\big]\frac{k^2}{F}$$

以上微分方程的解为

$$w(x) = A\sin kx + B\cos kx + \frac{f\beta}{F}x + \frac{f(F-\beta l)}{F}$$

由此求出 w 的一阶导数

$$\frac{\mathrm{d}w}{\mathrm{d}x} = Ak\cos kx - Bk\sin kx + \frac{f\beta}{F}$$

压杆的边界条件

$$x = 0, \quad w(0) = 0, \quad w'(0) = 0$$
$$x = l, \quad w(l) = f$$

即

$$B + (F-\beta l)f/F = 0$$
$$Ak + f\beta/F = 0$$
$$A\sin kl + B\cos kl = 0$$

由此得特征方程

$$\begin{vmatrix} 0 & 1 & (F-\beta l)/F \\ k & 0 & \beta/F \\ \sin kl & \cos kl & 0 \end{vmatrix} = 0$$

即

$$\tan kl - kl + k^3 l^3/3 = 0$$

9.4 欧拉公式的适用范围 经验公式

9.4.1 临界应力和柔度

前面已经导出了细长压杆临界压力的计算公式（9.2），用临界压力除以压杆的横截面面积 A，得到与临界压力对应的应力为

$$\sigma_{\mathrm{cr}} = \frac{F_{\mathrm{cr}}}{A} = \frac{\pi^2 EI}{(\mu l)^2 A} \tag{a}$$

σ_{cr} 称为压杆的**临界应力**。引入截面的惯性半径 i

$$i^2 = \frac{I}{A} \tag{9.3}$$

式（a）可以写成

$$\sigma_{\mathrm{cr}} = \frac{\pi^2 E}{\left(\dfrac{\mu l}{i}\right)^2}$$

若令

$$\lambda = \frac{\mu l}{i} \tag{9.4}$$

则有

$$\sigma_{cr} = \frac{\pi^2 E}{\lambda^2} \tag{9.5}$$

式（9.5）就是计算细长压杆临界应力的公式，是欧拉公式的另一种表达形式。式中，$\lambda = \dfrac{\mu l}{i}$ 称为压杆的 **柔度** 或 **长细比**，它集中反映了压杆的长度、约束条件、截面尺寸和形状等因素对临界应力的影响。从式（9.5）可以看出，细长压杆的临界应力与柔度的平方成反比，柔度越大，则压杆的临界应力越低，压杆越容易失稳，因此，在压杆稳定问题中，柔度 λ 是一个很重要的参数。

9.4.2 欧拉公式的适用范围

在推导欧拉公式时，曾使用了弯曲时挠曲线近似微分方程式 $\dfrac{d^2 w}{dx^2} = \dfrac{M(x)}{EI}$，而这个方程是建立在材料服从胡克定律基础上的，这说明欧拉公式只有在临界应力不超过材料比例极限 σ_p 时才适用，即

$$\sigma_{cr} = \frac{\pi^2 E}{\lambda^2} \leqslant \sigma_p \quad 或 \quad \lambda \geqslant \sqrt{\frac{\pi^2 E}{\sigma_p}} \tag{b}$$

若用 λ_1 表示对应于临界应力等于比例极限 σ_p 时的柔度值，则

$$\lambda_1 = \sqrt{\frac{\pi^2 E}{\sigma_p}} \tag{9.6}$$

条件（b）可以写成

$$\lambda \geqslant \lambda_1$$

这就是欧拉公式（9.2）或式（9.5）适用的范围，不在这个范围之内的压杆不能使用欧拉公式。

式（9.6）表明，λ_1 与材料的性质有关，不同的材料，λ_1 的数值不同。例如，对于 Q235 钢，$E = 206\text{GPa}$，$\sigma_p = 200\text{MPa}$，代入式（9.6），得

$$\lambda_1 = \sqrt{\frac{\pi^2 \times (206 \times 10^9)}{200 \times 10^6}} \approx 100$$

所以，用 Q235 钢制成的压杆，只有当 $\lambda \geqslant 100$ 时，才可以使用欧拉公式。又如对于 $E = 70\text{GPa}$，$\sigma_p = 175\text{MPa}$ 的铝合金来说，由式（9.6）求得 $\lambda_1 \geqslant 62.8$，表示由这类铝合金制成的压杆，只有当 $\lambda \geqslant 62.8$ 时，才能使用欧拉公式。满足条件 $\lambda \geqslant \lambda_1$ 的压杆，称为 **细长杆** 或 **大柔度杆**。

9.4.3 中、小柔度压杆的临界应力公式

在工程中常用的压杆，其柔度往往小于 λ_1，实验结果表明，这种压杆丧失承载能力的原因仍然是失稳。但此时临界应力 σ_{cr} 已大于材料的比例极限 σ_p，欧拉公式已不适用，这是超过材料比例极限压杆的稳定问题。对于这类压杆的失稳问题，曾进行过许多

理论和实验研究工作，得出理论分析的结果。但工程中对这类压杆的计算，一般使用以试验结果为依据的经验公式。在这里我们介绍两种经常使用的经验公式：直线公式和抛物线公式。

直线公式把临界应力与压杆的柔度表示成如下的线性关系。

$$\sigma_{cr} = a - b\lambda \tag{9.7}$$

式中 a、b 是与材料性质有关的常数，可以查相关手册得到。在表 9.2 中列入了一些材料的 a 和 b 的数值。例如，用 Q235 钢制成的压杆，$a = 304\text{MPa}$，$b = 1.12\text{MPa}$。

表 9.2 直线公式的系数 a 和 b

材料（σ_b、σ_s 的单位为 MPa）		a/MPa	b/MPa
Q235 钢	$\sigma_b \geqslant 372$ $\sigma_s = 235$	304	1.12
优质碳钢	$\sigma_b \geqslant 471$ $\sigma_s = 306$	461	2.568
硅钢	$\sigma_b \geqslant 510$ $\sigma_s = 353$	578	3.744
铬钼钢		980	5.296
铸铁		332.2	1.454
硬铝		373	2.15
松木		39.2	0.19

在使用上述直线公式时，柔度 λ 存在一个最低值。当 λ 值很小时，即柔度很小的短柱，受压时不可能像大柔度杆那样出现弯曲变形，这种杆主要因强度不够而失效。因此，只有在临界应力 σ_{cr} 不超过屈服极限 σ_s（塑性材料）或强度极限 σ_b（脆性材料）时，直线公式才能适用。若以塑性材料为例，它的应用条件可表示为

$$\sigma_{cr} = a - b\lambda \leqslant \sigma_s \quad \text{或} \quad \lambda \geqslant \frac{a - \sigma_s}{b}$$

若用 λ_2 表示对应于 σ_s 时的柔度值，则

$$\lambda_2 = \frac{a - \sigma_s}{b} \tag{9.8}$$

这里，柔度值 λ_2 是直线公式成立时压杆柔度 λ 的最小值，它仅与材料有关。对 Q235 钢来说，$\sigma_s = 235\text{MPa}$，$a = 304\text{MPa}$，$b = 1.12\text{MPa}$。将这些数值代入式（9.8），得

$$\lambda_2 = \frac{304 - 235}{1.12} = 61.6$$

当压杆的柔度 λ 值满足 $\lambda_2 \leqslant \lambda < \lambda_1$ 条件时，临界应力用直线公式计算，这样的压杆称为**中长杆**或**中柔度杆**。

抛物线公式把临界应力 σ_{cr} 与柔度 λ 的关系表示为如下抛物线关系

$$\sigma_{cr} = a_1 - b_1\lambda^2 \tag{9.9}$$

式中 a_1、b_1 也是与材料性质有关的常数。

当压杆的柔度 λ 满足 $\lambda < \lambda_2$ 条件时，称为**短粗杆**或**小柔度杆**。实验证明，小柔度杆主要是由于强度不足而引起破坏，应当以材料的屈服极限或强度极限作为极限应力，属于第 2 章所研究的受压直杆的强度计算问题。若在形式上作为稳定问题来考虑，则可将材料的屈服极限 σ_s（或强度极限 σ_b）作为临界应力 σ_{cr}，即

$$\sigma_{cr} = \sigma_s \text{（或 } \sigma_b\text{）} \tag{9.10}$$

9.4.4 临界应力总图

综上所述，根据压杆的柔度可将压杆分为三类，并分别按不同的公式计算临界应力。

（1）$\lambda \geqslant \lambda_1$ 的压杆属于细长杆或大柔度杆，按欧拉公式计算其临界应力；

（2）$\lambda_2 \leqslant \lambda < \lambda_1$ 的压杆属于中长杆或中柔度杆，按经验公式计算其临界应力；

（3）$\lambda < \lambda_2$ 的压杆属于短粗杆或小柔度杆，按强度问题处理，临界应力就是屈服极限 σ_s 或强度极限 σ_b。

压杆的临界应力随着压杆柔度 λ 的变化情况可用图 9.18 的曲线表示，称为临界应力总图。由图 9.18 还可以看到，随着柔度的增大，压杆的破坏性质由强度破坏逐渐向失稳破坏转化。

稳定计算中，无论是欧拉公式或经验公式，都是以杆件的整体变形为基础的，局部削弱（如螺钉孔等）对杆件的整体变形影响很小。所以计算临界应力时，可采用未经削弱的横截面面积 A 和惯性矩 I。至于用式（9.10）作压缩强度计算时，自然应该使用削弱后的横截面面积。

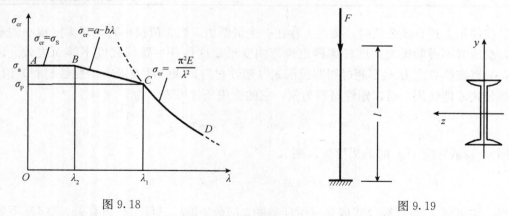

图 9.18　　　　　　　　　　　　　　　图 9.19

例 9.4 用 20a 工字钢制成的压杆，下端固定，上端自由，如图 9.19 所示。材料为 Q235 钢，$E = 206\text{GPa}$，$\sigma_p = 200\text{MPa}$，压杆长度 $l = 1.2\text{m}$。试求此压杆的临界压力。

解 （1）计算柔度 λ。由附录 B 型钢表查得 20a 工字钢的惯性半径 $i_y = 2.12\text{cm}$，$i_z = 8.51\text{cm}$，截面面积 $A = 35.5\text{cm}^2$。压杆在惯性半径最小的纵向平面内抗弯刚度最小，柔度最大，临界压力将最小。因此压杆失稳一定发生在压杆柔度最大的纵向平面内。

$$\lambda_{max} = \frac{\mu l}{i_y} = \frac{2 \times 1.2}{2.12 \times 10^{-2}} = 113.2$$

(2) 计算临界应力。Q235 钢，$\lambda_1 \approx 100$，因为 $\lambda_{\max} > \lambda_1$，属于细长杆，要用欧拉公式来计算临界应力

$$\sigma_{cr} = \frac{\pi^2 E}{\lambda_{\max}^2} = \frac{\pi^2 \times 206 \times 10^3}{113.2^2} = 158.5 (\text{MPa})$$

压杆的临界压力

$$F_{cr} = A\sigma_{cr} = 35.5 \times 10^{-4} \times 158.5 \times 10^6$$
$$= 562.6 \times 10^3 \text{N} = 562.6 \text{kN}$$

例 9.5 矩形截面连杆，尺寸如图 9.20 所示，材料为 Q235 钢，弹性模量 $E = 206 \text{GPa}$，$\sigma_p = 200 \text{MPa}$，$\sigma_s = 235 \text{MPa}$，试求连杆的临界压力。

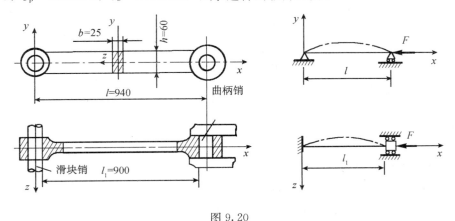

图 9.20

解 根据图 9.20 中连杆端部的约束情况，在 xy 平面内可视为两端铰支；在 xz 平面内可视为两端固定。又因压杆为矩形截面，所以 $I_y \neq I_z$。首先应分别算出杆件在两个平面内的柔度，以判断连杆将在哪个平面内失稳，然后再根据柔度值选用相应的公式来计算临界压力。

(1) 计算柔度 λ。在 xy 平面内，$\mu = 1$，z 轴为中性轴

$$i_z = \sqrt{\frac{I_z}{A}} = \frac{h}{2\sqrt{3}} = \frac{6}{2\sqrt{3}} \text{cm} = 1.732 \text{cm}$$

$$\lambda_z = \frac{\mu l}{i_z} = \frac{1 \times 94}{1.732} = 54.3$$

在 xz 平面内，$\mu = 0.5$，y 轴为中性轴

$$i_y = \sqrt{\frac{I_y}{A}} = \frac{b}{2\sqrt{3}} = \frac{2.5}{2\sqrt{3}} \text{cm} = 0.722 \text{cm}$$

$$\lambda_y = \frac{\mu l}{i_y} = \frac{0.5 \times 90}{0.722} = 62.3$$

$\lambda_y > \lambda_z$，$\lambda_{\max} = \lambda_y = 62.3$。连杆若失稳应发生在 xz 纵向平面内。

(2) 计算临界压力。Q235 钢，$\lambda_1 \approx 100$，$\lambda_{\max} < \lambda_1$，该连杆不属于细长杆，不能用欧拉公式计算临界压力。这里采用直线公式，查表 9.2，Q235 钢

$$a = 304 \text{MPa}, \quad b = 1.12 \text{MPa}$$

$$\lambda_2 = \frac{a - \sigma_s}{b} = \frac{304 - 235}{1.12} = 61.6$$

$\lambda_2 < \lambda_{\max} < \lambda_1$，属于中长杆，因此临界应力

$$\sigma_{cr} = a - b\lambda_{\max} = 304 - 1.12 \times 62.3 = 234.2 (\text{MPa})$$

连杆的临界压力

$$F_{cr} = A\sigma_{cr} = 6 \times 2.5 \times 10^{-4} \times 234.2 \times 10^3 = 351.3 (\text{kN})$$

9.5　压杆稳定性校核

从上节的讨论可知，对于不同柔度的压杆总可以计算出它的临界应力，将临界应力乘以压杆横截面面积，就得到临界压力。为了保证压杆在轴向压力 F 作用下不致失稳，必须满足下述条件：

$$F \leqslant \frac{F_{cr}}{n_{st}} = [F]_{st}$$

或

$$\sigma \leqslant \frac{\sigma_{cr}}{n_{st}} = [\sigma]_{st}$$

式中，n_{st} 为**稳定安全系数**，$[F]_{st}$ 为**稳定许用压力**，$[\sigma]_{st}$ 为**稳定许用应力**。工程上常用安全系数表示压杆的稳定性条件。压杆的临界压力 F_{cr} 与压杆实际承受的轴向压力 F 的比值，称为压杆的**工作安全系数** n，它应该大于规定的稳定安全系数 n_{st}。因此压杆的稳定性条件也可表示为

$$n = \frac{F_{cr}}{F} \geqslant n_{st} \tag{9.11}$$

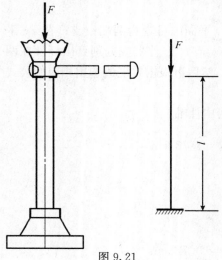

图 9.21

通常，n_{st} 规定得比强度安全系数高，原因是一些难以避免的因素，如压杆的初弯曲、材料不均匀、压力偏心以及支座缺陷等，都严重地影响压杆的稳定性，降低了临界应力。而同样这些因素，对杆件强度的影响不那么严重。关于稳定安全系数 n_{st}，一般可在设计手册或规范中查到。

例 9.6　螺旋千斤顶如图 9.21 所示，起重丝杠长度 $l = 37.5\text{cm}$，内径 $d = 4\text{cm}$，材料为 45 钢。最大起重量 $F = 80\text{kN}$，规定的稳定安全系数 $n_{st} = 4$。试校核丝杠的稳定性。

解　(1) 计算丝杠的柔度 λ。丝杠可简化为下端固定，上端自由的压杆。

$$i = \sqrt{\frac{I}{A}} = \sqrt{\frac{\pi d^4/64}{\pi d^2/4}} = \frac{d}{4} = \frac{4}{4} = 1 \,(\text{cm})$$

$$\lambda = \frac{\mu l}{i} = \frac{2 \times 37.5}{1} = 75$$

查得 45 钢，$\lambda_2 = 43.2$，$\lambda_1 = 86$，$\lambda_2 < \lambda < \lambda_1$，属于中柔度杆。

（2）计算临界压力 F_{cr}，校核稳定性。用直线公式计算临界应力，查表得 $a = 461\text{MPa}$，$b = 2.568\text{MPa}$，则丝杠的临界应力及临界压力为

$$\sigma_{cr} = a - b\lambda = 461 - 2.568 \times 75 = 268.4 \quad (\text{MPa})$$

$$F_{cr} = \sigma_{cr} A = 268.4 \times 10^3 \times \frac{\pi \times 0.04^2}{4} = 337 \quad (\text{kN})$$

此丝杠的工作安全系数为

$$n = \frac{F_{cr}}{F} = \frac{337}{80} = 4.21 > n_{st}$$

所以千斤顶丝杠满足稳定要求。

例 9.7 某平面磨床的工作台液压驱动装置如图 9.22 所示。已知活塞直径 $D = 65\text{mm}$，油压 $p = 1.2\text{MPa}$，活塞杆长度 $l = 1250\text{mm}$，两端视为铰支。材料为碳钢，$\sigma_p = 220\text{MPa}$，$E = 210\text{GPa}$。取 $n_{st} = 6$，试设计活塞杆直径 d。

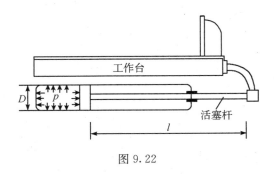

图 9.22

解 （1）计算临界压力 F_{cr}。活塞杆承受的轴向压力

$$F = \frac{\pi}{4} D^2 p = \frac{\pi}{4} \times (65 \times 10^{-3})^2 \times 1.2 \times 10^6 \text{N} = 3.98\text{kN}$$

活塞杆工作时不失稳的临界压力值为

$$F_{cr} = n_{st} F = 6 \times 3.98 = 23.88 (\text{kN})$$

（2）设计活塞杆直径。因为直径未知，无法求出活塞杆的柔度，不能判定用什么公式计算临界压力。为此，计算时可先按欧拉公式计算活塞杆直径，然后再检查是否满足欧拉公式的条件。

$$F_{cr} = \frac{\pi^2 EI}{(\mu l)^2} = \frac{\pi^2 E \frac{\pi d^4}{64}}{l^2} = 23.88 \quad (\text{kN})$$

$$d = \sqrt[4]{\frac{64 \times 23.88 \times 10^3 \times 1.25^2}{\pi^3 \times 210 \times 10^9}} = 0.0246\text{m} = 24.6\text{mm}$$

取 $d = 25\text{mm}$，然后检查是否满足欧拉公式的条件

$$\lambda = \frac{\mu l}{i} = \frac{\mu l}{d/4} = \frac{1 \times 1250}{25/4} = 200$$

$$\lambda_1 = \pi \sqrt{\frac{E}{\sigma_p}} = \pi \sqrt{\frac{210 \times 10^9}{220 \times 10^6}} = 97$$

由于 $\lambda > \lambda_1$，所以前面用欧拉公式进行的试算是正确的。

例 9.8 简易吊车如图 9.23 （a）所示，AB 杆由钢管制成，材料为 Q235 钢，$E = 206\text{GPa}$。两端铰接，规定的稳定安全系数 $n_{st} = 2$，$F = 20\text{kN}$，试校核 AB 杆的稳定性。

解 （1）求 AB 杆所承受的轴向压力。CD 梁受力如图 9.23 （b）所示，由 CD 梁的平衡方程

$$\sum M_c = 0, \quad F_{AB} \times 1500 \times \sin 30° - 2000 F = 0$$

得

$$F_{AB} = 53.3 (\text{kN})$$

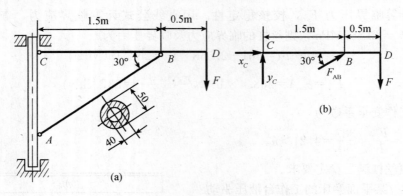

图 9.23

(2) 计算 AB 杆的柔度 λ。

$$i = \sqrt{\frac{I}{A}} = \frac{1}{4}\sqrt{D^2 + d^2} = \frac{1}{4} \times \sqrt{50^2 + 40^2} = 16\,(\text{mm})$$

$$\lambda = \frac{\mu l}{i} = \frac{1 \times \dfrac{1500}{\cos 30°}}{16} = \frac{1 \times 1732}{16} = 108$$

(3) 校核稳定性。因 $\lambda = 108 > \lambda_1$，属于大柔度杆，应由欧拉公式计算临界压力

$$F_{cr} = \frac{\pi^2 EI}{(\mu l)^2} = \frac{\pi^2 E \dfrac{\pi(D^4 - d^4)}{64}}{l^2}$$

$$= \frac{\pi^2 \times 206 \times 10^6 \times \pi \times (50^4 - 40^4) \times 10^{-12}}{64 \times 1732^2 \times 10^{-6}} = 123\,(\text{kN})$$

AB 杆的工作安全系数

$$n = \frac{F_{cr}}{F_{AB}} = \frac{123}{53.3} = 2.3$$

$n > n_{st}$，所以 AB 杆稳定。

9.6 提高压杆稳定性的措施

通过以上讨论可知，影响压杆稳定性的因素有：压杆的截面形状和尺寸，压杆的长度、约束条件和材料性质等。所以，我们应从这几方面入手，讨论如何提高压杆的稳定性。

9.6.1 合理选择截面

细长杆与中柔度杆的临界应力均与柔度 λ 有关，柔度越小，临界应力越大。压杆的柔度为

$$\lambda = \frac{\mu l}{i} = \mu l \sqrt{\frac{A}{I}}$$

所以，对于一定长度与支座条件的压杆，在横截面面积保持一定的情况下，应选择惯性

矩较大的截面形状，以提高临界压力。例如，空心圆环截面要比实心圆截面合理（图9.24）。同理，由四根角钢组成的起重臂［图9.25（a）］，其四根角钢分散放置在截面的四角［图9.25（b）］，而不是集中地放置在截面形心的附近［图9.25（c）］。当然，也不能因为要取得较大的 I 和 i，就无限制地增加环形截面的直径并减小其壁厚，这将使其变成薄壁圆管，而引起局部失稳，发生局部折皱。

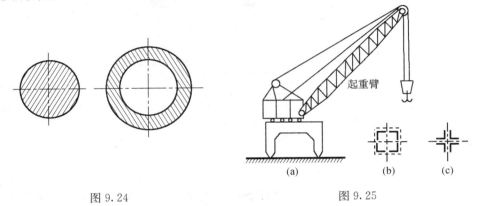

图9.24   图9.25

如果压杆在各个纵向平面内相当长度 μl 相同，应使截面对任一形心轴的 i 相等，或接近相等，这样，压杆在任一纵向平面内的柔度 λ 都相等或接近相等，于是在任一纵向平面内有相等或接近相等的稳定性。例如，圆形、环形或图9.25（b）所示的截面，都能满足这一要求。如果压杆在不同的纵向平面内 μl 并不相同，例如，发动机的连杆在摆动平面内两端可简化为铰支座［图9.20（a）］，$\mu_1 = 1$，而在垂直于摆动平面的平面内两端可简化为固定端［图9.20（b）］，$\mu_2 = \dfrac{1}{2}$。这就要求连杆截面对两个形心主惯性轴 z 和 y 有不同的 i_z 和 i_y，使得在两个主惯性平面内的柔度 $\lambda_1 = \dfrac{\mu_1 l_1}{i_z}$ 和 $\lambda_2 = \dfrac{\mu_2 l_2}{i_y}$ 接近相等。这样，连杆在两个主惯性平面内仍然可以有接近相等的稳定性。

9.6.2 改变压杆的约束条件

从9.3节的讨论看出，改变压杆的支座条件，会直接影响临界压力的大小。例如，长为 l，两端铰支的压杆，其 $\mu = 1$，$F_{cr} = \dfrac{\pi^2 EI}{l^2}$。若在这一压杆的中点增加一个中间支座，或者把两端改为固定端（图9.26）。则相当长度变为 $\mu l = \dfrac{l}{2}$，临界压力变为

$$F_{cr} = \frac{\pi^2 EI}{\left(\dfrac{l}{2}\right)^2} = \frac{4\pi^2 EI}{l^2}$$

可见临界压力变为原来的四倍。一般来说增加压杆的约束，使其更不容易发生弯曲变形，都可以提高压杆的稳定性。

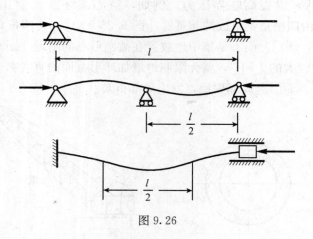

图 9.26

9.6.3 合理选择材料

细长压杆的临界压力由欧拉公式计算，故临界压力与材料的弹性模量 E 有关。然而，由于各种钢材的弹性模量 E 大致相等，所以对于细长杆，选用优质钢材或低碳钢并无很大差别。对于中等柔度的压杆，无论是根据经验公式或理论分析，都说明临界应力与材料的强度有关，优质钢材在一定程度上可以提高临界应力的数值。至于柔度很小的短杆，本来就是强度问题，选择优质钢材自然可以提高强度。

思 考 题

9.1 两根细长压杆的材料、长度、横截面面积及约束情况均相同，而截面形状如思考题 9.1 图（a）、（b）所示，试比较两杆的临界应力。

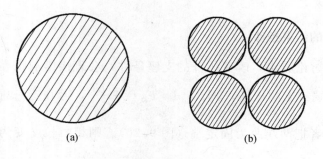

思考题 9.1 图

9.2 思考题 9.2 图示矩形截面细长压杆，其约束情况为：下端在 xy 和 xz 平面内均为固定，上端在 xy 平面内可视为固定端，在 xz 平面内可视为自由端。从稳定性角度考虑，截面合理的高、宽比 h/b 应为多少？

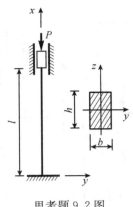

思考题 9.2 图

9.3　压杆由四个相同的等边角钢组合而成。从稳定性角度考虑，采用思考题 9.3 图示的哪种排列方式较合理？为什么？假设压杆在各个纵向平面内的相当长度相同。

9.4　两矩形截面压杆的材料、长度、截面尺寸和约束情况均相同，但杆（b）钻有直径为 d 的小孔，如思考题 9.4 图所示。试比较两杆的强度和稳定性。

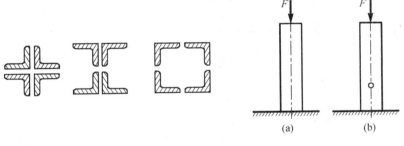

思考题 9.3 图　　　　　　思考题 9.4 图

9.5　试确定思考题 9.5 图示细长压杆的相当长度与临界压力。设弯曲刚度 EI 为常数。

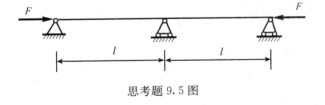

思考题 9.5 图

习　　题

9.1　习题 9.1 图示各压杆的材料及截面均相同，试判断哪一根杆最容易失稳，哪一根杆最不容易失稳？

9.2　习题 9.2 图中所示为某型飞机起落架中承受轴向压力的斜撑杆。杆为空心圆管，外径 $D=52$mm，内径 $d=44$mm，长度 $l=950$mm。材料为 30CrMnSiNi2A，$\sigma_b=1600$MPa，$\sigma_p=1200$MPa，$E=210$GPa。试求斜撑杆的临界应力 σ_{cr} 和临界压力 F_{cr}。

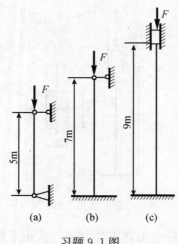

习题 9.1 图

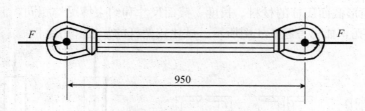

习题 9.2 图

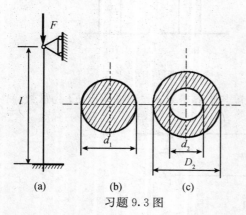

习题 9.3 图

9.3 立柱如习题 9.3 图（a）所示，上端铰支，下端固定，柱长 $l=1.5\mathrm{m}$。材料为 Q235 钢，弹性模量 $E=206\mathrm{GPa}$，已知临界应力的直线公式 $\sigma_{\mathrm{cr}}=(304-1.12\lambda)\mathrm{MPa}$。试在下列两种情况下确定临界压力值：

（1）截面为圆形［习题 9.3 图（b）］，直径 $d_1=40\mathrm{mm}$；

（2）截面为圆环形［习题 9.3 图（c）］，面积与上述圆形面积相同，且 $d_2/D_2=0.6$。

9.4 三根圆截面压杆，直径均为 $d=160\mathrm{mm}$，材料为 Q235 钢，$E=206\mathrm{GPa}$，$\sigma_{\mathrm{s}}=235\mathrm{MPa}$。两端均为铰支，长度分别 l_1、l_2 和 l_3，且 $l_1=2l_2=4l_3=5\mathrm{m}$。试求各杆的临界压力 F_{cr}。

9.5 一木柱两端为球铰支座，其横截面为 120mm×200mm 的矩形，长度为 4m。木材的 $E=10\mathrm{GPa}$，$\sigma_{\mathrm{p}}=20\mathrm{MPa}$。试求木柱的临界应力。计算临界应力的公式有：

（a）欧拉公式；

（b）直线公式 $\sigma_{\mathrm{cr}}=(28.7-0.19\lambda)\mathrm{MPa}$。

9.6 习题 9.6 图示压杆的材料为 Q235 钢。在主视图（a）所在平面内，两端为铰支；在俯视图（b）所在平面内，两端为固定。试求此压杆的临界压力。

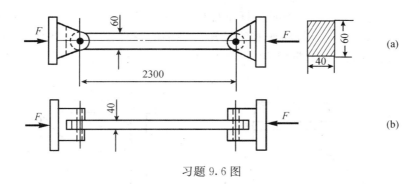

习题 9.6 图

9.7 在习题 9.7 图示铰接杆系 ABC 中，AB 和 BC 皆为细长压杆，且截面相同，材料相同。若因在 ABC 平面内失稳而失效，并规定 $0 < \theta < \dfrac{\pi}{2}$。试确定 F 为最大值时的 θ 角。

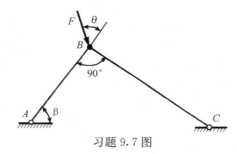

习题 9.7 图

9.8 在习题 9.8 图示结构中，AB 杆为圆截面杆，直径 $d=80\text{mm}$，BC 杆为正方形截面杆，边长 $a=70\text{mm}$，两材料均为 Q235 钢，$E=206\text{GPa}$。它们可以各自独立发生弯曲而互不影响，已知 A 端固定，B、C 为球铰，$l=3\text{m}$，稳定安全系数 $n_{\text{st}}=2.5$。试求此结构的许可载荷 $[F]$。

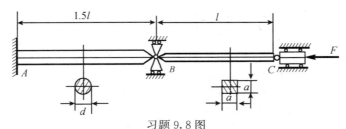

习题 9.8 图

9.9 习题 9.9 图示托架，AB 杆的直径 $d=4\text{ cm}$，长度 $l=80\text{ cm}$，两端铰支，材料为 Q235 钢。

（1）试根据 AB 杆的稳定条件确定托架的许可载荷 F；

（2）若已知实际载荷 $F=70\text{ kN}$，AB 杆规定的稳定安全系数 $n_{\text{st}}=2$，试问此托架是否安全？

9.10 习题 9.10 图示简易支架，杆 AC 与 BC 均为圆截面杆，材料为 Q235 钢，$E=206\text{GPa}$。设 $F=100\text{ kN}$，许用应力 $[\sigma]=180\text{MPa}$，规定的稳定安全系数 $n_{\text{st}}=2$，试确定二杆的直径。

9.11 习题 9.11 图示工字形截面杆在温度 $T=20℃$ 时进行安装，此时杆不受力。试求当温度升高到多少度时，杆将失稳？已知工字钢的弹性模量 $E=210\text{GPa}$，$\lambda_1=100$，$\lambda_2=61.6$，线膨胀系数 $\alpha=12.5\times10^{-6}℃^{-1}$。

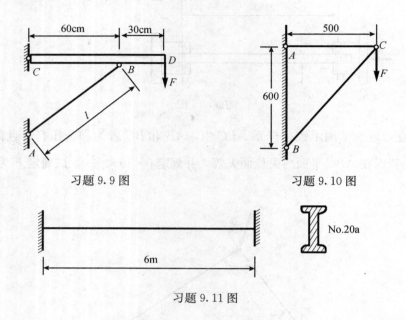

习题 9.9 图　　　　　　习题 9.10 图

习题 9.11 图

参 考 文 献

［1］刘鸿文. 2011. 材料力学（Ⅰ）（第5版）. 北京：高等教育出版社

［2］刘鸿文. 2011. 材料力学（Ⅱ）（第5版）. 北京：高等教育出版社

［3］孙训方，方孝淑，关来泰. 2009. 材料力学（Ⅰ）（第5版）. 北京：高等教育出版社

［4］孙训方，方孝淑，关来泰. 2009. 材料力学（Ⅱ）（第5版）. 北京：高等教育出版社

［5］单辉祖. 2009. 材料力学（Ⅰ）（第3版）. 北京：高等教育出版社

［6］单辉祖. 2009. 材料力学（Ⅱ）（第3版）. 北京：高等教育出版社

［7］范钦珊，殷雅俊. 2008. 材料力学（第2版）. 北京：清华大学出版社

［8］聂毓琴，孟广伟. 2009. 材料力学（第2版）. 北京：机械工业出版社

［9］苟文选. 2010. 材料力学（Ⅰ）（第二版）. 北京：科学出版社

［10］苟文选. 2010. 材料力学（Ⅱ）（第二版）. 北京：科学出版社

［11］陈乃立，陈倩. 2004. 材料力学学习指导书. 北京：高等教育出版社

附录 A　平面图形的几何性质

在材料力学中，经常会遇到一些与横截面形状和尺寸有关的几何量，比如面积、形心、静距、惯性矩等。这些几何量统称为**平面图形的几何性质**。本附录介绍几种常用几何性质的定义、相关定理与计算方法。

A.1　静矩和形心

A.1.1　静矩

任意平面图形如图 A.1 所示，其面积为 A。y 轴和 z 轴为图形所在平面内的任意直角坐标轴。在坐标为（y，z）处取一微面积 dA，zdA、ydA 分别称为微面积对 y 轴、z 轴的静矩。遍及整个面积 A 的积分

$$S_y = \int_A z\,dA， \quad S_z = \int_A y\,dA \quad\quad (A.1)$$

分别定义为平面图形对 y 轴和 z 轴的**静矩**。由式（A.1）可见，静矩是对某一坐标轴而言的，同一图形对不同的坐标轴，静矩也不相同。静矩的数值可能为正，可能为负，也可能为零。静矩的量纲是长度的三次方。

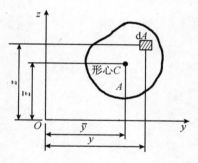

图 A.1

A.1.2　形心及其坐标

设均质等厚薄板中面的形状与图 A.1 的平面图形相同。显然，在 Oyz 坐标系中，上述均质薄板的重心与平面图形的形心有相同的坐标 $\bar{y}$ 和 $\bar{z}$。由静力学的力矩定理可知，薄板重心的坐标 $\bar{y}$ 和 $\bar{z}$ 分别是

$$\bar{y} = \frac{\int_A y\,dA}{A}， \quad \bar{z} = \frac{\int_A z\,dA}{A} \quad\quad (A.2)$$

这就是确定平面图形的形心坐标的公式。

利用式（A.1）可以把式（A.2）改写成

$$\bar{y} = \frac{S_z}{A}， \quad \bar{z} = \frac{S_y}{A} \quad\quad (A.3)$$

所以，把平面图形对 z 轴和 y 轴的静矩除以图形的面积 A，就得到图形形心的坐标 $\bar{y}$ 和 $\bar{z}$。把式（A.3）改写为

$$S_y = A \cdot \bar{z}， \quad S_z = A \cdot \bar{y} \quad\quad (A.4)$$

这表明，平面图形对 y 轴和 z 轴的静矩，分别等于图形面积 A 乘以图形的形心坐标 $\bar{z}$ 和 $\bar{y}$。

由式（A.3）和式（A.4）看出，若 $S_z = 0$ 或 $S_y = 0$，则 $\bar{y} = 0$ 或 $\bar{z} = 0$。可见，

若图形对某一坐标轴的静矩等于零，则该坐标轴必然通过图形的形心；反之，若某一坐标轴通过形心，则图形对于该轴的静矩等于零。通过形心的坐标轴称为**形心轴**。

例 A.1　如图 A.2 中抛物线的方程为 $z = h\left(1 - \dfrac{y^2}{b^2}\right)$。计算由抛物线、$y$ 轴和 z 轴所围成的平面图形对 y 轴和 z 轴的静矩 S_y 和 S_z，并确定图形的形心 C 的坐标。

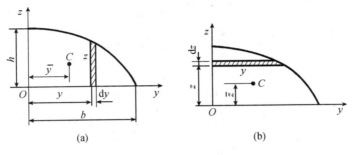

图 A.2

解　取平行于 z 轴的狭长条作为微面积 $\mathrm{d}A$ [图 A.2（a）]，则有

$$\mathrm{d}A = z\mathrm{d}y = h\left(1 - \frac{y^2}{b^2}\right)\mathrm{d}y$$

图形的面积及对 z 轴的静矩分别为

$$A = \int_A \mathrm{d}A = \int_0^b h\left(1 - \frac{y^2}{b^2}\right)\mathrm{d}y = \frac{2bh}{3}$$

$$S_z = \int_A y\,\mathrm{d}A = \int_0^b yh\left(1 - \frac{y^2}{b^2}\right)\mathrm{d}y = \frac{b^2 h}{4}$$

代入式（A.3），得

$$\bar{y} = \frac{S_z}{A} = \frac{3}{8}b$$

取平行于 y 轴的狭长条作为微面积如图 A.2（b）所示，仿照上述方法，即可求出

$$S_y = \frac{4bh^2}{15}, \quad \bar{z} = \frac{2}{5}h$$

A.1.3　组合图形的静矩和形心坐标

当一个平面图形是由若干个简单图形（如矩形、圆形、三角形等）组成时，由静矩的定义可知，图形各组成部分对某一轴的静矩的代数和，等于整个图形对同一轴的静矩，即

$$S_z = \sum_{i=1}^{n} A_i \bar{y}_i, \quad S_y = \sum_{i=1}^{n} A_i \bar{z}_i \tag{A.5}$$

式中，A_i 和 $\bar{y}_i$、$\bar{z}_i$ 分别表示第 i 个简单图形的面积及形心坐标；n 为组成该平面图形的简单图形的个数。

若将式（A.5）代入式（A.3），则得组合图形形心坐标的计算公式

$$\bar{y} = \frac{\displaystyle\sum_{i=1}^{n} A_i \bar{y}_i}{\displaystyle\sum_{i=1}^{n} A_i}, \quad \bar{z} = \frac{\displaystyle\sum_{i=1}^{n} A_i \bar{z}_i}{\displaystyle\sum_{i=1}^{n} A_i} \tag{A.6}$$

例 A.2 试确定图 A.3 所示平面图形的形心 C 的位置。

解 将图形分为I、II两个矩形，如图取坐标系。两个矩形的形心坐标及面积分别为

矩形 I

$$\bar{y}_1 = \frac{10}{2} = 5 (\text{mm})$$

$$\bar{z}_1 = \frac{120}{2} = 60 (\text{mm})$$

$$A_1 = 10 \times 120 = 1200 (\text{mm}^2)$$

矩形 II

$$\bar{y}_2 = 10 + \frac{80}{2} = 50 (\text{mm})$$

$$\bar{z}_2 = \frac{10}{2} = 5 (\text{mm})$$

$$A_2 = 10 \times 80 = 800 (\text{mm}^2)$$

应用式（A.6），得形心 C 的坐标 $(\bar{y}, \bar{z})$ 为

$$\bar{y} = \frac{A_1 \bar{y}_1 + A_2 \bar{y}_2}{A_1 + A_2} = \frac{1200 \times 5 + 800 \times 50}{1200 + 800} = 23 (\text{mm})$$

$$\bar{z} = \frac{A_1 \bar{z}_1 + A_2 \bar{z}_2}{A_1 + A_2} = \frac{1200 \times 60 + 800 \times 5}{1200 + 800} = 38 (\text{mm})$$

形心 $C(\bar{y}, \bar{z})$ 的位置，如图 A.3 所示。

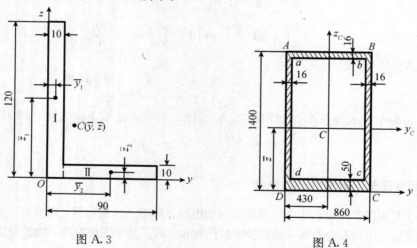

图 A.3 图 A.4

例 A.3 如图 A.4 为某机架的横截面尺寸，试确定该截面形心的位置。

解 该截面有一个垂直对称轴 z，其形心必然在这一对称轴上，因而只需确定形心在 z 轴上的位置。把截面图形看成是由矩形 $ABCD$ 减去矩形 $abcd$，并以 $ABCD$ 的面积为 A_1，$abcd$ 的面积为 A_2。以底边 DC 作为参考坐标轴 y。

$$A_1 = 1.4 \times 0.86 = 1.204 (\text{m}^2)$$

$$\bar{z}_1 = \frac{1.4}{2} \text{m} = 0.7 \text{m}$$

$$A_2 = (0.86 - 2 \times 0.016) \times (1.4 - 0.05 - 0.016) = 1.105 (\text{m}^2)$$

$$\bar{z}_2 = \frac{1}{2}(1.4 - 0.05 - 0.016) + 0.05 = 0.717(\text{m})$$

由式（A.6），整个截面图形的形心 C 的坐标 $\bar{z}$ 为

$$\bar{z} = \frac{A_1\bar{z}_1 - A_2\bar{z}_2}{A_1 - A_2} = \frac{1.204 \times 0.7 - 1.105 \times 0.717}{1.204 - 1.105} = 0.51(\text{m})$$

A.2 惯性矩 惯性积 惯性半径

A.2.1 惯性矩、惯性半径

任意平面图形如图 A.5 所示，其面积为 A，y 轴和 z 轴为图形所在平面内的任意一对直角坐标轴。在坐标为 (y, z) 处取微面积 $\mathrm{d}A$，$z^2\mathrm{d}A$ 和 $y^2\mathrm{d}A$ 分别称为微面积 $\mathrm{d}A$ 对 y 轴和 z 轴的惯性矩，而遍及整个平面图形面积 A 的积分

$$\left.\begin{array}{l} I_y = \displaystyle\int_A z^2\mathrm{d}A \\[2mm] I_z = \displaystyle\int_A y^2\mathrm{d}A \end{array}\right\} \tag{A.7}$$

分别定义为平面图形对 y 轴和 z 轴的**惯性矩**。

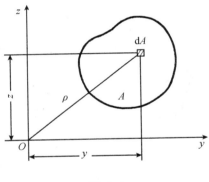

图 A.5

在式（A.7）中，由于 y^2、z^2 总是正值，所以 I_y、I_z 也恒为正值。惯性矩的量纲是长度的四次方。

工程上，有时把惯性矩写成图形面积与某一长度平方的乘积，即

$$I_y = Ai_y^2, \quad I_z = Ai_z^2 \tag{A.8}$$

或改写为

$$i_y = \sqrt{\frac{I_y}{A}}, \quad i_z = \sqrt{\frac{I_z}{A}} \tag{A.9}$$

式中，i_y，i_z 分别称为图形对 y 轴和 z 轴的**惯性半径**，其量纲为长度。

如图 A.5 所示，微面积 $\mathrm{d}A$ 到坐标原点的距离为 ρ，定义

$$I_\rho = \int_A \rho^2\mathrm{d}A \tag{A.10}$$

为平面图形对坐标原点的**极惯性矩**。其量纲仍为长度的四次方。由图 A.5 可以看出

$$I_\rho = \int_A \rho^2 \, dA = \int_A (y^2 + z^2) \, dA = \int_A z^2 \, dA + \int_A y^2 \, dA = I_y + I_z \qquad (A.11)$$

所以，图形对于任意一对互相垂直轴的惯性矩之和，等于它对该两轴交点的极惯性矩。

A.2.2 惯性积

在图 A.5 所示的平面图形中，定义 $yz \, dA$ 为微面积 dA 对 y 轴和 z 轴的惯性积。而积分式

$$I_{yz} = \int_A yz \, dA \qquad (A.12)$$

定义为图形对 y、z 轴的**惯性积**。惯性积的量纲为长度的四次方。

由于坐标乘积 yz 可能为正或负，因此，I_{yz} 的数值可能为正，可能为负，也可能等于零。

若坐标轴 y 或 z 中有一个是图形的对称轴，例如，图 A.6 中的 z 轴。这时，如在 z 轴两侧的对称位置处，各取微面积 dA，显然，两者的 z 坐标相同，y 坐标数值相等而符号相反。因而两个微面积的惯性积数值相等，而符号相反，它们在积分中相互抵消，最后导致

$$I_{yz} = \int_A yz \, dA = 0$$

所以，两个坐标轴中只要有一个轴为图形的对称轴，则图形对这一对坐标轴的惯性积等于零。

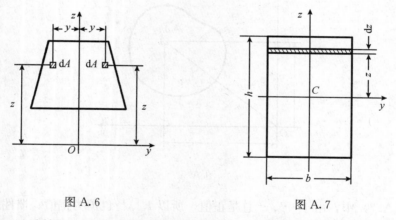

图 A.6   图 A.7

例 A.4 试计算矩形对其对称轴 y 和 z（图 A.7）的惯性矩。矩形的高为 h，宽为 b。

解 先求对 y 轴的惯性矩。取平行于 y 轴的狭长条作为微面积 dA。则

$$dA = b \, dz$$

$$I_y = \int_A z^2 \, dA = \int_{-\frac{h}{2}}^{\frac{h}{2}} b z^2 \, dz = \frac{bh^3}{12}$$

用完全相同的方法可以求得

$$I_z = \frac{hb^3}{12}$$

若图形是高为 h 宽为 b 的平行四边形（图 A.8），它对形心轴 y 的惯性矩仍然是 $I_y = \dfrac{bh^3}{12}$。

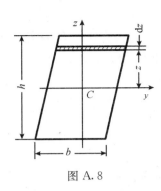

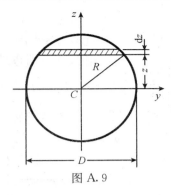

图 A.8   图 A.9

例 A.5 计算圆形对其形心轴的惯性矩。

解 取图 A.9 中的阴影部分作为微面积 $\mathrm{d}A$，则

$$\mathrm{d}A = 2y\mathrm{d}z = 2\sqrt{R^2 - z^2}\mathrm{d}z$$

$$I_y = \int_A z^2 \mathrm{d}A = \int_{-R}^{R} 2z^2 \sqrt{R^2 - z^2}\mathrm{d}z = \frac{\pi R^4}{4} = \frac{\pi D^4}{64}$$

z 轴和 y 轴都与圆的直径重合，由于对称性，必然有

$$I_y = I_z = \frac{\pi D^4}{64}$$

由式（A.11），显然可以求得

$$I_{\mathrm{p}} = I_y + I_z = \frac{\pi D^4}{32}$$

式中 I_{p} 是圆形对圆心的极惯性矩。

对于图 A.10 所示的圆环形图形，由式（3.13a）知

$$I_{\mathrm{p}} = \frac{\pi}{32}(D^4 - d^4)$$

又由式（A.11）并根据图形的对称性

$$I_y = I_z = \frac{1}{2}I_{\mathrm{p}} = \frac{\pi}{64}(D^4 - d^4)$$

对于例 A.4、例 A.5 中的矩形、圆形及环形，由于 y 轴及 z 轴均为其对称轴，所以其惯性积 I_{yz} 均为零。

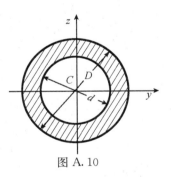

图 A.10

A.2.3 组合图形的惯性矩及惯性积

根据惯性矩及惯性积的定义可知，由若干简单图形组成的组合图形对某坐标轴的惯性矩等于每个简单图形对同一轴的惯性矩之和；组合图形对于某一对正交坐标轴的惯性积等于每个简单图形对同一对轴的惯性积之和。用公式可表示为

$$\left. \begin{array}{l} I_y = \displaystyle\sum_{i=1}^{n}(I_y)_i \\[2mm] I_z = \displaystyle\sum_{i=1}^{n}(I_z)_i \\[2mm] I_{yz} = \displaystyle\sum_{i=1}^{n}(I_{yz})_i \end{array} \right\}$$

（A.13）

式中，$(I_y)_i$、$(I_z)_i$、$(I_{yz})_i$ 分别为第 i 个简单图形对 y 轴和 z 轴的惯性矩和惯性积。

例如，可以把图 A.10 所示的环形图形，看作是由直径为 D 的实心圆减去直径为 d 的圆，由式（A.13），并应用例 A.5 所得结果即可求得

$$I_y = I_z = \frac{\pi}{64}(D^4 - d^4)$$

例 A.6　两圆直径均为 d，而且相切于矩形之内，如图 A.11 所示。试求阴影部分对 y 轴的惯性矩。

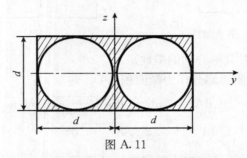

图 A.11

解　显然，由组合图形对某坐标轴的惯性矩的计算公式，图中阴影部分对 y 轴的惯性矩 I_y 等于矩形对 y 轴的惯性矩 $(I_y)_1$ 减去两个圆形对 y 轴的惯性矩 $(I_y)_2$。

$$(I_y)_1 = \frac{2dd^3}{12} = \frac{d^4}{6}$$

$$(I_y)_2 = 2 \times \frac{\pi d^4}{64} = \frac{\pi d^4}{32}$$

故得

$$I_y = (I_y)_1 - (I_y)_2 = \frac{(16 - 3\pi)d^4}{96}$$

A.3　平行移轴公式

同一平面图形对于平行的两对不同坐标轴的惯性矩或惯性积虽然不同，但当其中一对轴是图形的形心轴时，它们之间却存在着比较简单的关系。下面推导这种关系的表达式。

在图 A.12 中，设平面图形的面积为 A，图形形心 C 在任一坐标系 Oyz 中的坐标为 $(\bar{y}, \bar{z})$，y_c、z_c 轴为图形的形心轴，并分别与 y、z 轴平行。取微面积 dA，它在两坐标系中的坐标分别为 y、z 及 y_c、z_c，由图 A.12 可知

$$y = y_c + \bar{y}, \quad z = z_c + \bar{z} \tag{a}$$

平面图形对于形心轴 y_c、z_c 的惯性矩及惯性积为

$$\left. \begin{array}{l} I_{y_c} = \displaystyle\int_A z_c{}^2 \, dA \\[2mm] I_{z_c} = \displaystyle\int_A y_c{}^2 \, dA \\[2mm] I_{y_c z_c} = \displaystyle\int_A y_c z_c \, dA \end{array} \right\} \tag{b}$$

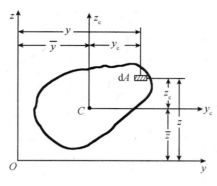

图 A.12

平面图形对于 y、z 轴的惯性矩及惯性积为

$$I_y = \int_A z^2 \mathrm{d}A = \int_A (z_c + \bar{z})^2 \mathrm{d}A = \int_A z_c^2 \mathrm{d}A + 2\bar{z} \int_A z_c \mathrm{d}A + \bar{z}^2 \int_A \mathrm{d}A$$

$$I_z = \int_A y^2 \mathrm{d}A = \int_A (y_c + \bar{y})^2 \mathrm{d}A = \int_A y_c^2 \mathrm{d}A + 2\bar{y} \int_A y_c \mathrm{d}A + \bar{y}^2 \int_A \mathrm{d}A \qquad \text{(c)}$$

$$I_{yz} = \int_A yz \mathrm{d}A = \int_A (y_c + \bar{y})(z_c + \bar{z}) \mathrm{d}A = \int_A y_c z_c \mathrm{d}A + \bar{z} \int_A y_c \mathrm{d}A + \bar{y} \int_A z_c \mathrm{d}A + \bar{y}\bar{z} \int_A \mathrm{d}A$$

以上三式中的 $\int_A z_c \mathrm{d}A$ 及 $\int_A y_c \mathrm{d}A$ 分别为图形对形心轴 y_c 和 z_c 的静矩，其值等于零。$\int_A \mathrm{d}A = A$。再应用式（b），则上三式简化为

$$\left.\begin{aligned} I_y &= I_{y_c} + \bar{z}^2 A \\ I_z &= I_{z_c} + \bar{y}^2 A \\ I_{yz} &= I_{y_c z_c} + \bar{y}\bar{z}A \end{aligned}\right\} \qquad \text{(A.14)}$$

式（A.14）即为惯性矩和惯性积的**平行移轴公式**。在使用这一公式时，要注意 $\bar{y}$ 和 $\bar{z}$ 是图形的形心在 yz 坐标系中的坐标，所以它们是有正负的。利用平行移轴公式可使惯性矩和惯性积的计算得到简化。

例 A.7　试计算图 A.13 所示图形对其形心轴 y_c 的惯性矩 I_{yc}。

解　把图形看作由两个矩形 Ⅰ 和 Ⅱ 组成。图形的形心必然在对称轴上。为了确定 $\bar{z}$，取通过矩形 Ⅱ 的形心且平行于底边的参考轴为 y 轴

$$\bar{z} = \frac{A_1 z_1 + A_2 z_2}{A_1 + A_2}$$

$$= \frac{0.14 \times 0.02 \times 0.08 + 0.1 \times 0.02 \times 0}{0.14 \times 0.02 + 0.1 \times 0.02} = 0.0467(\text{m})$$

形心位置确定后，使用平行移轴公式，分别计算出矩形 Ⅰ 和 Ⅱ 对 y_c 轴的惯性矩

$$(I_{y_c})_1 = \frac{1}{12} \times 0.02 \times 0.14^3 + (0.08 - 0.0467)^2 \times 0.02 \times 0.14 = 7.69 \times 10^{-6}(\text{m}^4)$$

$$(I_{y_c})_2 = \frac{1}{12} \times 0.1 \times 0.02^3 + 0.0467^2 \times 0.1 \times 0.02 = 4.43 \times 10^{-6}(\text{m}^4)$$

整个图形对 y_c 轴的惯性矩为

$$I_{y_c} = (I_{y_c})_1 + (I_{y_c})_2 = 7.69 \times 10^{-6} + 4.43 \times 10^{-6} = 12.12 \times 10^{-6}(\text{m}^4)$$

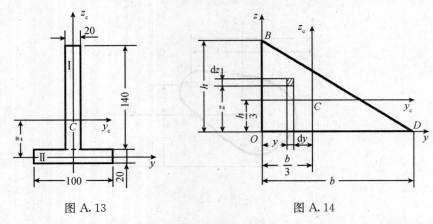

图 A.13　　　　　　　　　　　　图 A.14

例 A.8　计算图 A.14 所示三角形 OBD 对 y、z 轴和形心轴 y_c、z_c 的惯性积。

解　三角形斜边 BD 的方程式为

$$y = \frac{(h-z)b}{h}$$

取微面积

$$\mathrm{d}A = \mathrm{d}y\mathrm{d}z$$

三角形对 y、z 轴的惯性积 I_{yz} 为

$$I_{yz} = \int_A yz\mathrm{d}A = \int_0^h z\mathrm{d}z \int_0^y y\mathrm{d}y = \frac{b^2}{2h^2}\int_0^h z(h-z)^2\mathrm{d}z = \frac{b^2h^2}{24}$$

三角形的形心 C 在 Oyz 坐标系中的坐标为 $\left(\dfrac{b}{3}, \dfrac{h}{3}\right)$，由式（A.14）得

$$I_{y_cz_c} = I_{yz} - \left(\frac{b}{3}\right)\left(\frac{h}{3}\right)A = \frac{b^2h^2}{24} - \left(\frac{b}{3}\right)\left(\frac{h}{3}\right)\left(\frac{bh}{2}\right) = -\frac{b^2h^2}{72}$$

A.4　转　轴　公　式

当坐标轴绕原点旋转时，平面图形对于具有不同转角的各坐标轴的惯性矩或惯性积之间存在某种确定的关系，下面来推导这种关系。

设在图 A.15 中，平面图形对于 y、z 轴的惯性矩 I_y、I_z 及惯性积 I_{yz} 均为已知，y、z 轴绕坐标原点 O 转动 α 角（逆时针转向为正）后得到新的坐标轴 y_α、z_α。现在讨论平面图形对 y_α、z_α 轴的惯性矩 I_{y_α}、I_{z_α} 及惯性积 $I_{y_\alpha z_\alpha}$ 与已知的 I_y、I_z 及 I_{yz} 的之间的关系。

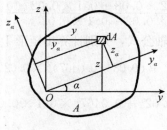

图 A.15

在图 A.15 所示的平面图形中任取微面积 dA，新旧坐标的关系为

$$\left.\begin{array}{l} y_\alpha = z\sin\alpha + y\cos\alpha \\ z_\alpha = z\cos\alpha - y\sin\alpha \end{array}\right\} \tag{a}$$

根据定义，平面图形对 y_α 轴的惯性矩为

$$I_{y_\alpha} = \int_A z_\alpha{}^2 dA = \int_A (z\cos\alpha - y\sin\alpha)^2 dA \tag{b}$$

$$= \cos^2\alpha \int_A z^2 dA + \sin^2\alpha \int_A y^2 dA - 2\sin\alpha\cos\alpha \int_A yz \, dA$$

注意等号右侧三项中的积分分别为

$$\int_A z^2 dA = I_y \, , \quad \int_A y^2 dA = I_z \, , \quad \int_A yz \, dA = I_{yz}$$

将以上三式代入式（b）并考虑到三角函数关系

$$\cos^2\alpha = \frac{1}{2}(1 + \cos 2\alpha) \, , \quad \sin^2\alpha = \frac{1}{2}(1 - \cos 2\alpha)$$

$$2\sin\alpha\cos\alpha = \sin 2\alpha$$

可以得到

$$I_{y_\alpha} = \frac{I_y + I_z}{2} + \frac{I_y - I_z}{2}\cos 2\alpha - I_{yz}\sin 2\alpha \tag{A.15}$$

同理，将式（a）代入 I_{z_α}，$I_{y_\alpha z_\alpha}$ 表达式可得

$$I_{z_\alpha} = \frac{I_y + I_z}{2} - \frac{I_y - I_z}{2}\cos 2\alpha + I_{yz}\sin 2\alpha \tag{A.16}$$

$$I_{y_\alpha z_\alpha} = \frac{I_y - I_z}{2}\sin 2\alpha + I_{yz}\cos 2\alpha \tag{A.17}$$

式（A.15）～式（A.17）即为惯性矩及惯性积的**转轴公式**。

把式（A.15）与（A.16）相加得

$$(I_y)_\alpha + (I_z)_\alpha = I_y + I_z \tag{A.18}$$

式（A.18）表明，当 α 角改变时，平面图形对互相垂直的一对坐标轴的惯性矩之和始终为一常量。由式（A.11）可见，这一常量就是平面图形对于坐标原点的极惯性矩 I_p。

例 A.9 计算图 A.16 所示矩形对轴 $y_0 z_0$ 的惯性矩和惯性积，形心在原点 O。

解 矩形对 y、z 轴的惯性矩和惯性积分别为

$$I_y = \frac{ab^3}{12} \, , \quad I_z = \frac{ba^3}{12} \, , \quad I_{yz} = 0$$

由转轴公式得

$$I_{y_0} = \frac{I_y + I_z}{2} + \frac{I_y - I_z}{2}\cos 2\alpha_0 - I_{yz}\sin 2\alpha_0$$

$$= \frac{ab(a^2 + b^2)}{24} + \frac{ab(b^2 - a^2)}{24}\cos 2\alpha_0$$

$$I_{z_0} = \frac{I_y + I_z}{2} - \frac{I_y - I_z}{2}\cos 2\alpha_0 + I_{yz}\sin 2\alpha_0$$

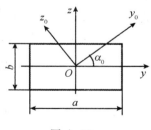

图 A.16

$$= \frac{ab(a^2+b^2)}{24} - \frac{ab(b^2-a^2)}{24}\cos 2\alpha_0$$

$$I_{y_0 z_0} = \frac{I_y - I_z}{2}\sin 2\alpha_0 + I_{yz}\cos 2\alpha_0$$

$$= \frac{ab(b^2-a^2)}{24}\sin 2\alpha_0$$

从本例的结果可知，当矩形变为正方形时，即在 $a=b$ 时，惯性矩与角 α_0 无关，其值为常量，而惯性积为零。这个结论可推广于一般的正多边形，即正多边形对形心轴的惯性矩的数值恒为常量，与形心轴的方向无关，并且对以形心为原点的任一对直角坐标轴的惯性积为零。

A.5　主惯性轴　主惯性矩　形心主惯性轴及形心主惯性矩

由上述转轴公式可知，惯性矩 I_{y_α}、I_{z_α} 及惯性积 $I_{y_\alpha z_\alpha}$ 随 α 角的改变而变化，它们都是 α 的函数。将式（A.15）对 α 取导数，并令其为零，即

$$\frac{\mathrm{d}I_{y_\alpha}}{\mathrm{d}\alpha} = -2\left[\frac{I_y - I_z}{2}\sin 2\alpha + I_{yz}\cos 2\alpha\right] = 0$$

设 $\alpha = \alpha_0$ 时，$\dfrac{\mathrm{d}I_{y_\alpha}}{\mathrm{d}\alpha} = 0$，得

$$\tan 2\alpha_0 = -\frac{2I_{yz}}{I_y - I_z} \tag{A.19}$$

由式（A.19）可以求出相差 $90°$ 的两个角 α_0 和 $\alpha_0 \pm 90°$，从而确定了一对坐标轴 $y_0 z_0$。因为平面图形对互相垂直的一对坐标轴的惯性矩之和为一常量，所以，图形对这一对轴中的一个轴的惯性矩为最大值 $I_{\max}$，而对另一个轴的惯性矩为最小值 $I_{\min}$。由式（A.17）容易看出，图形对这两个轴的惯性积为零。惯性矩有极值，惯性积为零的轴，称为**主惯性轴**，对主惯性轴的惯性矩称为**主惯性矩**。

将式（A.19）用余弦函数和正弦函数表示，即

$$\cos 2\alpha_0 = \frac{1}{\sqrt{1+\tan^2 2\alpha_0}} = \frac{(I_y - I_z)}{\sqrt{(I_y - I_z)^2 + 4I_{yz}^2}}$$

$$\sin 2\alpha_0 = -\frac{1}{\sqrt{1+\cot^2 2\alpha_0}} = \frac{-2I_{yz}}{\sqrt{(I_y - I_z)^2 + 4I_{yz}^2}}$$

并代入式（A.15）及式（A.16），得主惯性矩计算公式为

$$\begin{matrix} I_{\max} \\ I_{\min} \end{matrix} = \frac{I_y + I_z}{2} \pm \sqrt{\left(\frac{I_y - I_z}{2}\right)^2 + I_{yz}^2} \tag{A.20}$$

通过形心的主惯性轴称为**形心主惯性轴**，对形心主惯性轴的惯性矩称为**形心主惯性矩**。如果把平面图形看成杆件的横截面，在杆件弯曲理论中有重要的意义。截面对于对称轴的惯性积为零，截面形心又必然在对称轴上，所以截面的对称轴就是形心主惯性轴，它与杆件轴线确定的纵向对称面就是形心主惯性平面。

例 A.10　试确定图 A.17 所示图形的形心主惯性轴的位置，并计算形心主惯性矩。

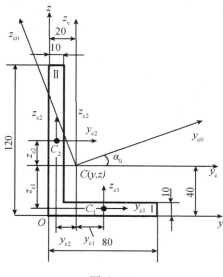

图 A.17

解　过两矩形的边缘取参考坐标系如图 A.17 所示。

（1）求形心 $C(\bar{y}, \bar{z})$。

$$\bar{y} = \frac{A_1 \bar{y}_1 + A_2 \bar{y}_2}{A_1 + A_2} = \frac{70 \times 10 \times 45 + 10 \times 120 \times 5}{70 \times 10 + 10 \times 120} = 20 (\text{mm})$$

$$\bar{z} = \frac{A_1 \bar{z}_1 + A_2 \bar{z}_2}{A_1 + A_2} = \frac{70 \times 10 \times 5 + 10 \times 20 \times 60}{70 \times 10 + 10 \times 120} = 40 (\text{mm})$$

（2）求图形对形心轴的惯性矩及惯性积。

过形心 C 取 $y_c C z_c$ 坐标系与 yOz 平行，并过两矩形的形心平行于 yOz 分别取 $y_1 C z_1$ 及 $y_2 C z_2$ 坐标系。首先求矩形 I、II 对 y_c、z_c 轴的惯性矩及惯性积。矩形 I、II 的形心 C_1、C_2 在 $y_c C z_c$ 坐标系上的坐标分别为

$$\bar{y}_{c1} = 25\text{mm}, \quad \bar{z}_{c1} = -35\text{mm}$$

$$\bar{y}_{c2} = -15\text{mm}, \quad \bar{z}_{c2} = 20\text{mm}$$

矩形 I：

$$I_{y_c}^1 = I_{y_{c1}}^1 + (\bar{z}_{c1})^2 A_1 = \frac{70 \times 10^3}{12} + (-35)^2 \times 700 = 8.63 \times 10^5 (\text{mm}^4)$$

$$I_{z_c}^1 = I_{z_{c1}}^1 + (\bar{y}_{c1})^2 A = \frac{10 \times 70^3}{12} + 25^2 \times 700 = 7.23 \times 10^5 (\text{mm}^4)$$

$$I_{y_c z_c}^1 = I_{y_{c1} z_{c1}}^1 + (\bar{y}_{c1})(\bar{z}_{c1}) A_1 = 0 + 25 \times (-35) \times 700 = -6.13 \times 10^5 (\text{mm}^4)$$

矩形 II：

$$I_{y_c}^2 = I_{y_{c2}}^2 + (\bar{z}_{c2})^2 A_2 = \frac{10 \times 120^3}{12} + 20^2 \times 1200 = 19.2 \times 10^5 (\text{mm}^4)$$

$$I_{z_c}^2 = I_{z_{c2}}^2 + (\bar{y}_{c2})^2 A = \frac{120 \times 10^3}{12} + (-15)^2 \times 1200 = 2.8 \times 10^5 (\text{mm}^4)$$

$$I_{y_c z_c}^2 = I_{y_{c2} z_{c2}}^2 + (\bar{y}_{c2})(\bar{z}_{c2}) A = 0 + (-15) \times 20 \times 1200 = -3.6 \times 10^5 (\text{mm}^4)$$

图形由矩形Ⅰ、Ⅱ组合而成，因此，图形对 y_c、z_c 轴的惯性矩及惯性积为

$$I_{y_c} = 8.63 \times 10^5 + 19.2 \times 10^5 = 2.783 \times 10^5 (\text{mm}^4)$$

$$I_{z_c} = 7.23 \times 10^5 + 2.8 \times 10^5 = 1.003 \times 10^5 (\text{mm}^4)$$

$$I_{y_c z_c} = -6.13 \times 10^5 - 3.6 \times 10^5 = -9.73 \times 10^5 (\text{mm}^4)$$

（3）求形心主轴位置及形心主惯性矩

$$\tan 2\alpha_0 = \frac{-2 I_{y_c z_c}}{I_{y_c} - I_{z_c}} = \frac{-2 \times (-9.73 \times 10^5)}{2.783 \times 10^5 - 1.003 \times 10^5} = 1.093$$

由此得

$$2\alpha_0 = 47.6° \text{ 或 } 227.6°$$

$$\alpha_0 = 23.8° \text{ 或 } 113.8°$$

即形心主惯性轴 y_{c0} 及 z_{c0} 与 y_c 轴的夹角分别为 23.8°及 113.8°，如图 A.17 所示。以 α_0 角两个值分别代入式（A.15），求出图形的主惯性矩为

$$I_{y_{c0}} = 3.21 \times 10^6 \text{ mm}^4$$

$$I_{z_{c0}} = 5.74 \times 10^5 \text{ mm}^4$$

也可按式（A.20）求得形心主惯性矩为

$$\begin{aligned}
\left.\begin{array}{c} I_{\max} \\ I_{\min} \end{array}\right\} &= \frac{I_{y_c} + I_{z_c}}{2} \pm \sqrt{\left(\frac{I_{y_c} - I_{z_c}}{2}\right)^2 + (I_{y_c z_c})^2} \\
&= \left(\frac{2.783 \times 10^6 + 1.003 \times 10^6}{2}\right) \pm \sqrt{\left(\frac{2.783 \times 10^6 - 1.003 \times 10^6}{2}\right)^2 + (-9.73 \times 10^5)^2} \\
&= \begin{array}{l} 3.21 \times 10^6 (\text{mm}^4) \\ 5.74 \times 10^5 (\text{mm}^4) \end{array}
\end{aligned}$$

当确定主惯性轴位置时，设 α_0 是由式（A.19）所求出的两个角度中的绝对值最小者，若 $I_y > I_z$，则 α_0 是 I_y 与 $I_{\max}$ 之间的夹角；若 $I_y < I_z$，则 α_0 是 I_z 与 $I_{\max}$ 之间的夹角。例如本例中，由 $\alpha_0 = 23.8°$ 所确定的形心主惯性轴，对应着最大的形心主惯性矩 $I_{\max} = I_{y_{c0}} = 3.21 \times 10^6 \text{ mm}^4$。

思 考 题

A.1 横截面的哪些几何量对杆件变形时的强度和刚度有影响，试举例说明。

A.2 若截面图形对某轴的静距为零，则该轴一定是截面的形心轴吗？

A.3 若平面图形的两个坐标轴中只有一个为对称轴，那么图形对该坐标系的惯性积是多少？

A.4 极惯性距与惯性距有何关系？

A.5 如何确定杆件的主惯性平面，它对平面弯曲有何意义？

A.6 薄圆环的平均半径为 r，厚度为 $\delta (r \gg \delta)$，试证薄圆环对任意直径的惯性矩为 $I = \pi r^3 \delta$，对圆心的极惯性矩为 $I = 2\pi r^3 \delta$。

A.7 试证明正方形及正三角形截面的任一形心轴均为形心主惯性轴，并由此推出该结论的一般性条件。

A.8　求证思考题 A.8 图示三角形 I 及 II 的 I_{yz} 相等，且等于矩形 I_{yz} 的一半。

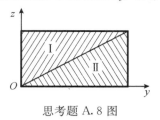

思考题 A.8 图

习　　题

A.1　确定习题 A.1 图形心的位置。

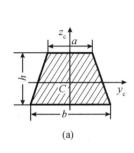

(a)

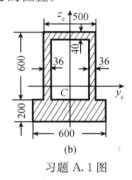

(b)

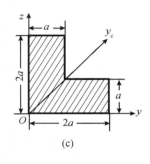

(c)

习题 A.1 图

A.2　试用积分法求习题 A.2 图形的惯性矩 I_y 值。

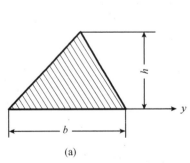

(a)

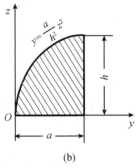

(b)

习题 A.2 图

A.3　计算题 A.1 图中（a）及（b）平面图形对形心轴 y_c 的惯性矩。

A.4　计算半圆形对形心轴 y_c 的惯性矩（习题 A.4 图）。

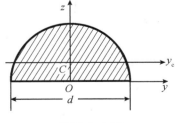

习题 A.4 图

A.5 计算习题 A.5 图形对 y、z 轴的惯性积 I_{yz}。

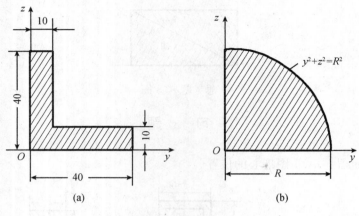

习题 A.5 图

A.6 计算习题 A.6 图形对 y、z 轴的惯性矩 I_y、I_z 及惯性积 I_{yz}。

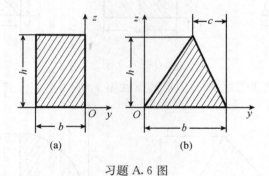

习题 A.6 图

A.7 确定习题 A.7 图示平面图形的形心主惯性轴的位置，并求形心主惯性矩。

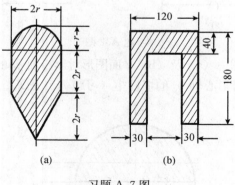

习题 A.7 图

A.8 试确定习题 A.8 图通过坐标原点 O 的主惯性轴的位置，并计算主惯性矩。

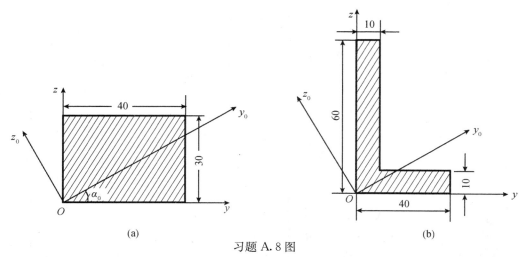

习题 A.8 图

A.9　试确定习题 A.9 图示三角形的形心主惯性轴的位置，并求形心主惯性矩。

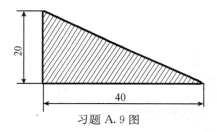

习题 A.9 图

附录 B 型钢表 (GB/T 706—2008)

1. 工字钢

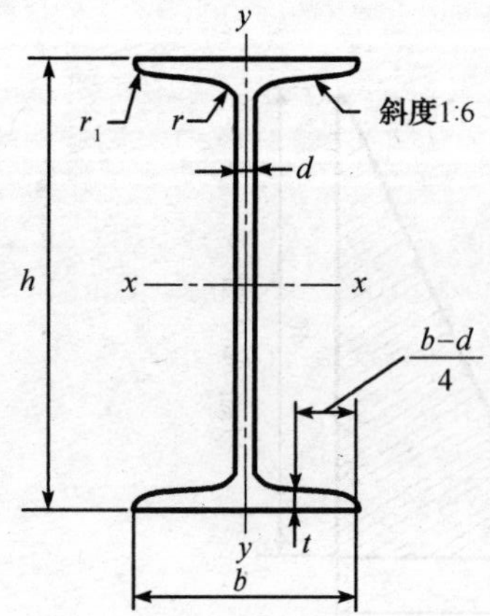

斜度1:6

$\frac{b-d}{4}$

h——高度;
b——腿宽度;
d——腰厚度;
t——平均腿厚度;
r——内圆弧半径;
r_1——腿端圆弧半径。

图 B.1 工字钢截面图

表 B.1 工字钢截面尺寸、截面面积、理论重量及截面特性

型号	截面尺寸/mm						截面面积/cm²	理论重量/(kg/m)	惯性矩/cm⁴		惯性半径/cm		截面模数/cm³	
	h	b	d	t	r	r_1			I_x	I_y	i_x	i_y	W_x	W_y
10	100	68	4.5	7.6	6.5	3.3	14.345	11.261	245	33.0	4.14	1.52	49.0	9.72
12	120	74	5.0	8.4	7.0	3.5	17.818	13.987	436	46.9	4.95	1.62	72.7	12.7

附录 B 型钢表（GB/T 706—2008）

型号	截面尺寸/mm						截面面积/cm²	理论重量/(kg/m)	惯性矩/cm⁴		惯性半径/cm		截面模数/cm³	
	h	b	d	t	r	r_1			I_x	I_y	i_x	i_y	W_x	W_y
12.6	126	74	5.0	8.4	7.0	3.5	18.118	14.223	488	46.9	5.20	1.61	77.5	12.7
14	140	80	5.5	9.1	7.5	3.8	21.516	16.890	712	64.4	5.76	1.73	102	16.1
16	160	88	6.0	9.9	8.0	4.0	26.131	20.513	1130	93.1	6.58	1.89	141	21.2
18	180	94	6.5	10.7	8.5	4.3	30.756	24.143	1660	122	7.36	2.00	185	26.0
20a	200	100	7.0	11.4	9.0	4.5	35.578	27.929	2370	158	8.15	2.12	237	31.5
20b	200	102	9.0	11.4	9.0	4.5	39.578	31.069	2500	169	7.96	2.06	250	33.1
22a	220	110	7.5	12.3	9.5	4.8	42.128	33.070	3400	225	8.99	2.31	309	40.9
22b	220	112	9.5	12.3	9.5	4.8	46.528	36.524	3570	239	8.78	2.27	325	42.7
24a	240	116	8.0	13.0	10.5	5.0	47.741	37.477	4570	280	9.77	2.42	381	48.4
24b	240	118	10.0	13.0	10.5	5.0	52.541	41.245	4800	297	9.57	2.38	400	50.4
25a	250	116	8.0	13.0	10.5	5.0	48.541	38.105	5020	280	10.2	2.40	402	48.3
25b	250	118	10.0	13.0	10.5	5.0	53.541	42.030	5280	309	9.94	2.40	423	52.4
27a	270	122	8.5	13.7	10.5	5.3	54.554	42.825	6550	345	10.9	2.51	485	56.6
27b	270	124	10.5	13.7	10.5	5.3	59.954	47.064	6870	366	10.7	2.47	509	58.9
28a	280	122	8.5	13.0	11.0	5.3	55.404	43.492	7110	345	11.3	2.50	508	56.6
28b	280	124	10.5	14.4	11.0	5.3	61.004	47.888	7480	379	11.1	2.49	534	61.2
30a	300	126	9.0	14.4	11.0	5.5	61.254	48.084	8950	400	12.1	2.55	597	63.5
30b	300	128	11.0	14.4	11.0	5.5	67.254	52.794	9400	422	11.8	2.50	627	65.9
30c	300	130	13.0	14.4	11.0	5.5	73.254	57.504	9850	445	11.6	2.46	657	68.5
32a	320	130	9.5	15.0	11.5	5.8	67.156	52.717	11100	460	12.8	2.62	692	70.8
32b	320	132	11.5	15.0	11.5	5.8	73.556	57.741	11600	502	12.6	2.61	726	76.0
32c	320	134	13.5	15.0	11.5	5.8	79.956	62.765	12200	544	12.3	2.61	760	81.2
36a	360	136	10.0	15.8	12.0	6.0	76.480	60.037	15800	552	14.4	2.69	875	81.2
36b	360	138	12.0	15.8	12.0	6.0	83.680	65.689	16500	582	14.1	2.64	919	84.3
36c	360	140	14.0	15.8	12.0	6.0	90.880	71.341	17300	612	13.8	2.60	962	87.4

续表

型号	截面尺寸/mm						截面面积/cm²	理论重量/(kg/m)	惯性矩/cm⁴		惯性半径/cm		截面模数/cm³	
	h	b	d	t	r	r_1			I_x	I_y	i_x	i_y	W_x	W_y
40a	400	142	10.5	16.5	12.5	6.3	86.112	67.598	21700	660	15.9	2.77	1090	93.2
40b		144	12.5	16.5	12.5	6.3	94.112	73.878	22800	692	15.6	2.71	1140	96.2
40c		146	14.5				102.112	80.158	23900	727	15.2	2.65	1190	99.6
45a	450	150	11.5	18.0	13.5	6.8	102.446	80.420	32200	855	17.7	2.89	1430	114
45b		152	13.5				111.446	87.485	33800	894	17.4	2.84	1500	118
45c		154	15.5				120.446	94.550	35300	938	17.1	2.79	1570	122
50a	500	158	12.0	20.0	14.0	7.0	119.304	93.654	46500	1120	19.7	3.07	1860	142
50b		160	14.0				129.304	101.504	48600	1170	19.4	3.01	1940	146
50c		162	16.0				139.304	109.354	50600	1220	19.0	2.96	2080	151
55a	550	166	12.5	21.0	14.5	7.3	134.185	105.335	62900	1370	21.6	3.19	2290	164
55b		168	14.5				145.185	113.970	65600	1420	21.2	3.14	2390	170
55c		170	16.5				156.185	122.605	68400	1480	20.9	3.08	2490	175
56a	560	166	12.5	21.0	14.5	7.3	135.435	106.316	65600	1370	22.0	3.18	2340	165
56b		168	14.5				146.635	115.108	68500	1490	21.6	3.16	2450	174
56c		170	16.5				157.835	123.900	71400	1560	21.3	3.16	2550	183
63a	630	176	13.0	22.0	15.0	7.5	154.658	121.407	93900	1700	24.5	3.31	2980	193
63b		178	15.0				167.258	131.298	98100	1810	24.2	3.29	3160	204
63c		180	17.0				179.858	141.189	102000	1920	23.8	3.27	3300	214

注：表中 r、r_1 的数据用于孔型设计，不做交货条件。

2. 槽钢

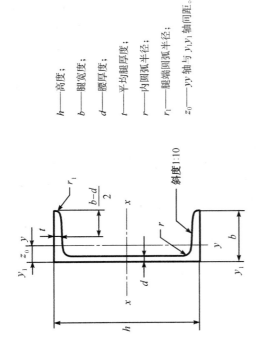

图 B.2 槽钢截面图

h——高度；
b——腿宽度；
d——腰厚度；
t——平均腿厚度；
r——内圆弧半径；
r_1——腿端圆弧半径；
z_0——yy 轴与 y_1y_1 轴间距。

表 B.2 槽钢截面尺寸、截面面积、理论重量及截面特性

型号	截面尺寸/mm						截面面积/cm²	理论重量/(kg/m)	惯性矩/cm⁴			惯性半径/cm		截面模数/cm³		重心距离/cm
	h	b	d	t	r	r_1			I_x	I_y	I_{y1}	i_x	i_y	W_x	W_y	z_0
5	50	37	4.5	7.0	7.0	3.5	6.928	4.438	26.0	8.30	20.9	1.94	1.10	10.4	3.55	1.35
6.3	63	40	4.8	7.5	7.5	3.8	8.451	6.634	50.8	11.9	28.4	2.45	1.19	16.1	4.50	1.36
6.5	65	40	4.3	7.5	7.5	3.8	8.547	6.709	55.2	12.0	28.3	2.54	1.19	17.0	4.59	1.38
8	80	43	5.0	8.0	8.0	4.0	10.248	8.045	101	16.6	37.4	3.15	1.27	25.3	5.79	1.43
10	100	48	5.3	8.5	8.5	4.2	12.748	10.007	198	25.6	54.9	3.95	1.41	39.7	7.80	1.52
12	120	53	5.5	9.0	9.0	4.5	15.362	12.059	346	37.4	77.7	4.75	1.56	57.7	10.2	1.62
12.6	126	53	5.5	9.0	9.0	4.5	15.692	12.318	391	38.0	77.1	4.95	1.57	62.1	10.2	1.59

续表

型号	截面尺寸/mm						截面面积/cm²	理论重量/(kg/m)	惯性矩/cm⁴			惯性半径/cm		截面模数/cm³		重心距离/cm
	h	b	d	t	r	r_1			I_x	I_y	I_{y1}	i_x	i_y	W_x	W_y	z_0
14a	140	58	6.0	9.5	9.5	4.8	18.516	14.535	564	53.2	107	5.52	1.70	80.5	13.0	1.71
14b	140	60	8.0	9.5	9.5	4.8	21.316	16.733	609	61.1	121	5.35	1.69	87.1	14.1	1.67
16a	160	63	6.5	10.0	10.0	5.0	21.962	17.24	866	73.3	144	6.28	1.83	108	16.3	1.80
16b	160	65	8.5	10.0	10.0	5.0	25.162	19.752	935	83.4	161	6.10	1.82	117	17.6	1.75
18a	180	68	7.0	10.5	10.5	5.2	25.699	20.174	1270	98.6	190	7.04	1.96	141	20.0	1.88
18b	180	70	9.0	10.5	10.5	5.2	29.299	23.000	1370	111	210	6.84	1.95	152	21.5	1.84
20a	200	73	7.0	11.0	11.0	5.5	28.837	22.637	1780	128	244	7.86	2.11	178	24.2	2.01
20b	200	75	9.0	11.0	11.0	5.5	32.837	25.777	1910	144	268	7.64	2.09	191	25.9	1.95
22a	220	77	7.0	11.5	11.5	5.8	31.846	24.999	2390	158	298	8.67	2.23	218	28.2	2.10
22b	220	79	9.0	11.5	11.5	5.8	36.246	28.453	2570	176	326	8.42	2.21	234	30.1	2.03
24a	240	78	7.0	12.0	12.0	6.0	34.217	25.860	3050	174	325	9.45	2.25	254	30.5	2.10
24b	240	80	9.0	12.0	12.0	6.0	39.017	30.628	3280	194	355	9.17	2.23	274	32.5	2.03
24c	240	82	11.0	12.0	12.0	6.0	43.817	34.396	3510	213	388	8.96	2.21	293	34.4	2.00
25a	250	78	7.0	12.0	12.0	6.0	34.917	27.410	3370	176	322	9.82	2.24	270	30.6	2.07
25b	250	80	9.0	12.0	12.0	6.0	39.917	31.335	3530	196	353	9.41	2.22	282	32.7	1.98
25c	250	82	11.0	12.0	12.0	6.0	44.917	35.260	3690	218	384	9.07	2.21	295	35.9	1.92
27a	270	82	7.5	12.5	12.5	6.2	39.284	30.838	4360	216	393	10.5	2.34	323	35.5	2.13
27b	270	84	9.5	12.5	12.5	6.2	44.684	35.077	4690	239	428	10.3	2.31	347	37.7	2.06
27c	270	86	11.5	12.5	12.5	6.2	50.084	39.316	5020	261	467	10.1	2.28	372	39.8	2.03
28a	280	82	7.5	12.5	12.5	6.2	40.034	31.427	4760	218	338	10.9	2.33	340	35.7	2.10
28b	280	84	9.5	12.5	12.5	6.2	45.634	35.823	5130	242	428	10.6	2.30	366	37.9	2.02
28c	280	86	11.5	12.5	12.5	6.2	51.234	40.219	5500	268	463	10.4	2.29	393	40.3	1.95
30a	300	85	7.5	13.5	13.5	6.8	43.902	34.463	6050	260	467	11.7	2.43	403	41.1	2.17
30b	300	87	9.5	13.5	13.5	6.8	49.902	39.173	6500	289	515	11.4	2.41	433	44.0	2.13
20c	300	89	11.5	13.5	13.5	6.8	55.902	43.883	6950	316	560	11.2	2.38	463	46.4	2.09

续表

| 型号 | 截面尺寸/mm | | | | | | 截面面积/cm² | 理论重量/(kg/m) | 惯性矩/cm⁴ | | | 惯性半径/cm | | 截面模数/cm³ | | 重心距离/cm |
	h	b	d	t	r	r_1			I_x	I_y	I_{y1}	i_x	i_y	W_x	W_y	z_0
32a	320	88	8.0	14.0	14.0	7.0	48.513	38.083	7600	305	552	12.5	2.50	475	46.5	2.24
32b		90	10.0				54.913	43.107	8140	336	593	12.2	2.47	509	49.2	2.16
32c		92	12.0				61.313	48.131	8690	374	643	11.9	2.47	543	52.6	2.09
36a	360	96	9.0	16.0	16.0	8.0	60.910	47.814	11900	455	818	14.0	2.73	660	63.5	2.44
36b		98	11.0				68.110	53.466	12700	497	880	13.6	2.70	703	66.9	2.37
36c		100	13.0				75.310	59.118	13400	536	948	13.4	2.67	746	70.0	2.34
40a	400	100	10.5	18.0	18.0	9.0	75.068	58.928	17600	592	1070	15.3	2.81	879	78.8	2.49
40b		102	12.5				83.068	65.208	18600	640	1140	15.0	2.78	932	82.5	2.44
40c		104	14.5				91.068	71.488	19700	688	1220	14.7	2.75	986	86.2	2.42

注：表中 r、r_1 的数据用于孔型设计，不做交货条件。

3. 等边角钢

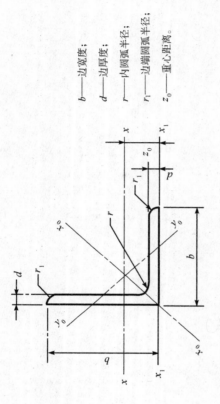

b——边宽度；
d——边厚度；
r——内圆弧半径；
r_1——边端圆弧半径；
z_0——重心距离。

图 B.3 等边角钢截面图

表 B.3 等边角钢截面尺寸、截面面积、理论重量及截面特性

| 型号 | 截面尺寸/mm | | | 截面面积/cm² | 理论重量/(kg/m) | 外表面积/(m²/m) | 惯性矩/cm⁴ | | | | 惯性半径/cm | | | 截面模数/cm³ | | | 重心距离/cm |
	b	d	r				I_x	I_{x1}	I_{x0}	I_{y0}	i_x	i_{x0}	i_{y0}	W_x	W_{x0}	W_{y0}	z_0
2	20	3	3.5	1.132	0.889	0.078	0.40	0.81	0.63	0.17	0.59	0.75	0.39	0.29	0.45	0.20	0.60
		4		1.459	1.145	0.077	0.50	1.09	0.78	0.22	0.58	0.73	0.38	0.36	0.55	0.24	0.64
2.5	25	3		1.432	1.124	0.098	0.82	1.57	1.29	0.34	0.76	0.95	0.49	0.46	0.73	0.33	0.73
		4		1.859	1.459	0.097	1.03	2.11	1.62	0.43	0.74	0.93	0.48	0.59	0.92	0.40	0.76
3.0	30	3		1.749	1.373	0.117	1.46	2.71	2.31	0.61	0.91	1.15	0.59	0.68	1.09	0.51	0.85
		4		2.276	1.786	0.117	1.84	3.63	2.92	0.77	0.90	1.13	0.58	0.87	1.37	0.62	0.89
3.6	36	3	4.5	2.109	1.656	0.141	2.58	4.68	4.09	1.07	1.11	1.39	0.71	0.99	1.61	0.76	1.00
		4		2.756	2.163	0.141	3.29	6.25	5.22	1.37	1.09	1.38	0.70	1.28	2.05	0.93	1.04
		5		3.382	2.654	0.141	3.95	7.84	6.24	1.65	1.08	1.36	0.70	1.56	2.45	1.00	1.07

续表

型号	截面尺寸/mm b	d	r	截面面积/cm²	理论重量/(kg/m)	外表面积/(m²/m)	惯性矩/cm⁴ I_x	I_{x1}	I_{x0}	I_{y0}	惯性半径/cm i_x	i_{x0}	i_{y0}	截面模数/cm³ W_x	W_{x0}	W_{y0}	重心距离/cm z_0
4	40	3	5	2.359	1.852	0.157	3.59	6.41	5.69	1.49	1.23	1.55	0.79	1.23	2.01	0.96	1.09
		4		3.086	2.422	0.157	4.60	8.56	7.29	1.91	1.22	1.54	0.79	1.60	2.58	1.19	1.13
		5		3.791	2.976	0.156	5.53	10.74	8.76	2.30	1.21	1.52	0.78	1.96	3.10	1.39	1.17
4.5	45	3	5	2.659	2.088	0.177	5.17	9.12	8.20	2.14	1.40	1.76	0.89	1.58	2.58	1.24	1.22
		4		3.486	2.736	0.177	6.65	12.18	10.56	2.75	1.38	1.74	0.89	2.05	3.32	1.54	1.26
		5		4.292	3.369	0.176	8.04	15.2	12.74	3.33	1.37	1.72	0.88	2.51	4.00	1.81	1.30
		6		5.076	3.985	0.176	9.33	18.36	14.76	3.89	1.36	1.70	0.8	2.95	4.64	2.06	1.33
5	50	3	5.5	2.971	2.332	0.197	7.18	12.8	11.37	2.98	1.55	1.96	1.00	1.96	3.22	1.57	1.34
		4		3.897	3.059	0.197	9.26	16.69	14.70	3.82	1.54	1.94	0.99	2.56	4.16	1.96	1.38
		5		4.803	3.770	0.196	11.21	20.90	17.79	4.64	1.53	1.92	0.98	3.13	5.03	2.31	1.42
		6		5.688	4.465	0.196	13.05	25.14	20.68	5.42	1.52	1.91	0.98	3.68	5.85	2.63	1.46
5.6	56	3	6	3.343	2.624	0.221	10.19	17.56	16.14	4.24	1.75	2.20	1.13	2.48	4.08	2.02	1.48
		4		4.390	3.446	0.220	13.18	23.43	20.92	5.46	1.73	2.18	1.11	3.24	5.28	2.52	1.53
		5		5.415	4.251	0.220	16.02	29.33	25.42	6.61	1.72	2.17	1.10	3.97	6.42	2.98	1.57
		6		6.420	5.040	0.220	18.69	35.26	29.66	7.73	1.71	2.15	1.10	4.68	7.49	3.40	1.61
		7		7.404	5.812	0.219	21.23	41.23	33.63	8.82	1.69	2.13	1.09	5.36	8.49	3.80	1.64
		8		8.367	6.568	0.219	23.63	47.24	37.37	9.89	1.68	2.11	1.09	6.03	9.44	4.16	1.68
6	60	5	6.5	5.829	4.576	0.236	19.89	36.05	31.57	8.21	1.85	2.33	1.19	4.59	7.44	3.48	1.67
		6		6.914	5.427	0.235	23.25	43.33	36.89	9.60	1.83	2.31	1.18	5.41	8.70	3.98	1.70
		7		7.977	6.262	0.235	26.44	50.65	41.92	10.96	1.82	2.29	1.17	6.21	9.88	4.45	1.74
		8		9.020	7.081	0.235	29.47	58.02	46.66	12.28	1.81	2.27	1.17	6.98	11.00	4.88	1.78
6.3	63	4	7	4.978	3.907	0.248	19.03	33.35	30.17	7.89	1.96	2.46	1.26	4.13	6.78	3.29	1.70
		5		6.143	4.822	0.248	23.17	41.73	36.77	9.57	1.94	2.45	1.25	5.08	8.25	3.90	1.74
		6		7.288	5.721	0.247	27.12	50.14	43.03	11.20	1.93	2.43	1.24	6.00	9.66	4.46	1.78
		7		8.412	6.603	0.247	30.87	58.60	48.96	12.79	1.92	2.41	1.23	6.88	10.99	4.98	1.82
		8		9.515	7.469	0.247	34.46	67.11	54.56	14.33	1.90	2.40	1.23	7.75	12.25	5.47	1.85
		10		11.657	9.151	0.246	41.09	84.31	64.85	17.33	1.88	2.36	1.22	9.39	14.56	6.36	1.93

续表

型号	截面尺寸/mm			截面面积/cm²	理论重量/(kg/m)	外表面积/(m²/m)	惯性矩/cm⁴				惯性半径/cm			截面模数/cm³			重心距离/cm
	b	d	r				I_x	I_{x1}	I_{x0}	I_{y0}	i_x	i_{x0}	i_{y0}	W_x	W_{x0}	W_{y0}	z_0
7	70	4	8	5.570	4.372	0.275	26.39	45.74	41.80	10.99	2.18	2.74	1.40	5.14	8.44	4.17	1.86
		5		6.875	5.397	0.275	32.21	57.21	51.08	13.31	2.16	2.73	1.39	6.32	10.32	4.95	1.91
		6		8.160	6.406	0.275	37.77	68.73	59.93	15.61	2.15	2.71	1.38	7.48	12.11	5.67	1.95
		7		9.424	7.398	0.275	43.09	80.29	68.35	17.82	2.14	2.68	1.38	8.59	13.81	6.34	1.99
		8		10.667	8.373	0.274	48.17	91.92	76.37	19.98	2.12	2.68	1.37	9.68	15.43	6.98	2.03
7.5	75	5	9	7.412	5.818	0.295	39.97	70.56	63.30	16.63	2.33	2.92	1.50	7.32	11.94	5.77	2.04
		6		8.797	6.905	0.294	46.95	84.55	74.38	19.51	2.31	2.90	1.49	8.64	14.02	6.67	2.07
		7		10.160	7.976	0.294	53.57	98.71	84.96	22.18	2.30	2.89	1.48	9.93	16.02	7.44	2.11
		8		11.503	9.030	0.294	59.96	112.97	95.07	24.86	2.28	2.88	1.47	11.20	17.93	8.19	2.15
		9		12.825	10.068	0.294	66.10	127.30	104.71	27.48	2.27	2.86	1.46	12.43	19.75	8.89	2.18
		10		14.126	11.089	0.293	71.98	141.71	113.92	30.05	2.26	2.84	1.46	13.64	21.48	9.56	2.22
8	80	5	9	7.912	6.211	0.315	48.79	85.36	77.33	20.25	2.48	3.13	1.60	8.34	13.67	6.66	2.15
		6		9.397	7.376	0.314	57.35	102.50	90.98	23.72	2.47	3.11	1.59	9.87	16.08	7.65	2.19
		7		10.860	8.525	0.314	65.58	119.70	104.07	27.09	2.46	3.10	1.58	11.37	18.40	8.58	2.23
		8		12.303	9.658	0.314	73.49	136.97	116.60	30.39	2.44	3.08	1.57	12.83	20.61	9.46	2.27
		9		13.725	10.774	0.314	81.11	154.31	128.60	33.61	2.43	3.06	1.56	14.25	22.73	10.29	2.31
		10		15.126	11.874	0.313	88.43	171.74	140.09	36.77	2.42	3.04	1.56	15.64	24.76	11.08	2.35
9	90	6	10	10.637	8.350	0.354	82.77	145.87	131.26	34.28	2.79	3.51	1.80	12.61	20.63	9.95	2.44
		7		12.301	9.656	0.354	94.83	170.30	150.47	39.18	2.78	3.50	1.78	14.54	23.64	11.19	2.48
		8		13.944	10.946	0.353	106.47	194.80	168.97	43.97	2.76	3.48	1.78	16.42	26.55	12.35	2.52
		9		15.566	12.219	0.353	117.72	219.39	186.77	48.66	2.75	3.46	1.77	18.27	29.35	13.46	2.56
		10		17.167	13.476	0.353	128.58	244.07	203.90	53.26	2.74	3.45	1.76	20.07	32.04	14.52	2.59
		12		20.306	15.940	0.352	149.22	293.76	236.21	62.22	2.71	3.41	1.75	23.57	37.12	16.49	2.67
10	100	6	12	11.932	9.366	0.393	114.95	200.07	181.98	47.92	3.10	3.90	2.00	15.68	25.74	12.69	2.67
		7		13.796	10.830	0.393	131.86	233.54	208.97	54.74	3.09	3.89	1.99	18.10	29.55	14.26	2.71
		8		15.638	12.276	0.393	148.24	267.09	235.07	61.41	3.08	3.88	1.98	20.47	33.24	15.75	2.76

续表

型号	截面尺寸/mm			截面面积/cm²	理论重量/(kg/m)	外表面积/(m²/m)	惯性矩/cm⁴				惯性半径/cm			截面模数/cm³			重心距离/cm
	b	d	r				I_x	I_{x1}	I_{x0}	I_{y0}	i_x	i_{x0}	i_{y0}	W_x	W_{x0}	W_{y0}	z_0
10	100	9	12	17.462	13.708	0.392	164.12	300.73	260.30	67.95	3.07	3.86	1.97	22.79	36.81	17.18	2.80
		10		19.261	15.120	0.398	179.51	334.48	284.68	74.35	3.05	3.84	1.96	25.06	40.26	18.54	2.84
		12		22.800	17.898	0.391	208.90	402.34	330.95	86.84	3.03	3.81	1.95	29.48	46.08	21.08	2.91
		14		26.256	20.611	0.391	236.53	470.75	374.06	99.00	3.00	3.77	1.94	33.73	52.90	23.44	2.99
		16		29.627	23.257	0.390	262.53	539.80	414.16	110.89	2.98	3.74	1.94	37.82	58.57	25.63	3.06
11	110	7	12	15.196	11.928	0.433	177.16	310.64	280.94	73.38	3.41	4.30	2.20	22.05	36.12	17.51	2.96
		8		17.238	13.535	0.433	199.46	355.20	316.49	82.42	3.40	4.28	2.19	24.95	40.69	19.39	3.01
		10		21.261	16.690	0.432	242.19	444.65	384.39	99.98	3.38	4.25	2.17	30.60	49.42	22.91	3.09
		12		25.200	19.782	0.431	282.55	534.60	448.17	116.93	3.35	4.22	2.15	36.05	57.62	26.15	3.16
		14		29.056	22.809	0.431	320.71	625.16	508.04	133.40	3.32	4.18	2.14	41.31	65.31	29.14	3.24
12.5	125	8	14	19.750	15.504	0.492	297.03	521.01	470.89	123.16	3.88	4.88	2.50	32.52	53.28	25.86	3.37
		10		24.373	19.133	0.491	361.67	651.93	573.89	149.46	3.85	4.85	2.48	39.97	64.93	30.62	3.45
		12		28.912	22.696	0.491	423.16	783.42	671.44	174.88	3.83	4.82	2.46	41.17	75.96	35.03	3.53
		14		33.367	26.193	0.490	481.65	915.61	763.73	199.57	3.80	4.78	2.45	54.16	86.41	39.13	3.61
		16		37.739	29.625	0.489	537.31	1048.62	850.98	223.65	3.77	4.75	2.43	60.93	96.28	42.96	3.68
14	140	10	14	27.373	21.488	0.551	514.65	915.11	817.27	212.04	4.34	5.46	2.78	50.58	82.56	39.20	3.82
		12		32.512	25.522	0.551	603.68	1099.28	958.79	248.57	4.31	5.43	2.76	59.80	96.85	45.02	3.90
		14		37.567	29.490	0.550	688.81	1284.22	1093.56	284.06	4.28	5.40	2.75	68.75	110.47	50.45	3.98
		16		42.539	33.393	0.549	770.24	1470.07	1221.81	318.67	4.26	5.36	2.74	77.46	123.42	55.55	4.06
15	150	8		23.750	18.644	0.592	521.37	899.55	827.49	215.25	4.69	5.90	3.01	47.36	78.02	38.14	3.99
		10		29.373	23.058	0.591	637.50	1125.09	1012.79	262.21	4.66	5.87	2.99	58.35	95.49	45.51	4.08
		12		34.912	27.406	0.591	748.85	1351.26	1189.97	307.73	4.63	5.84	2.97	69.04	112.19	52.38	4.15
		14		40.367	31.688	0.590	855.64	1578.25	1359.30	351.98	4.60	5.80	2.95	79.45	128.16	58.83	4.23
		15		43.063	33.804	0.590	907.39	1692.10	1441.09	373.69	4.59	5.78	2.95	84.56	135.87	61.90	4.27
		16		45.739	35.905	0.589	958.08	1806.21	1521.02	395.14	4.58	5.77	2.94	89.59	143.40	64.89	4.31

续表

型号	截面尺寸/mm			截面面积/cm²	理论重量/(kg/m)	外表面积/(m²/m)	惯性矩/cm⁴				惯性半径/cm			截面模数/cm³			重心距离/cm
	b	d	r				I_x	I_{x1}	I_{x0}	I_{y0}	i_x	i_{x0}	i_{y0}	W_x	W_{x0}	W_{y0}	z_0
16	160	10	16	31.502	24.729	0.630	779.53	1365.33	1237.30	321.76	4.98	6.27	3.20	66.70	109.36	52.76	4.31
	160	12		37.441	29.391	0.630	916.58	1639.57	1455.68	377.49	4.95	6.24	3.18	78.98	128.67	60.74	4.39
	160	14		43.296	33.987	0.629	1048.36	1914.68	1665.02	431.70	4.92	6.20	3.16	90.95	147.17	68.24	4.47
	160	16		49.067	38.518	0.629	1175.08	2190.82	1865.57	484.59	4.89	6.17	3.14	102.63	164.89	75.31	4.55
18	180	12	16	42.241	33.159	0.710	1321.35	2332.80	2100.10	542.61	5.59	7.05	3.58	100.82	165.00	78.41	4.89
	180	14		48.896	38.383	0.709	1514.48	2723.48	2407.42	621.53	5.59	7.02	3.56	116.25	189.14	88.38	4.97
	180	16		55.467	43.542	0.709	1700.99	3115.29	2703.37	698.60	5.56	6.98	3.55	131.13	212.40	97.73	5.05
	180	18		61.055	48.634	0.708	1875.12	3502.43	2988.24	762.01	5.54	6.94	3.51	145.64	234.78	105.14	5.13
20	200	14	18	54.642	42.894	0.788	2103.55	3734.10	3343.26	863.83	6.20	7.82	3.98	144.70	236.40	111.82	5.46
	200	16		62.013	48.680	0.788	2366.15	4270.39	3760.89	971.41	6.18	7.79	3.96	163.65	265.93	123.96	5.54
	200	18		69.301	54.401	0.787	2620.64	4808.13	4164.54	1076.74	6.15	7.75	3.94	182.22	294.48	135.52	5.62
	200	20		76.505	60.056	0.787	2867.30	5347.51	4554.55	1180.04	6.12	7.72	3.93	200.42	322.06	146.55	5.69
	200	24		90.661	71.168	0.85	3338.25	6457.16	5294.97	1381.53	6.07	7.64	3.90	236.17	374.41	166.65	5.87
22	220	16	21	68.664	53.901	0.866	3187.36	5681.62	5063.73	1310.99	6.81	8.59	4.37	199.55	325.51	153.81	6.03
	220	18		76.752	60.250	0.866	3534.30	6395.93	5615.32	1453.27	6.79	8.55	4.35	222.37	360.97	168.29	6.11
	220	20		84.756	66.533	0.865	3871.49	7112.04	6150.08	1592.90	6.76	8.52	4.34	244.77	395.34	182.16	6.18
	220	22		92.676	72.751	0.865	4199.23	7830.19	6658.37	1730.10	6.73	8.48	4.32	266.78	428.55	195.45	6.26
	220	24		100.512	78.902	0.864	4517.83	8550.57	7170.55	1865.11	6.70	8.45	4.31	288.39	460.94	208.21	6.33
	220	26		108.264	84.987	0.864	4827.58	9273.39	7656.98	1998.17	6.68	8.41	4.30	309.62	492.21	220.49	6.41
25	250	18	24	87.842	68.956	0.985	5268.22	9379.11	8369.04	2167.41	7.74	9.76	4.97	290.12	473.42	224.03	6.84
	250	20		97.045	76.180	0.984	5779.34	10426.97	9181.94	2376.74	7.72	9.73	4.95	319.66	519.41	242.85	6.92
	250	24		115.201	90.433	0.983	6763.93	12529.74	10742.67	2785.19	7.66	9.66	4.92	377.34	607.70	278.38	7.07
	250	26		124.154	97.461	0.982	7238.08	13585.18	11491.33	2984.84	7.63	9.62	4.90	405.50	650.05	295.19	7.15
	250	28		133.022	104.422	0.982	7700.60	14643.62	12219.39	3181.81	7.61	9.58	4.89	433.22	691.23	311.42	7.22
	250	30		141.807	111.318	0.981	8151.80	15705.30	12927.26	3376.34	7.58	9.55	4.88	460.51	731.28	327.12	7.30
	250	32		150.508	118.149	0.981	8592.01	16770.41	13615.32	3568.71	7.56	9.51	4.87	487.39	770.20	342.33	7.37
	250	35		163.402	128.271	0.980	9232.44	18374.95	14611.16	3583.72	7.52	9.46	4.86	526.97	826.53	364.30	7.48

注: 截面图中的 $r_1=1/3d$ 及表中 r 的数据用于孔型设计, 不做交货条件。

4. 不等边角钢

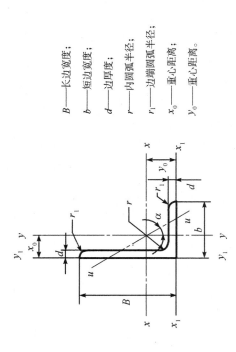

B—长边宽度；
b—短边宽度；
d—边厚度；
r—内圆弧半径；
r_1—边端圆弧半径；
x_0—重心距离；
y_0—重心距离。

图 B.4 不等边角钢截面图

表 B.4 不等边角钢截面尺寸、截面面积、理论重量及截面特性

型号	截面尺寸/mm				截面面积/cm²	理论重量/(kg/m)	外表面积/(m²/m)	惯性矩/cm⁴					惯性半径/cm			截面模数/cm³			tanα	重心距离/cm	
	B	b	d	r				I_x	I_{x1}	I_{x0}	I_{y1}	I_u	i_x	i_y	i_u	W_x	W_y	W_u		x_0	y_0
2.5/ 1.6	25	16	3	3.5	1.162	0.912	0.080	0.70	1.56	0.22	0.43	0.14	0.78	0.44	0.34	0.43	0.19	0.16	0.392	0.42	0.86
			4		1.499	1.176	0.079	0.88	2.09	0.27	0.59	0.17	0.77	0.43	0.34	0.55	0.24	0.20	0.381	0.46	1.86
3.2/2	32	20	3		1.492	1.171	0.102	1.53	3.27	0.46	0.82	0.28	1.01	0.55	0.43	0.72	0.30	0.25	0.382	0.049	0.90
			4	4	1.939	1.522	0.101	1.93	4.37	0.57	1.12	0.35	1.00	0.54	0.42	0.93	0.39	0.32	0.374	0.53	1.08
4/2.5	40	25	3		1.890	1.484	0.127	3.08	5.39	0.93	1.59	0.56	1.28	0.70	0.54	1.15	0.49	0.40	0.385	0.59	1.12
			4		2.467	1.936	0.127	3.93	8.53	1.18	2.14	0.71	1.36	0.69	0.54	1.49	0.63	0.52	0.381	0.63	1.32
4.5/ 2.8	45	28	3	5	2.149	1.687	0.143	445	9.10	1.34	2.23	0.80	1.44	0.79	0.61	1.47	0.62	0.51	0.383	0.64	1.37
			4		2.806	2.203	0.143	5.69	12.13	1.70	3.00	1.02	1.42	0.78	0.60	1.91	0.80	0.66	0.380	0.68	1.47
5/3.2	50	32	3	5.5	2.431	1.908	0.161	6.24	12.49	2.02	3.31	1.20	1.60	0.91	0.70	1.84	0.82	0.68	0.404	0.73	1.51
			4		3.177	2.494	0.160	8.02	16.65	2.58	4.45	1.53	1.59	0.90	0.69	2.39	1.06	0.87	0.402	0.77	1.60

续表

型号	截面尺寸/mm				截面面积/cm²	理论重量/(kg/m)	外表面积/(m²/m)	惯性矩/cm⁴					惯性半径/cm			截面模数/cm³			tgα	重心距离/cm	
	B	b	d	r				I_x	I_{x1}	I_{y0}	I_{y1}	I_u	i_x	i_y	i_u	W_x	W_y	W_u		X_0	Y_0
5.6/3.6	56	36	3	6	2.743	2.153	0.181	8.88	17.54	2.92	4.70	1.73	1.80	1.03	0.79	2.32	1.05	0.87	0.408	0.80	1.65
			4		3.590	2.818	0.180	11.45	23.39	3.76	6.33	2.23	1.79	1.02	0.79	3.03	1.37	1.13	0.408	0.85	1.78
			5		4.415	3.466	0.180	13.86	29.25	4.49	7.94	2.67	1.77	1.01	0.78	3.71	1.65	1.36	0.404	0.88	1.82
6.3/4	63	40	4	7	4.058	3.185	0.202	16.49	33.30	5.23	8.63	3.12	2.02	1.14	0.88	3.87	1.70	1.40	0.398	0.92	1.87
			5		4.993	3.920	0.202	20.02	41.63	6.31	10.86	3.76	2.00	1.12	0.87	4.74	2.07	1.71	0.396	0.95	2.04
			6		5.908	4.638	0.201	23.36	49.98	7.29	13.12	4.34	1.96	1.11	0.86	5.59	2.43	1.99	0.393	0.99	2.08
			7		6.802	5.339	0.201	26.53	58.07	8.24	15.47	4.97	1.98	1.10	0.86	6.40	2.78	2.29	0.389	1.03	2.12
7/4.5	70	45	4	7.5	4.547	3.570	0.226	23.17	45.92	7.55	12.26	4.40	2.26	1.29	0.98	4.86	2.17	1.77	0.410	1.02	2.15
			5		5.609	4.403	0.225	27.95	57.10	9.13	15.39	5.40	2.23	1.28	0.98	5.92	2.65	2.19	0.407	1.06	2.24
			6		6.647	5.218	0.225	32.54	68.35	10.62	18.58	6.35	2.21	1.26	0.98	6.95	3.12	2.59	0.404	1.09	2.28
			7		7.657	6.011	0.225	37.22	79.99	12.01	21.84	7.16	2.20	1.25	0.97	8.03	3.57	2.94	0.402	1.13	2.32
7.5/5	75	50	5	8	6.125	4.808	0.245	34.86	70.00	12.61	21.04	7.41	2.39	1.44	1.10	6.83	3.30	2.74	0.435	1.17	2.36
			6		7.260	5.699	0.245	41.12	84.30	14.70	25.37	8.54	2.38	1.42	1.08	8.12	3.88	3.19	0.435	1.21	2.40
			8		9.467	7.431	0.244	52.39	112.50	18.53	34.23	10.87	2.35	1.40	1.07	10.52	4.99	4.10	0.429	1.29	2.44
			10		11.590	9.098	0.244	62.71	140.80	21.96	43.43	13.10	2.33	1.38	1.06	12.79	6.04	4.99	0.423	1.36	2.52
8/5	80	50	5	8	6.375	5.005	0.255	41.96	85.21	12.82	21.06	7.66	2.56	1.42	1.10	7.78	3.32	2.74	0.388	1.14	2.60
			6		7.560	5.935	0.255	49.49	102.53	14.95	25.41	8.85	2.56	1.41	1.08	9.25	3.91	3.20	0.387	1.18	2.65
			7		8.724	6.848	0.255	56.16	119.33	46.96	29.82	10.18	2.54	1.39	1.08	10.58	4.48	3.70	0.384	1.21	2.69
			8		9.867	7.745	0.254	62.83	136.41	18.85	34.32	11.38	2.52	1.38	1.07	11.92	5.03	4.16	0.381	1.25	2.73
9/5.6	90	56	5	9	7.212	5.661	0.287	60.45	121.32	18.32	29.53	10.98	2.90	1.59	1.23	9.92	4.21	3.49	0.385	1.25	2.91
			6		8.557	6.717	0.286	71.03	145.59	21.42	35.58	12.90	2.88	1.58	1.23	11.74	4.96	4.13	0.384	1.29	2.95
			7		9.880	7.756	0.286	81.01	169.60	24.36	41.71	14.67	2.86	1.57	1.22	13.49	5.70	4.72	0.382	1.33	3.00
			8		11.183	8.779	0.286	91.03	194.17	27.15	47.93	16.34	2.85	1.56	1.21	15.27	6.41	5.29	0.380	1.36	3.04

续表

型号	截面尺寸/mm				截面面积/cm²	理论重量/(kg/m)	外表面积/(m²/m)	惯性矩/cm⁴					惯性半径/cm			截面模数/cm³			tgα	重心距离/cm	
	B	b	d	r				I_x	I_{x1}	I_{y0}	I_{y1}	I_u	i_x	i_y	i_u	W_x	W_y	W_u		X_0	Y_0
10/6.3	100	63	6	10	9.617	7.550	0.320	99.06	199.71	30.94	50.50	18.42	3.21	1.79	1.38	14.64	6.35	5.25	0.394	1.43	3.24
			7		11.111	8.722	0.320	113.45	233.00	35.26	59.14	21.00	3.20	1.78	1.38	16.88	7.29	6.02	0.394	1.47	3.28
			8		12.534	9.878	0.319	127.37	266.32	39.39	67.88	23.50	3.18	1.77	1.37	19.08	8.21	6.78	0.391	1.50	3.32
			10		15.467	12.142	0.319	153.81	333.06	47.12	85.73	28.33	3.15	1.74	1.35	23.32	9.98	8.24	0.387	1.58	3.40
10/8	100	80	6	10	10.637	8.350	0.354	107.04	199.83	61.24	102.68	31.65	3.17	2.40	1.72	15.19	10.16	8.37	0.627	1.97	2.95
			7		12.301	9.656	0.354	122.73	233.20	70.08	119.98	36.17	3.16	2.39	1.72	17.52	11.71	9.60	0.626	2.01	3.0
			8		13.944	10.946	0.353	137.92	266.61	78.58	137.37	40.58	3.14	2.37	1.71	19.81	13.21	10.80	0.625	2.05	3.04
			10		17.167	13.476	0.353	166.87	333.63	94.65	172.48	49.10	3.12	2.35	1.69	24.24	16.12	13.12	0.622	2.13	3.12
11/7	110	70	6	10	10.637	8.350	0.354	133.37	265.78	42.92	69.08	25.36	3.54	2.01	1.54	17.85	7.90	6.53	0.403	1.57	3.53
			7		12.301	9.656	0.354	153.00	310.07	49.01	80.82	28.95	3.53	2.00	1.53	20.60	9.09	7.50	0.402	1.61	3.57
			8		13.944	10.946	0.353	172.04	354.39	54.87	92.70	32.45	3.51	1.98	1.53	23.30	10.25	8.45	0.401	1.65	3.62
			10		17.167	13.476	0.353	208.39	443.13	65.88	116.83	39.20	3.48	1.96	1.51	28.54	12.48	10.29	0.397	1.72	3.70
12.5/8	125	80	7	11	14.096	11.066	0.403	227.98	454.99	74.42	120.32	43.81	4.02	2.30	1.76	26.86	12.01	9.92	0.408	1.80	4.01
			8		15.989	12.551	0.403	256.77	519.99	83.49	137.85	49.15	4.01	2.28	1.75	30.41	13.56	11.18	0.407	1.84	4.06
			10		19.712	15.474	0.402	312.04	650.09	100.67	173.40	59.45	3.98	2.26	1.74	37.33	16.56	13.64	0.404	1.92	4.14
			12		23.351	18.330	0.402	364.41	780.39	116.67	209.67	69.35	3.95	2.24	1.72	44.01	19.43	16.01	0.400	2.00	4.22
14/9	140	90	8	12	18.038	14.160	0.453	365.64	730.53	120.69	195.79	70.83	4.50	2.59	1.98	38.48	17.34	14.31	0.411	2.04	4.50
			10		22.261	17.475	0.452	445.50	913.20	140.03	245.92	85.82	4.47	2.56	1.96	47.31	21.22	17.48	0.409	2.12	4.58
			12		26.400	20.724	0.451	521.59	1096.09	169.79	296.89	100.21	4.44	2.54	1.95	55.87	24.95	20.54	0.406	2.19	4.66
			14		30.456	23.908	0.451	594.10	1279.26	192.10	348.82	114.13	4.42	2.51	1.94	64.18	28.54	23.52	0.403	2.27	4.74
15/9	150	90	8	12	18.839	14.788	0.473	442.05	898.35	122.80	195.96	74.14	4.84	2.55	1.98	43.86	17.47	14.48	0.364	1.97	4.92
			10		23.261	18.260	0.472	539.24	1122.85	148.62	246.26	89.86	4.81	2.53	1.97	53.97	21.38	17.69	0.362	2.05	5.01
			12		27.600	21.666	0.471	632.08	1347.50	172.85	297.46	104.95	4.79	2.50	1.95	63.79	25.14	20.80	0.359	2.12	5.09
			14		31.856	25.007	0.471	720.77	1572.38	195.62	349.74	119.53	4.76	2.48	1.94	73.33	28.77	23.84	0.356	2.20	5.17
			15		33.952	26.652	0.471	763.62	1684.93	206.50	376.33	126.67	4.74	2.47	1.93	77.99	30.53	25.33	0.354	2.24	5.21
			16		36.027	28.281	0.470	805.51	1797.55	217.07	403.24	133.72	4.73	2.45	1.93	82.60	32.27	26.82	0.352	2.27	5.25

续表

型号	截面尺寸/mm				截面面积/cm²	理论重量/(kg/m)	外表面积/(m²/m)	惯性矩/cm⁴					惯性半径/cm			截面模数/cm³			$tg\alpha$	重心距离/cm	
	B	b	d	r				I_x	I_{x1}	I_{y0}	I_{y1}	I_u	i_x	i_y	i_u	W_x	W_y	W_u		X_0	Y_0
16/10	160	100	10	13	23.315	19.872	0.512	668.69	1362.89	205.03	336.59	121.74	5.14	2.85	2.19	62.13	26.56	21.92	0.390	2.28	5.24
			12		30.054	23.592	0.511	784.91	1635.56	239.06	405.94	142.33	5.11	2.82	2.17	73.49	31.28	25.79	0.388	2.36	5.32
			14		34.709	27.247	0.510	896.30	1908.50	271.20	476.42	162.23	5.08	2.80	2.16	84.56	35.83	29.56	0.385	2.43	5.40
			16		29.281	30.835	0.510	1003.04	2181.79	301.60	548.22	182.57	5.05	2.77	2.16	95.33	40.24	33.44	0.382	2.51	5.48
18/11	180	110	10	14	28.373	22.273	0.571	956.25	1940.40	278.11	447.22	166.50	5.80	3.13	2.42	78.96	32.49	26.88	0.376	2.44	5.89
			12		33.712	26.440	0.571	1124.72	2328.38	325.03	538.94	194.87	5.78	3.10	2.40	93.53	38.32	31.66	0.374	2.52	5.98
			14		38.967	30.589	0.570	1286.91	2716.60	369.55	631.95	222.30	5.75	3.08	2.39	107.76	43.97	36.32	0.372	2.59	6.06
			16		44.139	34.649	0.569	1443.06	3105.15	411.85	726.46	248.94	5.72	3.06	2.38	121.64	49.44	40.87	0.369	2.67	6.14
20/12.5	200	125	12	14	37.912	29.761	0.641	1570.90	3193.85	483.16	787.74	285.79	6.44	3.57	2.74	116.73	49.99	41.23	0.392	2.83	6.54
			14		43.687	34.436	0.640	1800.97	3726.17	550.83	922.47	326.58	6.41	3.54	2.73	134.65	57.44	47.34	0.390	2.91	6.62
			16		49.739	39.045	0.639	2023.35	4258.88	615.44	1058.86	366.21	6.38	3.52	2.71	152.18	64.89	53.32	0.388	2.99	6.70
			18		55.526	43.588	0.639	2238.30	4792.00	677.19	1197.13	404.83	6.35	3.49	2.70	169.33	71.74	59.18	0.385	3.06	6.78

注：截面图中的 $r_1=1/3d$ 及表中 r 的数据用于孔型设计，不做交货条件。

5. L型钢

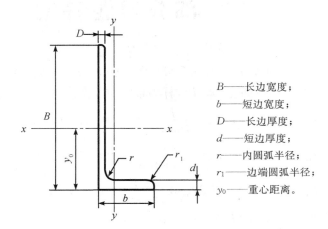

B——长边宽度；

b——短边宽度；

D——长边厚度；

d——短边厚度；

r——内圆弧半径；

r_1——边端圆弧半径；

y_0——重心距离。

图 B.5　L型钢截面图

表 B.5　L型钢截面尺寸、截面面积、理论重量及截面特性

型 号	截面尺寸/mm						截面面积 /cm²	理论重量 / (kg/m)	惯性矩 I_x /cm⁴	重心距离 y_0 /cm
	B	b	D	d	r	r_1				
L250×90×9×13			9	13			33.4	26.2	2190	8.64
L250×90×10.5×15	250	90	10.5	15			38.5	30.3	2510	8.76
L250×90×11.5×16			11.5	16	15	7.5	41.7	32.7	2710	8.90
L300×100×10.5×15			10.5	15			45.3	35.6	4290	10.6
L300×100×11.5×16	300	100	11.5	16			49.0	38.5	4630	10.7
L350×120×10.5×16			10.5	16			54.9	43.1	7110	12.0
L350×120×11.5×18	350	120	11.5	18			60.4	47.4	7780	12.0
L400×120×11.5×23	400	120	11.5	23	20	10	71.6	56.2	11900	13.3
L450×120×11.5×25	450	120	11.5	25			79.5	62.4	16800	15.1
L500×120×12.5×33			12.5	33			98.6	77.4	25500	16.5
L500×120×13.5×35	500	120	13.5	35			105.0	82.8	27100	16.6

部分习题答案

第1章

1.1　m-m 截面，F_S＝1kN，M＝1kN·m；n-n 截面，F_N＝2kN（拉力）；
　　　AB 杆为弯曲变形，BC 杆为轴间拉伸变形。

1.2　在 1-1 截面上，$F_N = \dfrac{xF}{l\sin\alpha}$ ，当 $x=1$ 时，$(F_N)_{max} = \dfrac{F}{\sin\alpha}$ ；

　　　在 2-2 截面上，$F_N = -\dfrac{xF}{l\tan\alpha}$ （压力），$F_S = F\left(1-\dfrac{x}{l}\right)$ ，$M = Fx\left(1-\dfrac{x}{l}\right)$ ；

　　　当 $x=l$ 时，$\left|(F_N)_{max}\right| = \dfrac{F}{\tan\alpha}$ （压力）；

　　　当 $x=0$ 时，$(F_S)_{max} = F$ ；

　　　当 $x = \dfrac{l}{2}$ 时，$(M)_{max} = \dfrac{Fl}{4}$ 。

1.3　σ＝118.2MPa，τ＝20.8MPa。

1.4　$\varepsilon_m = 5\times10^{-4}$ 。

1.5　$\varepsilon_{AB,m}\approx1\times10^{-3}$ ，$\varepsilon_{AD,m}\approx2\times10^{-3}$ ，$\gamma_{xy}=1\times10^{-3}$ rad（直角增大）。

1.6　$\varepsilon_r = \varepsilon_\theta = 37.5\times10^{-6}$ 。

第2章

2.1　(a) $F_{N1-1}=-1$kN，$F_{N2-2}=2$kN ；
　　　(b) $F_{N1-1}=4F$，$F_{N2-2}=2F$，$F_{N3-3}=3F$ ；
　　　(c) $F_{N1-1}=-20$kN，$F_{N2-2}=20$kN，$F_{N3-3}=-10$kN 。

2.2　$\sigma_1=-127.4$MPa，$\sigma_2=254.8$MPa。

2.3　$\sigma_{60°}=25$ MPa，$\tau_{60°}=25\sqrt{3}$MPa。

2.4　$\sigma_{max}=150$ MPa＜$[\sigma]$，满足强度要求。

2.5　$\sigma_{A-A}=70$MPa，$\sigma_{B-B}=47.8$MPa，A-A 截面为危险截面。

2.6　$\sigma_1=82.5$MPa＞80MPa，但 σ_1 与 $[\sigma]_1$ 的相对差值为 3‰，工程上仍然认为安全；$\sigma_2=57$MPa＜60MPa，满足强度要求。

2.7　活塞杆的直径 $d=12$mm 。

2.8　$d=67.7$mm。

2.9　$[F]=8.5$kN。

2.10　(1)$d_{max}\leqslant17.8$mm ；(2)$A_{CD}\geqslant833$mm² ；(3)$F_{max}\leqslant15.7$kN 。

2.11　$\alpha=37°$，$F\leqslant25$kN。

2.12　$E=70$GPa，$\mu=0.33$。

2.13　$F=21.2$kN，$\theta=10.9°$。

2.14　$\Delta l_{AB}=0.08$mm，$\sigma_{BD}=-50$ MPa，$\sigma_{DC}=-30$ MPa，$\sigma_{CA}=0$。

2.15　$\sigma_{max}=\sigma_B=41.4$ MPa。

2.16　$[F]=15$kN，$\Delta_{By}=3.32$mm。

2.17　$\Delta_{水平}=0$，$\Delta_{铅垂}=\dfrac{Fl}{2EA}$。

2.18　$\Delta l=\dfrac{4ql}{E\pi D\left[1-\left(\dfrac{D-\delta}{D}\right)^2\right]}$，$\Delta\delta=-\dfrac{\mu qD\delta}{EA}$，$\Delta D=\dfrac{4\mu q}{\pi E\left[1-\left(\dfrac{D-\delta}{D}\right)^2\right]}$。

2.19　$k=\dfrac{3F}{l^3}$；$\Delta l=4.33\mathrm{mm}$。

2.20　$e=\dfrac{b\ (E_2-E_1)}{2\ (E_1+E_2)}$。

2.21　$F_{N1}=\dfrac{5}{6}F$，$F_{N2}=\dfrac{1}{3}F$，$F_{N3}=-\dfrac{1}{6}F$。

2.22　$F_{N1}=F_{N2}=\dfrac{s}{4l}\cdot\dfrac{A_1E_1}{1+A_1E_1/\ (A_2E_2)}$，$\sigma_1=200\mathrm{MPa}$，$\sigma_2=100\mathrm{MPa}$。

2.23　$\sigma_{CD}=60.2\mathrm{MPa}$，$F_B=2.78\mathrm{kN}$。

2.24　$\sigma_1=-38.5\mathrm{MPa}$，$\sigma_2=-59.6\mathrm{MPa}$。

2.25　$\sigma_{AB}=-141.7\mathrm{MPa}$，$\sigma_{BC}=8.3\mathrm{MPa}$，$\sigma_{CD}=108.3\mathrm{MPa}$。

2.26　$\sigma_1=\sigma_3=26.6\mathrm{MPa}$，$\sigma_2=53.3\mathrm{MPa}$。

2.27　$\sigma_{AB}=47.6\mathrm{MPa}$，$\sigma_{AC}=38.1\mathrm{MPa}$。

2.28　$\sigma_T=75.8\mathrm{MPa}$。

2.29　$d=9\mathrm{mm}$。

2.30　$l=127\mathrm{mm}$。

2.31　$\tau=0.952\mathrm{MPa}$，$\sigma_{bs}=7.41\mathrm{MPa}$。

2.32　$\tau=84.2\mathrm{MPa}<[\tau]$，$\sigma_{bs}=198.4\mathrm{MPa}<[\sigma_{bs}]$，$\sigma_{max}=152.4\mathrm{MPa}<[\sigma]$，接头满足强度要求。

2.33　$F\geqslant177\mathrm{kN}$，$\tau=17.6\mathrm{MPa}$。

第3章

3.1　(a) $T_{max}=2M_e$；(b) $T_{max}=45\mathrm{kN\cdot m}$；(c) $T_{max}=40\mathrm{kN\cdot m}$；(d) $T_{max}=4\mathrm{kN\cdot m}$。

3.2　$\tau_\rho=35\mathrm{MPa}$，$\tau_{max}=87.6\mathrm{MPa}$。

3.3　$\tau_{ACmax}=49.4\mathrm{MPa}<[\tau]$，$\tau_{DB}=21.3\mathrm{MPa}<[\tau]$，$\varphi'_{max}=1.77°/\mathrm{m}<[\varphi']$，轴满足强度和刚度要求。

3.4　(1) $\tau_{max}=46.4\mathrm{MPa}$；(2) $P=71.8\mathrm{kW}$。

3.6　合力大小 $F=\dfrac{Td^3}{12I_p}$，作用点在 y 轴上，距 O 点距离为 $\dfrac{3\pi d}{16}$，方向沿水平方向。

3.7　$\varphi_{AC}=4.33°$。

3.8　$D_1\geqslant45\mathrm{mm}$，$D_2\geqslant46\mathrm{mm}$。

3.9　(1) $d_1\geqslant84.6\mathrm{mm}$，$d_2\geqslant74.5\mathrm{mm}$；(2) $d\geqslant84.6\mathrm{mm}$；(3) 主动轮1放在从动轮2和3之间比较合理。

3.10　$\varphi=\dfrac{16ml^2}{3G\pi d_1^2 d_2^2}\left(1+2\dfrac{d_2}{d_1}\right)$。

3.11 $\tau_{max} = 48.9\text{MPa} < [\tau]$，$\varphi'_{max} = 1.4°/\text{m} < [\varphi']$，轴满足强度和刚度要求。

3.12 $[M_e] = 1.14\text{kN} \cdot \text{m}$，$a = 297.5\text{mm}$，$b = 212.5\text{ mm}$。

3.13 $\tau_{max} = 39.8\text{MPa} < [\tau]$，$w_c = 12.4\text{mm}(\downarrow)$。

3.14 $T_1 = T_2 = \dfrac{M_e G_2 I_{p2}}{G_1 I_{p1} + G_2 I_{p2}}$。

3.15 $[M_e] = 372.7\text{N} \cdot \text{m}$，$T_{max} = \dfrac{5}{3}M_e$。

3.16 $[M_e] = 2\text{kN} \cdot \text{m}$，$\varphi_{BA} = 0.0157\text{rad}$。

第 4 章

4.1 (a) $F_{S1} = 0$，$M_1 = Fa$；$F_{S2} = -F$，$M_2 = Fa$；$F_{S3} = 0$，$M_3 = 0$；

    (b) $F_{S1} = 1.33\text{ kN}$，$M_1 = 267\text{ N} \cdot \text{m}$；$F_{S2} = -0.667\text{ kN}$，$M_2 = 333\text{ N} \cdot \text{m}$；

    (c) $F_{S1} = 2qa$，$M_1 = -\dfrac{3}{2}qa^2$；$F_{S2} = 2qa$，$M_2 = -\dfrac{1}{2}qa^2$；

    (d) $F_{S1} = -100\text{ N}$，$M_1 = -20\text{ N} \cdot \text{m}$；$F_{S2} = -100\text{ N}$，$M_2 = -40\text{ N} \cdot \text{m}$；$F_{S3} = 200\text{ N}$；$M_3 = -40\text{ N} \cdot \text{m}$。

4.2 (a) $|F_S|_{max} = 2F$，$|M|_{max} = Fa$；

    (b) $|F_S|_{max} = qa$，$|M|_{max} = \dfrac{3}{2}qa^2$；

    (c) $|F_S|_{max} = \dfrac{5}{3}F$，$|M|_{max} = \dfrac{5}{3}Fa$；

    (d) $|F_S|_{max} = \dfrac{3M_e}{2a}$，$|M|_{max} = \dfrac{3}{2}M_e$；

    (e) $|F_S|_{max} = \dfrac{3}{8}qa$，$|M|_{max} = \dfrac{9}{128}qa^2$；

    (f) $|F_S|_{max} = \dfrac{7}{2}F$，$|M|_{max} = \dfrac{5}{2}Fa$；

    (g) $|F_S|_{max} = \dfrac{3}{2}qa$，$|M|_{max} = \dfrac{21}{8}qa^2$；

    (h) $|F_S|_{max} = \dfrac{5}{2}qa$，$|M|_{max} = 3qa^2$。

4.3 (a) $|F_S|_{max} = 45\text{ kN}$，$|M|_{max} = 127.5\text{ kN} \cdot \text{m}$；

    (b) $|F_S|_{max} = qa$，$|M|_{max} = \dfrac{1}{2}qa^2$；

    (c) $|F_S|_{max} = 30\text{ kN}$，$|M|_{max} = 30\text{ kN} \cdot \text{m}$；

    (d) $|F_S|_{max} = 1.4\text{ kN}$，$|M|_{max} = 2.4\text{ kN} \cdot \text{m}$；

4.4 (a) $|F_S|_{max} = 4\text{ kN}$，$|M|_{max} = 4\text{ kN} \cdot \text{m}$；

    (b) $|F_S|_{max} = qa$，$|M|_{max} = qa^2$。

4.8 (a) $M_{min} = -\dfrac{1}{2}Fl$；

    (b) $M_{max} = 10\text{ kN} \cdot \text{m}$，$M_{min} = -10\text{ kN} \cdot \text{m}$；

    (c) $M_{max} = \dfrac{3}{4}qa^2$；

(d) $M_{max} = \dfrac{3}{2}qa^2$，$M_{min} = -qa^2$。

4.9　(a) $|M|_{max} = \dfrac{1}{2}qa^2$；(b) $|M|_{max} = \dfrac{9}{2}qa^2$；

　　(c) $|M|_{max} = 160\ kN\cdot m$；(d) $|M|_{max} = 26.3\ kN\cdot m$。

4.10　(a) $|F_S|_{max} = 10.5\ kN$，$|M|_{max} = 9.09\ kN\cdot m$，$F_N = -12.12\ kN$；

　　(b) $|F_S|_{max} = 0.43F$，$|M|_{max} = 0.25Fl$，$F_N = -0.25F$。

4.11　(a) $F_{Smax} = 11.45\ kN$，$F_{Smin} = -3\ kN$；$M_{max} = 1.55\ kN\cdot m$，

　　$M_{min} = -3.09\ kN\cdot m$；(b) $F_{Smax} = 50\ kN$，$F_{Smin} = -40\ kN$；$M_{max} =$

　　$27.8\ kN\cdot m$，$M_{min} = -15\ kN\cdot m$。

4.12　(a) $|M|_{max} = FR$；(b) $|M|_{max} = 0.437FR$。

第5章

5.1　$\sigma_{max} = 100MPa$。

5.2　实心轴 $\sigma_{max} = 159MPa$，空心轴 $\sigma_{max} = 67.3MPa$，空心截面比实心截面的最大正应力减小 57.7%。

5.3　截面 $m\text{-}m$：$\sigma_A = -7.41MPa$，$\sigma_B = 4.94MPa$，$\sigma_C = 0$，$\sigma_D = 7.41MPa$；

　　截面 $n\text{-}n$：$\sigma_A = 9.26MPa$，$\sigma_B = -6.18MPa$，$\sigma_C = 0$，$\sigma_D = -9.26MPa$。

5.4　$b \geqslant 259mm$，$h \geqslant 431mm$。

5.5　$F = 56.8kN$。

5.6　最大允许轧制力 $F = 910kN$。

5.7　$b = 316mm$。

5.8　$F = 55.2kN$。

5.9　$M = 10.7kN\cdot m$。

5.10　(1) 圆截面 $d \geqslant 108.4mm$；(2) 矩形截面 $b \geqslant 114.4mm$；

　　(3) 工字形截面 $W_z \geqslant 114.4cm^3$，选 No.16 工字钢；圆截面、矩形截面和工字形截面三种梁的重量比为 $G_1 : G_2 : G_3 = A_1 : A_2 : A_3 = 1 : 0.71 : 0.28$。

5.11　$\sigma_{tmax} = 26.4MPa < [\sigma_t]$，$\sigma_{cmax} = 52.8MPa < [\sigma_c]$，安全；不合理。

5.12　$\sigma_a = 6.04MPa$，$\tau_a = 0.379MPa$；$\sigma_b = 12.9MPa$，$\tau_b = 0$。

5.13　$\sigma_{max} = 102MPa$，$\tau_{max} = 3.39MPa$。

5.14　$\sigma_{max} = 142MPa$，$\tau_{max} = 18.1MPa$。

5.15　No.28a 工字钢；$\tau_{max} = 13.9MPa < [\tau]$，满足强度要求。

5.16　$\sigma_{max} = 6.67MPa < [\sigma]$，$\tau_{max} = 1.0MPa < [\tau]$，满足强度要求。

5.17　(1) $b \geqslant 125mm$；(2) $\sigma_{max}^A = 7.78MPa < [\sigma]$，满足强度要求。

5.18　$s \leqslant 107mm$。

5.19　$\tau = 16.2MPa < [\tau]$，满足强度要求。

5.20　$\sigma_{max}(平放)/\sigma_{max}(竖放) \approx 2.0$。

5.21　$a = \dfrac{lW_2}{W_1 + W_2}$。

5.22　$a = b = 2m$，$F \leqslant 14.8kN$。

5.23　(1) $b = \dfrac{\sqrt{3}}{3}d$，$h = \sqrt{d^2 - b^2} = \dfrac{\sqrt{6}}{3}d$；

　　　　(2) $h = \dfrac{\sqrt{3}}{2}d$，$b = \sqrt{d^2 - h^2} = \dfrac{1}{2}d$。

5.24　$M_1 = \dfrac{(D^4 - d^4)ql^2}{4(2D^4 - d^4)}$，$M_2 = \dfrac{d^4 ql^2}{8(2D^4 - d^4)}$。

5.25　$F = 2.25qa$。

5.26　$h = 180\text{mm}$，$b = 90\text{mm}$。

第6章

6.2　(a) $w = -\dfrac{7Fa^3}{2EI}$，$\theta = \dfrac{5Fa^2}{2EI}$；(b) $w = -\dfrac{41ql^4}{384EI}$，$\theta = -\dfrac{7ql^3}{48EI}$。

6.3　(a) $\theta_A = -\dfrac{M_e l}{6EI}$，　$\theta_B = \dfrac{M_e l}{3EI}$，　　$w_{\frac{l}{2}} = -\dfrac{M_e l^2}{16EI}$，　$w_{\max} = -\dfrac{M_e l^2}{9\sqrt{3}EI}$；

　　　(b) $\theta_A = -\dfrac{3ql^3}{128EI}$，　$\theta_B = \dfrac{7ql^3}{384EI}$，　　$w_{\frac{l}{2}} = -\dfrac{5ql^4}{768EI}$，　$w_{\max} = -\dfrac{5.04ql^4}{768EI}$。

6.4　(a) $\theta_B = -\dfrac{Fa^2}{2EI}$，　$w_B = -\dfrac{Fa^2}{6EI}(3l - a)$；

　　　(b) $\theta_B = -\dfrac{M_e a}{EI}$，　$w_B = -\dfrac{M_e a}{EI}\left(l - \dfrac{a}{2}\right)$。

6.5　$M_2 = 2M_1$。

6.6　(a) $w_A = -\dfrac{Fl^3}{6EI}$，　$\theta_B = -\dfrac{9Fl^2}{8EI}$；

　　　(b) $w_A = -\dfrac{Fa}{6EI}(3b^2 + 6ab + 2a^2)$，　$\theta_B = \dfrac{Fa(2b + a)}{2EI}$；

　　　(c) $w_A = -\dfrac{5ql^4}{768EI}$，　$\theta_B = \dfrac{ql^3}{384EI}$；

　　　(d) $w_A = \dfrac{ql^4}{16EI}$，　$\theta_B = \dfrac{ql^3}{12EI}$。

6.7　(a) $w = \dfrac{Fa}{48EI}(3l^2 - 16al - 16a^2)$，　$\theta = \dfrac{F}{48EI}(24a^2 + 16al - 3l^2)$；

　　　(b) $w = \dfrac{qal^2}{24EI}(5l + 6a)$，　$\theta = -\dfrac{ql^2}{24EI}(5l + 12a)$。

6.8　$w_A = -\dfrac{ql^4}{12EI_1} - \dfrac{ql^4}{8EI_2}$。

6.9　$F = 1.735\text{kN}$。

6.10　$w_D = -\dfrac{Fa^3}{EI}$。

6.11　$w = 13.8\text{mm} < [w]$，大梁满足刚度要求。

6.12　$y = \dfrac{Fx^3}{3EI}$。

6.13　在梁的自由端应加向上的集中力和顺时针的集中力偶，取值分别为 $F = 6AEI$，$M_e = 6AlEI$。

6.14　$M_e = 0.032\mathrm{N}\cdot\mathrm{m}$，$\sigma_{max} = 200\mathrm{MPa}$。

6.15　$F_{RA} = \dfrac{q}{8}(3l+4a)$。

6.16　(a) $M_B = \dfrac{3EI\delta}{2l^2}$；　(b) $M_B = -\dfrac{3EI\delta}{l^2}$。

6.17　$w_C = -\left(\dfrac{qa^2}{2EA}+\dfrac{7qa^4}{24EI}\right)$。

6.18　(1) $F_{N1} = \dfrac{F}{5}$，$F_{N2} = \dfrac{2F}{5}$；

　　　(2) $F_{N1} = \dfrac{(3lI+2a^3A)F}{15lI+2a^3A}$，$F_{N2} = \dfrac{6lIF}{15lI+2a^3A}$。

6.19　梁内最大正应力 $\sigma_{max} = 156\mathrm{MPa}$，拉杆的正应力 $\sigma = 185\mathrm{MPa}$。

第7章

7.2　(a) $\alpha = 30°$，$\sigma_\alpha = 35\mathrm{MPa}$，$\tau_\alpha = 60.6\mathrm{MPa}$；

　　　(b) $\alpha = 45°$，$\sigma_\alpha = -20\mathrm{MPa}$，$\tau_\alpha = 0$；

　　　(c) $\alpha = 30°$，$\sigma_\alpha = 52.3\mathrm{MPa}$，$\tau_\alpha = -18.7\mathrm{MPa}$；

　　　(d) $\alpha = 45°$，$\sigma_\alpha = -10\mathrm{MPa}$，$\tau_\alpha = -30\mathrm{MPa}$。

7.3　(a) $\sigma_2 = -3.8\mathrm{MPa}$，$\sigma_3 = -26.2\mathrm{MPa}$，$\alpha_0 = -31°43'$，$\tau_{max} = 11.2\mathrm{MPa}$；

　　　(b) $\sigma_1 = 120.7\mathrm{MPa}$，$\sigma_3 = -20.7\mathrm{MPa}$，$\alpha_0 = -22°30'$，$\tau_{max} = 70.7\mathrm{MPa}$；

　　　(c) $\sigma_1 = 30\mathrm{MPa}$，$\sigma_3 = -30\mathrm{MPa}$，$\alpha_0 = 45°$，$\tau_{max} = 30\mathrm{MPa}$；

　　　(d) $\sigma_1 = 62.4\mathrm{MPa}$，$\sigma_2 = 17.6\mathrm{MPa}$，$\alpha_0 = 63°26'$，$\tau_{max} = 22.4\mathrm{MPa}$。

7.4　$\sigma_1 = 1.66\mathrm{MPa}$，$\sigma_2 = 0$，$\sigma_3 = -21.66\mathrm{MPa}$。

7.5　$\sigma_\alpha = 0.16\mathrm{MPa}$，$\tau_\alpha = -0.19\mathrm{MPa}$。

7.6　$\sigma_1 = 80\mathrm{MPa}$，$\sigma_2 = 40\mathrm{MPa}$，$\sigma_3 = 0$。

7.7　$\sigma_1 = 70\mathrm{MPa}$，$\sigma_2 = \sigma_3 = 0$ 或 $\sigma_1 = \sigma_2 = 0$，$\sigma_3 = -70\mathrm{MPa}$；

　　　$\sigma_x = -44.8\mathrm{MPa}$，$\sigma_y = -22.5\mathrm{MPa}$，$\tau_{xy} = -33.6\mathrm{MPa}$。

7.8　$\tau_{xy} = -\tau_{y.x} = 60\mathrm{MPa}$，$\sigma_y = -30\mathrm{MPa}$，$\sigma_1 = 150\mathrm{MPa}$，$\sigma_3 = -50\mathrm{MPa}$。

7.9　(a) $\sigma_1 = 51\mathrm{MPa}$，$\sigma_2 = 0$，$\sigma_3 = -41\mathrm{MPa}$，$\tau_{max} = 46\mathrm{MPa}$；

　　　(b) $\sigma_1 = 80\mathrm{MPa}$，$\sigma_2 = 50\mathrm{MPa}$，$\sigma_3 = -50\mathrm{MPa}$，$\tau_{max} = 65\mathrm{MPa}$；

　　　(c) $\sigma_1 = 57.7\mathrm{MPa}$，$\sigma_2 = 50\mathrm{MPa}$，$\sigma_3 = -27.7\mathrm{MPa}$，$\tau_{max} = 42.7\mathrm{MPa}$；

　　　(d) $\sigma_1 = 25\mathrm{MPa}$，$\sigma_2 = 0$，$\sigma_3 = -25\mathrm{MPa}$，$\tau_{max} = 25\mathrm{MPa}$。

7.10　(1) $\varepsilon_1 = 1400\times10^{-6}$，$\varepsilon_2 = -600\times10^{-6}$，$\alpha_0 = 18°26'$；

　　　 (2) $\varepsilon_1 = 1000\times10^{-6}$，$\varepsilon_2 = 0$，$\alpha_0 = 19°20'$。

7.11　$\varepsilon_1 = 750\times10^{-6}$，$\varepsilon_2 = -550\times10^{-6}$，$\alpha_0 = 11.3°$。

7.12　$\sigma_1 = \sigma_2 = -30\mathrm{MPa}$，$\sigma_3 = -70\mathrm{MPa}$。

7.13　$\Delta l = 9.29\times10^{-3}\mathrm{m}$。

7.14　$m_0 = 125.7\mathrm{N}\cdot\mathrm{m}$。

7.15　(a) $\theta = 0.02\times10^{-3}$，$v_\varepsilon = 13.84\times10^3\,\mathrm{J/m^3}$，$v_d = 13.81\times10^3\,\mathrm{J/m^3}$；

　　　 (b) $\theta = 0.16\times10^{-3}$，$v_\varepsilon = 32.25\times10^3\,\mathrm{J/m^3}$，$v_d = 30.12\times10^3\,\mathrm{J/m^3}$；

　　　 (c) $\theta = 0.16\times10^{-3}$，$v_\varepsilon = 16.64\times10^3\,\mathrm{J/m^3}$，$v_d = 8.5\times10^3\,\mathrm{J/m^3}$；

(d) $\theta = 0$，$v_\varepsilon = 4.06 \times 10^3 \ \text{J/m}^3$，$v_d = 4.06 \times 10^3 \ \text{J/m}^3$。

7.17　$\sigma_{r3} = 43.3\text{MPa}$。

7.18　$\sigma_1 - \dfrac{[\sigma_t]}{[\sigma_c]}\sigma_3 = 58\text{MPa} < [\sigma_t]$，故满足莫尔强度要求。

第 8 章

8.1　(a) $F_N = F\cos\theta$，$F_S = F\sin\theta$，$M = Fa\cos\theta + FL\sin\theta$；

　　(b) 截面 1-1：$F_{Sy} = \dfrac{F_1}{2}$，$F_{Sz} = \dfrac{F_2}{2}$，$T = -\dfrac{F_1 a}{2}$，$M_y = F_2 a$，$M_z = F_1 a$；

　　截面 2-2：$F_{Sy} = \dfrac{F_1}{2}$，$F_N = \dfrac{F_2}{2}$，$T = -\dfrac{F_1 a}{2}$，$M_x = \dfrac{3}{4}F_1 a$，$M_y = \dfrac{F_2 a}{2}$。

8.2　$\sigma_{max} = 146\text{MPa} > [\sigma]$，但仅超过 5%，满足强度要求。

8.3　$\sigma_{max} = 135.5\text{MPa}$（拉）。

8.4　$\sigma_{tmax} = 26.9\text{MPa} < [\sigma_t]$，$\sigma_{cmax} = 32.3\text{MPa} < [\sigma_c]$，满足强度要求。

8.5　$\sigma_A = 8.83\text{MPa}$，$\sigma_B = 3.83\text{MPa}$，$\sigma_C = -12.2\text{MPa}$，$\sigma_D = -7.17\text{MPa}$；
中性轴的截距 $a_y = 15.6\text{mm}$，$a_z = 33.4\text{mm}$。

8.6　$d = 128\text{mm}$。

8.7　最大拉应力 5.09MPa，最大压应力 5.29MPa。

8.9　$F = 788\text{N}$。

8.10　$\sigma_{r3} = 64.8\text{MPa} < [\sigma]$，满足强度要求。

8.11　$\sigma_1 = 33.5\text{MPa}$，$\sigma_3 = -9.95\text{MPa}$，$\tau_{max} = 21.7\text{MPa}$。

8.12　$d = 59.7\text{mm}$。

8.13　$\sigma_{r3} = 62.5\text{MPa} < [\sigma]$，满足强度要求。

8.14　$\sigma_{r3} = 144\text{MPa} > [\sigma]$，但仅超过 2.85%，仍可使用。

8.15　$\sigma_{r3} = 84.2\text{MPa} < [\sigma]$，满足强度要求。

8.16　$\sigma_1 = 768\text{MPa}$，$\sigma_2 = 0$，$\sigma_3 = -434\text{MPa}$。

第 9 章

9.1　(a) 杆最容易失稳，(c) 杆最不容易失稳。

9.2　$\sigma_{cr} = 663\text{MPa}$，$F_{cr} = 400\text{kN}$。

9.3　(1) $F_{cr} = 231\text{kN}$；(2) $F_{cr} = 280\text{kN}$。

9.4　$F_{cr} = 2612\text{kN}$，$F_{cr} = 4702\text{kN}$，$F_{cr} = 4723\text{kN}$。

9.5　$\sigma_{cr} = 7.46\text{MPa}$。

9.6　$F_{cr} = 277\text{kN}$。

9.7　$\theta = \arctan(\cot^2\beta)$。

9.8　$[F] = 165\text{kN}$。

9.9　(1) $F_{cr} = 118.8\text{kN}$；(2) $n = 1.7 < n_{st}$，托架不安全。

9.10　$d_{AC} = 24.3\text{mm}$，$d_{BC} = 35.5\text{mm}$。

9.11　当温度升至 $t' = t + \Delta t = 59\,^\circ\text{C}$ 时，杆将失稳。

附录 A

A.1　(a) $\bar{y}_c = 0$，$\bar{z}_c = \dfrac{h(2a+b)}{3(a+b)}$；

(b) $\bar{y}_c = 0, \bar{z}_c = 0.261\text{m}$;

(c) $\bar{y}_c = \bar{z}_c = \dfrac{5}{6}a$ 。

A. 2　(a) $I_y = \dfrac{bh^3}{12}$;　(b) $I_y = \dfrac{2ah^3}{15}$ 。

A. 3　(a) $I_{y_c} = \dfrac{(a^2 + 4ab + b^2)h^3}{36(a+b)}$;

　　　(b) $I_{y_c} = 1.19 \times 10^{-2}\text{m}^4$ 。

A. 4　$I_{y_c} = 0.00686d^4$ 。

A. 5　(a) $I_{yz} = 7.75 \times 10^4\text{m}^4$;　(b) $I_{yz} = \dfrac{R^4}{8}$ 。

A. 6　(a) $I_y = \dfrac{bh^3}{3}, I_z = \dfrac{bh^3}{3}, I_{yz} = -\dfrac{b^2h^2}{4}$;

　　　(b) $I_y = \dfrac{bh^3}{12}, I_z = \dfrac{bh(3b^2 - 3bc + c^2)}{12}, I_{yz} = \dfrac{bh^2(3b - 2c)}{24}$ 。

A. 7　(a) $\bar{y}_c = 0, \bar{z}_c = 2.85r, I_{y_c} = 10.38r^4, I_{z_c} = 2.06r^4$;

　　　(b) $\bar{y}_c = 0, \bar{z}_c = 103\text{mm}, I_{y_c} = 3.91 \times 10^{-5}\text{m}^4, I_{z_c} = 2.34 \times 10^{-5}\text{m}^4$ 。

A. 8　(a) $\alpha_0 = 34.5°$, $I_{y_0} = 11.30\text{cm}^4$, $I_{z_0} = 88.7\text{cm}^4$;

　　　(b) $\alpha_0 = -13°30'$, $I_{y_0} = 76.1\text{ cm}^4$, $I_{z_0} = 19.9\text{ cm}^4$ 。

A. 9　$\alpha_0 = -16°51'$, $I_{y_0} = 0.62\text{ cm}^4$, $I_{z_0} = 3.83\text{ cm}^4$ 。

普通高等教育"十二五"规划教材

材料力学

（Ⅱ）

（第二版）

主　编　常　红　赵子龙

科学出版社

北　京

内 容 简 介

本教材是根据普通高等学校材料力学教学基本要求编写的。全书分Ⅰ、Ⅱ两册，共 16 章。Ⅰ册为材料力学的基础部分，内容包括：绪论，轴向拉伸、压缩与剪切，扭转，弯曲内力，弯曲应力，弯曲变形，应力、应变分析及强度理论，组合变形，压杆稳定，平面图形的几何性质等；Ⅱ册为材料力学的加深与扩展部分，内容包括：能量法，超静定结构，扭转及弯曲的几个补充问题，动载荷，交变应力，杆件的塑性变形，电测实验应力分析基础等。各章配有适量的思考题及习题，书后附有参考答案。

本教材可作为高等学校工科各专业的材料力学教材，也可供大专院校及工程技术人员参考。

图书在版编目(CIP)数据

材料力学:全 2 册/ 常红,赵子龙主编.—2 版.—北京:科学出版社,2015.1

普通高等教育"十二五"规划教材

ISBN 978-7-03-042768-7

Ⅰ.①材⋯　Ⅱ.①常⋯　②赵⋯　Ⅲ.①材料力学-高等学校-教材　Ⅳ.①TB301

中国版本图书馆 CIP 数据核字(2014)第 292608 号

责任编辑:滕亚帆/责任校对:张怡君
责任印制:霍　兵/封面设计:华路天然工作室

科 学 出 版 社 出版

北京东黄城根北街 16 号
邮政编码:100717
http://www.sciencep.com

三河市骏圭印刷有限公司印刷

科学出版社发行　各地新华书店经销

*

2012 年 2 月第　一　版　开本:787×1092　1/16
2015 年 1 月第　二　版　印张:10 1/2
2015 年 1 月第三次印刷　字数:250 000

定价:62.00 元(全 2 册)

(如有印装质量问题,我社负责调换)

目　　录

第 10 章　能量法 ··· 1
10.1　概述 ··· 1
10.2　杆件应变能的计算 ··· 1
10.3　应变能的一般表达式 ·· 7
10.4　互等定理 ··· 9
10.5　卡氏定理 ·· 12
10.6　虚功原理　单位载荷法 ··· 16
10.7　莫尔定理 ·· 21
10.8　计算莫尔积分的图乘法 ··· 25
思考题 ··· 29
习题 ··· 29

第 11 章　超静定结构 ·· 35
11.1　概述 ·· 35
11.2　用力法解超静定系统 ·· 38
11.3　对称及反对称性质的应用 ·· 46
思考题 ··· 52
习题 ··· 53

第 12 章　扭转及弯曲的几个补充问题 ·· 58
12.1　薄壁杆件的自由扭转 ·· 58
12.2　圆柱形密圈螺旋弹簧的应力和变形 ·· 63
12.3　开口薄壁杆件的弯曲切应力与弯曲中心 ······································ 66
*12.4　复合梁对称弯曲时的正应力 ·· 70
思考题 ··· 74
习题 ··· 75

第 13 章　动载荷 ··· 77
13.1　概述 ·· 77
13.2　匀加速直线运动及匀速转动时构件的应力计算 ······························· 77
13.3　构件受冲击时的应力与变形 ·· 82
*13.4　考虑被冲击物质量时的冲击应力 ·· 88
13.5　冲击载荷下材料的力学性能 ·· 90
13.6　提高构件抗冲击能力的措施 ·· 92

思考题 ……………………………………………………………………… 93

习题 ………………………………………………………………………… 94

第 14 章　交变应力 ………………………………………………… 100

14.1　交变应力与疲劳失效 ……………………………………… 100

14.2　交变应力的基本参量 ……………………………………… 102

14.3　疲劳极限 ……………………………………………………… 103

14.4　影响疲劳极限的因素 ……………………………………… 105

14.5　疲劳极限曲线 ………………………………………………… 111

14.6　构件的疲劳强度计算 ……………………………………… 112

14.7　疲劳裂纹扩展与构件的疲劳寿命 ………………………… 117

14.8　提高构件疲劳强度的措施 ………………………………… 120

思考题 ……………………………………………………………………… 121

习题 ………………………………………………………………………… 121

第 15 章　杆件的塑性变形 ……………………………………… 125

15.1　概述 …………………………………………………………… 125

15.2　简化模型 ……………………………………………………… 126

15.3　轴向拉伸和压缩杆系的塑性分析 ………………………… 127

15.4　圆轴的塑性扭转 ……………………………………………… 129

15.5　静定梁的塑性分析 …………………………………………… 131

15.6　超静定梁的塑性分析 ………………………………………… 135

15.7　残余应力的概念 ……………………………………………… 137

思考题 ……………………………………………………………………… 138

习题 ………………………………………………………………………… 139

第 16 章　电测实验应力分析基础 ……………………………… 141

16.1　概述 …………………………………………………………… 141

16.2　平面应力状态下的应变分析 ……………………………… 141

16.3　电测法基本原理 ……………………………………………… 144

16.4　应变测量与应力计算 ……………………………………… 148

思考题 ……………………………………………………………………… 153

习题 ………………………………………………………………………… 153

部分习题答案 ……………………………………………………… 155

参考文献 ……………………………………………………………… 161

第 10 章 能 量 法

10.1 概　述

在工程结构分析中，经常需要计算结构和构件的变形。使用一般的方法，如积分法计算变形时，需要分析结构和构件的具体变形形式，并需要大量的计算，特别是对于刚架等复杂的超静定结构，一般的方法会非常烦琐和复杂。因此工程上常采用能量原理来进行结构的分析和计算。能量原理在结构和构件的分析和计算中，不涉及具体的变形过程和变形形式，因此具有应用简单、方便等优点。能量原理的另一个优点是公式统一，适用于计算机编程计算和分析。

变形固体在外力作用下产生变形，引起外力作用点产生位移。外力将在沿其作用线方向的位移上做功，这一外力功将转化为其他形式的能量。对于弹性固体，在弹性变形的过程中，可以忽略其他形式的能量如动能、热能等的损失，认为外力功 W 全部转变成应变能 V_ε，即

$$V_\varepsilon = W \tag{10.1}$$

在弹性范围内，若逐渐将外力撤除时，应变能又可全部转变为功。这就是说，在弹性范围内，应变能是可逆的。

在变形固体力学中，利用功、能的概念，建立有关分析变形、位移、内力的原理和方法，统称为**能量法**。能量法在固体力学中应用得很广泛。

本章重点介绍计算杆件变形的单位载荷法，它是计算刚架、桁架等杆系结构变形的简便方法。此外，还介绍了一些能量原理，如互等定理、卡氏定理等。这些内容是进一步掌握能量法的基础。

10.2　杆件应变能的计算

10.2.1　轴向拉伸与压缩

如图 10.1（a）所示为一轴向拉伸杆件。在线弹性条件下，轴向力和轴向变形间的关系是一条斜直线［图 10.1（b）］，轴向力 F 所做的功是 $F - \Delta l$ 图中斜直线下面的面积，即

$$W = \frac{1}{2} F \Delta l \tag{a}$$

杆件在轴向拉伸或压缩时的应变能为

$$V_\varepsilon = W = \frac{1}{2} F \Delta l$$

若杆件为等截面直杆且轴向力仅作用于杆两端时，有

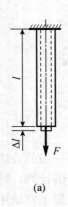

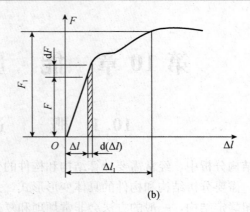

图 10.1

$$F_{\mathrm{N}} = F, \quad \Delta l = \frac{F_{\mathrm{N}} l}{EA}$$

此时杆件的应变能为

$$V_{\varepsilon} = \frac{F_{\mathrm{N}}^2 l}{2EA} \tag{10.2}$$

若杆件为阶梯杆或有轴向力作用于杆中间部分时，杆件的应变能为

$$V_{\varepsilon} = \sum_{i=1}^{n} \frac{F_{\mathrm{N}i}^2 l_i}{2E_i A_i} \tag{10.3}$$

其中 n 为由于截面变化或中间轴向力引起的杆的分段数。若杆件为连续变截面杆或轴向力沿轴线连续分布时，杆件的应变能为

$$V_{\varepsilon} = \int_l \frac{F_{\mathrm{N}}^2(x)}{2EA(x)} \mathrm{d}x \tag{10.4}$$

10.2.2　扭转

图 10.2（a）所示为一受扭圆轴。在线弹性条件下，扭转力偶矩 M_e 和扭转角 φ 间的关系是一条斜直线［图 10.2（b）］，扭转力偶矩 M_e 所做的功是 M_e-φ 图中斜直线下面的面积，即

$$W = \frac{1}{2} M_e \varphi \tag{b}$$

圆轴在扭转时的应变能为

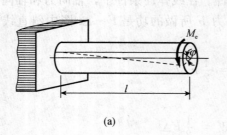

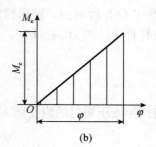

图 10.2

$$V_\varepsilon = W = \frac{1}{2} M_e \varphi$$

若轴为等直圆轴且扭转力偶矩仅作用于轴两端时，有

$$T = M_e, \quad \varphi = \frac{M_e l}{G I_p}$$

此时圆轴的应变能为

$$V_\varepsilon = \frac{T^2 l}{2 G I_p} \tag{10.5}$$

若圆轴为阶梯轴或有扭转力偶矩作用于轴的中间部分时，圆轴的应变能为

$$V_\varepsilon = \sum_{i=1}^{n} \frac{T_i^2 l_i}{2 G_i I_{pi}} \tag{10.6}$$

其中，n 为由于截面变化或中间扭转力偶矩引起的轴的分段数。若圆轴为连续变截面轴或扭转力偶矩沿轴线分布时，圆轴的应变能为

$$V_\varepsilon = \int_l \frac{T^2(x)}{2 G I_p(x)} \mathrm{d}x \tag{10.7}$$

10.2.3 纯弯曲

图 10.3（a）所示为一纯弯曲梁。在线弹性条件下，弯曲力偶矩 M_e 和转角 θ 间的关系是一条斜直线 [图 10.3（b）]，弯曲力偶矩 M_e 所做的功是 M_e-θ 图中斜直线下面的面积，即

$$W = \frac{1}{2} M_e \theta \tag{c}$$

梁的应变能为

$$V_\varepsilon = W = \frac{1}{2} M_e \theta$$

若梁为等截面纯弯梁时，有

$$M = M_e, \quad \theta = \frac{Ml}{EI_z}$$

此时梁的应变能为

$$V_\varepsilon = \frac{M^2 l}{2 EI_z} \tag{10.8}$$

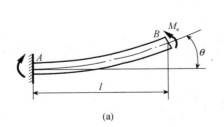
(a)

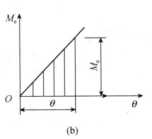
(b)

图 10.3

10.2.4 横力弯曲

如图 10.4（a）所示为一横力弯曲梁。横力弯曲时截面上不仅同时有弯矩和剪力，

而且它们均随位置变化。

先讨论弯曲应变能。取 $\mathrm{d}x$ 微段，弯矩引起的变形如图 10.4（b）所示，则相应的外力功为

$$\mathrm{d}W = \frac{1}{2}M(x)\mathrm{d}\theta$$

$\mathrm{d}x$ 微段的弯曲应变能为

$$\mathrm{d}V_{\varepsilon 1} = \mathrm{d}W = \frac{1}{2}M(x)\mathrm{d}\theta = \frac{M^2(x)}{2EI_z}\mathrm{d}x$$

整个梁的弯曲应变能为

$$V_{\varepsilon 1} = \int_l \frac{M^2(x)}{2EI_z}\mathrm{d}x \tag{10.9}$$

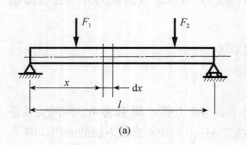 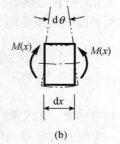 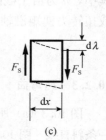

图 10.4

再研究剪切应变能。剪切应变能可以利用第 3 章中得到的剪切应变能密度来计算。剪切应变能密度为

$$\nu_{\varepsilon 2} = \frac{1}{2}\tau\gamma = \frac{\tau^2}{2G} \tag{10.10}$$

在 F_S 作用下的切应力 τ 为

$$\tau = \frac{F_\mathrm{S}S_z^*}{bI_z}$$

代入式（10.10）得剪切应变能密度为

$$\nu_{\varepsilon 2} = \frac{1}{2G}\left(\frac{F_\mathrm{S}S_z^*}{bI_z}\right)^2$$

整个梁的剪切应变能为

$$V_{\varepsilon 2} = \int_V \nu_{\varepsilon 2}\mathrm{d}V = \int_l\!\!\int_A\left[\frac{1}{2G}\left(\frac{F_\mathrm{S}S_z^*}{bI_z}\right)^2\mathrm{d}A\right]\mathrm{d}x = \int_l\frac{F_\mathrm{S}^2}{2GI_z^2}\left[\int_A\left(\frac{S_z^*}{b}\right)^2\mathrm{d}A\right]\mathrm{d}x \tag{10.11}$$

引入记号

$$k = \frac{A}{I_z^2}\int_A\left(\frac{S_z^*}{b}\right)^2\mathrm{d}A \tag{10.12}$$

k 只与梁的横截面形状有关，称为截面的**剪切形状系数**。对于矩形截面，$k = \dfrac{6}{5}$；对于圆形截面，$k = \dfrac{10}{9}$；对于薄壁圆环截面，$k = 2$。对于其他形状的横截面，也可根据式（10.12）计算其剪切形状系数 k。

引入记号 k 后，式（10.11）可以写成

$$V_{\varepsilon 2} = \int_l \frac{kF_S^2}{2GA}\mathrm{d}x \tag{10.13}$$

横力弯曲时梁的应变能为弯曲应变能和剪切应变能之和，即

$$V_\varepsilon = \int_l \frac{M^2(x)}{2EI_z}\mathrm{d}x + \int_l \frac{kF_S^2}{2GA}\mathrm{d}x \tag{10.14}$$

对于细长梁，剪切应变能与弯曲应变能相比，一般很小，可以忽略不计，所以只需计算弯曲应变能。但对于短梁，应考虑剪切应变能。

式（a）～式（c）可以统一写成

$$V_\varepsilon = W = \frac{1}{2}F\delta \tag{10.15}$$

式中，F 为广义力，δ 为与广义力对应的广义位移。在轴向拉伸（或压缩）时，F 代表轴向拉力或压力，δ 代表与拉力（或压力）对应的线位移 Δl；在扭转时，F 代表扭转力偶矩 M_e，δ 代表与扭转力偶矩对应的扭转角 φ；在弯曲时，F 代表弯曲力偶矩 M_e，δ 代表与弯曲力偶矩对应的转角 θ。

对于线弹性问题，广义力与广义位移之间是线性关系，式（10.15）始终成立。对于非线性弹性问题，应变能在数值上仍然等于外力做的功，但广义力与广义位移之间以及应力与应变之间不再满足线性关系（图 10.5），式（10.15）也不再成立，应变能的计算应采用下式计算：

$$V_\varepsilon = W = \int_o^{\delta_1} F\mathrm{d}\delta \tag{10.16}$$

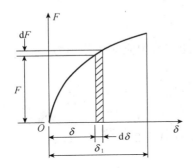 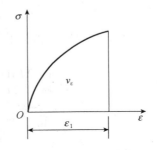

图 10.5

例 10.1 如图 10.6 所示悬臂梁，承受集中力 F 与集中力偶矩 M_e 的作用。试计算梁的应变能。设弯曲刚度 EI 为常数。

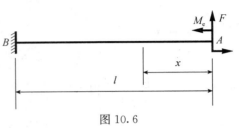

图 10.6

解 建立图示坐标系，弯矩方程为

$$M = Fx + M_e \quad (0 < x < l)$$

由式（10.9）得梁的应变能为

$$V_\varepsilon = \int_l \frac{M^2}{2EI}\mathrm{d}x = \frac{1}{2EI}\int_0^l (Fx + M_e)^2\mathrm{d}x = \frac{F^2 l^3}{6EI} + \frac{FM_e l^2}{2EI} + \frac{M_e^2 l}{2EI}$$

当梁上只作用横向力 F 时，其应变能为

$$V_{\varepsilon 1} = \int_l \frac{M_1^2}{2EI} \mathrm{d}x = \frac{1}{2EI} \int_0^l (Fx)^2 \mathrm{d}x = \frac{F^2 l^3}{6EI}$$

当梁上只作用弯曲力偶矩 M_e 时，其应变能为

$$V_{\varepsilon 2} = \int_l \frac{M_2^2}{2EI} \mathrm{d}x = \frac{1}{2EI} \int_0^l M_e^2 \mathrm{d}x = \frac{M_e^2 l}{2EI}$$

由此可见 $V_{\varepsilon 1} + V_{\varepsilon 2} \neq V_\varepsilon$，即在横向力 F 作用下的应变能与在弯曲力偶矩 M_e 作用下的应变能之和不等于它们共同作用下的应变能。这是因为横向力 F 和弯曲力偶矩 M_e 均产生弯曲变形且它们在对方的位移上做功，因此存在交叉项。由此得出结论：**在产生同种变形的外力作用下弹性体的应变能不能由各个外力单独作用下的应变能叠加求得。**

例 10.2 试求如图 10.7 所示矩形截面简支梁的弯曲应变能和剪切应变能，并比较之。

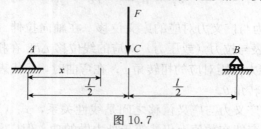

图 10.7

解 由于 AC、BC 两段对称，所以全梁的应变能能等于 AC 段的两倍。AC 段内的剪力和弯矩分别为

$$F_s = \frac{1}{2}F \quad \left(0 < x < \frac{l}{2}\right)$$

$$M = \frac{1}{2}Fx \quad \left(0 \leqslant x \leqslant \frac{l}{2}\right)$$

由式（10.9）、式（10.13），得梁的弯曲应变能和剪切应变能分别为

$$V_{\varepsilon 1} = 2\int_0^{\frac{l}{2}} \frac{M^2 \mathrm{d}x}{2EI} = 2\int_0^{\frac{l}{2}} \frac{\left(\frac{1}{2}Fx\right)^2 \mathrm{d}x}{2EI_z} = \frac{F^2 l^3}{96EI_z}$$

$$V_{\varepsilon 2} = 2\int_0^{\frac{l}{2}} \frac{kF_s^2}{2GA} \mathrm{d}x = = 2\int_0^{\frac{l}{2}} \frac{k}{2GA}\left(\frac{F}{2}\right)^2 \mathrm{d}x = \frac{kF^2 l}{8GA}$$

两种应变能的比值为

$$V_{\varepsilon 2} : V_{\varepsilon 1} = \frac{12EI_z k}{GAl^2}$$

对于矩形截面梁

$$k = \frac{6}{5}, \quad \frac{I_z}{A} = \frac{h^2}{12}$$

再利用 $G = \dfrac{E}{2(1+\mu)}$，得

$$V_{\varepsilon 2} : V_{\varepsilon 1} = \frac{12}{5}(1+\mu)\left(\frac{h}{l}\right)^2$$

取 $\mu = 0.3$，当 $h = 0.2l$ 时，$V_{\varepsilon 2} : V_{\varepsilon 1} = 0.125$；当 $h = 0.1l$ 时，$V_{\varepsilon 2} : V_{\varepsilon 1} = 0.0312$；当 $h = 0.05l$ 时，$V_{\varepsilon 2} : V_{\varepsilon 1} = 0.0078$。由此可见，对于粗短梁应考虑剪切应变能，对于细长梁可忽略不计剪切应变能。

10.3　应变能的一般表达式

以上讨论了杆件在几种基本变形下的应变能，现在讨论一般的情况。在图 10.8 所示弹性体上作用 F_1，F_2，$\cdots$，F_n 共 n 个广义力，且弹性体的约束条件使得其只有变形位移，而无刚体位移，由弹性体的变形（图 10.8 中虚线所示）产生相应的广义位移 δ_1，δ_2，$\cdots$，δ_n。这里的广义位移分别表示外力作用点处与外力方向一致的位移。

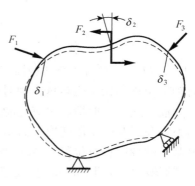

图 10.8

对弹性体（线性或非线性）来说，在变形过程中储存应变能的数值，只取决于外力和位移的最终值，而与加载的次序无关。否则，若与加载次序有关，那么总可选储能较多的加载次序加载，而按储能较少的次序卸载，于是在弹性体内部将积累应变能。这显然与能量守恒原理相矛盾。可见，应变能的数值应与加载的次序无关。这样，在计算应变能时，就可以假设 F_1，F_2，$\cdots$，F_n 按相同的比例，从零增加到最终值。如果变形很小且材料是线弹性的，则位移 δ_1，δ_2，$\cdots$，δ_n 也将与外力按同样的比例从零增加到最终值。为了表示外力和位移这一关系，引入一个由 0 到 1 变化的参数 k。这样在加载的过程中，各个外力可以表示为 kF_1，kF_2，$\cdots$，kF_n，相应的位移可以表示为 $k\delta_1$，$k\delta_2$，$\cdots$，$k\delta_n$。外力从零缓慢增加到最终值，相当于 k 从 0 增加到 1。如给参数 k 一个增量 $\mathrm{d}k$，位移 δ_1，δ_2，$\cdots$，δ_n 的相应增量为

$$\delta_1 \mathrm{d}k, \qquad \delta_2 \mathrm{d}k, \qquad \cdots, \qquad \delta_n \mathrm{d}k$$

外力 kF_1，kF_2，$\cdots$，kF_n 在此位移增量上做的功为

$$\mathrm{d}W = kF_1 \cdot \delta_1 \mathrm{d}k + kF_2 \cdot \delta_2 \mathrm{d}k + \cdots + kF_n \cdot \delta_n \mathrm{d}k = (F_1\delta_1 + F_2\delta_2 + \cdots + F_n\delta_n)k\mathrm{d}k$$

积分上式，得

$$W = (F_1\delta_1 + F_2\delta_2 + \cdots + F_n\delta_n)\int_0^1 k\mathrm{d}k = \frac{1}{2}F_1\delta_1 + \frac{1}{2}F_2\delta_2 + \cdots + \frac{1}{2}F_n\delta_n$$

弹性体的应变能为

$$V_\varepsilon = W = \frac{1}{2}F_1\delta_1 + \frac{1}{2}F_2\delta_2 + \cdots + \frac{1}{2}F_n\delta_n \qquad (10.17)$$

上式表明，**线弹性体的应变能等于每一外力与其相应位移乘积的二分之一的总和**。这一结论称为**克拉贝依隆（Clapeyron）原理**。

因为位移 δ_1，δ_2，$\cdots$，δ_n 与外力 F_1，F_2，$\cdots$，F_n 之间是线性关系，所以如把式（10.17）中的位移用外力来代替，应变能就成为外力的二次函数。同样，如把外力用位移代替，应变能就成为位移的二次函数。由于应变能是外力或位移的二次函数，因此应变能不满足叠加条件。

对于杆件的组合变形的情况，从图 10.9（a）所示杆件中取微段 $\mathrm{d}x$，其两端横截面上同时存在轴力 $F_N(x)$、扭矩 $T(x)$、弯矩 $M(x)$ 和剪力 $F_S(x)$ 四种内力

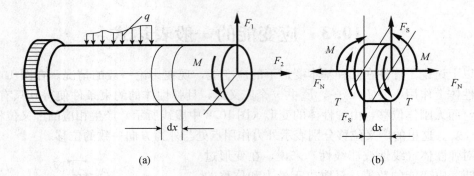

图 10.9

[图 10.9（b）]。对所研究的微段来说，这些内力都是外力。设该微段左、右两截面的相对轴向位移、相对扭转角、相对转角、相对剪切变形分别用 d(Δl)、dφ、dθ、dλ 表示。如前所述，一般情况下应变能不能叠加。但是当前的四种内力，其中任一内力仅在该内力本身引起的微段变形上做功，在其余内力引起的微段的变形上都不做功。例如，在该微段的轴向相对位移 d(Δl) 上，仅有轴力 $F_N(x)$ 做功，而其余内力在轴向相对位移上都不做功。**由此得出结论：在产生不同种类变形的外力作用下弹性体的应变能可由各个外力单独作用下的应变能叠加求得。**这样，就可以分别计算每一种内力单独作用时微段的应变能，然后求其总和，即可得该微段内储存的总应变能。由式（10.17），微段内的应变能为

$$dV_\varepsilon = dW = \frac{1}{2}F_N(x)d(\Delta l) + \frac{1}{2}T(x)d\varphi + \frac{1}{2}M(x)d\theta + \frac{1}{2}kF_S(x)d\lambda$$

$$= \frac{F_N^2(x)dx}{2EA} + \frac{T^2(x)dx}{2GI_p} + \frac{M^2(x)dx}{2EI} + \frac{kF_S^2(x)dx}{2GA}$$

通过积分，即可求出整个杆件的总应变能

$$V_\varepsilon = \int_l \frac{F_N^2(x)dx}{2EA} + \int_l \frac{T^2(x)dx}{2GI_p} + \int_l \frac{M^2(x)dx}{2EI} + \int_l \frac{kF_S^2(x)dx}{2GA} \tag{10.18}$$

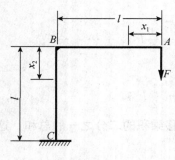

图 10.10

上式是针对圆截面杆件。若截面为非圆截面，则将上式中右边第二项中的 I_p 应改为 I_t。若杆件为细长杆件，上式第四项可以略去。

例 10.3 在刚架 ABC 自由端 C 处作用集中力 F，如图 10.10 所示。已知刚架的抗弯刚度 EI 和抗拉压刚度 EA 为常量，不计剪力对变形的影响，试求刚架的应变能，并求 C 点的铅垂位移。

解 （1）计算刚架的应变能。刚架的应变能由杆件 AB 和杆件 BC 应变能组成，即

$$V_\varepsilon = V_{\varepsilon AB} + V_{\varepsilon BC}$$

选择如图 10.10 所示坐标系，则 AB 杆的轴力方程和弯矩方程分别为

$$F_{N1}(x_1) = 0, \quad M_1(x_1) = -Fx_1$$

BC 杆的轴力方程和弯矩方程分别为

$$F_{N1}(x_2) = -F, \quad M_2(x_2) = -Fl$$

则刚架的总应变能为

$$V_\varepsilon = V_{\varepsilon AB} + V_{\varepsilon BC}$$

$$= \int_l \frac{F_{N1}^2(x_1)\mathrm{d}x_1}{2EA} + \int_l \frac{M_1^2(x_1)\mathrm{d}x_1}{2EI} + \int_l \frac{F_{N2}^2(x_2)\mathrm{d}x_2}{2EA} + \int_l \frac{M_2^2(x_2)\mathrm{d}x_2}{2EI}$$

$$= \int_0^l \frac{(-Fx_1)^2\mathrm{d}x_1}{2EI} + \int_0^l \frac{(-F)^2\mathrm{d}x_2}{2EA} + \int_0^l \frac{(-Fl)^2\mathrm{d}x_2}{2EI}$$

$$= \frac{F^2l^3}{6EI} + \frac{F^2l}{2EA} + \frac{F^2l^3}{2EI} = \frac{2F^2l^3}{3EI} + \frac{F^2l}{2EA}$$

（2）计算 C 点的铅垂位移。根据能量原理 $V_\varepsilon = W = \frac{1}{2}Fy_C$ ，得

$$y_C = \frac{4Fl^3}{3EI} + \frac{Fl}{EA}$$

（3）讨论。由以上结果可以看出，C 点的铅垂位移由两部分组成：弯曲引起的位移 y_{C1} 和轴力引起的位移 y_{C2}，它们分别为

$$y_{C1} = \frac{4Fl^3}{3EI}, \qquad y_{C2} = \frac{Fl}{EA}$$

两者之比为

$$\frac{y_{C1}}{y_{C2}} = \frac{4Al^2}{3I} = \frac{4}{3}\left(\frac{l}{i}\right)^2$$

式中，i 为刚架横截面的惯性半径。对于细长杆件，惯性半径 i 远小于杆件的长度 l。由此可知，对于刚架类结构，弯曲变形对位移的影响远大于拉压变形。因此在工程结构分析中，通常忽略轴力对位移的影响。结合 10.2 节中的分析，可得出结论：**分析在刚架类以弯曲变形为主的结构时，通常可以忽略轴力、剪力对变形或位移的影响。**

10.4　互　等　定　理

在线弹性体的情况下，利用应变能的概念可以导出功的互等定理和位移互等定理。它们在结构分析中是非常有用的。

10.4.1　功的互等定理

以图 10.11 所示弹性构件为例证明这个定理。于梁上点 1 处作用载荷 F_1，引起点 1 的位移为 Δ_{11}，点 2 的位移为 Δ_{21}，如图 10.11（a）所示。于梁上点 2 作用载荷 F_2，引起点 1 的位移为 Δ_{12}，点 2 的位移为 Δ_{22}，如图 10.11（b）所示。符号 Δ_{ij} 表示作用于 j 处的载荷 F_j，使 i 处沿 F_i 方向上产生的广义位移。

现在按两种不同的加载次序将 F_1、F_2 作用于梁上，并分别计算两种加载过程中梁内储存的应变能。

（1）先加 F_1 再加 F_2。如图 10.11（c）所示，在 F_1 作用下，引起 F_1 作用点沿其作用方向的位移 Δ_{11}。由式（10.17）知，F_1 做功为 $\frac{1}{2}F_1\Delta_{11}$。然后再作用 F_2，引起 F_2 作用点沿其作用方向的位移 Δ_{22}，并引起 F_1 作用点沿其作用方向的位移 Δ_{12}。这样，除了

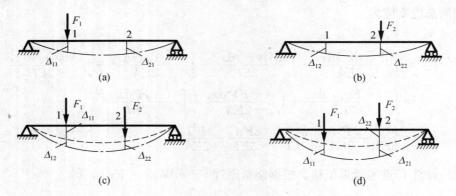

图 10.11

F_2 做功 $\frac{1}{2}F_2\Delta_{22}$ 外，原已作用于梁上 F_1 也位移了 Δ_{12}，且在位侈中，F_1 的大小和方向不变，所以 F_1 又在位侈 Δ_{12} 上做了数量为 $F_1\Delta_{12}$ 的功。梁内的应变能为

$$V_{\varepsilon 1} = \frac{1}{2}F_1\Delta_{11} + \frac{1}{2}F_2\Delta_{22} + F_1\Delta_{12}$$

（2）先加 F_2 再加 F_1。如图 10.11（d）所示，先加 F_2 再加 F_1 同理可得梁内的应变能

$$V_{\varepsilon 2} = \frac{1}{2}F_2\Delta_{22} + \frac{1}{2}F_1\Delta_{11} + F_2\Delta_{21}$$

由于弹性体内储存的应变能，与加载次序无关，所以上述两种加载次序求得的应变能应该相等，即

$$V_{\varepsilon 1} = V_{\varepsilon 2}$$

因此

$$F_1\Delta_{12} = F_2\Delta_{21} \tag{10.19}$$

式（10.19）表明，力 F_1 在由力 F_2 引起的位移 Δ_{12} 上所做的功等于力 F_2 在由力 F_1 引起的位移 Δ_{21} 上所做的功。以上结果可以推广到更多力的情况。即，**第一组力在第二组力引起的位移上做的功，等于第二组力在第一组力引起的位移上做的功**。这就是**功的互等定理**。

10.4.2 位移互等定理

如果 $F_1 = F_2$，式（10.19）可化为

$$\Delta_{12} = \Delta_{21} \tag{10.20}$$

上式表明，**力 F_2 引起力 F_1（大小与 F_2 相等）作用点沿 F_1 方向的位移 Δ_{12}，等于力 F_1 引起力 F_2 作用点沿单位力 F_2 方向的位移 Δ_{21}**。这就是**位移互等定理**。

在推导上述两个定理的过程中，如果将 F_1、F_2 理解为广义力，将 Δ_{ij} 理解为广义位移，两个定理仍然是成立的。此外，在推导过程中利用了线弹性体应变能的表达式，所以这两个原理仅适用于线性弹性结构。

例 10.4 图 10.12（a）中，$F_k = 10\text{kN}$ 时，1、2、3 点的挠度分别为 $\delta_1 = 1\text{mm}$，$\delta_2 = 0.8\text{mm}$，$\delta_3 = 0.5\text{mm}$；若图 10.12（b）中，1、2、3 点作用荷载 $F_1 = 50\text{kN}$，$F_2 = 40\text{kN}$，$F_3 = 20\text{kN}$ 时，试求 k 点挠度 δ_k。

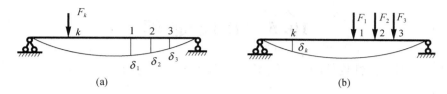

图 10.12

解　由功的互等定理得

$$10\delta_k = 50 \times 1 + 40 \times 0.8 + 20 \times 0.5$$

所以

$$\delta_k = 9.2\text{mm}$$

例 10.5　如图 10.13（a）所示连续梁 AD。当支座 A 下沉 Δ 时，引起 D 端的挠度为 δ 如图 10.13（b）所示。若无支座下沉，当 D 端向下作用集中力 F 时，如图10.13（c)所示，求支座 A 的反力。

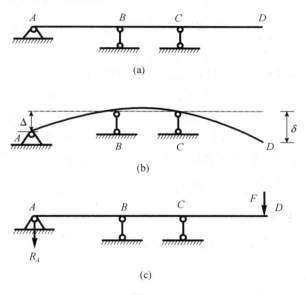

图 10.13

解　把图 12.13（b）所示受力看作第一组力，把图 12.13（c）所示受力看作第二组力，则第一组力在第二组力引起的位移上所做的功为零，而第二组力在第一组力引起的位移上做的功为 $R_A\Delta + F\delta$。由功的互等定理得

$$R_A\Delta + F\delta = 0$$

所以

$$R_A = -\frac{\delta}{\Delta}F \quad (\uparrow)$$

互等定理不涉及构件的尺寸和截面形状，因此在求解尺寸或截面形状未知的构件的位移或反力时具有独特的优势。此外，在求解变形不规则的物体的变形或位移时互等定理也具有明显的优势。

10.5 卡氏定理

图 10.14 所示弹性构件的应变能 V_ε，也可表达为广义力 F_1，F_2，$\cdots$，F_i，$\cdots$，F_n 的函数，即

$$V_\varepsilon = V_\varepsilon(F_1, F_2, \cdots, F_i, \cdots, F_n) \tag{a}$$

上述外力中的任一外力 F_i 有一个增量 $\mathrm{d}F_i$，则应变能 V_ε 的相应增量为 $\dfrac{\partial V_\varepsilon}{\partial F_i}\mathrm{d}F_i$。于是梁的应变能成为

$$V_\varepsilon + \frac{\partial V_\varepsilon}{\partial F_i}\mathrm{d}F_i \tag{b}$$

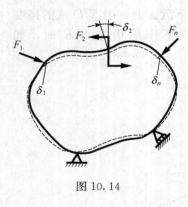

图 10.14

因为线弹性体的应变能与外力作用次序无关，所以可以把外力作用的次序改变为先作用 $\mathrm{d}F_i$。然后再作用 F_1，F_2，$\cdots$，$F_i\cdots$，F_n。当首先作用 $\mathrm{d}F_i$ 时，其作用点沿 $\mathrm{d}F_i$ 方向的位移为 $\mathrm{d}\Delta_i$，应变能为 $\dfrac{1}{2}\mathrm{d}F_i\mathrm{d}\Delta_i$。再作用 F_1，F_2，$\cdots$，$F_i\cdots$，F_n 时，尽管梁上已经有 $\mathrm{d}F_i$ 存在，但对于线弹性结构，F_1，F_2，$\cdots$，$F_i\cdots$，F_n 引起的位移与未作用过 $\mathrm{d}F_i$ 一样，因而这些力作的功仍等于 V_ε。不过在 F_1，F_2，$\cdots$，$F_i\cdots$，F_n 作用过程中，在 F_i 的方向（即 $\mathrm{d}F_i$ 的方向）发生了位移 Δ_i，因而 $\mathrm{d}F_i$ 又完成了 $\mathrm{d}F_i\Delta_i$ 的功。这样，按第二种次序加载，弹性体的应变能是

$$\frac{1}{2}\mathrm{d}F_i\mathrm{d}\Delta_i + V_\varepsilon + \mathrm{d}F_i\Delta_i \tag{c}$$

由式（b）和式（c）相等，得

$$\frac{1}{2}\mathrm{d}F_i\mathrm{d}\Delta_i + V_\varepsilon + \mathrm{d}F_i\Delta_i = V_\varepsilon + \frac{\partial V_\varepsilon}{\partial F_i}\mathrm{d}F_i$$

略去二阶微量 $\dfrac{1}{2}\mathrm{d}F_i\mathrm{d}\Delta_i$，得

$$\Delta_i = \frac{\partial V_\varepsilon}{\partial F_i} \tag{10.21}$$

上式表明，**应变能对任一外力 F_i 的偏导数，等于 F_i 作用点沿 F_i 方向的位移**，这就是**卡氏第二定理**，通常称为**卡氏定理**。

卡氏定理中的力和位移都是广义的，卡氏定理只适用于线弹性结构。

下面把卡氏定理应用于几种特殊情况。

在弯曲（包括纯弯曲和横力弯曲）情况下，应变能由（10.9）计算，应用卡氏定理，得

$$\Delta_i = \frac{\partial V_\varepsilon}{\partial F_i} = \frac{\partial}{\partial F_i}\left(\int_l \frac{M^2(x)}{2EI}\mathrm{d}x\right)$$

上式中积分是对 x 的，而求导是对 F_i 的，故有

$$\Delta_i = \int_l \frac{M(x)}{EI} \frac{\partial M(x)}{\partial F_i} \mathrm{d}x \qquad (10.22)$$

上式适用于弯曲构件，包括梁和刚架等。

对小曲率的平面曲杆，弯曲应变能可仿照直梁写成

$$U = \int_s \frac{M^2(s)}{2EI} \mathrm{d}s$$

应用卡氏定理，得

$$\Delta_i = \int_s \frac{M(s)}{EI} \frac{\partial M(s)}{\partial F_i} \mathrm{d}s \qquad (10.23)$$

在扭转情况下，应变能由（10.7）计算，应用卡氏定理，得

$$\Delta_i = \frac{\partial V_\varepsilon}{\partial F_i} = \frac{\partial}{\partial F_i} \left(\int_l \frac{T^2(x)}{2GI_p} \mathrm{d}x \right)$$

进而有

$$\Delta_i = \int_l \frac{T(x)}{GI_p} \frac{\partial T(x)}{\partial F_i} \mathrm{d}x \qquad (10.24)$$

上式仅适用于圆轴扭转。

在轴向拉伸或压缩情况下，每根杆件的应变能都可用式（10.4）计算。若桁架有 n 根杆件，则整个桁架的应变能为

$$U = \sum_{i=1}^n \frac{(F_{Ni})^2 l_i}{2EA_i}$$

应用卡氏定理，得

$$\Delta_i = \sum_{i=1}^n \frac{F_{Ni} l_i}{EA_i} \frac{\partial F_{Ni}}{\partial F_i} \qquad (10.25)$$

若构件发生组合变形，应变能由式（10.18）计算，应用卡氏定理，得

$$\Delta_i = \int_l \frac{F_N(x)}{EA} \frac{\partial F_N(x)}{\partial F_i} \mathrm{d}x + \int_l \frac{T(x)}{GI_p} \frac{\partial T(x)}{\partial F_i} \mathrm{d}x$$
$$+ \int_l \frac{M(x)}{EI} \frac{\partial M(x)}{\partial F_i} \mathrm{d}x + \int_l \frac{kF_S(x)}{GA} \frac{\partial F_S(x)}{\partial F_i} \mathrm{d}x$$

上式仅适用于圆轴。对于细长的构件，若有弯曲发生，一般可忽略轴力和剪力对位移（或变形）的影响，上式可写成

$$\Delta_i = \int_l \frac{T(x)}{GI_p} \frac{\partial T(x)}{\partial F_i} \mathrm{d}x + \int_l \frac{M(x)}{EI} \frac{\partial M(x)}{\partial F_i} \mathrm{d}x \qquad (10.26)$$

例 10.6　如图 10.15 所示外伸梁的抗弯刚度 EI 已知，求外伸端 C 的挠度 w_C 和左端截面 A 的转角 θ_A。

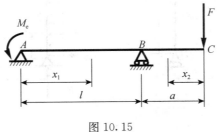

图 10.15

解 建立图示坐标系，在 AB 段内，

$$M_1(x_1) = R_A x_1 - M_e = \left(\frac{M_e}{l} - \frac{Fa}{l}\right)x_1 - M_e = \left(\frac{x_1}{l} - 1\right)M_e - \frac{Fa}{l}x_1$$

$$\frac{\partial M_1(x_1)}{\partial F} = -\frac{a}{l}x_1, \qquad \frac{\partial M_1(x_1)}{\partial M_e} = \frac{x_1}{l} - 1$$

在 BC 段内，

$$M_2(x_2) = -Fx_2$$

$$\frac{\partial M_2(x_2)}{\partial F} = -x_2$$

$$\frac{\partial M_2(x_2)}{\partial M_e} = 0$$

根据卡氏定理，外伸端 C 的挠度 w_C 为

$$w_C = \frac{\partial V_\varepsilon}{\partial F} = \int_l \frac{M(x)}{EI}\frac{\partial M(x)}{\partial F}\mathrm{d}x$$

$$= \int_0^l \frac{M_1(x_1)}{EI}\frac{\partial M_1(x_1)}{\partial F}\mathrm{d}x_1 + \int_0^a \frac{M_2(x_2)}{EI}\frac{\partial M_2(x_2)}{\partial F}\mathrm{d}x_2$$

$$= \frac{1}{EI}\left\{\int_0^l\left[\left(\frac{M_e}{l} - \frac{Fa}{l}\right)x_1 - M_e\right]\left(-\frac{a}{l}x_1\right)\mathrm{d}x_1 + \int_0^a(-Fx_2)(-x_2)\mathrm{d}x_2\right\}$$

$$= \frac{1}{EI}\left(\frac{Fa^2 l}{3} + \frac{M_e al}{6} + \frac{Fa^3}{3}\right)$$

左端截面 A 的转角 θ_A 为

$$\theta_A = \frac{\partial V_\varepsilon}{\partial M_e} = \int_l \frac{M(x)}{EI}\frac{\partial M(x)}{\partial M_e}\mathrm{d}x$$

$$= \int_0^l \frac{M_1(x_1)}{EI}\frac{\partial M_1(x_1)}{\partial M_e}\mathrm{d}x_1 + \int_0^a \frac{M_2(x_2)}{EI}\frac{\partial M_2(x_2)}{\partial M_e}\mathrm{d}x_2$$

$$= \frac{1}{EI}\left\{\int_0^l\left[\left(\frac{M_e}{l} - \frac{Fa}{l}\right)x_1 - M_e\right]\left(\frac{x_1}{l} - 1\right)\mathrm{d}x_1 + 0\right\}$$

$$= \frac{1}{EI}\left(\frac{Fal}{6} + \frac{M_e l}{3}\right)$$

式中，w_C 和 θ_A 皆为正号，表示它们的方向分别与 F 和 M_e 相同。

例 10.7 试求图 10.16（a）所示平面刚架截面 A 的转角。EI 为已知。

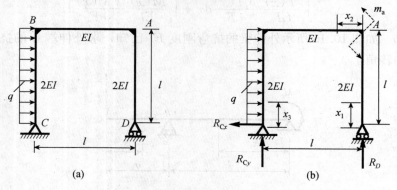

（a）　　　　　　　　（b）

图 10.16

解　由于在 A 截面上并无力偶，所以不能直接使用卡氏定理。设想在截面 A 上增加一个力偶矩 m_a ［图 10.16（b）］，m_a 称为**附加力偶矩**。此时，在 q 和 m_a 共同作用下的支座反力为

$$R_{Cx} = ql, \quad R_{Cy} = \frac{m_a}{l} - \frac{ql}{2}, \quad R_D = \frac{ql}{2} - \frac{m_a}{l}$$

R_{Cx}，R_{Cy} 和 R_D 的方向如图 10.16（b）所示。

在 DA 段内，

$$M_1(x_1) = 0, \quad \frac{\partial M_1(x_1)}{\partial m_a} = 0$$

在 AB 段内，

$$M_2(x_2) = R_D x_2 + m_a = \left(\frac{ql}{2} - \frac{m_a}{l}\right)x_2 + m_a, \quad \frac{\partial M_2(x_2)}{\partial m_a} = 1 - \frac{x_2}{l}$$

在 CB 段内，

$$M_3(x_3) = R_{Cx} x_3 - \frac{1}{2}qx_3^2 = \frac{1}{2}ql x_3 - \frac{1}{2}qx_3^2, \quad \frac{\partial M_3(x_3)}{\partial m_a} = 0$$

根据卡氏定理截面 A 的转角为

$$
\begin{aligned}
\theta_A &= \frac{\partial V_\varepsilon}{\partial m_a} = \int_l \frac{M(x)}{EI}\frac{\partial M(x)}{\partial m_a}\mathrm{d}x \\
&= \int_0^l \frac{M_1(x_1)}{2EI}\frac{\partial M_1(x_1)}{\partial m_a}\mathrm{d}x_1 + \int_0^l \frac{M_2(x_2)}{EI}\frac{\partial M_2(x_2)}{\partial m_a}\mathrm{d}x_2 + \int_0^l \frac{M_3(x_3)}{2EI}\frac{\partial M_3(x_3)}{\partial m_a}\mathrm{d}x_3 \\
&= \frac{1}{EI}\left\{0 + \int_0^l \left[\left(\frac{ql}{2} - \frac{m_a}{l}\right)x_2 + m_a\right]\left(1 - \frac{x_2}{l}\right)\mathrm{d}x_2 + 0\right\} \\
&= \frac{1}{EI}\left(\frac{m_a l}{3} + \frac{ql^3}{12}\right)
\end{aligned}
$$

在上式中令 $m_a = 0$，就可以求得仅在 q 作用下截面 A 的转角为

$$\theta_A = \frac{ql^3}{12EI}$$

式中 θ_A 皆为正号，表示它的方向与 m_a 相同，即为逆时针方向。

例 10.8　半圆形平面曲杆如图 10.17 所示，试求作用于 A 端的集中力 F 作用点的垂直位移。F 垂直于轴线所在平面。

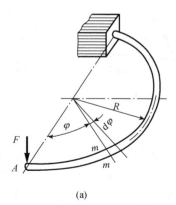

(a)　(b)

图 10.17

解 设任意横截面 m-m 的位置由圆心角 φ 确定。由曲杆的俯视图 [图 10.17 （b）] 可以看出，截面 m-m 上弯矩和扭矩分别为

$$M = FR\sin\varphi$$

$$T = FR(1-\cos\varphi)$$

微段 $R\mathrm{d}\varphi$ 内的应变能为

$$\mathrm{d}V_\varepsilon = \frac{M^2R\mathrm{d}\varphi}{2EI} + \frac{T^2R\mathrm{d}\varphi}{2GI_\mathrm{p}} = \frac{F^2R^2\sin^2\varphi\mathrm{d}\varphi}{2EI} + \frac{F^2R^2(1-\cos\varphi)^2\mathrm{d}\varphi}{2GI_\mathrm{p}}$$

积分求得整个曲杆的应变能为

$$V_\varepsilon = \int_0^\pi \frac{F^2R^2\sin^2\varphi\mathrm{d}\varphi}{2EI} + \int_0^\pi \frac{F^2R^2(1-\cos\varphi)^2\mathrm{d}\varphi}{2GI_\mathrm{p}} = \frac{F^2R^3\pi}{4EI} + \frac{3F^2R^3\pi}{4GI_\mathrm{p}}$$

根据卡氏定理截面 A 的垂直位移为

$$w_A = \frac{\partial V_\varepsilon}{\partial F} = \frac{FR^3\pi}{2EI} + \frac{3FR^3\pi}{2GI_\mathrm{p}}$$

式中 w_A 为正号，表示它的方向竖直向下。

10.6 虚功原理 单位载荷法

10.6.1 虚功原理

外力作用在处于平衡状态的杆件上，如图 10.18 所示。实线表示轴线变形后的真实位置。虚线表示因其他原因（如其他外力、温度变化或支座移动等）引起的轴线变形后的位置，把这种位移称为**虚位移**。虚位移只表示是其他因素引起的位移，以区别杆件原有外力引起的位移。虚位移是在原有平衡位置上再增加的位移，因此在虚位移中，杆件的原有外力和内力均保持不变，且始终是平衡的。虚位移应满足**边界条件和连续光滑条件，并符合小变形要求**。例如，在固定端所有虚位移都等于零，在铰支座上虚线位移等于零，虚位移应是连续函数。虚位移满足小变形条件，它不改变原有外力的效应，因此在建立平衡方程时，采用变形前的位置和尺寸。满足这些要求的任一位移都可作为虚位移。由于虚位移应满足边界条件和连续光滑条件，并符合小变形要求，因此也是杆件上实际可能发生的位移。杆件上的力在虚位移上做的功称为**虚功**。

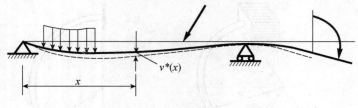

图 10.18

从图 10.18 中取一微段如图 10.19 所示。微段上除有外力作用外，两端截面上还有轴力、剪力和弯矩等内力。当微段从平衡位置经虚位移到达虚线所示位置时，微段上的外力和内力都做了虚功，通过叠加可以求得整个杆件上的外力和内力的总虚功。由于虚位移是连续的，相邻两个微段的公共截面的线位移和角位移总是相等的。而此公共截面

上的内力却总是大小相等、方向相反，故它们所做的虚功相互抵消。因此整个杆件的总虚功就只有外力虚功。若以 F_1，F_2，F_3，…表示作用于杆件上的广义集中外力，v_1^*，v_2^*，v_3^*，…表示集中外力作用点处沿其方向的虚位移；以 $q(x)$，…表示作用于杆件上的广义分布外力，$v^*(x)$，…表示分布外力作用处沿其方向的虚位移。因外力在虚位移上保持不变，故总虚功为

$$W = F_1 v_1^* + F_2 v_2^* + F_3 v_3^* + \cdots + \int_l q(x) v^*(x) \mathrm{d}x + \cdots \tag{a}$$

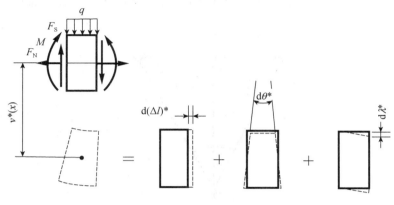

图 10.19

此外，还可以通过虚变形来计算总虚功。在上述杆件中，微段不仅有其他部分的变形产生刚体虚位移而且还有虚变形。作用于微段上的外力和内力是一个平衡力系，根据刚体虚位移原理，这一平衡力系在刚体虚位移上做功的总和等于零，因此它们只在虚变形上做功。微段的虚变形包括：两端截面的相对轴向位移 $\mathrm{d}(\Delta l)^*$，相对转角 $\mathrm{d}\theta^*$ 和相对错动 $\mathrm{d}\lambda^*$（图 10.19）。在微段的虚变形过程中，外力不做功，只有内力做功，此虚功为

$$\mathrm{d}W = F_N \mathrm{d}(\Delta l)^* + M \mathrm{d}\theta^* + F_s \mathrm{d}\lambda^*$$

积分上式得总虚功为

$$W = \int_l F_N \mathrm{d}(\Delta l)^* + M \mathrm{d}\theta^* + F_s \mathrm{d}\lambda^* \tag{b}$$

按两种方式求得的总虚功表达式（a）和式（b）应该相等，故

$$F_1 v_1^* + F_2 v_2^* + F_3 v_3^* + \cdots + \int_l q(x) v^*(x) \mathrm{d}x + \cdots$$
$$= \int_l F_N \mathrm{d}(\Delta l)^* + \int_l M \mathrm{d}\theta^* + \int_l F_s \mathrm{d}\lambda^* \tag{10.27}$$

上式表明，在虚位移中外力做的虚功等于内力在相应虚变形上做的虚功。这就是**虚功原理**。上式右边也等于相应虚位移上的应变能。虚功原理表明，**外力在虚位移中做的虚功等于杆件的虚应变能。**

若杆件上还有扭转力偶矩 M_{e1}，M_{e2}，M_{e3}，…以及相应的虚位移为 φ_1^*，φ_2^*，φ_3^*，…，则微段两端截面上的内力还有扭矩 T，因虚变形使两端截面相对扭转角 $\mathrm{d}\varphi^*$。此时应在式（10.27）左端的外力虚功中加入扭转力偶矩 M_{e1}，M_{e2}，M_{e3}，…做的虚功，而在右端的虚应变能中加入扭矩 T 对应的虚应变能。于是式（10.27）变为

$$F_1 v_1^* + F_2 v_2^* + F_3 v_3^* + \cdots + \int_l q(x) v^*(x) \mathrm{d}x + \cdots M_{e1} \varphi_1^* + M_{e2} \varphi_2^* + M_{e3} \varphi_3^* + \cdots$$

$$= \int_l F_N \mathrm{d}(\Delta l)^* + \int_l M \mathrm{d}\theta^* + \int_l F_S \mathrm{d}\lambda^* + \int_l T \mathrm{d}\varphi^* \qquad (10.28)$$

在推导虚功原理时，并未使用应力-应变关系，因此虚功原理与材料的性能无关，**它既适用于线弹性材料，也适用于非线性弹性材料**。故虚功原理适用于力与位移呈非线性关系的结构。

例 10.9 试求图 10.20 所示桁架各杆的内力。设各杆的横截面面积、材料相同，且是线弹性的。

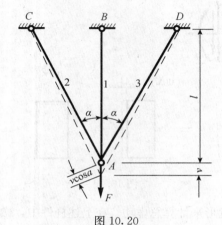

图 10.20

解 由于结构和载荷均对称，A 点只有铅垂位移 v。由此引起杆 1 和杆 2（杆 3）的伸长分别为

$$\Delta l_1 = v, \quad \Delta l_2 = \Delta l_3 = v\cos\alpha$$

由物理关系可以求出三杆的内力分别为

$$F_{N1} = \frac{EA}{l} v, \quad F_{N2} = F_{N3} = \frac{EA}{l_2} v\cos\alpha = \frac{EA}{l} v \cos^2\alpha \qquad (c)$$

设节点 A 有一虚位移 δv。外力在此虚位移上做的虚功为 $F\delta v$。杆 1 由此虚位移引起的伸长为 $(\Delta l_1)^* = \delta v$，杆 2 和杆 3 由此虚位移引起的伸长均为 $(\Delta l_2)^* = \delta v \cos\alpha$。因杆 1 的内力只有轴力且沿轴线不变，故杆 1 的内力虚功为

$$\int_l F_{N1} \mathrm{d}(\Delta l_1)^* = F_{N1}(\Delta l_1)^* = \frac{EA}{l} v \cdot \delta v$$

同理杆 2 和杆 3 的内力虚功均为

$$\int_l F_{N2} \mathrm{d}(\Delta l_2)^* = F_{N2}(\Delta l_2)^* = \frac{EA}{l} v \cos^3\alpha \cdot \delta v$$

整个杆件的内力虚功为

$$F_{N1}(\Delta l_1)^* + 2F_{N2}(\Delta l_2)^* = \frac{EA}{l} v(1 + 2\cos^3\alpha) \cdot \delta v$$

由虚功原理得

$$F \cdot \delta v = \frac{EA}{l} v(1 + 2\cos^3\alpha) \cdot \delta v$$

消去 δv，得

$$F = \frac{EA}{l} v (1 + 2\cos^3\alpha)$$

由此可得

$$v = \frac{Fl}{EA(1 + 2\cos^3\alpha)}$$

将 v 代入式（c），得

$$F_{N1} = \frac{F}{1 + 2\cos^3\alpha}, \quad F_{N2} = F_{N3} = \frac{F\cos^2\alpha}{1 + 2\cos^3\alpha}$$

　　虚功原理使用范围很广，但在实际应用中却不太简便，而由此导出的单位载荷法却十分简便。

10.6.2　单位载荷法

　　单位载荷法是计算弹性变形比较简便的方法。现利用虚功原理导出这种求变形的方法。如图 10.21（a）所示，在外力作用下，刚架 A 点沿某一方向 aa 的位移为 Δ。为了计算 Δ，设想在同一刚架的同一点（A 点）沿所求位移方向（aa 方向）作用一单位力 [图 10.21（b）]。在此单位力作用下，刚架的轴力、弯矩和剪力分别为 $\overline{F}_N(x)$，$\overline{M}(x)$，$\overline{F}_S(x)$。把刚架在原有外力作用下的位移 [图 10.21（a）] 作为虚位移，加于单位力作用下的刚架 [图 10.21（b）] 上。由虚功原理的表达式（10.27）可得

$$1 \cdot \Delta = \int_l \overline{F}_N(x)\mathrm{d}(\Delta l) + \int_l \overline{M}(x)\mathrm{d}\theta + \int_l \overline{F}_S(x)\mathrm{d}\lambda$$

则

$$\Delta = \int_l \overline{F}_N(x)\mathrm{d}(\Delta l) + \int_l \overline{M}(x)\mathrm{d}\theta + \int_l \overline{F}_S(x)\mathrm{d}\lambda \tag{d}$$

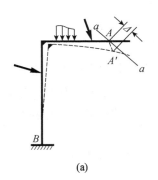
(a)

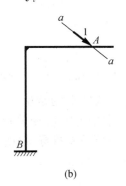
(b)

图 10.21

　　对以弯曲为主的杆件，可以忽略轴力和剪力对变形的影响，因此上式右边的第一和第三项可以不计，于是有

$$\Delta = \int_l \overline{M}(x)\mathrm{d}\theta \tag{10.29}$$

　　对于只有轴力的拉伸或压缩杆件，式（d）右边只有第一项保留，即

$$\Delta = \int_l \overline{F}_N(x)\mathrm{d}(\Delta l) \tag{e}$$

若沿杆件轴力为常量，则

$$\Delta = \bar{F}_{N} \int_{l} \mathrm{d}(\Delta l) = \bar{F}_{N} \Delta l$$

对于 n 根杆的杆系，如桁架，上式应写为

$$\Delta = \sum_{i=1}^{n} \bar{F}_{Ni} \Delta l_{i} \tag{10.30}$$

如欲求某一截面的扭转角 Δ，则一单位扭转力偶矩作用于该截面上，它引起的扭矩为 $\bar{T}(x)$，则

$$\Delta = \int_{l} \bar{T}(x) \mathrm{d}\varphi \tag{10.31}$$

以上各式中，左端的 Δ 是单位力做功 $1 \cdot \Delta$ 的缩写。如求出的 Δ 为正，表示单位力做正功，此时位移 Δ 与单位力方向相同；如求出的 Δ 为负，则位移 Δ 与单位力方向相反。

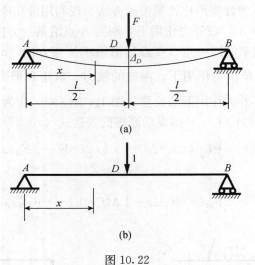

图 10.22

例 10.10　如图 10.22（a）所示集中力作用于简支梁跨度中点，材料的应力-应变关系为 $\sigma = C\sqrt{\varepsilon}$。式中 C 为常量，σ 和 ε 皆取绝对值。求集中力 F 作用点 D 的铅垂位移。

解　由于材料的应力-应变关系是非线性的，因此在第 5 章中推导出 $\mathrm{d}\theta$ 的表达式在这里已不适用，需要重新推导 $\mathrm{d}\theta$ 的表达式。

弯曲变形时（参看 5.2 节，几何关系不变），梁内离中性层为 y 处的应变为

$$\varepsilon = \frac{y}{\rho}$$

式中 ρ 为挠曲线的曲率半径。由应力-应变关系得

$$\sigma = C\sqrt{\varepsilon} = C\sqrt{\frac{y}{\rho}}$$

横截面上弯矩为

$$M = \int_{A} y\sigma \mathrm{d}A = C\left(\frac{1}{\rho}\right)^{\frac{1}{2}} \int_{A} y^{\frac{3}{2}} \mathrm{d}A \tag{f}$$

引入记号

$$I^* = \int_A y^{\frac{3}{2}} \mathrm{d}A$$

由式（f）可得

$$\frac{1}{\rho} = \frac{M^2}{(CI^*)^2}$$

式中

$$\frac{1}{\rho} = \frac{\mathrm{d}\theta}{\mathrm{d}x}, \quad M = \frac{Fx}{2}$$

故有

$$\mathrm{d}\theta = \frac{1}{\rho}\mathrm{d}x = \frac{M^2}{(CI^*)^2}\mathrm{d}x = \frac{F^2 x^2}{4(CI^*)^2}\mathrm{d}x$$

在 D 点作用铅垂向下的单位力［图 10.23（b）］，其弯矩为

$$\overline{M}(x) = \frac{x}{2}$$

将 $\mathrm{d}\theta$ 和 $\overline{M}(x)$ 代入式（10.29），得点 D 的铅垂位移为

$$\Delta_D = \int_l \overline{M}(x)\mathrm{d}\theta = \int_l \frac{F^2 x^3}{8(CI^*)^2}\mathrm{d}x = \frac{F^2 l^4}{256(CI^*)^2}$$

10.7　莫 尔 定 理

在 10.6 节中，讨论了虚功原理和单位载荷法，它们既适用于线弹性材料，也适用于非线性弹性材料。

若材料是线弹性的，则杆件的弯曲、拉伸（或压缩）和扭转变形分别为

$$\mathrm{d}\theta = \frac{M(x)}{EI_z}\mathrm{d}x$$

$$\Delta l = \frac{F_N l}{EA}$$

$$\mathrm{d}\varphi = \frac{T(x)}{GI_p}\mathrm{d}x$$

于是式（10.29）～式（10.31）分别化为

$$\Delta = \int_l \frac{M(x)\overline{M}(x)}{EI_z}\mathrm{d}x \tag{10.32}$$

$$\Delta = \sum_{i=1}^n \frac{F_N \overline{F}_{Ni} l_i}{EA_i} \tag{10.33}$$

$$\Delta = \int_l \frac{T(x)\overline{T}(x)}{GI_p}\mathrm{d}x \tag{10.34}$$

对于非圆截面杆件的扭转，只需将式（10.34）中的 I_p 改为 I_t。式（10.32）～式（10.34）统称为**莫尔定理**，式中的积分称为**莫尔积分**。

对于杆件的组合变形，莫尔积分的一般表达式为

$$\Delta = \int_l \frac{M(x)\overline{M}(x)}{EI_z}\mathrm{d}x + \int_l \frac{T(x)\overline{T}(x)}{GI_\mathrm{p}(x)}\mathrm{d}x + \int_l \frac{F_\mathrm{N}(x)\overline{F}_\mathrm{N}(x)}{EA}\mathrm{d}x \tag{10.35}$$

若求结构上两点的相对线位移，则在这两点上沿它们的连线作用一对方向相反的单位力，然后利用莫尔定理计算，就可以求得相对位移。若求结构上两截面的相对转角，则在这两个截面上作用一对方向相反的单位力偶矩，然后利用莫尔定理计算，就可以求得相对转角。

例 10.11 桁架结构如图 10.23（a）所示，已知桁架各杆的抗拉压刚度均为 EA，求 B 点的铅垂位移 Δ_B。

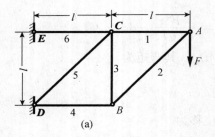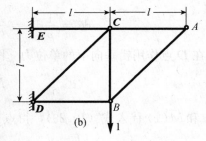

图 10.23

解 由于桁架各杆的拉压刚度均为 EA，根据式（10.33）只需要计算 l_i，$F_{\mathrm{N}i}$，$\overline{F}_{\mathrm{N}i}$。为了避免混乱，先将杆编号［图 10.23（a）］，列于表 10.1 中第一列；计算各杆长度 l_i，列于表 10.1 中第二列；其次按图 10.23（a）计算 $F_{\mathrm{N}i}$，列于表 10.1 中第三列；然后在 B 点作用铅垂向下的单位力，如图 10.23（b）所示，计算 $\overline{F}_{\mathrm{N}i}$，列于表 10.1 中的第四列。在此基础上，计算 $F_{\mathrm{N}i}\overline{F}_{\mathrm{N}i}l_i$，列于表 10.1 中的第五列。

表 10.1

杆件编号	l_i	$F_{\mathrm{N}i}$	$\overline{F}_{\mathrm{N}i}$	$F_{\mathrm{N}i}\overline{F}_{\mathrm{N}i}l_i$
1	l	F	0	0
2	$\sqrt{2}l$	$-\sqrt{2}F$	0	0
3	l	F	1	Fl
4	l	$-F$	0	0
5	$\sqrt{2}l$	$-\sqrt{2}F$	$-\sqrt{2}$	$2\sqrt{2}Fl$
6	l	$2F$	1	$2Fl$

$$\sum_{i=1}^{6} F_{\mathrm{N}i}\overline{F}_{\mathrm{N}i}l_i = (3+2\sqrt{2})Fl$$

根据式（10.33）可得

$$\Delta_B = \sum_{i=1}^{6} \frac{F_{\mathrm{N}i}\overline{F}_{\mathrm{N}i}l_i}{EA} = \frac{(3+2\sqrt{2})Fl}{EA}$$

上式中所得值为正号表示 B 点铅垂位移向下（与单位力方向相同）。

例 10.12 如图 10.24（a）所示刚架的自由端 A 作用集中载荷 F。刚架各段的抗弯刚度均为 EI。若不计轴力和剪力对位移的影响，试计算 A 点的垂直位移 y_A 及截面 B 的转角 θ_B。

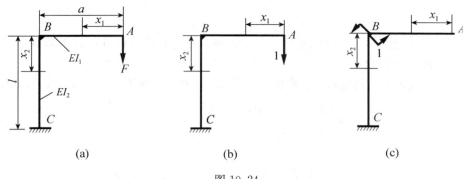

图 10.24

解 （1）计算 A 点的垂直位移 y_A。取坐标如图所示，在 A 点作用铅垂向下的单位力 ［图 10.24（b）］。由此可计算出刚架在各段的 $M(x)$ 和 $\overline{M}(x)$。

AB： $\qquad\qquad M(x_1) = -Fx_1，\quad \overline{M}(x_1) = -x_1$

BC： $\qquad\qquad M(x_2) = -Fa，\quad \overline{M}(x_2) = -a$

由式（10.32）得

$$y_A = \int_0^a \frac{M(x_1)\overline{M}(x_1)}{EI}\mathrm{d}x_1 + \int_0^l \frac{M(x_2)\overline{M}(x_2)}{EI}\mathrm{d}x_2$$

$$= \frac{1}{EI}\int_0^a (-Fx_1)(-x_1)\mathrm{d}x_1 + \frac{1}{EI}\int_0^l (-Fa)(-a)\mathrm{d}x_2$$

$$= \frac{1}{EI}\left(\frac{Fa^3}{3} + Fa^2 l\right)$$

如考虑轴力对 A 点位移的影响，在上式中应再增加一项

$$y_{A1} = \int_l \frac{F_N(x)\overline{F}_N(x)}{EA}\mathrm{d}x = \sum_{i=1}^n \frac{F_{Ni}\overline{F}_{Ni}l_i}{EA_i}$$

由图 10.24（a）、（b）可知：

AB： $\qquad\qquad F_{N1} = 0，\quad \overline{F}_{N1} = 0$

BC： $\qquad\qquad F_{N2} = -F，\quad \overline{F}_{N2} = -1$

A 点因轴力引起的垂直位移是

$$y_{A1} = \frac{Fl}{EA}$$

为了便于比较，设 $a = l$，则 A 点因弯矩引起的垂直位移为

$$y_A = \frac{1}{EI}\left(\frac{Fa^3}{3} + Fa^2 l\right) = \frac{4Fl^3}{3EI}$$

y_A 和 y_{A1} 之比是

$$\frac{y_{A1}}{y_A} = \frac{3I}{4Al^2} = \frac{3}{4}\left(\frac{i}{l}\right)^2$$

对于细长杆件，$\left(\dfrac{i}{l}\right)^2$ 是一个很小的数值，例如当截面是边长为 b 的正方形，且 $l = 10b$ 时，$\left(\dfrac{i}{l}\right)^2 = \dfrac{1}{1200}$，以上比值变为

$$\frac{y_{A1}}{y_A} = \frac{3}{4} \left(\frac{i}{l}\right)^2 = \frac{1}{1600}$$

显然，与 y_A 比较，y_{A1} 可以省略。这就说明，在计算抗弯杆件或杆系的变形时，一般可以忽略轴力的影响。

（2）计算截面 B 的转角 θ_B。在截面 B 上作用一个单位力偶矩［图 10.24（c）］，则有

AB：$\qquad\qquad M(x_1) = -Fx_1, \quad \overline{M}(x_1) = 0$

BC：$\qquad\qquad M(x_2) = -Fa, \quad \overline{M}(x_2) = 1$

由式（10.32）得

$$\theta_B = \frac{1}{EI}\int_0^l \left[(-Fa)\times 1\right]\mathrm{d}x_2 = -\frac{Fal}{EI}$$

式中负号表示 θ_B 的方向与所加单位力偶矩的方向相反。

例 10.13 试计算如图 10.25（a）所示开口圆环开口的张开量，已知圆环截面厚度 $t \ll R$，圆环的抗弯刚度为 EI。

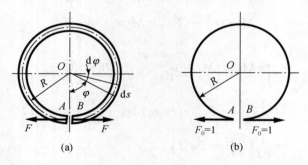

图 10.25

解 开口圆环横截面上的内力，一般有轴力、剪力和弯矩。由于轴力和剪力对变形的影响很小，可以不计，所以只考虑弯矩的影响。圆环横截面厚度远小于圆环的轴线半径，故可用式（10.32）计算变形。

为了求截面 A、B 的相对位移，在 A、B 两点处沿圆环切线方向作用一对方向相反的单位力 $F_0 = 1$，如图 10.25（b）所示。由于圆环的形状、载荷和单位力都对其垂直直径对称，计算时可以只考虑环的一半，然后将所得结果乘以 2。

由莫尔定理可得开口圆环变形的计算公式为

$$\Delta_{AB} = \int_s \frac{M(s)\overline{M}(s)}{EI}\mathrm{d}s$$

式中

$$M(s) = M(\varphi) = FR(1 - \cos\varphi)$$
$$\overline{M}(s) = \overline{M}(\varphi) = R(1 - \cos\varphi)$$
$$\mathrm{d}s = R\mathrm{d}\varphi$$

开口的张开量为

$$\Delta_{AB} = \int_s \frac{M(\varphi)\overline{M}(\varphi)}{EI}R\mathrm{d}\varphi = \frac{2}{EI}\int_0^\pi FR(1 - \cos\varphi)R(1 - \cos\varphi)R\mathrm{d}\varphi = \frac{3\pi FR^3}{EI}$$

10.8　计算莫尔积分的图乘法

在应用莫尔积分计算等截面直杆或直杆系的位移时，EI 为常量，可以提到积分符号外面，这样就只需计算积分

$$\int_l M(x)\overline{M}(x)\mathrm{d}x \tag{a}$$

由于 $\overline{M}(x)$ 的图形一定是直线或折线，所以不管 $M(x)$ 的图形是什么样的形式，以上积分都可得到简化。如图 10.26 表示直杆 AB 的 $M(x)$ 图和 $\overline{M}(x)$ 图。$M(x)$ 的图形为任意形状，$\overline{M}(x)$ 的图形是一段斜直线，它的斜度角为 α，与 x 轴的交点为 O，且取 O 为坐标原点。$\overline{M}(x)$ 图的任一点的值可表示为

$$\overline{M}(x) = x\tan\alpha \tag{b}$$

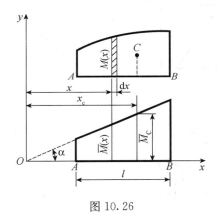

图 10.26

将式（b）代入式（a），得

$$\int_l M(x)\overline{M}(x)\mathrm{d}x = \tan\alpha\int_l xM(x)\mathrm{d}x \tag{c}$$

式中，$M(x)\mathrm{d}x$ 表示 $M(x)$ 图中阴影部分微面积；而 $xM(x)\mathrm{d}x$ 表示此微面积对 y 轴的静矩。因此 $\int_l xM(x)\mathrm{d}x$ 表示整个 $M(x)$ 图面积对 y 轴的静矩，利用平面图形几何性质得到

$$\int_l xM(x)\mathrm{d}x = \omega \cdot x_{\mathrm{C}} \tag{d}$$

式中，ω 表示 $M(x)$ 图面积，x_{C} 表示 $M(x)$ 图形心到 y 轴的距离。

将式（d）代入式（c），得

$$\int_l M(x)\overline{M}(x)\mathrm{d}x = \omega \cdot \tan\alpha x_{\mathrm{C}} = \omega \cdot \overline{M}_{\mathrm{C}} \tag{e}$$

式中，$\overline{M}_{\mathrm{C}}$ 表示 $\overline{M}(x)$ 图中与 $M(x)$ 图形心对应的纵坐标。将式（e）代入式（10.32）得

$$\Delta = \int_l \frac{M(x)\overline{M}(x)}{EI}\mathrm{d}x = \frac{\omega \cdot \overline{M}_{\mathrm{C}}}{EI} \tag{10.36}$$

上式表明，积分 $\int_l M(x)\overline{M}(x)\mathrm{d}x$ 可用 $M(x)$ 图面积与其形心相对应 $\overline{M}(x)$ 图的纵坐标值 $\overline{M}_c(x)$ 的乘积来代替，这种方法称为**图形互乘法**（简称为**图乘法**）。

应用图乘法时，要经常计算一些图形的面积及其形心的位置。图 10.27 中给出了几种常用图形的面积 ω 及其形心位置的计算公式。其中抛物线顶点的切线与基线平行或与基线重合。

在使用式（10.36）时，应注意下列问题：①式（10.36）仅适用于等直截面杆；②M 图和 $\overline{M}$ 图位于同侧时，$\omega \cdot \overline{M}_c$ 为正，反之，$\omega \cdot \overline{M}_c$ 为负；③当 M 图或 $\overline{M}(x)$ 由几段线段组成，则应以其转折点为界，把弯矩图分成几段逐段使用图乘法，然后求其代数和；④当杆件上 M 图比较复杂，不方便应用图乘法时，用叠加法分别画出与图 10.27 对应的 M 图，对其逐个使用图乘法，然后求其代数和。

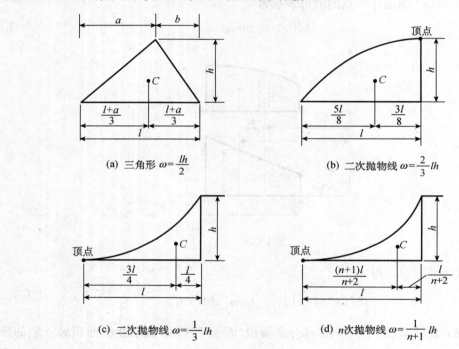

(a) 三角形 $\omega = \dfrac{lh}{2}$　　　(b) 二次抛物线 $\omega = \dfrac{2}{3}lh$

(c) 二次抛物线 $\omega = \dfrac{1}{3}lh$　　　(d) n 次抛物线 $\omega = \dfrac{1}{n+1}lh$

图 10.27

一般来说，形式为 $\int F(x)f(x)\mathrm{d}x$ 的积分，只要 $F(x)$ 和 $f(x)$ 中有一个是线性函数，就可用图乘法求其积分值，这两个函数除了代表弯矩外，还可以代表扭矩、轴力等。

例 10.14　均布载荷作用下的简支梁 ［图 10.28（a）］，其 EI 为常量。试求跨度中点的挠度 w_c。

解　在均布载荷作用下简支梁的弯矩图如图 10.28（b）所示。在梁跨度中点 C 处作用一个铅垂向下的单位力 ［图 10.28（c）］，其弯矩图如图 10.28（d）所示。这里，$M(x)$ 图虽然是一条光滑曲线，但 $\overline{M}(x)$ 图却有一个转折点。所以应以 $\overline{M}(x)$ 图的转折点为界，分成两段进行图乘。由于简支梁的 $M(x)$ 图和 $\overline{M}(x)$ 图都具有对称性，计算时

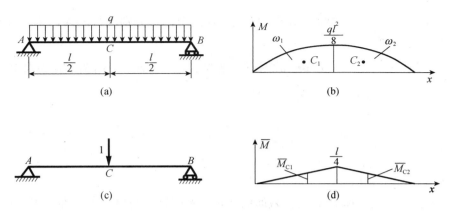

图 10.28

可以只计算一半，然后将所得结果乘以 2。跨度中点的挠度 w_c 为

$$w_c = \frac{\omega_1 \overline{M}_{C1}}{EI} + \frac{\omega_2 \overline{M}_{C2}}{EI} = \frac{2\omega_1 \overline{M}_{C1}}{EI}$$

$$= \frac{2}{EI} \times \left(\frac{2}{3} \times \frac{1}{8} ql^2 \times \frac{l}{2} \right) \times \left(\frac{5}{8} \times \frac{l}{4} \right) = \frac{5ql^4}{384EI}$$

计算结果为正，表明跨度中点的挠度向下（与所加单位力方向相同）。

例 10.15 如图 10.29（a）所示外伸梁，受均布载荷 q 作用。试求支座 A 处梁横截面的转角 θ_A。已如梁的抗弯刚度 EI 为常量。

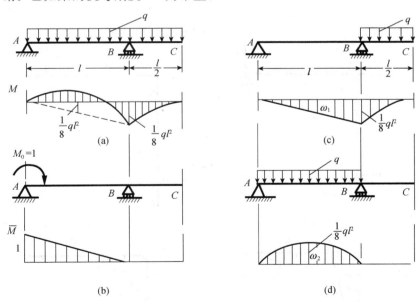

图 10.29

解 均布载荷 q 作用下，M 图如图 10.29（a）所示。在支座 A 处作用单位力偶 $M_0 = 1$ ［图 10.29（b）］，$\overline{M}(x)$ 图如图 10.29（b）所示。由于 AB 段内 M 图的顶点切线与基线不平行，其面积、形心位置都不便计算。根据叠加原理，可将 M 图形分解为

图 10.29（c）、（d）所示的两个图形。$\overline{M}$ 图与这两个图形分别进行图乘，然后求其代数和，即得 θ_A 的数值。

由于在 BC 段内 $\overline{M}(x)$ 为零，故图形互乘为零。θ_A 由 AB 段内图形互乘求得

$$\theta_A = \frac{\omega_1 \overline{M}_{C1}}{EI} + \frac{\omega_2 \overline{M}_{C2}}{EI}$$

$$= \frac{1}{EI}\left(-\frac{1}{2} \times l \times \frac{1}{8}ql^2 \times \frac{1}{3} \times 1 + \frac{2}{3} \times l \times \frac{1}{8}ql^2 \times \frac{1}{2} \times 1\right)$$

$$= \frac{ql^3}{48EI}$$

计算结果为正，表明支座 A 处梁横截面的转角为顺时针（与单位力偶方向相同）。

例 10.16 如图 10.30（a）所示刚架，受水平载荷 F 作用。试求 C 处的水平位移。已如刚架各个部分的抗弯刚度 EI 为常量。

解 在水平载荷 F 作用下，$M(x)$ 图如图 10.30（c）所示。在支座 C 处作用一水平单位力 $F_0 = 1$ [图 10.30（b）]，$\overline{M}(x)$ 图如图 10.30（d）所示。C 处的水平位移为

$$\delta_{cx} = \frac{\omega_1 \overline{M}_{C1}}{EI} + \frac{\omega_2 \overline{M}_{C2}}{EI}$$

$$= \frac{1}{EI} \times \left[\left(\frac{1}{2} \times Fa \times a\right) \times \left(\frac{2}{3} \times a\right) + \left(\frac{1}{2} \times Fa \times a\right) \times \left(\frac{2}{3} \times a\right)\right]$$

$$= \frac{2Fa^3}{3EI}$$

计算结果为正，表明位移方向向左（与所加单位力方向相同）。

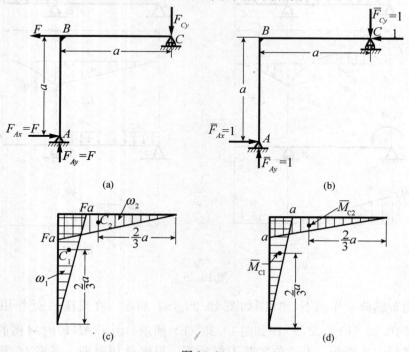

图 10.30

思 考 题

10.1 为什么在一般情况下不能应用叠加原理计算应变能？

10.2 在什么条件下可以应用叠加原理计算应变能？

10.3 克拉贝依隆原理成立的条件是什么？

10.4 互等定理在求解构件的位移或反力时具有哪些优势？

10.5 梁的受力如思考题 10.5 图所示，试问能否采用 $\dfrac{\partial V_\varepsilon}{\partial F}$ 计算 B 点的挠度？

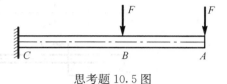

思考题 10.5 图

10.6 单位载荷法与莫尔定理的使用条件有什么不同？

10.7 莫尔定理与图乘法使用条件有什么不同？

10.8 根据思考题 10.8 图所示弯矩图，利用下列公式计算的构件位移是否正确？

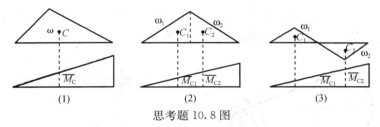

思考题 10.8 图

(1) $\Delta = \dfrac{\omega \overline{M}_{\mathrm{C}}}{EI}$；(2) $\Delta = \dfrac{1}{EI}(\omega_1 \overline{M}_{\mathrm{C1}} + \omega_{21} \overline{M}_{\mathrm{C2}})$；(3) $\Delta = \dfrac{1}{EI}(\omega_1 \overline{M}_{\mathrm{C1}} + \omega_{21} \overline{M}_{\mathrm{C2}})$.

习 题

在以下习题中，如无特别说明，都假定材料是线弹性的。

10.1 习题 10.1 图示桁架各杆的材料相同，截面面积相等。试求在力 F 作用下，桁架的应变能。

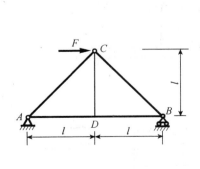

习题 10.1 图

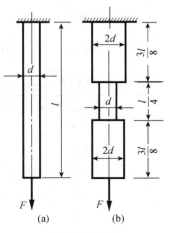

习题 10.2 图

10.2 两根圆截面直杆的材料相同，尺寸如习题 10.2 图所示，其中一根为等截面杆，另一根为变截面杆。试比较两根杆件的应变能。

10.3 计算习题 10.3 图示各杆的应变能。

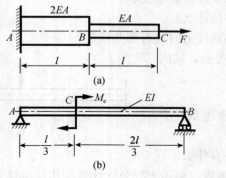

(a)

(b)

(c)

习题 10.3 图

10.4 习题 10.4 图所示，变截面圆轴 AB 在 B 端受集中力偶 M_e 作用，B 截面半径为 R，A 截面半径为 $2R$，求变截面圆轴的应变能。

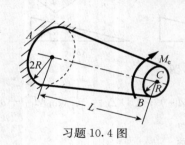

习题 10.4 图

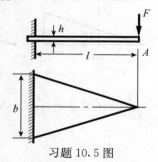

习题 10.5 图

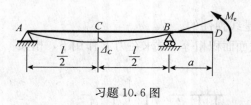

习题 10.6 图

10.5 计算习题 10.5 图示变截面悬臂梁的应变能，并求自由端 A 的挠度。E 为已知。

10.6 在外伸梁的自由端作用力偶矩 M_e（习题 10.6 图），试用互等定理，并借助表 6.1，求跨度中点 C 的挠度 Δ_C。

10.7 试求如习题 10.7 图所示各梁 A 点的挠度和截面 B 的转角。

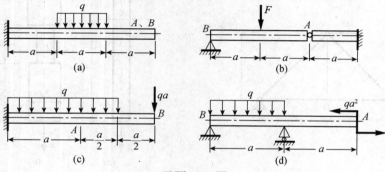

(a)

(b)

(c)

(d)

习题 10.7 图

10.8 试求习题 10.8 图所示各刚架 A 点的挠度和截面 B 的转角。

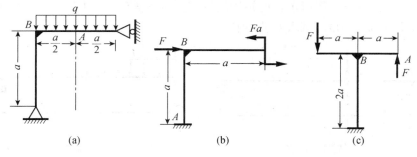

(a)　　　　　(b)　　　　　(c)

习题 10.8 图

10.9 试求习题 10.9 图所示桁架 A 点的竖向位移。设各杆抗拉刚度 EA 已知。

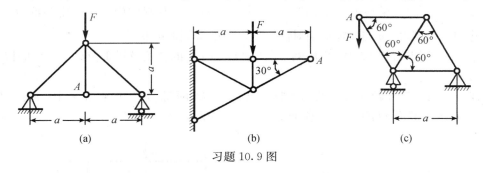

(a)　　　　　(b)　　　　　(c)

习题 10.9 图

10.10 试求习题 10.10 图所示变截面梁在 F 力作用下截面 B 的竖向位移和截面 A 的转角。弹性模量 E 已知。

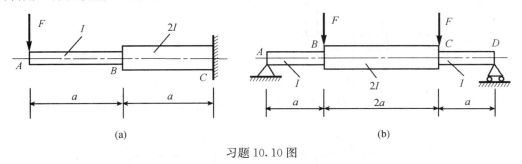

(a)　　　　　　　　　(b)

习题 10.10 图

10.11 已知习题 10.11 图示桁架各杆 EA 皆相同，杆长均为 a，求桁架 A、B 两点的相对位移。

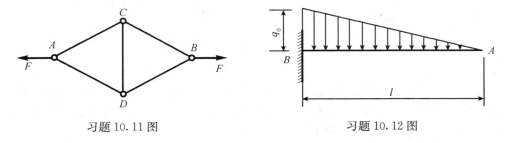

习题 10.11 图　　　　　习题 10.12 图

10.12 利用单位载荷法求习题 10.12 图所示悬臂梁自由端 A 的挠度。$EI =$ 常数。

10.13 习题 10.13 图所示，已知梁的抗弯刚度为 EI、支座的弹簧刚度为 k（产生单位长度变形所需之力）。试求 C 点的挠度。

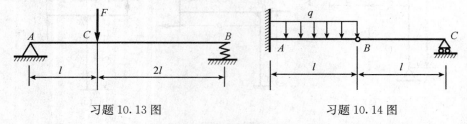

习题 10.13 图   习题 10.14 图

10.14 习题 10.14 图所示，已知梁的抗弯刚度为 EI，试求中间铰链 B 左、右两截面的相对转角。

*10.15 在简支梁整个跨度 l 内，作用均布载荷 q。材料的应力—应变关系为 $\sigma = C \sqrt{\varepsilon}$。式中 C 为常量，σ 与 ε 皆取绝对值。试求梁的端截面的转角。

10.16 试求习题 10.16 图所示，平面刚架截面 A 的转角及铅垂位移。各杆的抗弯刚度皆为 EI。

10.17 已知习题 10.17 图示刚梁 AC 和 CD 两部分的 $I = 3 \times 10^3 \ cm^4$，$E = 200GPa$，试求截面 D 的水平位移和转角。$F = 10kN$，$l = 1m$。

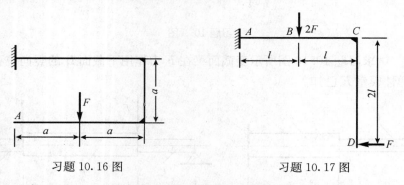

习题 10.16 图   习题 10.17 图

10.18 试求习题 10.18 图示平面刚架截面 A 的转角及其水平位移。EI 为已知。

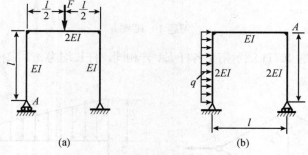

(a)   (b)

习题 10.18 图

10.19 习题 10.19 图示简易吊车的吊重 $F = 2.83 \ kN$。撑杆 AC 长为 2m，截面的惯性矩 $I = 8.53 \times 10^6 \ mm^4$。拉杆 BD 的横截面面积为 $600 \ mm^2$。如撑杆只考虑弯曲的影响，试求 C 点的垂直位移。设 $E = 200 \ GPa$。

10.20 由杆系及梁组成的混合结构如习题 10.20 图所示。设 F、a、E、A、I 均为已知，试求 C 点的垂直位移。

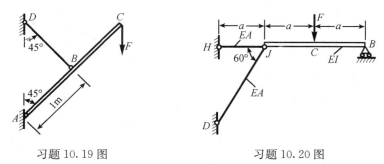

习题 10.19 图　　　　　　　　　习题 10.20 图

10.21 平面刚架如习题 10.21 图所示。若刚架各部分材料和截面相同，试求截面 A 的转角。

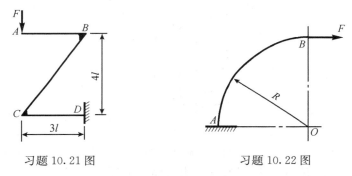

习题 10.21 图　　　　　　　　　习题 10.22 图

10.22 等截面曲杆如习题 10.22 图所示。试求截面 B 的垂直位移和水平位移以及截面 B 的转角。

10.23 习题 10.23 图所示等截面曲杆 BC 的轴线为四分之三的圆周。若 AB 杆可视为刚性杆，试求在 F 力作用下，截面 B 的水平位移及垂直位移。

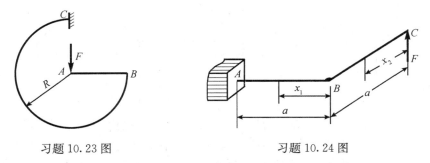

习题 10.23 图　　　　　　　　　习题 10.24 图

10.24 习题 10.24 图示，曲拐的端点 C 上作用集中力 F。设曲拐两段材料相同且均为同一直径的圆截面杆，试求 C 点的垂直位移。

*10.25 习题 10.25 图示，折杆的横截面为圆形。在力偶矩 M_e 作用下，试求折杆自由端的线位移和角位移。

*10.26 习题 10.26 图示，刚架的各组成部分的抗弯刚度 EI 相同，抗扭刚度 GI_p 也相同。在 F 力作用下，试求截面 A 和 C 的水平位移。

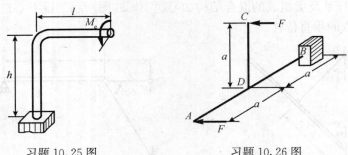

习题 10.25 图　　　　　　习题 10.26 图

*10.27　习题 10.27 图所示，正方形刚架各部分的 EI 相等，GI_p 也相等。E 处有一切口。在一对垂直于刚架平面的水平力 F 作用下，试求切口两侧的相对水平位移 δ。

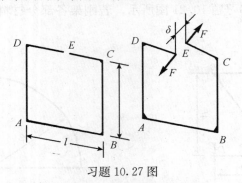

习题 10.27 图

*10.28　轴线为水平平面内四分之一圆周的曲杆如习题 10.28 图所示，在自由端 B 作用垂直载荷 F。设 EI 和 GI_p 已知，试求截面 B 在垂直方向的位移。

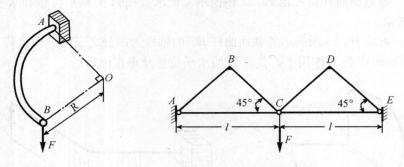

习题 10.28 图　　　　　　习题 10.29 图

*10.29　习题 10.29 图所示，结构由完全相同的等边直角刚架组成，ACE 为位于同一平面内的三个铰链，现于 C 点作用一铅垂力 F。已知材料为线弹性，各杆的抗弯刚度均相等，其值 EI 为常数，试求 C 点的竖直位移。轴力和剪力引起的变形忽略不计。

*10.30　习题 10.30 图所示，直径为的 d 均质圆盘，沿直径两端承受一对大小相等方向相反的集中力 F 作用，材料的弹性模量 E 和泊松比 μ 已知。设圆盘为单位厚度，试求圆盘变形后的面积改变率 $\dfrac{\Delta A}{A}$。

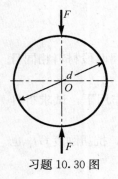

习题 10.30 图

第 11 章　超静定结构

11.1　概　　述

在杆件轴向拉压、扭转和弯曲变形分析中，曾采用变形比较法讨论过简单超静定结构。分析表明，超静定结构和静定结构相比，具有重量轻、安全性和可靠性高等一系列优点，因此超静定结构在工程中被广泛应用。变形比较法仅仅适用于分析简单超静定结构，难以用于复杂工程结构分析，而现代工程结构通常是高次超静定结构，因此需要探讨适宜分析复杂超静定结构的一般方法。

本章将讨论基于能量法的超静定结构分析原理和方法。首先讨论超静定结构的基本属性；其次讨论力法求解超静定结构；最后讨论利用对称性和反对称性求解超静定结构。

在图 11.1 中，将被车削的工件简化成悬臂梁。当车削力 F 作用时，固定端（卡盘）有三个未知力 F_{Ax}、F_{Ay} 和 M_A，由独立的静力平衡方程便可求出所有未知反力。这类由静力平衡方程可以求得全部未知力的结构，称为静定结构或静定系统。

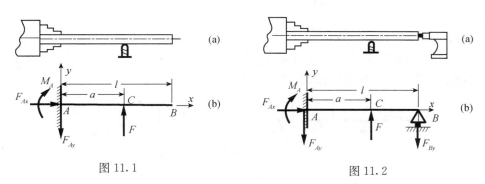

图 11.1　　　　　　　　　　　　　　图 11.2

有时为了提高构件的强度和刚度，往往要增加构件的约束。例如，当上述被车削的工件过于细长时，为提高加工精度，减少变形，可以给工件增加尾顶针［图 11.2 (a)］。这样，除左端仍简化为固定端外，右端的尾顶针可简化为可动铰支座［图 11.2 (b)］。于是未知反力共有四个：F_{Ax}、F_{Ay}、M_A 和 F_{By}，而能建立的独立平衡方程仍然只有三个，它们是

$$\sum F_x = 0, \quad F_{Ax} = 0$$

$$\sum F_y = 0, \quad F - F_{Ay} - F_{By} = 0$$

$$\sum M_A = 0, \quad Fa - F_{By}l - M_A = 0$$

由以上三个平衡方程，当然不能解出全部四个未知力。这种未知力数目多于静力平衡方程数目的结构，称为**超静定结构**或**超静定系统**。

在静定结构中，约束反力是维持结构平衡或几何不变所必需的。例如图 11.3 (a)、(b) 所示静定梁有三个约束反力，使梁只有变形引起的位移，在 xy 平面内任何刚性移

动和转动都不可能发生，从而保证结构是几何不变的或运动学不变的。上述三个约束反力是维持结构几何不变所必需的。解除图 11.3（a）所示简支梁右端的铰支座或解除图 11.3（b）所示悬臂梁左端对转动的约束，使之变成铰支座，这两种情况都将变成图 11.3（c）所示的机构，它将绕左端铰支座发生刚性转动，是几何可变的。与静定结构不同。超静定结构的一些约束往往不是维持结构几何不变所必需的。例如，解除图 11.2（b）所示梁的右端铰支座，它变成悬臂梁，仍然是几何不变的。因此把这类约束称为**多余约束**。与多余约束对应的约束力称为**多余约束力**。

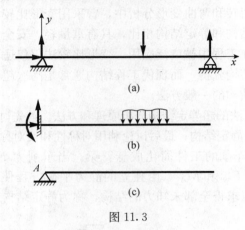

图 11.3

超静定结构可以划分为三类：

（1）仅仅在结构外部存在多于平衡方程数目的约束力，即支座反力多于平衡方程数目，这种结构称为**外力超静定结构**，如图 11.4（a）、（b）所示。

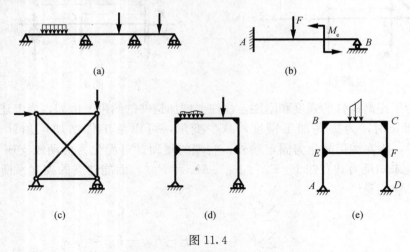

图 11.4

（2）仅仅在结构内部存在多于平衡方程数目的约束力，即支座反力可以通过平衡方程求解，而结构内力不能通过截面法求解，这种结构称为**内力超静定结构**，如图 11.4（c）、（d）所示。

（3）结构的内部和外部均存在多余约束，即支座反力不能通过平衡方程求解，同时杆件内力不能应用截面法求解，这种结构称为**混合超静定结构**。如图 11.4（e）所示。

外力超静定结构次数的判断比较简单，可以采用与静定结构比较的方法确定。例如，对于图 11.4（a），可以看成简支梁增加了两个中间可动铰支座，因此为二次外力超静定结构。如图 11.4（b）所示梁可以看成悬臂梁增加了一个右端可动铰支座，因此为一次外力超静定结构。如图 11.4（c）所示桁架和如图 11.4（d）所示刚架的支撑形式与简支梁相同，这两个结构是外力静定结构。如图 11.4（e）所示刚架可以看成简支梁的一个可动铰支座被固定铰支座代替，在静定结构上增加了一个约束，因此是一次外力超静定结构。

内力超静定结构主要是桁架和刚架（曲杆与刚架类似）。**桁架内力超静定结构次数的判断，主要是与静定桁架比较是否有多余约束杆件**。例如，图 11.4（c）所示桁架与静定桁架比较有一根多余约束杆件，因此为一次内力超静定结构。**刚架内力超静定结构次数的判断，主要是判断刚架具有的封闭框数目**。图 11.5（a）是一个静定刚架，切口两侧的 A、B 两截面可以有相对的移动和转动。如用铰链将 A、B 连接［图 11.5（b）］，这样就限制 A、B 两截面沿竖直和水平两个方向的相对位移，构成了结构的内部约束，相当于增加了两对（个）内部约束反力，如图 11.5（c）所示。如把刚架上面的两根杆件改成连为一体的一根杆件［图 11.5（d）］，这样就约束了 A、B 两截面的相对移动和转动，等于增加了三对（个）内部约束力［图 11.5（e）］。比较图 11.5（a）和图 11.5（d）可以看出，增加一个封闭的平面框相当于增加三个内力约束力，也相当于三次内力超静定。例如图 11.4（d）、（e）所示刚架均有一封闭框，因此均为三次内力超静定结构。通过上述分析可以得出以下结论：**一根链杆相当于一个（次）约束，一个铰相当于二个（次）约束，一个封闭框相当于三个（次）约束**。

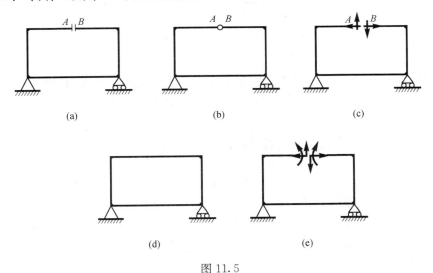

(a)　　　　　　　　(b)　　　　　　　　(c)

(d)　　　　　　　　(e)

图 11.5

混合超静定结构次数等于外力超静定次数与内力超静定次数之和。例如，如图 11.4（a）所示结构为二次超静定结构（二次外力超静定与零次内力超静定），如图 11.4（b）所示结构为一次超静定结构（一次外力超静定与零次内力超静定），如图 11.4（c）所示结构为一次超静定结构（零次外力超静定与一次内力超静定），如图 11.4（d）所示结构为三次超静定结构（零次外力超静定与三次内力超静定），如图 11.4（e）所示结构为四次超静定结构（一次外力超静定与三次内力超静定）。

解除结构的多余约束后得到的静定结构，称为**原超静定结构的基本静定系**或**相当系统**。基本静定系的选择不是唯一的，可以有不同的选择。例如，如图 11.6（a）所示连续梁是二次超静定。可以解除中间两个可动铰支座得到如图 11.6（b）所示的基本静定系。也可以在支座上方把梁切开，并装上可动铰链得到如图 11.6（c）所示的基本静定系。在基本静定系上，除原有载荷外，还应该有相应的多余约束力代替被解除多余约束，得到图 11.6（d）或（e）所示系统。虽然基本静定系可以有不同的选择，但实际计算中应选择便于计算的基本静定系。

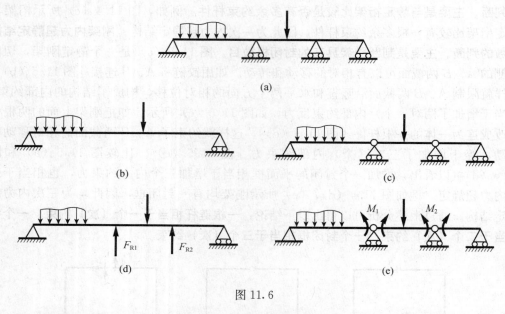

图 11.6

应当特别指出，所谓"多余"约束是指维持结构的几何不变性而言的，它可以提高结构刚度、强度和稳定性，所以对实际结构来说，并不是多余的。

11.2　用力法解超静定系统

现以图 11.2（a）所示增加了尾顶针的工件为例引入力法。工件可简化为图 11.7（a）所示一次超静定梁，解除多余支座 B，并以多余约束力 X_1 代替它，得到图 11.7（b）所示悬臂梁作为其基本静定系。在 F 和 X_1 共同作用下，B 端沿 X_1 方向的位移为 Δ_1。它由两部分组成：一部分是在 F 单独作用下基本静定系 B 端沿 X_1 方向的位移为 Δ_{1F}，如图 11.7（c）所示；另一部分是在 X_1 单独作用下基本静定系 B 端沿 X_1 方向的位移为 Δ_{1X_1}，如图 11.7（d）所示。对于线弹性结构，由叠加原理得

$$\Delta_1 = \Delta_{1X_1} + \Delta_{1F}$$

式中，位移 Δ_{1F} 和 Δ_{1X_1} 的第一个下标"1"表示位移发生于 X_1 作用点且沿 X_1 的方向，第二个下标"F"或"X_1"表示位移是 F 或 X_1 引起的。因 B 端原来有一个铰支座，所以变形协调条件为 B 端沿 X_1 方向的位移为零，即

$$\Delta_{1X_1} + \Delta_{1F} = 0 \tag{a}$$

在计算 Δ_{1X_1} 时，可以在基本静定系上沿 X_1 方向作用单位力［图 11.7（e）］，B 端

沿 X_1 方向由于这一单位力引起的位移为 δ_{11}。对于线弹性结构，位移与力成正比，X_1 是单位力的 X_1 倍，故 Δ_{1X_1} 也是 δ_{11} 的 X_1 倍，即

$$\Delta_{1X_1} = X_1\delta_{11}$$

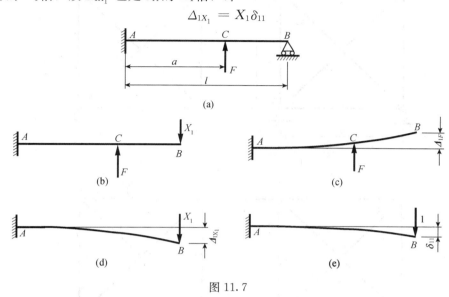

图 11.7

代入式（a），得

$$\delta_{11}X_1 + \Delta_{1F} = 0 \tag{11.1}$$

式（11.1）中的 Δ_{1F} 和系数 δ_{11}，可在其基本静定系上用任何一种求位移的方法求出，于是可解出 X_1。例如，用莫尔积分可以得到

$$\delta_{11} = \frac{l^3}{3EI}, \qquad \Delta_{1F} = -\frac{Fa^2}{6EI}(3l-a)$$

代入式（11.1）可得

$$X_1 = \frac{Fa^2}{2l^3}(3l-a)$$

上述求解超静定结构的方法以"力"为基本未知量，称为**力法**。式（11.1）称为一次超静定系统的**正则方程**。它与其他方法并无原则上的不同，但对不同形式的超静定系统来说，都可写成正则方程（11.1）的形式，求解过程更加规范化，对于求解高次超静定结构，就更显出其优越性。

例 11.1　试计算如图 11.8（a）所示桁架各杆件的内力。各杆材料相同、横截面面积相等。

解　该桁架为一次超静定问题。选取杆 4 为多余约束。假想将它切开，杆 4 的作用以轴力 X_1 代替，得基本静定系如图 11.8（b）所示。变形协调条件为切口两侧截面的轴向相对位移应等于零，则正则方程为

$$\delta_{11}X_1 + \Delta_{1F} = 0 \tag{b}$$

式中，Δ_{1F} 表示在 F 单独作用下 ［图 11.8（c）］ 切口两侧截面沿 X_1 方向的相对位移，δ_{11} 表示沿 X_1 方向作用单位力下 ［图 11.8（d）］ 切口两侧截面沿 X_1 方向的相对位移。

根据图 11.8（c）计算载荷 F 作用下基本静定系各杆件的内力 F_{Ni}。根据图 11.8（d）计算由单位力 $X_1=1$ 引起基本静定系各杆件的内力 $\overline{F}_{Ni}$。计算结果列于表 11.1 中。

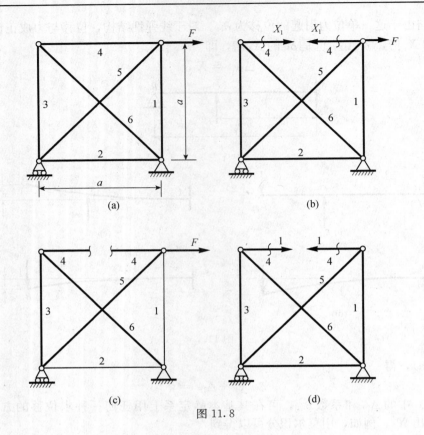

图 11.8

表 11.1

杆件编号	l_i	F_{Ni}	$\overline{F}_{Ni}$	$F_{Ni}\overline{F}_{Ni}l_i$	$\overline{F}_{Ni}\overline{F}_{Ni}l_i$	$(F_N)_i = F_{Ni} + \overline{F}_{Ni}X_1$
1	a	$-F$	1	$-Fa$	a	$-F/2$
2	a	$-F$	1	$-Fa$	a	$-F/2$
3	a	0	1	0	a	$F/2$
4	a	0	1	0	a	$F/2$
5	$\sqrt{2}a$	$\sqrt{2}F$	$-\sqrt{2}$	$-2\sqrt{2}Fa$	$2\sqrt{2}a$	$F/\sqrt{2}$
6	$\sqrt{2}a$	0	$-\sqrt{2}$	0	$2\sqrt{2}a$	$-F/\sqrt{2}$

由莫尔定理得

$$\Delta_{1F} = \sum \frac{F_{Ni}\overline{F}_{Ni}l_i}{EA} = -\frac{2(1+\sqrt{2})Fa}{EA}$$

$$\delta_{11} = \sum \frac{\overline{F}_{Ni}\overline{F}_{Ni}l_i}{EA} = \frac{4(1+\sqrt{2})a}{EA}$$

将其代入正则方程（b），可解出

$$X_1 = -\frac{\Delta_{1F}}{\delta_{11}} = \frac{F}{2}$$

由叠加法求各杆件的内力 $(F_N)_i$，即

$$(F_N)_i = F_{Ni} + \bar{F}_{Ni}X_1$$

计算结果列于表 11.1 最后一列。

例 11.2　如图 11.9（a）所示刚架。两杆抗弯刚度 EI 相同且为常数。试作刚架的弯矩图。

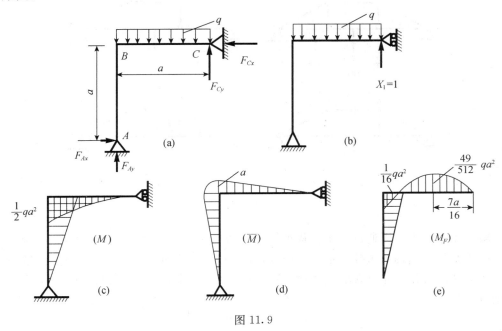

图 11.9

解　因刚架 A 和 C 处为固定铰支座，刚架具有四个约束反力，所以为一次超静定问题。解除固定铰支座 C 的竖直方向约束并以 X_1 为多余约束反力，得基本静定系如图 11.9（b)所示，则正则方程为

$$\delta_{11}X_1 + \Delta_{1F} = 0 \tag{c}$$

在基本静定系上作用均布载荷 q 时，其弯矩如图 11.9（c）所示。在基本静定系上 C 点沿 X_1 方向作用一单位力时，其弯矩图如图 11.9（d）所示。

$\bar{M}$ 图自乘得

$$\delta_{11} = 2 \times \frac{1}{EI}\left(\frac{1}{2}a \times a \times \frac{2}{3}a\right) = \frac{2a^3}{3EI}$$

$\bar{M}$ 图与 M 图图形互乘得

$$\Delta_{1F} = \frac{1}{EI}\left[\frac{1}{2} \times \frac{qa^2}{2} \times a \times \left(-\frac{2}{3}a\right) + \frac{1}{3} \times \frac{qa^2}{2} \times a \times \left(-\frac{3}{4}a\right)\right] = -\frac{7qa^4}{24EI}$$

将 δ_{11}、Δ_{1F} 代入式（c）得

$$\frac{2a^3}{3EI}X_1 - \frac{7qa^4}{24EI} = 0$$

故

$$X_1 = \frac{7qa}{16}$$

求出 X_1 后，把 X_1 作为已知力按静定结构画弯矩图方法画弯矩图如图 11.9（e）所示。

例 11.3 以工字梁 AB 为大梁的桥式起重机，加固成如图 11.10（a）所示的形式。除工字梁外，设其他各杆只承受轴向拉伸或压缩，其横截面面积皆为 A。工字梁与其他各杆同为 Q235 钢，若吊重 P 作用于跨度中点，试求工字梁的最大弯矩。

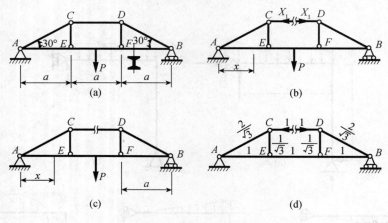

图 11.10

解 支座反力可以通过平衡方程求解，而结构内力不能通过截面法求解，因此此结构为内力超静定结构。去掉一根拉或压杆，结构就成为静定结构，因此为一次超静定结构。将 CD 杆切开，并以其轴力 X_1 为多余约束力，得基本静定系〔图 11.10（b）〕，则正则方程为

$$\delta_{11}X_1 + \Delta_{1F} = 0 \tag{d}$$

式中，Δ_{1F} 表示在吊重 P 单独作用下〔图 11.10（c）〕切口两侧截面沿 X_1 方向的相对位移，δ_{11} 表示沿 X_1 方向作用单位力下〔图 11.10（d）〕切口两侧截面沿 X_1 方向的相对位移。

在基本静定系上只作用吊重 P 时〔图 11.10（c）〕，工字梁 AB 的弯矩为

$$M(x) = \frac{P}{2}x \quad \left(0 \leqslant x \leqslant \frac{3}{2}a\right)$$

此时工字梁和各拉（压）杆的轴力都等于零。

在基本静定系上切口处沿 X_1 作用一对单位力时〔图 11.10（d）〕，工字梁 AB 的弯矩为

AE：
$$\overline{M}(x) = \frac{x}{\sqrt{3}} \quad (0 \leqslant x \leqslant a)$$

EF：
$$\overline{M}(x) = \frac{a}{\sqrt{3}} \quad (a \leqslant x \leqslant 2a)$$

同时工字梁和各杆的轴力都已标于图 11.10（d）中。

根据莫尔定理，得

$$\Delta_{1F} = \int_l \frac{M(x)\overline{M}(x)}{EI}\mathrm{d}x + \sum_{i=1}^3 \frac{F_{Ni}\overline{F}_{Ni}l_i}{EA_1} + \sum_{j=1}^5 \frac{F_{Nj}\overline{F}_{Nj}l_j}{EA}$$

式中第二项表示工字梁轴力的影响，A_1 为工字梁的横截面面积。第三项表示各拉（压）杆轴力的影响。由于只作用吊重 P 时，工字梁和各杆的轴力都等于零，故第二项和第三项都等于零。于是有

$$\Delta_{1F} = \int_l \frac{M(x)\overline{M}(x)}{EI}\mathrm{d}x = \frac{2}{EI}\left[\int_0^a \frac{P}{2}x\left(-\frac{x}{\sqrt{3}}\right)\mathrm{d}x + \int_a^{\frac{3}{2}a} \frac{P}{2}x\left(-\frac{a}{\sqrt{3}}\right)\mathrm{d}x\right] = -\frac{23Pa^3}{24\sqrt{3}EI}$$

同理可得

$$\delta_{11} = \int_l \frac{\overline{M}(x)\overline{M}(x)}{EI}\mathrm{d}x + \sum_{i=1}^3 \frac{\overline{F}_{Ni}\overline{F}_{Ni}l_i}{EA_1} + \sum_{j=1}^5 \frac{\overline{F}_{Nj}\overline{F}_{Nj}l_j}{EA}$$

$$= \frac{2}{EI}\left[\int_0^a \left(-\frac{x}{\sqrt{3}}\right)^2\mathrm{d}x + \int_a^{\frac{3}{2}a}\left(-\frac{a}{\sqrt{3}}\right)^2\mathrm{d}x\right] + \frac{1}{EA_1}(a+a+a)$$

$$+ \frac{1}{EA}\left[2\times\left(-\frac{2}{\sqrt{3}}\right)^2\cdot\frac{2a}{\sqrt{3}} + 2\times\left(\frac{1}{\sqrt{3}}\right)^2\cdot\frac{a}{\sqrt{3}} + (-1)^2 a\right]$$

$$= \frac{5a^3}{9EI} + \frac{3a}{EA_1} + \frac{a}{EA}(2\sqrt{3}+1)$$

上式中梁的横截面面积 A_1 远大于各拉（压）杆的 A，可以略去第二项，得

$$\delta_{11} = \frac{5a^3}{9EI} + \frac{a}{EA}(2\sqrt{3}+1)$$

将 δ_{11}、Δ_{1F} 代入式（d）得

$$X_1 = \frac{23Pa^2}{24\sqrt{3}\left[\frac{5}{9}a^2 + \frac{I}{A}(2\sqrt{3}+1)\right]}$$

为了计算方便起见，设 $P=100\text{kN}$，$a=3\text{m}$，工字梁的横截面为 20b 工字钢，各拉（压）杆的横截面为 $10\text{mm}\times10\text{mm}$ 的正方形。将这些数值代入上式，得 $X_1 = 7.5\text{kN}$。由此可以求得工字梁的最大弯矩发生于跨度中点，大小为 $212\text{kN}\cdot\text{m}$。若不加固，工字梁的最大弯矩也发生于跨度中点，大小为 $225\text{kN}\cdot\text{m}$。

以上各例都是一次超静定结构。现以图 11.11（a）所示二次超静定刚架为例，来说明高次超静定结构中力法正则方程的应用。若将固定铰支座 C 视为多余约束，将其解除，并用 X_1、X_2 代替固定铰支座的作用，得基本静定系如图 11.11（b）所示。根据固定铰支座 C 点铅垂、水平位移均等于零的条件，可建立其变形协调方程为

$$\left.\begin{array}{l}\Delta_1 = \Delta_{11} + \Delta_{12} + \Delta_{1F} = 0\\\Delta_2 = \Delta_{21} + \Delta_{22} + \Delta_{2F} = 0\end{array}\right\} \tag{e}$$

式中 Δ_1 表示 F，X_1 和 X_2 联合作用下 C 点的铅垂位移，Δ_2 表示 F，X_1 和 X_2 联合作用下 C 点的水平位移，Δ_{11}、Δ_{12} 和 Δ_{1F} 分别表示 X_1、X_2 和 F 单独作用下 C 点的铅垂位移，Δ_{21}、Δ_{22} 和 Δ_{2F} 分别表示 X_1、X_2 和 F 单独作用下 C 点的水平位移。

对线弹性体来说，有以下关系：

$$\left.\begin{array}{ll}\Delta_{11} = \delta_{11}X_1, & \Delta_{12} = \delta_{12}X_2\\\Delta_{21} = \delta_{21}X_1, & \Delta_{22} = \delta_{22}X_2\end{array}\right\} \tag{f}$$

式中 δ_{ij} 表示广义单位力 $X_j=1$ 单独作用在基本静定系上，使 X_i 的作用点沿其方向上产生的广义位移。Δ_{21}、Δ_{2F}、δ_{11}、δ_{22}、δ_{12}、δ_{21} 的含义分别表示在图 11.11（c）、（d）、（e）上。将式（f）代入式（e），得

$$\left.\begin{array}{l}\delta_{11}X_1 + \delta_{12}X_2 + \Delta_{1F} = 0\\\delta_{21}X_1 + \delta_{22}X_2 + \Delta_{2F} = 0\end{array}\right\} \tag{11.2}$$

式（11.2）为二次超静定系统的正则方程。正则方程（11.2）中的常数项 Δ_{iF} 和系数 δ_{ij}

均可在基本静定系上用所有计算变形的方法来计算。但对于线弹性杆件（或杆系），用莫尔定理比较方便。现以图 11.11 所示刚架为例来说明它们的计算。平面刚架的横截面上一般有弯矩、剪力和轴力，但剪力和轴力对位移的影响远小于弯矩，因此在计算上述系数和常数项时，可以只考虑弯矩的影响。故有

$$\delta_{11} = \int_l \frac{\overline{M}_1(x)\overline{M}_1(x)}{EI}\mathrm{d}x , \qquad \delta_{12} = \int_l \frac{\overline{M}_1(x)\overline{M}_2(x)}{EI}\mathrm{d}x , \qquad \delta_{21} = \int_l \frac{\overline{M}_2(x)\overline{M}_1(x)}{EI}\mathrm{d}x$$

$$\delta_{22} = \int_l \frac{\overline{M}_2(x)\overline{M}_2(x)}{EI}\mathrm{d}x , \qquad \Delta_{1F} = \int_l \frac{M(x)\overline{M}_1(x)}{EI}\mathrm{d}x , \qquad \Delta_{2F} = \int_l \frac{M(x)\overline{M}_2(x)}{EI}\mathrm{d}x$$

式中 $\overline{M}_1$ 是 $X_1=1$ 单独作用于基本静定系上引起的弯矩，$\overline{M}_2$ 是 $X_2=1$ 单独作用于基本静定系上引起的弯矩。在上式中，显然有 $\delta_{12}=\delta_{21}$。以上关系也可由位移互等定理来证明。这样，方程组（11.2）中的 4 个系数中只有 3 个是独立的。

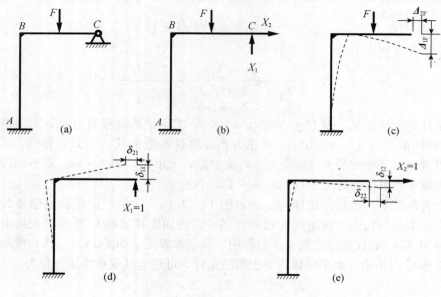

图 11.11

求出多余约束力 X_1、X_2 之后，原超静定系统的强度、刚度计算问题，就转化为基本静定系在载荷与 X_1、X_2 共同作用下的强度、刚度计算问题。这样就使求解原超静定系统的问题，转化为在基本静定系上求解了。

还应指出，基本静定系的形式一般不是唯一的。在求解超静定系统时，应尽量选取便于计算的基本静定系。

例 11.4　如图 11.12（a）所示刚架，杆件抗弯刚度皆为 EI。试作刚架的弯矩图。

解　本题刚架为二次超静定结构，选取基本静定系如图 11.12（b）所示，则正则方程为

$$\left. \begin{aligned} \delta_{11}X_1 + \delta_{12}X_2 + \Delta_{1F} = 0 \\ \delta_{21}X_1 + \delta_{22}X_2 + \Delta_{2F} = 0 \end{aligned} \right\} \tag{g}$$

$\overline{M}_1$ 图、$\overline{M}_2$ 图和 M 图分别如图 11.12（c）、（d）、（e）所示。

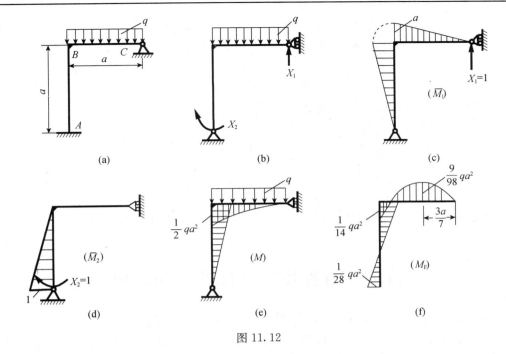

图 11.12

由莫尔积分的图乘法得

$$\delta_{11} = \frac{1}{EI} \times \frac{1}{2}a \times a \times \frac{2}{3}a \times 2 = \frac{2a^3}{3EI}$$

$$\delta_{12} = \delta_{21} = \frac{1}{EI} \times \frac{1}{2}a \times a \times \frac{1}{3} = \frac{a^2}{6EI}$$

$$\delta_{22} = \frac{1}{EI} \times \frac{1}{2} \times 1 \times a \times \frac{2}{3} = \frac{a}{3EI}$$

$$\Delta_{1F} = \frac{1}{EI} \times \left[\frac{1}{3}a \times \frac{1}{2}qa^2 \times \left(-\frac{3}{4}a\right) + \frac{1}{2}a \times \frac{1}{2}qa^2 \times \left(-\frac{2}{3}a\right) \right] = -\frac{7qa^4}{24EI}$$

$$\Delta_{2F} = \frac{1}{EI} \times \left[\frac{1}{2} \times \frac{1}{2}qa^2 \times a \times \left(-\frac{1}{3}\right) \right] = -\frac{qa^3}{12EI}$$

将上述求出的系数和常数项代入式（g），得

$$\frac{2a^3}{3EI}X_1 + \frac{a^2}{6EI}X_2 - \frac{7qa^4}{24EI} = 0$$

$$\frac{a^2}{6EI}X_1 + \frac{a}{3EI}X_2 - \frac{qa^3}{12EI} = 0$$

从上述方程组解出

$$X_1 = \frac{3qa}{7}, \quad X_2 = \frac{qa^2}{28}$$

用叠加法作超静定刚架的弯矩图（M_F 图），即

$$M_F = \overline{M}_1 X_1 + \overline{M}_2 X_2 + M$$

所求刚架的 M_F 图如图 11.12（f）所示。

　　按照上述力法原理，可将求解二次超静定系统的方法推广到求解 n 次超静定系统。这时的正则方程可写成如下形式

$$\left.\begin{array}{l}
\delta_{11}X_1 + \delta_{12}X_2 + \cdots + \delta_{1n}X_n + \Delta_{1F} = 0 \\
\delta_{21}X_1 + \delta_{22}X_2 + \cdots + \delta_{2n}X_n + \Delta_{2F} = 0 \\
\qquad\qquad \cdots\cdots \\
\delta_{n1}X_1 + \delta_{n2}X_2 + \cdots + \delta_{nn}X_n + \Delta_{nF} = 0
\end{array}\right\} \tag{11.3}$$

可将正则方程组（11.3）写成矩阵形式

$$\begin{bmatrix}
\delta_{11} & \delta_{12} & \cdots & \delta_{1n} \\
\delta_{21} & \delta_{22} & \cdots & \delta_{2n} \\
\vdots & \vdots & & \vdots \\
\delta_{n1} & \delta_{n2} & \cdots & \delta_{nn}
\end{bmatrix}
\begin{Bmatrix}
X_1 \\ X_2 \\ \vdots \\ X_n
\end{Bmatrix}
+
\begin{Bmatrix}
\Delta_{1F} \\ \Delta_{2F} \\ \vdots \\ \Delta_{nF}
\end{Bmatrix}
= 0 \tag{11.4}$$

根据以上讨论或位移互等定理，方程组（11.3）或（11.4）中系数有以下关系

$$\delta_{ij} = \delta_{ji}$$

11.3 对称及反对称性质的应用

利用结构上载荷的对称或反对称性质，可使正则方程得到简化。图 11.13（a）所示结构的几何形状、支承条件和各杆的刚度都对称于某一轴线，这样的结构称为**对称结构**。显然如果将对称结构沿对称轴折叠，则左右两侧是完全重合的。在对称结构上，如载荷关于对称轴也是对称的，即作用于两侧的载荷大小、方向和作用点完全对称〔图 11.13（b）〕，则称为**对称载荷**。如载荷关于对称轴是反对称的，即作用于两侧的载荷大小和作用点完全对称，而方向反对称〔图 11.13（c）〕，则称为**反对称载荷**。有时候对称与反对称载荷的判断比较简单，而有时候则较难。例如，图 11.14（a）所示刚架，直接利用上述定义并不容易判断作用载荷是对称或反对称载荷。这时可以利用集中载荷的概念，用相距很近的两个集中力偶来代替原力偶〔图 11.14（b）〕，就可以很容易判断其为反对称载荷。

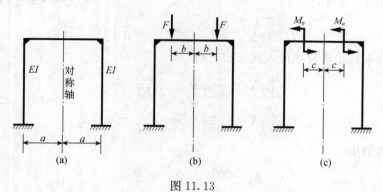

图 11.13

与载荷相似，杆件的内力也可分成对称的和反对称的。一般地，**垂直于截面的内力为对称内力，在横截面上为轴力和弯矩；相切于截面的内力为反对称内力，在横截面上为剪力**。例如，平面结构的杆件的横截面上，一般有剪力、弯矩和轴力等三个内力（图 11.15）。对横截面来说，弯矩 M 和轴力 F_N 是对称内力，而剪力 F_S 则是反对称内力。

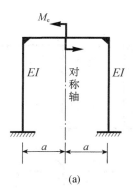 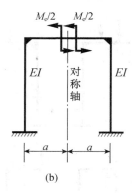

图 11.14

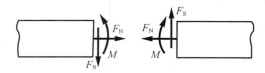

图 11.15

现以图 11.13（b）为例，说明对称性质的作用。刚架有三个多余约束，如沿对称轴将刚架切开，就可解除三个多余约束得到基本静定系。三个多余约束力是对称截面上的轴力 X_1、剪力 X_2 和弯矩 X_3［图 11.16（a）］。变形协调条件是，上述切开截面的两侧水平相对位移、垂直相对位移和相对转角都等于零。这三个条件写成正则方程就是

$$\left.\begin{array}{l} \delta_{11}X_1 + \delta_{12}X_2 + \delta_{13}X_3 + \Delta_{1F} = 0 \\ \delta_{21}X_1 + \delta_{22}X_2 + \delta_{23}X_3 + \Delta_{2F} = 0 \\ \delta_{31}X_1 + \delta_{32}X_2 + \delta_{33}X_3 + \Delta_{3F} = 0 \end{array}\right\} \qquad (a)$$

基本静定系在外载荷单独作用下的弯矩图已表示于图 11.16（b）中，$X_1 = 1$、$X_2 = 1$ 和 $X_3 = 1$ 各自单独作用时的弯矩图 $\overline{M}_1$、$\overline{M}_2$ 和 $\overline{M}_3$ 分别表示于图 11.16（c）、（d）和（e）中。在这些弯矩图中，$\overline{M}_2$ 图是反对称的，其余都是对称的。计算 Δ_{2F} 的莫尔积分是

$$\Delta_{2F} = \int_l \frac{M\overline{M}_2}{EI} \mathrm{d}x$$

式中 M 是对称的，而 $\overline{M}_2$ 是反对称的，积分的结果必然等于零，即

$$\Delta_{2F} = \int_l \frac{M\overline{M}_2}{EI} \mathrm{d}x = 0$$

以上结果同样也可由图乘法来得到。同理可知

$$\delta_{12} = \delta_{21} = \delta_{23} = \delta_{32} = 0$$

于是正则方程（a）化为

$$\delta_{11}X_1 + \delta_{13}X_3 + \Delta_{1F} = 0$$
$$\delta_{31}X_1 + \delta_{33}X_3 + \Delta_{3F} = 0$$
$$\delta_{22}X_2 = 0$$

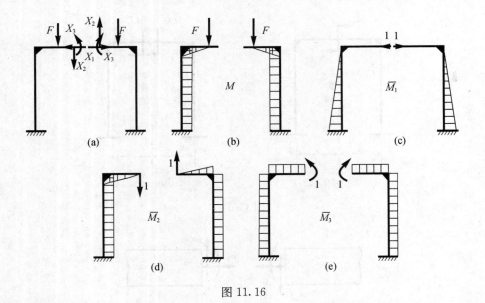

图 11.16

这样，正则方程就分成两组；第一组是前面两式，包含两个对称的内力 X_1 和 X_3；第二组就是第三式，它只包含反对称的内力 X_2（剪力），且 $X_2 = 0$。可见，**当对称载荷作用时，在结构对称截面上，反对称内力等于零。**

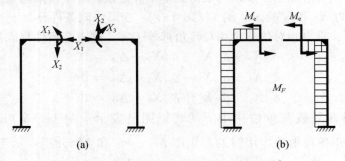

图 11.17

以图 11.13（c）为例说明反对称性的利用。如仍沿对称轴将刚架切开，并代以多余约束力，得相当系统如图 11.17（a）所示，外载荷单独作用下的 M 图是反对称的[图 11.17（b）]，而 $\overline{M}_1$、$\overline{M}_2$ 和 $\overline{M}_3$ 仍然如图 11.16（c）、（d）和（e）所示。由于 M 是反对称的，而 $\overline{M}_1$ 和 $\overline{M}_3$ 是对称的，这就使得

$$\Delta_{1F} = \int_l \frac{M\overline{M}_1}{EI}\mathrm{d}x = 0 , \qquad \Delta_{3F} = \int_l \frac{M\overline{M}_3}{EI}\mathrm{d}x = 0$$

同理有

$$\delta_{12} = \delta_{21} = \delta_{23} = \delta_{32} = 0$$

于是正则方程（a）化为

$$\delta_{11}X_1 + \delta_{13}X_3 = 0$$
$$\delta_{31}X_1 + \delta_{33}X_3 = 0$$

$$\delta_{22}X_2 + \Delta_{2F} = 0$$

前两式为 X_1 和 X_3 的齐次方程组，显然有 $X_1 = X_3 = 0$ 的解。可见，**在反对称载荷作用时，在结构对称截面上，对称内力 X_1 和 X_3（即轴力和弯矩）都等于零。**

对于大量的工程构件，虽然结构是对称的，但载荷既不是对称的也不是反对称的 [图 11.18（a）]。在此情况下可把它转化为对称和反对称的两种载荷的叠加 [图 11.18（b）、（c）]，分别求出对称和反对称两种情况的解，叠加后即为原载荷作用下的解。

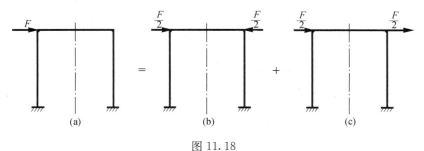

图 11.18

例 11.5　等截面封闭框架如图 11.19（a）所示，已知抗弯刚度 EI 为常量，不计剪力和轴力对变形的影响，试求刚架危险截面的弯矩。

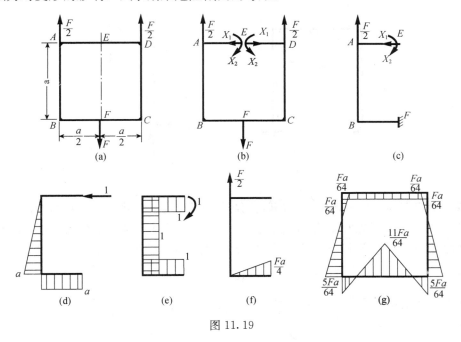

图 11.19

解　此平面刚架为单一封闭框架，因此为三次超静定结构。刚架左右对称，根据对称性可知，对称面上的反对称内力为零，因此沿对称轴将刚架 E 截面截开时，未知约束反力只有轴力 X_1 和弯矩 X_2，如图 11.19（b）所示。也可以进一步利用对称性，建立如图 11.19（c）所示基本静定系。其正则方程为

$$\left.\begin{array}{l}\delta_{11}X_1 + \delta_{12}X_2 + \Delta_{1F} = 0 \\ \delta_{21}X_1 + \delta_{22}X_2 + \Delta_{2F} = 0\end{array}\right\} \tag{a}$$

$\overline{M}_1$ 图、$\overline{M}_2$ 图和 M 图分别如图 11.19 (d)、(e)、(f) 所示。由莫尔积分的图乘法得

$$\delta_{11} = \frac{1}{EI}\left(\frac{1}{2}a \times a \times \frac{2}{3}a + a \times \frac{1}{2}a \times a\right) = \frac{5a^3}{6EI}$$

$$\delta_{12} = \delta_{21} = \frac{1}{EI}\left(-\frac{1}{2}a \times a \times 1 - a \times \frac{1}{2}a \times 1\right) = -\frac{a^2}{EI}$$

$$\delta_{22} = \frac{1}{EI}\left(1 \times \frac{1}{2}a \times 1 + 1 \times a \times 1 + 1 \times \frac{1}{2}a \times 1\right)\frac{2a}{EI}$$

$$\Delta_{1F} = \frac{1}{EI}\left(-\frac{1}{2} \times \frac{1}{2}a \times \frac{Fa}{4} \times a\right) = -\frac{Fa^3}{16EI}$$

$$\Delta_{2F} = \frac{1}{EI}\left(\frac{1}{2} \times \frac{1}{2}a \times \frac{Fa}{4} \times 1\right) = \frac{Fa^2}{16EI}$$

将上述求出的系数和常数项代入式（a），得

$$X_1 = \frac{3}{32}F, \quad X_2 = \frac{1}{64}Fa$$

作刚架的弯矩图如图 11.19 (g) 所示。危险截面位于对称轴下部截面，其弯矩为 $\frac{11}{64}Fa$。

例 11.6 求如图 11.20 (a) 所示刚架的约束反力。

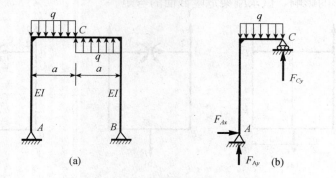

图 11.20

解 刚架有四个反力，是一次超静定结构。因结构上的载荷是反对称的，所以在结构的对称截面 C 上弯矩和轴力均等于零，就只剩下剪力，因此原结构与图 11.20 (b) 所示静定结构等效。图 11.20 (b) 所示结构的支座反力便可直接由平衡方程求出为

$$F_{Ax} = 0, \quad F_{Ay} = \frac{qa}{2}(\uparrow)$$

利用刚架整体平衡方程可求出 B 支座处的约束反力为

$$F_{Bx} = 0, \quad F_{By} = \frac{qa}{2}(\downarrow)$$

例 11.7 作如图 11.21 (a) 所示刚架的弯矩图。假设各杆 EI 相同。

解 此结构为三次超静定。载荷关于 DB 反对称，故 D、B 截面上只有水平内力，记为 X_1，如图 11.21 (b) 所示。载荷关于 AC 对称，则 A、C 截面转角为零，故可把 A 截面作为固定端，得到如图 11.21 (c) 所示基本静系，则正则方程为

$$\delta_{11}X_1 + \Delta_{1F} = 0 \tag{b}$$

$\overline{M}_1$ 图和 M 图分别如图 11.21 (d)、(e) 所示。由莫尔积分的图乘法得

$$\delta_{11} = \frac{1}{EI} \cdot \frac{1}{2} \cdot \frac{\sqrt{2}}{2}a \cdot a \cdot \frac{2}{3} \cdot \frac{\sqrt{2}}{2} = \frac{a^3}{6EI}$$

$$\Delta_{1F} = \frac{1}{EI} \cdot \frac{1}{2} \cdot \frac{\sqrt{2}}{2}a \cdot a \cdot \frac{M}{2} = \frac{\sqrt{2}Ma^2}{8EI}$$

将上述求出的系数和常数项代入式（b），得

$$X_1 = -\frac{\Delta_{1F}}{\delta_{11}} = -\frac{3\sqrt{2}M}{4a}$$

刚架的弯矩图如图 11.21（f）所示。

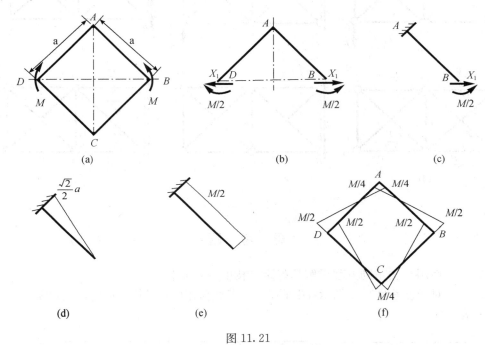

图 11.21

例 11.8　如图 11.22（a）所示平面桁架，各杆材料相同、横截面面积相同，各水平杆、竖直杆的长度均为 a，斜杆不相交，求在力 F 作用下 CD 杆中点 K 的竖直位移。

解　此平面桁架为三次超静定。直接按三次超静定求解比较复杂，可以将原平面桁架看成为图 11.22（b）和 11.22（c）所示两种情况的叠加。

在图 11.22（b）中，载荷关于过 K 点的水平线对称，故 K 点的竖直位移为零。这样原平面桁架 K 点的竖直位移等于图 11.22（c）中 K 点的竖直位移。

在图 11.22（c）中，载荷关于过 K 点的水平线反对称，因此杆 AB、CD、EG 的轴力均为零，这样原超静定桁架就可化为静定桁架。在此基础上，求解静定桁架可得各杆轴力如图 11.22（d）所示。

在 K 点作用图 11.22（e）所示向下的单位力时，载荷关于过 K 点的水平线反对称，因此 AB 杆、CD 杆、EG 杆轴力为零，这样原超静定桁架也可化为静定桁架。在此基础上，求解静定桁架可得各杆轴力如图 11.22（f）所示。

由莫尔定理可求得 CD 杆中点 K 的竖直位移为

$$y_K = \frac{1}{EA}\left[\frac{3}{2}F \cdot \frac{1}{2} \cdot a + \frac{\sqrt{2}}{2}F \cdot \frac{\sqrt{2}}{2} \cdot \sqrt{2}a + \left(-\frac{\sqrt{2}}{2}F\right)\cdot\left(-\frac{\sqrt{2}}{2}\right)\cdot\sqrt{2}a + \left(-\frac{3}{2}\right)F\cdot\left(-\frac{1}{2}\right)\cdot a\right]$$

$$= \frac{3+2\sqrt{2}}{EA}Fl(\downarrow)$$

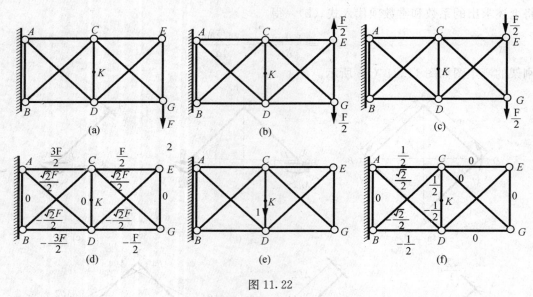

图 11.22

思 考 题

11.1 使用力法正则方程求解超静定结构的优点是什么？

11.2 对于思考题 11.2 图示各平面结构，若载荷作用在结构平面内，试判断它为几次超静定结构？

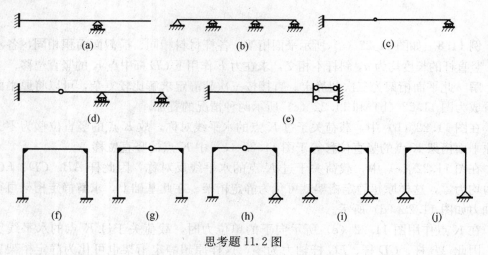

思考题 11.2 图

11.3 对于思考题 11.3 图所示，具有两个对称轴的封闭正方形框架，在对称载荷作用下可以简化为一次超静定问题，而在反对称载荷作用下可以简化为静定问题，为什么？试分析图示刚架内力，并确定其基本静定系。

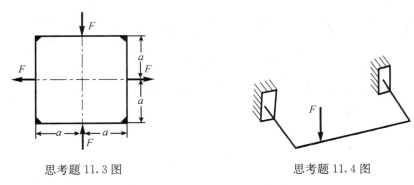

思考题 11.3 图　　　　　　　　思考题 11.4 图

11.4　试判断思考题 11.4 图示结构为几次超静定？

习　　题

11.1　求习题 11.1 图示超静定梁的两端反力。设固定端沿梁轴线的反力可以省略。

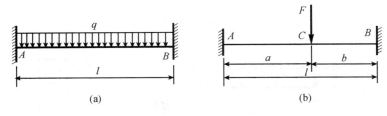

(a)　　　　　　　　　　　　　　(b)

习题 11.1 图

11.2　作习题 11.2 图示刚架的弯矩图。设刚架各杆的 EI 皆相等。

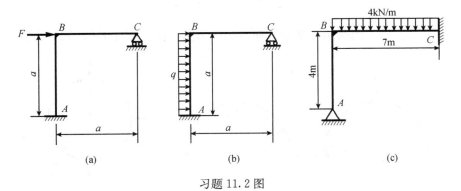

(a)　　　　　　　(b)　　　　　　　(c)

习题 11.2 图

11.3　习题 11.3 图示，各杆抗拉压刚度皆为 EA，试求各杆的内力。建议用力法求解。

11.4　习题 11.4 图所示，直梁 ABC 在承受载荷前搁置在支座 A、C 上，梁与支座 B 间有一间隙 Δ。在加上均布载荷后，梁就发生变形而在中点处与支座 B 接触。如要使三个支座的约束反力相等，则 Δ 应为多大？梁的刚度 EI 为已知。

11.5　习题 11.5 图所示，木梁 ACB 两端铰支，中点 C 处为弹簧支承。若弹簧刚度 $k = 500 \text{ kN/m}$，且已知 $l = 4 \text{ m}$，$b = 60 \text{ mm}$，$h = 80 \text{mm}$，$E = 1.0 \times 10^4 \text{MPa}$，均布载荷 $q = 10\text{kN/m}$，试求弹簧的支反力。

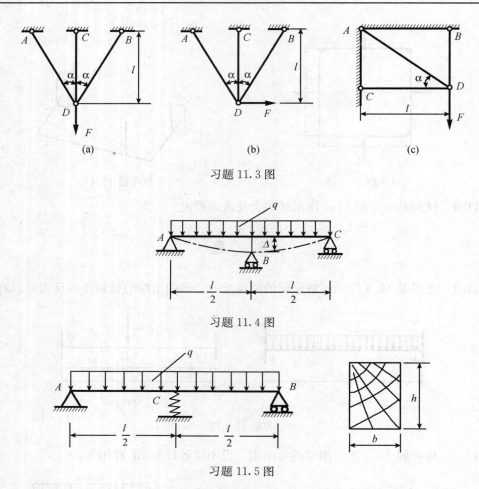

习题 11.3 图

习题 11.4 图

习题 11.5 图

11.6 习题 11.6 图所示，试画各曲杆的内力图，抗弯刚度 EI 已知且为常数。

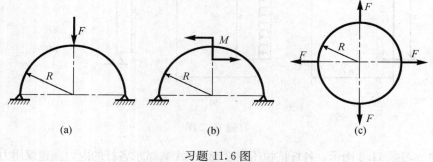

习题 11.6 图

11.7 压力机机身或轧钢机机架可以简化成如习题 11.7 图所示封闭的矩形刚架。设刚架横梁的抗弯刚度为 EI_1，立柱的抗弯刚度为 EI_2。试作刚架的弯矩图。

11.8 习题 11.8 图所示，折杆截面为圆形，直径 $d = 2$ cm，$a = 0.2$ m，$l = 1$ m，$F = 650$ N，$E = 200$ GPa，$G = 80$ GPa。试求 F 力作用点的垂直位移。

11.9 作习题 11.9 图所示刚架弯矩图。

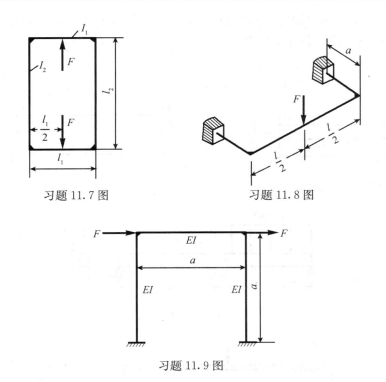

习题 11.7 图　　　　习题 11.8 图

习题 11.9 图

11.10　习题 11.10 图示框架，B 点为铰接，EI 为常数，受载荷如图。试：（1）作该框架的弯矩图；（2）求 A、B 两点的相对线位移。

11.11　习题 11.11 图所示，正方形桁架各杆抗拉压刚度均为 EA。试求 AC 杆的轴力，并计算节点 A、C 间的相对位移 Δ。

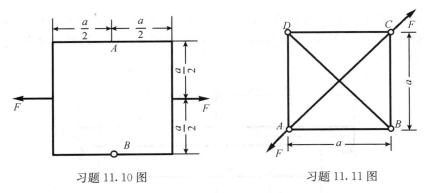

习题 11.10 图　　　　习题 11.11 图

11.12　习题 11.12 图所示，梁 AB 的两端固定，而且不受外力作用。如果梁固定端 B 向下移动 Δ，试求 A 和 B 截面处的弯矩，已知梁的抗弯刚度 EI 为常数。

11.13　习题 11.13 图所示，已知梁的抗弯刚度 EI 为常数，如果梁固定端 B 旋转了一个角度 θ，试求 A 和 B 截面处的弯矩。

11.14　试确定习题 11.14 图所示木梁的截面尺寸。已知许用应力分别为 $[\sigma_w] = 10\text{MPa}$，$[\tau_w] = 2\text{MPa}$。

11.15　习题 11.15 图所示，No.18 工字钢梁在跨度中面承受 $F = 60\text{kN}$ 的集中力，

B 点是弹簧支撑，如果 1kN 的力作用在其上时，弹簧压缩 0.1mm，试求各支座反力。如果 B 点为刚性支座时各支座反力又是多少？已知 $E=210$GPa。

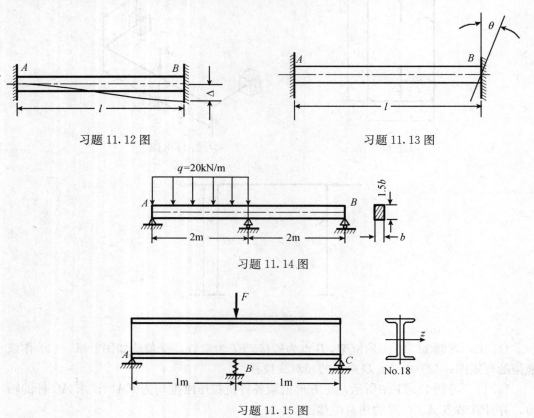

习题 11.12 图　　　　　　　　　习题 11.13 图

习题 11.14 图

习题 11.15 图

11.16　习题 11.16 图所示结构，梁 AB 的惯性矩为 I，横截面面积为 A，杆 GH 的横截面面积为 A_1，CG 和 DH 为刚性杆。已知所有材料的弹性模量均为 E，试求拉杆 GH 中的轴力。

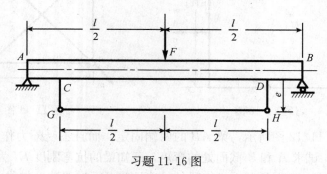

习题 11.16 图

*11.17　习题 *11.17 图所示等截面梁受载荷 F 作用，若已知梁的跨度为 l，横截面惯性矩为 I，抗弯截面模量为 W，材料的弹性模量为 E，许用应力为 $[\sigma]$，试求：

（1）支座反力 F_{By}；

（2）危险截面的弯矩 M；

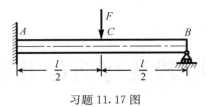

习题 11.17 图

（3）确定梁的许可载荷 F；

（4）在铅垂方向上移动支座 B，使得许可载荷 F 为最大，求支座在铅垂方向的位移 Δ 和最大许可载荷。

*11.18 习题 11.18 图所示，梁 AB、CD 长度均为 l，设抗弯矩刚度 EI 相同且已知。两梁水平放置，垂直相交，CD 为简支梁，AB 为悬臂梁，A 端固定，B 端自由，加载前两梁在中点无应力接触。不计梁的自重，试求在 F 力的作用下 B 端的垂直位移。

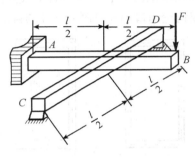

习题 11.18 图

*11.19 材料相同的半圆形曲杆和刚架与直杆 AB 铰接，习题 11.19 图（a）、（b）所示。横截面均为直径为 d 的圆形截面，受力如图所示。设各杆的抗弯矩刚度为 EI。抗拉压刚度为 EA，试求 B 点的位移（只考虑弯矩对变形的影响）。

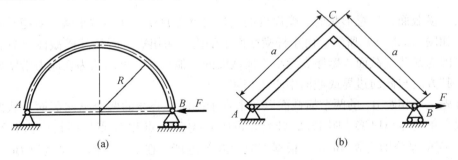

(a)　　　　　　　　(b)

习题 11.19 图

第12章 扭转及弯曲的几个补充问题

12.1 薄壁杆件的自由扭转

在工程中，常常会遇到横截面是由厚度很薄的直边或曲边形组成的杆件，如工字钢、角钢、槽钢等。这些杆件的壁厚远小于横截面的其他尺寸，称为薄壁杆件（图12.1）。薄壁杆件横截面的壁厚平分线，称为截面中心线。截面中心线为封闭曲线的薄壁杆，称为闭口薄壁杆件 [图12.1 (a)]；截面中心线为不封闭曲线的薄壁杆，称为开口薄壁杆件 [图12.1 (b)]。在航空、土建结构及船舶中广泛采用各种形式的薄壁杆件，以达到减轻重量、提高承载能力的目的。本节仅讨论闭口和开口薄壁杆件的自由扭转。

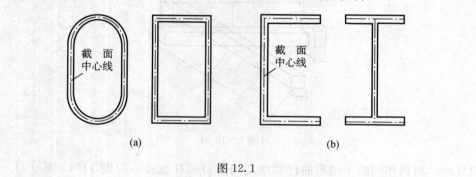

图 12.1

12.1.1 闭口薄壁杆件的自由扭转

设一横截面为任意形状的、变厚度的闭口薄壁等直杆，在两端承受一对扭转外力偶作用，如图12.2 (a) 所示。由于杆横截面上的内力为扭矩，因此其横截面上只有切应力。又因为是薄壁截面，壁厚 δ 远小于横截面的其他尺寸，可以认为切应力沿壁厚均匀分布，其方向与截面边界或截面中心线相切。

首先，用相距 $\mathrm{d}x$ 的两个横截面以及垂直于截面中心线的两个纵向截面，从薄壁杆中切取一单元体 ABCD [图12.2 (b)]。设中心线上 C 点和 D 点处的切应力分别为 τ_1 和 τ_2，而壁厚分别为 δ_1 和 δ_2。根据切应力互等定理，在上、下两纵向截面 BC 与 AD 上的切应力应分别等于 τ_1 和 τ_2。由单元体的轴向平衡方程 $\sum F_x = 0$ 得

$$\tau_1 \delta_1 \mathrm{d}x - \tau_2 \delta_2 \mathrm{d}x = 0$$
$$\tau_1 \delta_1 = \tau_2 \delta_2$$

由于两纵截面是任意选取的，故上式表明，横截面沿其周边任意点处的切应力 τ 与该点处的壁厚 δ 之乘积是一常数，即

$$\tau\delta = 常数 \tag{12.1}$$

乘积 $\tau\delta$ 称为剪力流，代表截面中心线单位长度上的剪力。由此可见，闭口薄壁杆件扭转时，截面中心线上各点处的剪力流数值相等。

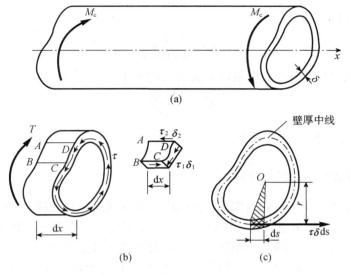

图 12.2

为找出横截面上的切应力 τ 与扭矩 T 之间的关系，沿壁厚中线取出长为 $\mathrm{d}s$ 的一段 [图 12.2（c）]，在微面积 $\delta\mathrm{d}s$ 上作用有微剪力 $\tau\delta\mathrm{d}s$，它对横截面内任一点 O 的力矩为 $\rho\tau\delta\mathrm{d}s$，则整个截面上内力对 O 点的矩即为截面上的扭矩，于是有

$$T = \int_s \rho\tau\delta\mathrm{d}s = \tau\delta\int_s \rho\mathrm{d}s$$

式中，ρ 为矩心 O 到中心线切线的垂直距离。由图 12.2（c）可知，$\rho\mathrm{d}s$ 是图中阴影线小三角形面积的 2 倍，因此，积分 $\int_s \rho\mathrm{d}s$ 数值上等于截面中心线所围面积 ω 的 2 倍，即

$$T = \tau\delta \cdot 2\omega$$

$$\tau = \frac{T}{2\omega\delta} \tag{12.2}$$

上式即为闭口薄壁杆件自由扭转时横截面上任一点切应力的计算公式，由于 $\tau\delta =$ 常数，故在 δ 最小处，切应力 τ 最大，即

$$\tau_{\max} = \frac{T}{2\omega\,\delta_{\min}} \tag{12.3}$$

闭口薄壁杆件自由扭转时的变形可按功能原理求得。由式（3.6）可知，对于轴向长度为 $\mathrm{d}x$、厚度为 δ、沿截面中心线长度为 $\mathrm{d}s$ 的单元体，其应变能为

$$\mathrm{d}V_{\varepsilon} = v_{\varepsilon}\mathrm{d}V = \frac{\tau^2}{2G}\delta\mathrm{d}s\mathrm{d}x$$

将式（12.2）代入上式并积分得闭口薄壁杆件的扭转应变能为

$$V_{\varepsilon} = \int_l \left[\oint \frac{T^2}{8\omega^2 G\delta}\mathrm{d}s\right]\mathrm{d}x = \frac{T^2 l}{8\omega^2 G}\oint \frac{\mathrm{d}s}{\delta} = \frac{M_e^2 l}{8\omega^2 G}\oint \frac{\mathrm{d}s}{\delta}$$

其中 l 为闭口薄壁杆件的长度。

在线弹性范围内，外力偶矩 M_e 与扭转角 φ 成正比，M_e 所做的功为

$$W = \frac{1}{2} M_e \varphi$$

由 $V_\varepsilon = W$，求得

$$\varphi = \frac{M_e l}{4\omega^2 G} \oint \frac{\mathrm{d}s}{\delta} \tag{12.4}$$

式中的积分取决于杆的壁厚 δ 沿壁厚中线的变化规律。当壁厚 δ 为常数时，得

$$\varphi = \frac{M_e l S}{4\omega^2 G \delta} \tag{12.5}$$

式中，$S = \oint \mathrm{d}s$ 是截面中线的长度。

12.1.2 开口薄壁杆件的自由扭转

开口薄壁杆件，如各种轧制型钢，其截面可以看成是由若干狭长矩形组成的组合截面 [图 12.1（b）]。自由扭转时可作如下假设：杆扭转后，横截面在其本身平面内形状不变，即在变形过程中，横截面在其本身平面内的投影只作刚性平面运动。因此整个横截面的扭转角 φ 和组合截面各部分的扭转角 $\varphi_i (i = 1, 2, \cdots, n)$ 相等，即

$$\varphi = \varphi_1 = \varphi_2 = \cdots = \varphi_i = \cdots = \varphi_n \tag{a}$$

若以 T 和 T_i 分别表示整个截面和截面各组成部分上的扭矩，则合力矩应等于分力矩之和，即

$$T = T_1 + T_2 + \cdots + T_i + \cdots + T_n = \sum_{i=1}^{n} T_i \tag{b}$$

由式（3.24），得

$$\varphi_1 = \frac{T_1 l}{G \cdot \frac{1}{3} h_1 \delta_1^3}, \ \varphi_2 = \frac{T_2 l}{G \cdot \frac{1}{3} h_2 \delta_2^3}, \ \cdots, \ \varphi_i = \frac{T_i l}{G \cdot \frac{1}{3} h_i \delta_i^3}, \cdots, \varphi_n = \frac{T_n l}{G \cdot \frac{1}{3} h_n \delta_n^3} \tag{c}$$

式中，h_i 和 δ_i 分别为组成截面的第 i 个矩形长边和短边的长度。由式（c）解出 $T_i (i = 1, 2, \cdots, n)$，代入式（b），并结合式（a），得到

$$T = \varphi \cdot \frac{G}{l} \sum_{i=1}^{n} \frac{1}{3} h_i \delta_i^3 \tag{d}$$

引用记号

$$I_t = \sum_{i=1}^{n} \frac{1}{3} h_i \delta_i^3 \tag{e}$$

式（d）又可表示为

$$\varphi = \frac{Tl}{GI_t} \tag{f}$$

式中，GI_t 为抗扭刚度。

利用式（3.23）及式（c）、式（f），可得组成截面的任一狭长矩形上，长边各点的切应力为

$$\tau_i = \frac{T_i}{\frac{1}{3} h_i \delta_i^2} = \frac{T \delta_i}{I_t} \tag{g}$$

由式（g）看出，整个截面上的最大切应力 $\tau_{\max}$ 发生在宽度最大的狭长矩形的长边上，其值为

$$\tau_{\max} = \frac{T\delta_{\max}}{I_t} \tag{12.6}$$

图 12.3 给出了开口薄壁杆件的切应力分布图，沿截面的边缘，切应力与边界相切，形成顺流，在同一厚度线的两端，切应力方向相反。

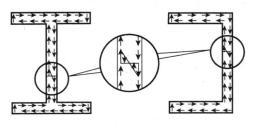

图 12.3

在计算型钢制成的开口薄壁杆件的 I_t 时，由于在各狭长矩形的联结处有过渡圆角，**翼缘内侧有斜率**，实际型钢截面的翼缘部分是变厚度的，这就增加了杆的抗扭刚度，故应对 I_t 表达式（e）作如下修正：

$$I_t = \eta \cdot \frac{1}{3} \sum h_i \delta_i^3 \tag{h}$$

式中，η 为修正系数，可通过查取相关手册获得。对角钢 $\eta = 1.00$，槽钢 $\eta = 1.12$，T 字钢 $\eta = 1.15$，工字钢 $\eta = 1.20$。

中线为曲线的开口薄壁杆件（图 12.4），计算时可将截面展开，作为狭长矩形截面处理。

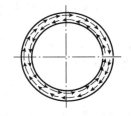

图 12.4

例 12.1　横截面面积 A、壁厚 δ、长度 l 和材料的切变模量 G 均相同的三种截面形状的闭口薄壁杆件，分别如图 12.5（a）、（b）和（c）所示。若作用在各杆杆端的扭转外力偶矩 M_e 相同，试求三杆横截面上的切应力之比和扭转角之比。

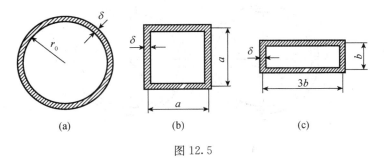

图 12.5

解　由式（12.2）和式（12.5）可知，截面的切应力与壁厚中线所围成的面积 ω 有关，扭转角与壁厚中线的长度 S 及壁厚中线所围成的面积 ω 有关。

薄壁圆截面［图 12.5（a）］，由

$$A = 2\pi r_0 \delta, \qquad r_0 = \frac{A}{2\pi\delta}$$

$$\omega = \pi r_0^2 = \frac{1}{4\pi} \times \left(\frac{A}{\delta}\right)^2$$

得
$$\tau_a = \frac{T}{2\omega\delta} = \frac{2\pi M_e \delta}{A^2}, \qquad \varphi_a = \frac{M_e l S}{4\omega^2 G\delta} = \frac{M_e l \times 2\pi r_0}{4\omega^2 G\delta} = 4\pi^2 \frac{M_e \delta^2 l}{GA^3}$$

薄壁正方形截面［图 12.5（b）］，由

$$A = 4a\delta, \quad a = \frac{A}{4\delta}, \quad \omega = a^2 = \frac{1}{16} \times \left(\frac{A}{\delta}\right)^2$$

得
$$\tau_b = \frac{T}{2\omega\delta} = \frac{8M_e \delta}{A^2}, \qquad \varphi_b = \frac{M_e l S}{4\omega^2 G\delta} = \frac{M_e l \times 4a}{4\omega^2 G\delta} = 64 \frac{M_e \delta^2 l}{GA^3}$$

薄壁矩形截面［图 12.5（c）］，由

$$A = a(b+3b)\delta = 8b\delta, \qquad b = \frac{A}{8\delta}$$

$$\omega = 3b^2 = \frac{3}{63} \times \left(\frac{A}{\delta}\right)^2$$

得
$$\tau_c = \frac{T}{2\omega\delta} = \frac{32M_e \delta}{3A^2}, \qquad \varphi_c = \frac{M_e l S}{4\omega^2 G\delta} = \frac{M_e l \times 8b}{4\omega^2 G\delta} = \frac{1024 M_e \delta^2 l}{9GA^3}$$

可见，三种截面的扭转切应力之比为

$$\tau_a : \tau_b : \tau_c = 2\pi : 8 : \frac{32}{3} = 1 : 1.27 : 1.70$$

扭转角之比为

$$\varphi_a : \varphi_b : \varphi_c = 4\pi^2 : 64 : \frac{1024}{9} = 1 : 1.62 : 2.88$$

上述计算表明，对于同一种材料制成的具有相同截面面积的不同形状的闭口薄壁杆件，无论是强度还是刚度，都是圆形截面最佳，矩形截面最差。

例 12.2 截面为圆环形的开口和闭口薄壁杆件如图 12.6 所示。设两杆具有相同的平均半径 r 和壁厚 δ，试比较两者的扭转强度和刚度。

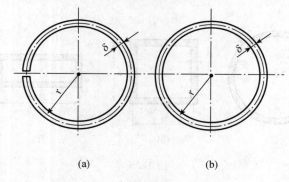

(a)   (b)

图 12.6

解 计算环形开口薄壁杆件的应力和变形时，可以把环形展开成一狭长矩形来处理。这时矩形的长边 $h = 2\pi r$，宽为 δ，由式（3.23）和式（3.24）分别求得横截面上的切应力和两端的相对扭转角为

$$\tau_1 = \frac{T}{\frac{1}{3}h\delta^2} = \frac{3T}{2\pi r\delta^2} , \qquad \varphi_1 = \frac{Tl}{G \cdot \frac{1}{3}h\delta^3} = \frac{3Tl}{2\pi r\delta^3 G}$$

环形闭口薄壁截面的 ω 和 S 分别为

$$\omega = \pi r^2 , \qquad S = 2\pi r$$

将 ω 和 S 分别代入式（12.2）和式（12.5），求得相应的切应力和扭转角为

$$\tau_2 = \frac{T}{2\omega\delta} = \frac{T}{2\pi r^2 \delta} , \qquad \varphi_2 = \frac{TlS}{4G\omega^2\delta} = \frac{Tl}{2G\pi r^3 \delta}$$

在 T 和 l 相同的情况下，应力和扭转角之比分别为

$$\frac{\tau_1}{\tau_2} = 3\left(\frac{r}{\delta}\right) , \qquad \frac{\varphi_1}{\varphi_2} = 3\left(\frac{r}{\delta}\right)^2$$

　　由于 r 远大于 δ，所以开口薄壁杆件的应力和变形都远大于同等条件下的闭口薄壁杆件。在工程实际中，环形截面杆受扭时，一旦出现纵向贯穿壁厚的裂纹，杆就丧失了其原有的承载能力而导致骤然破坏。

12.2　圆柱形密圈螺旋弹簧的应力和变形

　　螺旋弹簧通常是由圆截面、弹性极限高的弹簧线材卷成圆柱螺旋线而成，螺旋弹簧较易变形，工程中应用极广，常用于缓冲减振装置、机械运动控制装置和测力装置。螺旋弹簧簧丝的轴线是一条空间螺旋线［图 12.7（a）］，其应力和变形的精确分析比较复杂。但当螺旋角 α 很小时，如 $\alpha < 5°$ 时，可以忽略 α 的影响，近似认为簧丝横截面与弹簧轴线（亦即与 F 力）在同一平面内，这样的弹簧称为圆柱形密圈螺旋弹簧。此外，当簧丝直径 d 远小于簧圈的平均直径 D 时，还可略去簧丝曲率的影响，近似用直杆公式计算。本节在上述简化的基础上，讨论密圈螺旋弹簧的应力和变形。

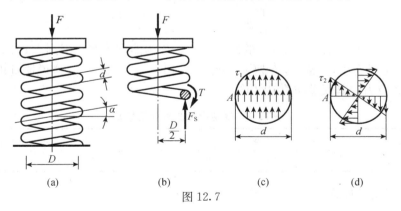

（a）　　　　　（b）　　　　　（c）　　　　　（d）

图 12.7

12.2.1　弹簧丝横截面上的应力

　　设弹簧受轴向压（拉）力 F，用截面法分析簧丝横截面上的内力。用横截面将簧丝假想地截开，取上面部分作为研究对象［图 12.7（b）］。簧丝的横截面上作用有通过截面形心的剪力 F_s 及扭矩 T，由平衡条件得

$$F_S = F, \quad T = \frac{FD}{2} \tag{a}$$

按实用计算方法，假设剪力 F_S 引起的切应力 τ_1 在簧丝横截面上均匀分布 [图 12.7 (c)]，则

$$\tau_1 = \frac{F_S}{A} = \frac{4F}{\pi d^2} \tag{b}$$

由扭矩 T 引起的切应力 τ_2，若不计簧圈曲率的影响，仍可按等直圆轴的切应力公式进行计算 [图 12.7 (d)]，其最大值为

$$\tau_{2max} = \frac{T}{W_t} = \frac{8FD}{\pi d^3} \tag{c}$$

在簧丝横截面上，任意点处的总应力是剪切和扭转两种切应力的矢量和。危险点发生在 τ_1 和 τ_{2max} 方向相同的簧丝内侧 A 点处，其总应力值为

$$\tau_{max} = \tau_1 + \tau_{2max} = \frac{4F}{\pi d^2} + \frac{8FD}{\pi d^3} = \frac{8FD}{\pi d^3}\left(\frac{d}{2D} + 1\right) \tag{d}$$

当 $d \ll D$，例如 $d/D \leqslant \frac{1}{10}$ 时，$d/(2D)$ 与 1 相比可以忽略，这时相当于只考虑簧丝的扭转，上式化为

$$\tau_{max} = \frac{8FD}{\pi d^3} \tag{12.7}$$

如果 d/D 并非很小，即簧丝曲率较大时，将引起较大误差。此外，认为剪切引起的切应力 τ_1 均匀分布于截面上，也是一个假定。在考虑了这两个因素后，求得计算最大切应力的修正公式如下：

$$\tau_{max} = \left(\frac{4c-1}{4c-4} + \frac{0.615}{c}\right)\frac{8FD}{\pi d^3} = k\frac{8FD}{\pi d^3} \tag{12.8}$$

式中

$$c = \frac{D}{d}, \quad k = \frac{4c-1}{4c-4} + \frac{0.615}{c} \tag{e}$$

c 称为弹簧指数，k 为对式 (12.7) 的修正因数，称为曲度系数。根据上式算出的 k 值列于表 12.1，可以看出，c 越小，k 越大。当 $c = 4$ 时，$k = 1.40$，这说明此时如仍按式 (12.7) 计算应力，其误差将高达 40%。

表 12.1　螺旋弹簧的曲度系数 k

c	4	4.5	5	5.5	6	6.5	7	7.5	8	8.5	9	9.5	10	12	14
k	1.40	1.35	1.31	1.28	1.25	1.23	1.21	1.20	1.18	1.17	1.16	1.15	1.14	1.12	1.10

簧丝的强度条件为

$$\tau_{max} \leqslant [\tau] \tag{f}$$

式中，τ_{max} 是按式 (12.8) 计算的，$[\tau]$ 是材料的许用切应力。弹簧材料一般是弹簧钢，其许用切应力 $[\tau]$ 的数值颇高。

12.2.2　弹簧的变形

圆柱形螺旋弹簧的变形计算，指的是计算在轴向压（或拉）作用下，弹簧在轴线方

向所产生的总缩短（或伸长）量 λ［图 12.8（a）］。试验表明，在弹性范围内，压力（或拉力）F 与变形 λ 成正比，即二者关系是一条斜直线［图 12.8（b）］。当外力从零缓慢平稳地增加到最终值 F 时，F 所做的功等于斜直线下的阴影面积，即

$$W = \frac{1}{2}F\lambda \tag{g}$$

另一方面，在力 F 作用下，储存于弹簧内的应变能可由式（3.6）计算。对圆柱形密圈螺旋弹簧，可以只考虑扭矩 T 对弹簧变形的影响，而忽略剪力 F_{S} 的影响。在簧丝横截面上，距圆心为 ρ 的任意点［图 12.8（c）］，扭转引起的切应力为

$$\tau_\rho = \frac{T\rho}{I_{\mathrm{p}}} = \frac{\frac{1}{2}FD\rho}{\frac{\pi d^4}{32}} = \frac{16FD\rho}{\pi d^4}$$

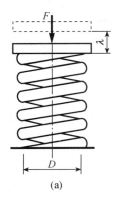
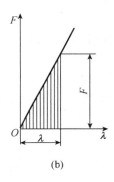
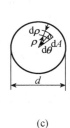

(a)　　　　　　(b)　　　　　　(c)

图 12.8

单位体积的应变能，即应变能密度是

$$v_\varepsilon = \frac{\tau_\rho^2}{2G} = \frac{128F^2D^2\rho^2}{G\pi^2 d^8} \tag{h}$$

弹簧的总应变能为

$$V_\varepsilon = \int_V v_\varepsilon \mathrm{d}V \tag{i}$$

式中，V 是弹簧的体积。若以 $\mathrm{d}A$ 表示簧丝横截面的微分面积，$\mathrm{d}s$ 表示沿簧丝轴线的微分长度，则 $\mathrm{d}V = \mathrm{d}A \cdot \mathrm{d}s = \rho\mathrm{d}\theta\mathrm{d}\rho\mathrm{d}s$，积分式（i）时，$\theta$ 由 0 到 2π，ρ 由 0 到 $\frac{d}{2}$，s 由 0 到 l。若弹簧的有效圈数（即扣除两端与簧座接触部分后的圈数）为 n，则 $l = n\pi D$，将式（h）代入式（i），积分得

$$V_\varepsilon = \int_V v_\varepsilon \mathrm{d}V = \frac{128F^2D^2}{G\pi^2 d^8}\int_0^{2\pi}\int_0^{d/2}\rho^3\,\mathrm{d}\theta\mathrm{d}\rho\int_0^{n\pi D}\mathrm{d}s = \frac{4F^2D^3 n}{Gd^4} \tag{j}$$

外力做的功等于储存在弹簧内的应变能，即 $W = V_\varepsilon$，有

$$\frac{1}{2}F\lambda = \frac{4F^2D^3 n}{Gd^4}$$

由此得到

$$\lambda = \frac{8FD^3 n}{Gd^4} = \frac{64FR^3 n}{Gd^4} \qquad (12.9)$$

式中，$R = D/2$ 是弹簧圈的平均半径。

令

$$C = \frac{Gd^4}{8D^3 n} = \frac{Gd^4}{64D^3 n} \qquad (12.10)$$

式（12.9）可写成

$$\lambda = \frac{F}{C} \qquad (12.11)$$

C 越大则 λ 越小，所以 C 代表弹簧抵抗变形的能力，称为弹簧刚度。

从式（12.9）可以看出，λ 与 d^4 成反比，与 D^3 成正比。由式（12.8）可知，τ_{max} 与 d^3 成反比，与 D 成正比。因此，在满足强度的条件下，如希望弹簧有较好的减振和缓冲作用，即要求有较大的变形时，应使弹簧直径 D 尽可能增加，簧丝直径 d 尽可能小一些，而相应的 τ_{max} 数值也增大，这就要求弹簧材料有较高的 $[\tau]$。此外，增加圈数也可增大变形。

例 12.3　钢制圆柱形密圈螺旋弹簧平均半径 $R = 80\ \text{mm}$，簧丝直径 $d = 16\text{mm}$，弹簧材料的许用切应力 $[\tau] = 200\ \text{MPa}$。

（1）求许用轴向力 $[F]$；

（2）若切变模量 $G = 80\text{GPa}$，在 $[F]$ 作用下，要求弹簧变形量 $\lambda = 100\ \text{mm}$，求弹簧的有效圈数。

解　（1）由 R 及 d 求出

$$C = \frac{D}{d} = \frac{2R}{d} = \frac{2 \times 80}{16} = 10$$

查表 12.1 得到弹簧的曲度系数 $k = 1.14$。根据式（12.8）得

$$\tau_{max} = k\frac{8[F]D}{\pi d^3} \leqslant [\tau]$$

所以

$$[F] \leqslant \frac{\pi d^3 [\tau]}{8kD} = \frac{3.14 \times 0.016^3 \times 200 \times 10^6}{8 \times 1.14 \times 0.16} = 1763\ (\text{N})$$

（2）由式（12.9）

$$\lambda = \frac{8FD^3 n}{Gd^4}$$

得

$$n = \frac{Gd^4 \lambda}{8FD^3} = \frac{80 \times 10^9 \times 0.016^4 \times 0.1}{8 \times 1763 \times 0.16^3} = 9.08$$

需要的弹簧圈数为 10。

12.3　开口薄壁杆件的弯曲切应力与弯曲中心

实验结果指出，对于开口薄壁杆件，若横向力作用平面不是纵向对称面，即使是形心主惯性平面，如图 12.9（a）所示情况，杆件除弯曲变形外，还将发生扭转变形。只有当横向力的作用面平行于形心主惯性平面，且通过某一特定点 A 时，如图 12.9（b）

所示情况，梁才能只产生弯曲变形而无扭转变形。横截面内的这一特定点 A 称为弯曲中心，简称弯心。

开口薄壁杆件的弯曲中心有较大的实际意义，而且它的位置用材料力学的方法就可确定。为此，首先讨论开口薄壁杆件弯曲切应力计算。

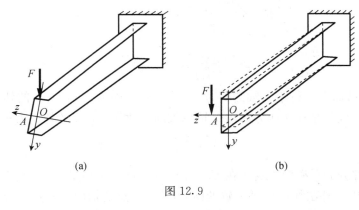

图 12.9

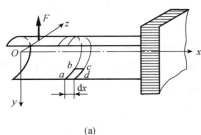 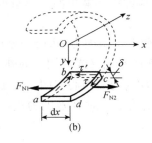

图 12.10

图 12.10（a）所示为一在横向力 F 作用下的开口薄壁杆件。集中力 F 通过截面弯曲中心，杆件只有弯曲而无扭转，即横截面上只有弯曲正应力和弯曲切应力，而无扭转切应力。由于杆件的内侧表面和外侧表面部都是自由面，仿照 3.6 节的证明，可知截面边缘上的切应力应与截面的边界相切。又因杆件壁厚 δ 很小，故可认为沿壁厚切应力均匀分布。使用导出弯曲切应力计算公式的同样方法，以相邻的横截面和纵向面，从杆件中截出一部分 $abcd$ [图 12.10（b）]。在这一部分的左侧面 ab 和右侧面 cd 上有弯曲正应力，在纵向面 bc 上有切应力，这些应力都平行于轴线。左侧面 ab 上的合力 F_{N1} 应为

$$F_{N1} = \int_{A_1} \sigma \mathrm{d}A \tag{a}$$

式中，A_1 为截出部分侧面 ab 的面积，σ 为弯曲正应力。根据 5.5 节的讨论，弯曲正应力 σ 因坐标选择和载荷作用平面的不同，应按不同的公式计算。为了简化推导过程，设 y，z 轴为截面的形心主惯性轴，F 通过弯心且平行于 y 轴，即 F 的作用平面平行于形心主惯性平面 xy。这时，弯曲正应力按式（5.22）计算，z 轴为中性轴。以式（5.22）代入式（a），得

$$F_{N1} = \frac{M_z}{I_z} \int_{A_1} y \mathrm{d}A = \frac{M_z S_z^*}{I_z} \tag{b}$$

式中，S_z^* 是侧面 ab 对 z 轴的静矩。在侧面 cd 上相应的内力是

$$F_{N2} = \frac{M_z + dM_z}{I_z} \int_{A_1} y\,dA = \frac{(M_z + dM_z)S_z^*}{I_z} \tag{c}$$

纵向面 bc 上的内力是 $\tau'\delta\,dx$。把以上诸内力带入平衡方程

$$\sum F_x = 0, \quad F_{N2} - F_{N1} - \tau'\delta\,dx = 0 \tag{d}$$

经整理后得出

$$\tau' = \frac{dM_z S_z^*}{dx I_z \delta} = \frac{F_{Sy} S_z^*}{I_z \delta}$$

式中，F_{Sy} 是横截面上平行于 y 轴的剪力。τ' 是截出部分纵向面 bc 上的切应力，由切应力互等定理，它也就是外法线方向与 x 轴一致的横截面上 c 点的切应力 τ，即

$$\tau = \frac{F_{Sy} S_z^*}{I_z \delta} \tag{12.12}$$

上式是由截出部分的平衡导出的。在 F_{Sy} 和 S_z^* 皆为正值的情况下，τ 是正的。这时. 在图 12.10 （b）中，外法线与 x 轴一致的横截面上，c 点的切应力 τ 指向截出部分的侧面 cd 的内部，亦即指向截出面积 A_1 的内部。至此，已经求得了 F 平行于 y 轴时，切应力的计算公式。

在横截面上，微内力 $\tau\,dA$ 组成切于横截面的内力系，其合力就是剪力 F_{Sy}。当然，F_{Sy} 又可由截面左侧（或右侧）的外力来计算。为了确定 F_{Sy} 作用线的位置，可选定截面内任意点 B 为力矩中心（图 12.11）。根据合力矩定理，微内力 $\tau\,dA$ 对 B 点的力矩总和，应等于合力 F_{Sy} 对 B 点的力矩，即

$$F_{Sy} a_z = \int_A r\tau\,dA \tag{e}$$

式中，a_z 是 F_{Sy} 对 B 点的力臂，r 是微内力 $\tau\,dA$ 对 B 点的力臂。从上式中解出 a_z，就确定了 F_{Sy} 作用线的位置。

剪力 F_{Sy} 应该通过截面的弯曲中心 A。这样，剪力 F_{Sy} 和截面左侧（或右侧）的外力，同在通过弯曲中心且平行于 xy 平面的纵向平面内，于是，截面上的剪力 F_{Sy} 和弯矩 M_z 与截面一侧的外力相平衡，杆件不会有扭转变形。若外力不通过弯曲中心，把它向弯曲中心简化后，得到通过弯曲中心的力和一个扭转力偶矩。通过弯曲中心的力仍引起上述弯曲变形，而扭转力偶矩却将引起扭转变形，这就是图 12.9 （a）所表示的情况。

当外力通过弯曲中心，且平行于截面的形心主惯性轴 z 时，用导出式（12.12）的同样方法，可以导出弯曲切应力的计算公式为

$$\tau = \frac{dM_y S_y^*}{dx I_y \delta} = \frac{F_{Sz} S_y^*}{I_y \delta} \tag{12.13}$$

式中，S_y^* 是截面截出部分对 y 轴的静矩，F_{Sz} 为截面上的剪力。和导出式（e）一样，利用合力矩定理，得确定 F_{Sz} 作用线位置的方程式为

$$F_{Sz} a_y = \int_A r\tau\,dA \tag{f}$$

式中，a_y 是 F_{Sz} 对 B 点的力臂（图 12.11）。从上式中解出 a_y 就确定了 F_{Sz} 作用线的位置。因为 F_{Sz} 和 F_{Sy} 都通过弯曲中心，两者的交点就是弯曲中心 A。

开口薄壁杆件的抗扭刚度较小，如横向力不通过弯曲中心，将引起比较严重的扭转变形，不但要产生扭转切应力，有时还将因约束扭转而引起附加的正应力和切应力。实体杆件或闭口薄壁杆件的抗扭刚度较大，且弯曲中心通常在截面形心附近，因而当横向力通过截面形心时，如也向弯曲中心简化，则扭矩不大，所以扭转变形可以省略。这就成为 5.5 节中讨论的非对称横力弯曲。

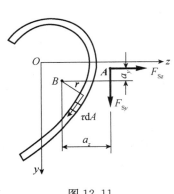

图 12.11

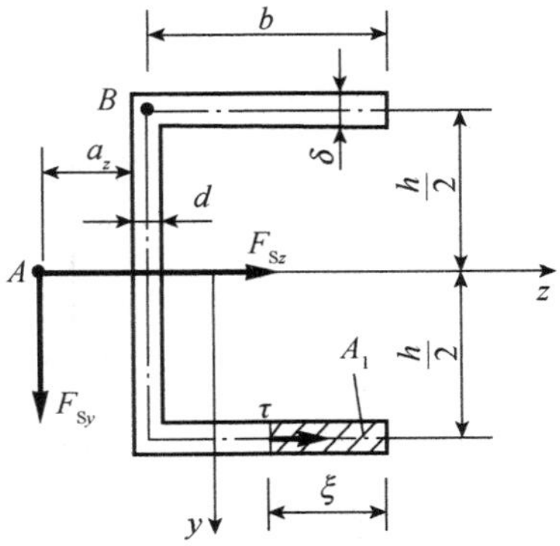

图 12.12

例 12.4　求图 12.12 中槽形截面的弯曲中心。

解　以截面的对称轴为 z 轴，则 y 轴、z 轴为形心主惯性轴。当剪力 F_{Sy} 平行于 y 轴，且杆件并无扭转变形时，弯曲切应力应按式（12.12）计算；下翼缘上的部分面积 A_1 对 z 轴的静矩为

$$S_z^* = \frac{\xi \delta h}{2}$$

代入式（12.12），得下翼缘上距边缘为 ξ 处的切应力为

$$\tau = \frac{F_{Sy} \xi h}{2 I_z}$$

τ 为正，表示它指向截出面积 A_1 的内部，如图 12.12 所示。用相似的方法也可求出上翼缘和腹板上的切应力。为了确定 F_{Sy} 的位置，选定上翼缘中线和腹板中线的交点 B 作为力矩中心。因为腹板和上翼缘上的微内力 $\tau \mathrm{d}A$ 都通过 B 点，这些内力对 B 点的力矩等于零。结果，整个截面上微内力 $\tau \mathrm{d}A$ 对 B 点力矩的总和为

$$\int_A r \tau \mathrm{d}A = \int_0^b h \cdot \frac{F_{Sy} \xi h}{2 I_z} \delta \mathrm{d}\xi = \frac{F_{Sy} h^2 b^2 \delta}{4 I_z}$$

由 $\tau \mathrm{d}A$ 组成的内力系的合力就是 F_{Sy}，F_{Sy} 对 B 点的力矩为 $F_{Sy} a_z$。根据合力矩定理，亦即式（e），得

$$F_{Sy} a_z = \int_A r \tau \mathrm{d}A = \frac{F_{Sy} h^2 b^2 \delta}{4 I_z}$$

于是有

$$a_z = \frac{h^2 b^2 \delta}{4 I_z} \tag{g}$$

当剪力 F_{Sz} 沿对称轴 z 时，就成为对称弯曲，杆件当然无扭转变形。这表明弯曲中心一定在截面的对称轴上。所以，F_{Sy} 与对称轴的交点 A 即为弯曲中心。

以上讨论表明，弯曲中心 A 在对称轴上，位置可用 a_z 来确定，由式（g）看出，它与材料性质和载荷无关。所以弯曲中心只与截面的形状和尺寸有关，是截面的几何性质之一。

例 12.5 试确定图 12.13 所示薄壁截面的弯曲中心，设截面中线为圆周的一部分。

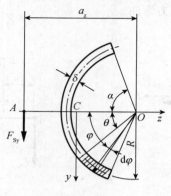

图 12.13

解 以截面的对称轴为 z 轴。y 轴、z 轴为形心主惯性轴。设剪力平行于 y 轴，且通过弯曲中心 A。切应力按式（12.12）计算，为此，应求出 S_z^* 和 I_z。用与 z 轴夹角为 θ 的半径截取部分面积 A_1，其静矩为

$$S_z^* = \int_{A_1} y \mathrm{d}A = \int_\theta^\alpha R\sin\varphi \cdot \delta \mathrm{d}\varphi = \delta R^2(\cos\theta - \cos\alpha)$$

整个截面对 z 轴的惯性矩为

$$I_z = \int_A y^2 \mathrm{d}A = \int_{-\alpha}^\alpha (R\sin\varphi)^2 \cdot \delta R \mathrm{d}\varphi = \delta R^3(\alpha - \sin\alpha\cos\alpha)$$

代入式（12.12），得

$$\tau = \frac{F_{Sy}(\cos\theta - \cos\alpha)}{\delta R(\alpha - \sin\alpha\cos\alpha)}$$

以圆心为力矩中心，由合力矩定理

$$F_{Sy}a_z = \int_A R\tau \mathrm{d}A = \int_{-\alpha}^\alpha R\frac{F_{Sy}(\cos\theta - \cos\alpha)}{\delta R(\alpha - \sin\alpha\cos\alpha)}\delta R \mathrm{d}\varphi$$

积分后求出

$$a_z = 2R\frac{\sin\alpha - \alpha\cos\alpha}{\alpha - \sin\alpha\cos\alpha}$$

弯曲中心一定在对称轴上，F_{Sy} 与对称轴的交点，即由圆心沿 z 轴向左量取 a_z 所得的点，就是弯曲中心。

*12.4　复合梁对称弯曲时的正应力

由两种或两种以上材料紧密结合所构成的梁，称为复合梁。由于复合梁的各组成部分是紧密结合的，在弯曲变形时无相对错动．故梁可看作是一个整体。例如，用两种不同金属组成的双金属梁［图 12.14（a）］，由面板与芯材组成的夹层梁［图 12.14（b）］，

以及钢筋混凝土梁［图 12.14（c）］等，均为复合梁。本节仅研究几种材料粘合的复合梁对称弯曲时的正应力。

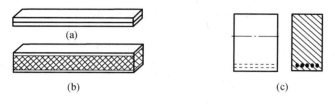

图 12.14

12.4.1　复合梁基本方程

如图 12.15（a）所示复合梁，材料 1 与材料 2 的弹性模量分别为 E_1 与 E_2，相应的横截面面积分别为 A_1 与 A_2，并分别简称为截面 1 与截面 2。在梁两端的纵向对称面内，作用一对方向相反，其矩均为 M 的力偶。试验表明，平面假设与单向受力假设仍然成立。

首先研究复合梁的变形。为此，沿截面对称轴与中性轴分别建立 y 轴和 z 轴，并用 ρ 表示中性层的曲率半径，则根据平面假设可知，横截面上 y 处的纵向正应变为

$$\varepsilon = \frac{y}{\rho}$$

即纵向正应变沿高度线性变化［图 12.15（b）］。

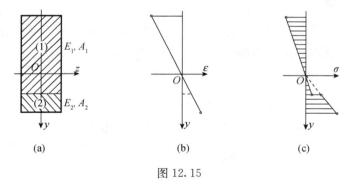

图 12.15

如上所述，假设各"纤维"处于单向受力状态，因此，当梁内正应力不超过材料的比例极限时，截面 1 和截面 2 上的弯曲正应力分别为

$$\left.\begin{aligned}
\sigma_1 &= \frac{E_1 y}{\rho} \\
\sigma_2 &= \frac{E_2 y}{\rho}
\end{aligned}\right\} \tag{a}$$

即弯曲正应力沿截面 1 与截面 2 分区线性变化［图 12.15（c）］，而在该二截面的交界处，正应力则发生突变。对于由多种材料组成的复合梁，虽然其纵向正应变沿截面高度连续变化，但由于材料的非均匀性，在不同材料的交界处，弯曲正应力必然发生突变。

现在研究问题的静力学方面。根据横截面上不存在轴力、仅存在弯矩 M 的条件，显然有

$$\int_{A_1} \sigma_1 \mathrm{d}A_1 + \int_{A_2} \sigma_2 \mathrm{d}A_2 = 0 \qquad\qquad (b)$$

$$\int_{A_1} y\sigma_1 \mathrm{d}A_1 + \int_{A_2} y\sigma_2 \mathrm{d}A_2 = M \qquad\qquad (c)$$

将式（a）代入式（b），得

$$E_1 \int_{A_1} y\mathrm{d}A_1 + E_2 \int_{A_2} y\mathrm{d}A_2 = 0 \qquad\qquad (12.14)$$

由此式即可确定中性轴的位置。将式（a）代入式（c），得

$$\frac{E_1}{\rho} \int_{A_1} y^2 \mathrm{d}A_1 + \frac{E_2}{\rho} \int_{A_2} y^2 \mathrm{d}A_2 = M$$

由此得中性层的曲率为

$$\frac{1}{\rho} = \frac{M}{E_1 I_1 + E_2 I_2} \qquad\qquad (12.15)$$

式中，I_1 与 I_2 分别代表截面 1 与截面 2 对中性轴 z 的惯性矩。

最后，将上式代入式（a），得截面 1 与截面 2 上的弯曲正应力分别为

$$\left. \begin{aligned} \sigma_1 &= \frac{ME_1 y}{E_1 I_1 + E_2 I_2} \\ \sigma_2 &= \frac{ME_2 y}{E_1 I_1 + E_2 I_2} \end{aligned} \right\} \qquad\qquad (12.16)$$

12.4.2　转换截面法

转换截面法是以式（12.14）～式（12.16）为依据，将多种材料构成的截面，转换为单一材料的等效截面，然后采用分析均质材料梁的方法进行求解。

首先，令

$$n = \frac{E_2}{E_1}, \quad \bar{I}_z = I_1 + nI_2$$

式中，n 称为模量比。于是式（12.14），式（12.15）分别简化为

$$\int_{A_1} y\mathrm{d}A_1 + E_2 \int_{A_2} yn\mathrm{d}A_2 = 0 \qquad\qquad (12.17)$$

$$\frac{1}{\rho} = \frac{M}{E_1 \bar{I}_z} \qquad\qquad (12.18)$$

而截面 1 与截面 2 上的弯曲正应力分别为

$$\left. \begin{aligned} \sigma_1 &= \frac{My}{\bar{I}_z} \\ \sigma_2 &= n\frac{My}{\bar{I}_z} \end{aligned} \right\} \qquad\qquad (12.19)$$

由此可知，如果将材料 1 所构成的截面 1 保持不变，而将截面 2 沿 z 轴方向的尺寸乘以 n，即将实际截面［图 12.16（a）］变换成仅由材料 1 所构成的截面［图 12.16（b）］，显然，该截面的水平形心轴与实际截面的中性轴重合，对中性轴 z 的惯性矩等于 $\bar{I}_z$，而其弯曲刚度则为 $E_1 \bar{I}_z$。可见，在中性轴位置与弯曲刚度方面，图 12.16（b）

所示截面与实际截面完全等效，因而称为实际截面的转换截面或等效截面。中性轴位置与惯性矩 $\bar{I}_z$ 确定后，由式（12.19）即可求出截面 1 与截面 2 上的弯曲正应力。

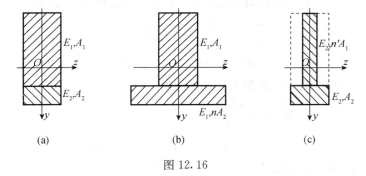

图 12.16

在以上分析中，是以材料 1 为基本材料，而将截面 2 进行转换。同理，也可选择材料 2 为基本材料，而将截面 1 进行转换 ［图 12.16（c）］，由此求得的弯曲正应力与弯曲变形与前述解答完全相同。

例 12.6　一复合梁，横截面如图 12.17（a）所示，其上部为木材，下部为钢板二者牢固地连接在一起。若弯矩 $M = 30\mathrm{kN \cdot m}$，并作用在纵向对称面内，木与钢的弹性模量分别为 $E_\mathrm{w} = 10\mathrm{GPa}$ 与 $E_\mathrm{s} = 200\mathrm{GPa}$，试画横截面的弯曲正应力分布图，并计算木材与钢板横截面上的最大弯曲正应力。

解　（1）确定转换截面及其几何性质。设以钢为基本材料，将木材部分进行转换，则由于模量比为

$$n = \frac{E_\mathrm{w}}{E_\mathrm{s}} = \frac{10\mathrm{GPa}}{200\mathrm{GPa}} = \frac{1}{20}$$

得转换截面如图 12.17（b）所示。

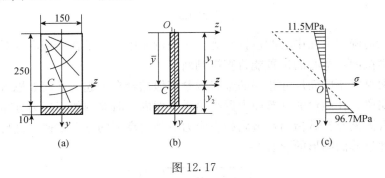

图 12.17

由该图可知，在 $O_1 y z_1$ 坐标系内，转换截面形心的纵坐标为

$$\bar{y} = \frac{(0.007 \times 0.250)0.125 + (0.150 \times 0.010)0.255}{0.0075 \times 0.25 + 0.150 \times 0.010} = 0.183(\mathrm{m})$$

该截面对中性轴 z 的惯性矩为

$$\bar{I}_z = \frac{0.0075 \times 0.250^3}{12} + (0.0075 \times 0.250)(0.183 - 0.125)^2$$

$$+ \frac{0.150 \times 0.010^3}{12} + (0.150 \times 0.010)(0.255 - 0.183)^2$$

$$= 2.39 \times 10^{-5} (\text{m}^4)$$

（2）弯曲应力分析

由式（12.19）可知，钢板内的最大弯曲正应力（即最大弯曲拉应力）为

$$\sigma'_{\max} = \frac{M y_2}{\bar{I}_z} = \frac{30 \times 10^3 \times (0.26 - 0.183)}{2.39 \times 10^{-5}}$$

$$= 9.67 \times 10^7 \text{Pa} = 96.7 \text{MPa}$$

而木材内的最大弯曲正应力（即最大弯曲压应力）则为

$$\sigma'_{\max} = \frac{n M y_1}{\bar{I}_z} = \frac{30 \times 10^3 \times 0.183}{20 \times 2.39 \times 10^{-5}}$$

$$= 1.15 \times 10^7 \text{Pa} = 11.5 \text{MPa}$$

复合梁的弯曲正应力分布如图 12.17（c）中的实线所示。

思 考 题

12.1　悬臂梁的横截面形状如思考题 12.1 图所示。若作用于自由端的载荷 F 垂直于梁的轴线，且其作用方向如图中虚线所示，试指出哪种情况是平面弯曲。如非平面弯曲，将为哪种变形？

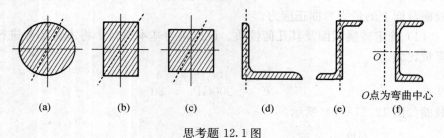

（a）　　　（b）　　　（c）　　　（d）　　　（e）　　　（f）

思考题 12.1 图

12.2　如何确定弯曲中心的位置？为什么说弯曲中心一定在横截面的对称轴上？没有对称轴的横截面，弯心的位置能否直接判断？

12.3　两材料不同而尺寸相同的金属板紧密地黏合在一起（截面如思考题 12.3 图）成为一双金属梁。在纯弯曲（弯曲力偶在铅垂平面内）时梁内的正应力分布与同样尺寸的单金属梁有无差异？试指出双金属梁正应力沿截面高度的分布规律。这时中性轴的位置是否仍然通过截面图形的形心？

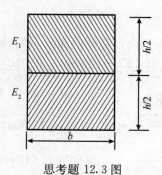

思考题 12.3 图

习　题

12.1　习题 12.1 图示 T 字形薄壁截面杆的长度 $l = 2\text{m}$，材料的切变模量 $G = 80\text{GPa}$，杆件自由扭转时，横截面上的扭矩 $T = 0.2\text{kN} \cdot \text{m}$。试求最大切应力和单位长度扭转角。

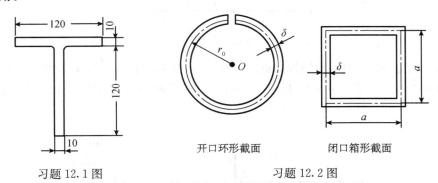

习题 12.1 图　　　　　　　　习题 12.2 图

开口环形截面　　　　闭口箱形截面

12.2　习题 12.2 图示为薄壁杆的两种不同形状的横截面，其壁厚及管壁中线的周长均相同，两杆的长度和材料也相同。当在两端承受相同的一对外力偶矩时，试求：

(1) 最大切应力之比；

(2) 相对扭转角之比。

12.3　簧丝直径 $d = 18\text{mm}$ 的圆柱形密圈螺旋弹簧，受拉力 $F = 0.5\text{kN}$ 作用，弹簧圈的平均直径 $D = 125\text{mm}$，材料的切变模量 $G = 80\text{GPa}$。试求：

(1) 簧丝的最大切应力；

(2) 为使其伸长量等于 6mm 所需的弹簧有效圈数。

12.4　试确定习题 12.4 图示薄壁截面的弯曲中心 A 的位置，图中 e 为待求量，其余各尺寸均为已知量。

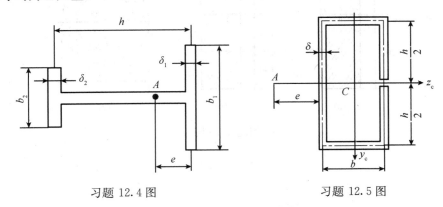

习题 12.4 图　　　　　　　　习题 12.5 图

12.5　试确定习题 12.5 图示箱形开口薄壁截面梁弯曲中心 A 的位置。设截面的壁厚 δ 为常量，且壁厚及开口切缝都很小。

12.6　试确定习题 12.6 图示薄壁截面梁弯曲中心 A 的位置，设壁厚 δ 为常量。

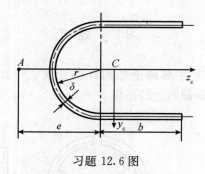

习题 12.6 图

12.7　习题 12.7 图示用钢板加固的木梁，承受载荷 $F = 10\text{kN}$ 作用，钢与木的弹性模量分别为 $E_s = 200\text{GPa}$ 与 $E_w = 10\text{GPa}$，试求钢板与木梁横截面上的最大弯曲正应力。

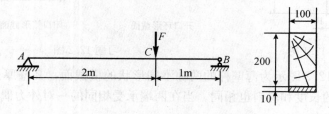

习题 12.7 图

12.8　习题 12.8 图示截面复合梁，在其纵向对称面内，承受正弯矩 $M = 50\text{kN} \cdot \text{m}$ 作用。已知钢、铝与铜的弹性模量分别为 $E_{st} = 210\text{GPa}$，$E_{Cu} = 110\text{GPa}$ 与 $E_{Al} = 70\text{GPa}$，试求梁内各组成部分的最大弯曲正应力。

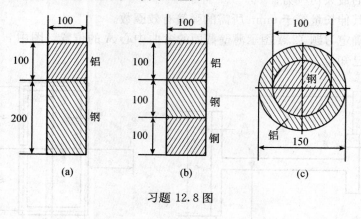

习题 12.8 图

第13章 动 载 荷

13.1 概 述

前面各章我们主要研究了杆件在静载荷作用下的强度、刚度和稳定性问题。所谓**静载荷**是指作用于杆件上的载荷从零开始缓慢加载，加到最终值后不再改变。由静载荷产生的应力称为**静应力**。

在工程实际中，许多构件在不满足上述条件的状态下工作，如高速旋转的部件或加速提升的构件等，其内部各点存在明显的加速度；锻压汽锤的锤杆、紧急制动的转轴，在非常短暂的时间内速度发生急剧的变化；长期在周期性变化载荷作用下工作的机械零件等。这些情况都属于**动载荷**问题。其特点是：加载过程中构件内各点的速度发生明显变化，或者构件所受的载荷明显随时间变化。构件在动载荷作用下产生的应力称为**动应力**。

试验结果表明，只要应力不超过比例极限，胡克定律仍适用于动载荷下应力、应变的计算，弹性模量也与静载下的数值相同。

本章主要讨论以下两类动载荷问题：①构件有均匀加速度时的应力计算；②冲击。至于载荷按周期变化的问题，将于第 14 章中讨论。

13.2 匀加速直线运动及匀速转动时构件的应力计算

构件在作匀加速直线运动时，构件内部各个质点将产生与加速度方向相反的惯性力。匀速转动时将产生与向心加速度方向相反的离心力。根据达朗贝尔(d'Alembert)原理，对加速运动的质点系，如假想地在每一质点上加上惯性力，则质点系上的原力系与惯性力组成平衡力系。这样，可以把动力学问题在形式上作为静力学问题处理，这种通过施加惯性力系而将动力学问题转换为静力学问题的处理方法，称为**动静法**。

13.2.1 构件作匀加速直线运动时的动应力计算

图 13.1 (a) 表示以匀加速度 a 向上提升的杆件。杆长为 l，横截面面积为 A，密度为 ρ，现在来分析杆内的应力。

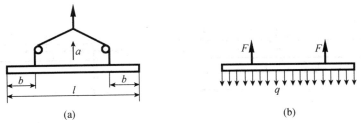

(a)   (b)

图 13.1

杆件单位长度的质量为 ρA，相应的惯性力为 $\rho A a$，方向向下。将惯性力施加到杆件上，于是作用于杆件上的重力、惯性力和提升力 F 组成平衡力系 [图 13.1 (b)]。均布载荷集度为

$$q = \rho A g + \rho A a = \rho A g \left(1 + \frac{a}{g}\right)$$

杆件的变形为在横向力作用下的弯曲问题，杆件中央横截面上的弯矩为

$$M = F\left(\frac{l}{2} - b\right) - \frac{l}{2} q \cdot \frac{l}{4} = \frac{1}{2}\rho A g \left(1 + \frac{a}{g}\right)\left(\frac{l}{4} - b\right)l$$

假设杆件的抗弯截面模量为 W，则相应的弯曲正应力（动应力）为

$$\sigma_{\mathrm{d}} = \frac{M}{W} = \frac{\rho A g}{2W}\left(1 + \frac{a}{g}\right)\left(\frac{l}{4} - b\right)l \tag{a}$$

当加速度 $a = 0$ 时，由上式求得杆件在静载荷作用下的应力为

$$\sigma_{\mathrm{st}} = \frac{\rho A g}{2W}\left(\frac{l}{4} - b\right)l$$

所以动应力 σ_{d} 可以表示为

$$\sigma_{\mathrm{d}} = \sigma_{\mathrm{st}}\left(1 + \frac{a}{g}\right) \tag{b}$$

令

$$K_{\mathrm{d}} = 1 + \frac{a}{g} \tag{c}$$

则式 (b) 可以写成

$$\sigma_{\mathrm{d}} = K_{\mathrm{d}}\sigma_{\mathrm{st}} \tag{13.1}$$

式中 K_{d} 称为**动荷系数**，式（13.1）表明动应力等于静应力乘以动荷系数。强度条件可以写成

$$\sigma_{\mathrm{d}} = K_{\mathrm{d}}\sigma_{\mathrm{st}} \leqslant [\sigma] \tag{13.2}$$

由于在动荷系数 K_{d} 中已经包含了动载荷的影响，所以 $[\sigma]$ 为静载荷下的许用应力。

动荷系数的概念在结构的动力计算中非常有用，通过它可将动力计算问题转化为静力计算问题，即只需要将由静力计算的结果乘以动荷系数就是所需要的结果。但应注意，对不同类型的动力问题，其动荷系数 K_{d} 是不同的。

13.2.2　构件作匀速转动时的动应力计算

构件作匀速转动时，构件内各点具有向心加速度，施加离心惯性力后，可采用动静法求解。

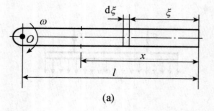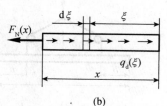

图 13.2

图 13.2 （a） 所示为一均质等直杆绕垂直于纸面的轴 O 作匀速转动。已知转轴的角速度为 ω，杆长为 l，横截面面积为 A，密度为 ρ，弹性模量为 E，计算杆内的最大动应力 σ_{dmax}。

因杆绕 O 轴作匀速转动，杆内各点到转轴的距离不同，因而有不同的向心加速度。距杆右端为 ξ 的截面上各点的加速度为

$$a_n = \omega^2(l - \xi)$$

该处的惯性力集度为

$$q_d(\xi) = \rho A \omega^2(l - \xi)$$

取微段 $d\xi$，此微段上的惯性力为

$$dF = \rho A \omega^2(l - \xi)d\xi$$

如图 13.2 （b） 所示，取距杆右端 x 处以右部分为研究对象，由平衡条件 $\sum F_x = 0$ 得

$$F_N(x) = \int_0^x \rho A \omega^2(l - \xi)d\xi = \rho A \omega^2\left(lx - \frac{x^2}{2}\right)$$

最大轴力发生在 $x = l$ 处

$$F_{Nmax} = \frac{1}{2}\rho A \omega^2 l^2 \tag{d}$$

最大动应力为

$$\sigma_{dmax} = \frac{F_{Nmax}}{A} = \frac{1}{2}\rho \omega^2 l^2 \tag{e}$$

可见，本例中杆的动应力与杆的横截面面积无关。因此，增加杆的横截面面积，对提高轴的强度没有任何意义。

下面计算杆的总伸长。距杆右端为 x 处取微段 dx，应用胡克定律，得杆的总伸长为

$$\Delta l = \int_0^l \frac{F_N(x)}{EA}dx = \int_0^l \frac{\rho \omega^2}{E}\left(lx - \frac{x^2}{2}\right)dx = \frac{\rho \omega^2 l^3}{3E} \tag{f}$$

例 13.1 试确定图 13.3 （a） 中绳索的横截面面积 A。已知绳索提升的物体重量 $Q = 40\text{kN}$，上升时的最大加速度 $a = 5\text{m/s}^2$，许用拉应力 $[\sigma] = 80\text{MPa}$，绳索本身的质量忽略不计。

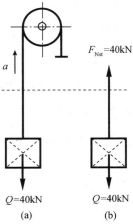

图 13.3

解 （1）确定动载荷引起的内力 F_{Nd}。取研究对象如图 13.3（b）所示，由静力平衡条件可知

$$F_{Nst} = 40kN$$

动荷系数

$$K_d = 1 + \frac{a}{g} = 1 + \frac{5}{9.8} = 1.51$$

所以

$$F_{Nd} = K_d F_{Nst} = 1.51 \times 40 = 60.40（kN）$$

（2）确定绳索的横截面面积 A。由强度条件 $\sigma_d = \dfrac{F_{Nd}}{A} \leqslant [\sigma]$，得

$$A \geqslant \frac{F_{Nd}}{[\sigma]} = \frac{60.40 \times 10^3}{80 \times 10^6} = 0.755 \times 10^{-3}（m^2）$$

例 13.2 如图 13.4（a）所示，薄壁圆环以匀角速 ω 绕通过圆心且垂直于圆环平面的轴转动，试求圆环的动应力及平均直径 D 的改变量。已知圆环的横截面面积为 A，材料密度为 ρ，弹性模量为 E。

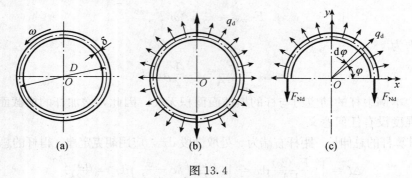

图 13.4

解 （1）圆环作匀角速运动，环内各点只有向心加速度。对薄壁圆环，$\delta \ll D$，可近似认为环内各点向心加速度大小相同，其大小为

$$a_n = \frac{D\omega^2}{2}$$

于是，沿平均直径为 D 的圆周上均匀分布的离心惯性力集度 q_d 为

$$q_d = A\rho a_n = A\rho \frac{D\omega^2}{2}$$

方向背离圆心，如图 13.4（b）所示。将圆环沿直径分成两部分，研究上半部分 [（图 13.4（c）］，内力以 F_{Nd} 表示，由平衡条件 $\sum F_y = 0$，得

$$2F_{Nd} = \int_0^\pi q_d \sin\theta \frac{D}{2} d\theta$$

解得

$$F_{Nd} = \frac{D}{2} q_d = \frac{A\rho D^2 \omega^2}{4}$$

圆环横截面上的动应力为

$$\sigma_{\mathrm{d}} = \frac{F_{\mathrm{Nd}}}{A} = \frac{\rho D^2 \omega^2}{4}$$

（2）计算平均直径的改变量 ΔD。根据胡克定律 $\varepsilon_{\mathrm{d}} = \dfrac{\sigma_{\mathrm{d}}}{E}$，得环长的改变量为

$$\Delta l = \varepsilon_{\mathrm{d}} l = \frac{\sigma_{\mathrm{d}}}{E} 2\pi \mathrm{D} = \frac{\pi \rho D^3 \omega^2}{2E}$$

平均直径的改变量为

$$\Delta D = \frac{\Delta l}{2\pi} = \frac{\rho D^3 \omega^2}{4E}$$

例 13.3 如图 13.5 所示，AB 轴的 A 端装有刹车离合器，B 端有一个质量很大的飞轮，与飞轮相比，轴的质量可忽略不计。已知飞轮的转速 $n = 100\mathrm{r/min}$，转动惯量 $I_x = 0.5\mathrm{kN \cdot m \cdot s^2}$，轴的直径 $d = 100\,\mathrm{mm}$，机械制动要求 10s 内匀减速完成刹车过程，试求轴内最大动应力。

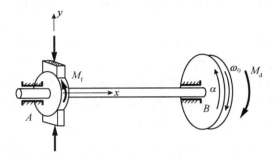

图 13.5

解 轴与飞轮的角速度为

$$\omega_0 = \frac{2\pi n}{60} = \frac{10\pi}{3} \quad (\mathrm{rad/s})$$

制动时的角加速度为

$$\alpha = \frac{\omega_1 - \omega_0}{t} = \frac{0 - \dfrac{10\pi}{3}}{10} = -\frac{\pi}{3} \quad (\mathrm{rad/s^2})$$

等号右边的负号表示 α 与 ω_0 的方向相反。

B 端飞轮的制动加速度对轴产生一个惯性力偶，其力偶矩为

$$M_{\mathrm{d}} = -I_x \alpha = -0.5 \times \left(-\frac{\pi}{3}\right) = \frac{\pi}{6} \quad (\mathrm{kN \cdot m})$$

根据动静法，飞轮的惯性力偶矩 M_{d} 与轮上的摩擦力矩 M_{f} 组成平衡力系，因此轴横截面上的扭矩为

$$T = M_{\mathrm{d}} = \frac{\pi}{6} \quad (\mathrm{kN \cdot m})$$

轴横截面上的最大动切应力为

$$\tau_{\max} = \frac{T}{W_{\mathrm{t}}} = \frac{16T}{\pi d^3} = \frac{16 \times \dfrac{\pi}{6} \times 10^3}{\pi \times 0.1^3} = 2.67 \quad (\mathrm{MPa})$$

13.3　构件受冲击时的应力与变形

锻造时，锻锤在与锻件接触的非常短暂的时间内，速度发生很大变化，这种现象称为**冲击**或**撞击**。工程施工中的重锤打桩、金属加工中的锻造、冲压以及高速旋转的飞轮突然制动等都是典型的冲击问题。在上述问题中，重锤、气锤和飞轮等称为**冲击物**，而被打的桩、加工工件和固结飞轮的轴等则是承受冲击的构件，称为**被冲击物**。

由于冲击时结构受外力作用的时间极短，加速度变化急剧，很难精确测定，所以不能由惯性力来计算被冲击物中的动应力和动变形，动静法不再适用。而在工程实际中，很多情况下只需要知道被冲击物的最大动应力和最大动变形，因此，常采用能量法来近似计算其数值。为简化计算，作以下几个假设：

（1）冲击物的变形可忽略，即认为冲击物是刚体。

（2）被冲击物的质量略去不计，并认为两物体一经接触就附着在一起，成为一个运动系统。

（3）在整个冲击过程中，结构变形保持线弹性，即力与变形成正比，而且材料的应力应变关系与静载荷相同，满足胡克定律。

（4）冲击过程中没有其他形式的能量转化，机械能守恒定律仍成立。

基于上述假设，任何受冲击的构件都可视为一个弹簧。如图 13.6 所示的受自由落体冲击时的构件，都可简化为图 13.7 所示的弹簧，只是各种情况下等效弹簧常数不同而已。例如图 13.6（a）、（b）所示的构件，其等效弹簧常数分别为 $\dfrac{EA}{l}$ 和 $\dfrac{3EI}{l^3}$。

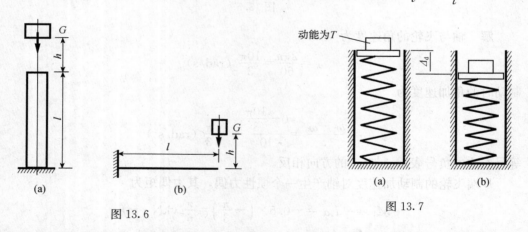

图 13.6

图 13.7

现在回到冲击问题。设重量为 P 的冲击物一经与受冲弹簧接触［图 13.7（a）］，就相互附着共同运动。设冲击物在与弹簧开始接触的瞬时动能为 T；由于弹簧的阻抗，当弹簧变形到达最低位置时［图 13.7（b）］，系统的速度降为零，弹簧的变形为 Δ_d。从冲击物与弹簧开始接触到变形到最低位置，动能的变化为 $\Delta T = T$；势能的变化为

$$\Delta V = P\Delta_d \qquad\qquad\qquad (a)$$

根据机械能守恒定律，冲击系统的动能和势能的变化等于弹簧的应变能 V_{ed}，即

$$\Delta T + \Delta V = V_{ed} \qquad\qquad\qquad (13.3)$$

设系统速度为零时弹簧的动载荷为 F_d，根据假设（3），冲击过程中动载荷完成的功为 $\dfrac{F_\mathrm{d}\Delta_\mathrm{d}}{2}$，它也等于弹簧的应变能，即

$$V_{\mathrm{ed}} = \frac{F_\mathrm{d}\Delta_\mathrm{d}}{2} \tag{b}$$

在线弹性范围内，载荷、变形和应力成正比，故有

$$\frac{F_\mathrm{d}}{P} = \frac{\Delta_\mathrm{d}}{\Delta_{\mathrm{st}}} = \frac{\sigma_\mathrm{d}}{\sigma_{\mathrm{st}}} \tag{c}$$

这里，Δ_{st} 和 σ_{st} 分别表示静载荷 P 作用下的变形和应力；Δ_d 和 σ_d 则为动载荷 F_d 作用下相应的变形和应力。上式也可写成

$$F_\mathrm{d} = \frac{\Delta_\mathrm{d}}{\Delta_{\mathrm{st}}}P, \quad \sigma_\mathrm{d} = \frac{\Delta_\mathrm{d}}{\Delta_{\mathrm{st}}}\sigma_{\mathrm{st}} \tag{d}$$

将式（d）中的 F_d 代入式（b），得

$$V_{\mathrm{ed}} = \frac{1}{2}\frac{\Delta_\mathrm{d}^2}{\Delta_{\mathrm{st}}}P \tag{e}$$

将式（a）和式（e）代入式（13.3），经过整理，得

$$\Delta_\mathrm{d}^2 - 2\Delta_{\mathrm{st}}\Delta_\mathrm{d} - \frac{2T\Delta_{\mathrm{st}}}{P} = 0$$

从以上方程中解出有意义的解为

$$\Delta_\mathrm{d} = \Delta_{\mathrm{st}}\left(1 + \sqrt{1 + \frac{2T}{P\Delta_{\mathrm{st}}}}\right) \tag{f}$$

引入记号

$$K_\mathrm{d} = \frac{\Delta_\mathrm{d}}{\Delta_{\mathrm{st}}} = 1 + \sqrt{1 + \frac{2T}{P\Delta_{\mathrm{st}}}} \tag{13.4}$$

K_d 称为**冲击动荷系数**。显然，

$$F_\mathrm{d} = K_\mathrm{d}P, \quad \Delta_\mathrm{d} = K_\mathrm{d}\Delta_{\mathrm{st}}, \quad \sigma_\mathrm{d} = K_\mathrm{d}\sigma_{\mathrm{st}} \tag{13.5}$$

由此可见，冲击问题计算的关键，在于确定系统的冲击动荷系数。

讨论：（1）自由落体冲击问题。设重量为 P 的物体从高为 h 处自由下落冲击构件（图 13.8），则物体与弹簧接触时，$v^2 = 2gh$，于是 $T = \dfrac{1}{2}\dfrac{P}{g}v^2 = Ph$，代入式（13.4）得

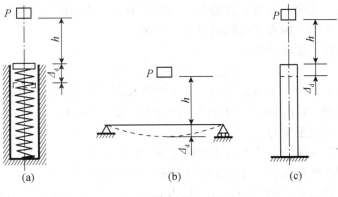

图 13.8

$$K_{\mathrm{d}} = \frac{\Delta_{\mathrm{d}}}{\Delta_{\mathrm{st}}} = 1 + \sqrt{1 + \frac{2h}{\Delta_{\mathrm{st}}}} \tag{13.6}$$

（2）突加载荷（零高度自由落体）问题。在式（13.6）中 $h = 0$ 时，可得 $K_{\mathrm{d}} = 2$，构件所产生的应力和变形是静载时的 2 倍。由此可知，自由落体问题的最小动荷系数 $K_{\mathrm{dmin}} = 2$。

（3）水平冲击问题。若重量为 P 的物体以水平速度 v 冲击构件，如图 13.9 所示。冲击过程中系统的势能不变，因此系统的能量关系式为

$$\frac{1}{2} \frac{\Delta_{\mathrm{d}}^2}{\Delta_{\mathrm{st}}} P = \frac{1}{2} \frac{P}{g} v^2$$

$$\Delta_{\mathrm{d}} = \sqrt{\frac{v^2}{g \Delta_{\mathrm{st}}}} \Delta_{\mathrm{st}} \tag{g}$$

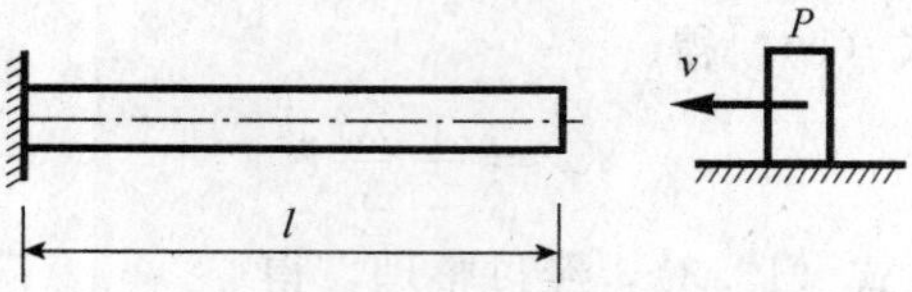

图 13.9

水平冲击的动荷系数为

$$K_{\mathrm{d}} = \sqrt{\frac{v^2}{g \Delta_{\mathrm{st}}}} \tag{13.7}$$

对图 13.9 中的杆件，可以进一步计算杆内的静应力和静变形分别为

$$\sigma_{\mathrm{st}} = \frac{P}{A}, \qquad \Delta_{\mathrm{st}} = \frac{Pl}{EA}$$

所以杆内动应力为

$$\sigma_{\mathrm{d}} = K_{\mathrm{d}} \sigma_{\mathrm{st}} = \sqrt{\frac{v^2}{g \Delta_{\mathrm{st}}}} \sigma_{\mathrm{st}} = \sqrt{\frac{v^2}{g \Delta_{\mathrm{st}}}} \frac{P}{A} = \sqrt{\frac{PEv^2}{gAl}} \tag{h}$$

根据上式，水平杆件的最大冲击应力与杆件的体积 Al 有关，体积越大，冲击应力越小。

（4）以上各式是在被冲击物为理想线弹性体的前提下导出的，仅适用于应力应变呈线性关系的情况。

（5）在上述讨论中，忽略了其他形式的能量损失，认为冲击物损失的能量全部转换成被冲击物的应变能，因而求得的结果偏于安全。

对于冲击问题，强度条件为

$$\sigma_{\mathrm{dmax}} = K_{\mathrm{d}} \sigma_{\mathrm{stmax}} \leqslant [\sigma] \tag{13.8}$$

例 13.4　直径 $d = 300\mathrm{mm}$、长 $l = 6\mathrm{m}$ 的圆木桩，下端固定，上端受重为 $P = 2\mathrm{kN}$ 的重锤作用，如图 13.10 所示。木材的弹性模量 $E_1 = 10\mathrm{GPa}$。求在下列三种情况下，木桩横截面上的最大正应力：

（1）重锤以静载荷的方式作用于木桩 [图 13.10（a）]；

（2）重锤从离桩顶 0.5m 的高度自由落下 [图 13.10（b）]；

（3）在桩顶放置直径为 150mm、厚为 40mm 的橡皮垫，橡胶的弹性模量 $E_2 = 8\mathrm{MPa}$，重锤从离橡皮垫顶面 0.5m 的高度自由落下 [图 13.10（c）]。

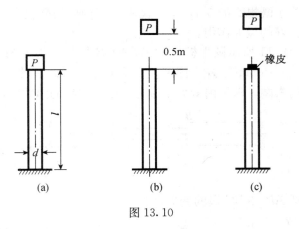

图 13.10

解 （1）静载时，最大正应力为

$$\sigma_{stmax} = \frac{F_N}{A_1} = \frac{4P}{\pi d^2} = \frac{4 \times 2 \times 10^3}{\pi \times 0.3^2} = 0.0283 \text{（MPa）}$$

（2）$h = 0.5$m 时，先计算静载时的变形为

$$\Delta_{st1} = \frac{Pl}{E_1 A_1} = \frac{2 \times 10^3 \times 6}{10 \times 10^9 \times \frac{\pi}{4} \times 0.3^2} = 1.7 \times 10^{-5} \text{（m）}$$

动荷系数为

$$K_{d1} = 1 + \sqrt{1 + \frac{2h}{\Delta_{st1}}} = 1 + \sqrt{1 + \frac{2 \times 0.5}{1.7 \times 10^{-5}}} = 244$$

最大正应力为

$$\sigma_{dmax} = K_{d1} \sigma_{st1} = 244 \times 0.0283 = 6.91 \text{（MPa）}$$

（3）有橡皮垫时，静变形 Δ_{st} 为木桩和橡皮垫的静变形之和。

其中，木桩的静变形为

$$\Delta_{st1} = 1.7 \times 10^{-5} \text{（m）}$$

橡皮垫的静变形为

$$\Delta_{st2} = \frac{Pl_2}{E_2 A_2} = \frac{2 \times 10^3 \times 0.04}{8 \times 10^6 \times \frac{\pi}{4} \times 0.15^2} = 5.7 \times 10^{-4} \text{（m）}$$

总的静变形为

$$\Delta_{st} = \Delta_{st1} + \Delta_{st2} = 5.87 \times 10^{-4} \text{（m）}$$

动荷系数为

$$K_d = 1 + \sqrt{1 + \frac{2h}{\Delta_{st}}} = 1 + \sqrt{1 + \frac{2 \times 0.5}{5.87 \times 10^{-4}}} = 42.3$$

最大正应力为

$$\sigma_{dmax} = K_d \sigma_{st} = 42.3 \times 0.0283 = 1.2 \text{（MPa）}$$

由式（13.4）、式（13.6）和式（h）的结果可见，增大静位移 Δ_{st}，可以降低冲击载荷和冲击应力。这是因为静位移的增大表示构件较为柔软，因而能更多地吸收冲击物的能量。但是，增加静变形 Δ_{st} 应尽可能地避免增加静应力 σ_{st}。例如，汽车大梁与轮轴之间安装叠板弹簧，火车车厢架与轮轴之间安装压缩弹簧，某些机器或零件上加上橡皮座垫或垫圈，都是为了既提高静变形 Δ_{st}，又不改变构件的静应力。这样可以明显地降低冲击应力，起到很好的缓冲作用。

例 13.5 如图 13.11 所示圆木桩，AB 段和 CB 段长度均为 3m，AB 段直径 $d_1 = 40mm$，CB 段直径 $d_2 = 80mm$，左端固定，一重量为 $P = 2kN$ 的重锤以 $v = 3m/s$ 的速度水平冲击圆木桩的右端，求桩内最大正应力。已知木料的弹性模量 $E = 10GPa$。

图 13.11

解 静变形包括 AB 和 BC 段的变形之和

$$\Delta_{st} = \frac{Pl}{EA_1} + \frac{Pl}{EA_2} = \frac{4Pl}{E\pi}\left(\frac{1}{d_1^2} + \frac{1}{d_2^2}\right) = \frac{4 \times 2 \times 10^3 \times 3}{10 \times 10^9 \times \pi}\left(\frac{1}{0.04^2} + \frac{1}{0.08^2}\right)$$
$$= 0.597 \times 10^{-3} \ (m)$$

动荷系数为

$$K_d = \sqrt{\frac{v^2}{g\Delta_{st}}} = \sqrt{\frac{3^2}{9.8 \times 0.597 \times 10^{-3}}} = 39.2$$

最大动应力出现在 AB 段内，其值为

$$\sigma_{dmax} = K_d\sigma_{stmax} = K_d\frac{P}{A_1} = 39.2 \times \frac{2 \times 10^3 \times 4}{\pi \times 0.04^2} = 62.4 \ (MPa)$$

例 13.6 如图 13.12 所示，钢吊索的下端悬挂一重量 $P = 5kN$ 的重物，并以速度 $v = 1m/s$ 下降。当吊索长为 $l = 20m$ 时，滑轮突然被卡住。试求吊索受到的冲击载荷 F_d。设钢吊索的横截面面积 $A = 414\ mm^2$，弹性模量 $E = 170GPa$，滑轮和吊索的质量可忽略不计。

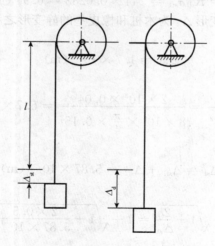

图 13.12

解 滑轮卡住时，重物速度由 v 突然变为零，吊索受到重物的冲击作用，这是又一类冲击问题。应注意的是，钢索受冲击前已有应力和变形，并储存了应变能。若以 Δ_{st} 表示冲击开始时的变形，Δ_d 表示冲击结束时钢索的总伸长（Δ_d 内包含了 Δ_{st}，如图 13.12所示），冲击开始时整个系统的能量为

$$\frac{1}{2}\frac{P}{g}v^2 + P(\Delta_d - \Delta_{st}) + \frac{1}{2}P\Delta_{st}$$

上式第一项表示冲击物的动能，第二项表示冲击物相对其最低位置的势能，第三项表示钢索的应变能。冲击结束时，动能及势能等于零，只剩下钢索的应变能 $\frac{1}{2}F_d\Delta_d$ 。由机械能守恒定律，得

$$\frac{1}{2}\frac{P}{g}v^2 + P(\Delta_d - \Delta_{st}) + \frac{1}{2}P\Delta_{st} = \frac{1}{2}F_d\Delta_d$$

将 $F_d = K_d P$ ， $\Delta_d = K_d\Delta_{st}$ 代入上式，化简得

$$K_d^2 - 2K_d + \left(1 - \frac{v^2}{g\Delta_{st}}\right) = 0$$

解出动荷系数

$$K_d = 1 + \sqrt{\frac{v^2}{g\Delta_{st}}} = 1 + \sqrt{\frac{v^2 EA}{g P l}}$$

代入已知数据，求得

$$K_d = 4.79$$

故吊索受到的冲击载荷为

$$F_d = K_d P = 4.79 \times 25\text{kN} = 120\text{kN}$$

例 13.7 如图 13.13 所示两相同的梁 AB 和 CD ，自由端间距 $\delta = Wl^3/3EI$ 。当重为 W 的重物突然加于 AB 梁的 B 点时，求 CD 梁 C 点的挠度 w_C 。

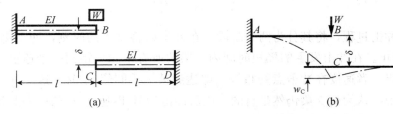

图 13.13

解 当 AB 梁 B 端的动位移 $\Delta_{Bd} \leqslant \delta$ 时， AB 梁是一个悬臂梁受冲击载荷的问题，而当 B 端的动挠度 $\Delta_{Bd} > \delta$ 时， B 、 C 接触形成一次超静定系统。对于悬臂梁 AB ，当 B 端受重力 W 时，其挠度为 $\Delta_{Bst} = Wl^3/3EI = \delta$ ，对于突加载荷 $K_d = 2$ ，故 $\Delta_{Bd} = K_d\Delta_{Bst} = 2\delta = 2Wl^3/3EI > \delta$ ，属于一次超静定问题。

两梁均可看作弹簧，其弹簧系数均为 $k = \dfrac{3EI}{l^3}$ 。设在突加载荷作用下 CD 梁 C 端的挠度为 w_C ，则 AB 梁 B 端的挠度为 $\delta + w_C$ 。系统在突加载荷作用前后的能量关系为

$$W(\delta + w_C) = \frac{k(\delta + w_C)^2}{2} + \frac{1}{2}kw_C^2 = \frac{k}{2}\left[(\delta + w_C)^2 + w_C^2\right]$$

而 $\delta = \dfrac{Wl^3}{3EI} = \dfrac{W}{k}$ ，即 $W = k\delta$ ，代入上式化简得

$$\delta^2 = 2w_C^2$$

解得 CD 端的挠度为

$$w_C = \frac{\delta}{\sqrt{2}} = \frac{\sqrt{2}Wl^3}{6EI}$$

应当注意，动荷系数式（13.4）、式（13.6）是在冲击过程中系统状态不变的条件下推导出来的，可以是静定系统，也可以是超静定系统。但当系统状态改变时，如本例中梁接触前仅 AB 梁受载，接触后两梁同时受载，整个冲击过程中，结构变形不再保持线弹性，故不可直接套用公式，而应从能量关系出发进行推导。

*13.4　考虑被冲击物质量时的冲击应力

在前面研究冲击问题时，曾作出这样一个假设，不考虑被冲击物的质量。当被冲击物的质量较大时，这一假设将导致较大的误差。本节以图 13.14 所示的简支梁为例，讨论考虑被冲击物质量时的冲击应力的计算方法。

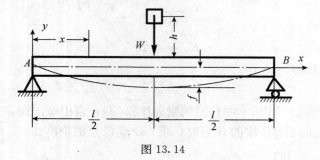

图 13.14

分析整个冲击过程，将其分为两个阶段。在冲击即将发生的时刻，冲击物 W 的速度为 v_0，梁静止。在冲击发生的极短时间内，梁的所有单元均得到一个速度，冲击物的速度减小，当二者速度在冲击点处相等，即达到某一共同值 v_1 时，这一冲击阶段结束，在此过程中，认为简支梁仍然是直的。以后冲击物 W 以速度 v_1 与梁一起运动，梁出现弯曲变形，这是冲击过程的第二阶段。

冲击过程的第二阶段，整个梁均产生变形，冲击物和运动着的梁的动能转化为梁的应变能。要计算这一能量，重点在于分析冲击物的速度 v_1 和简支梁各点的速度。在冲击过程中，设梁的动变形与冲击点作用静载荷 W 时产生的静变形规律相同，根据表 6.2 可得简支梁挠曲线方程为

$$w = -\frac{Wx}{48EI}(3l^2 - 4x^2), \qquad 0 \leqslant x \leqslant \frac{l}{2} \qquad \text{(a)}$$

简支梁中点的挠度 $w_{max} = -\dfrac{Wl^3}{48EI}$，将其代入上式得

$$w = w_{max}(3l^2 - 4x^2)\frac{x}{l^3} \qquad \text{(b)}$$

在冲击过程某一时刻，若冲击点的位移为 f，根据上述假设，坐标为 x 的截面的位移为

$$w = f(3l^2 - 4x^2)\frac{x}{l^3} \qquad \text{(c)}$$

该截面的速度为

$$\frac{\mathrm{d}w}{\mathrm{d}t} = (3l^2 - 4x^2)\frac{x}{l^3}\frac{\mathrm{d}f}{\mathrm{d}t} \tag{d}$$

微段 $\mathrm{d}x$ 的动能 $\mathrm{d}T_k$ 可以表示为

$$\mathrm{d}T_k = \frac{1}{2}\rho A\,\mathrm{d}x\left[(3l^2 - 4x^2)\frac{x}{l^3}\frac{\mathrm{d}f}{\mathrm{d}t}\right]^2$$

式中，ρ 为梁的密度，A 为梁的横截面面积。整个梁的动能为

$$T_k = \frac{1}{2}\rho A\left(\frac{\mathrm{d}f}{\mathrm{d}t}\right)^2\frac{1}{l^6}\times 2\int_0^{\frac{l}{2}}(3l^2 x - 4x^3)^2\,\mathrm{d}x = \frac{1}{2}\left(\frac{17}{35}\rho Al\right)\left(\frac{\mathrm{d}f}{\mathrm{d}t}\right)^2 \tag{e}$$

上式表示在冲击第二阶段某一时刻梁的全部动能，其中 $\frac{17}{35}\rho Al$ 称为梁的**相当质量**，这表明整个被冲击物的动能和集中于冲击点的相当质量的动能相等。

该瞬时冲击物的动能为

$$\frac{W}{2g}\left(\frac{\mathrm{d}f}{\mathrm{d}t}\right)^2 \tag{f}$$

下面计算冲击物和梁的第二阶段开始时刻的速度 v_1。当冲击物和梁相撞后以速度 v_1 共同运动，由动量守恒定律可得

$$\frac{W}{g}v_0 = \left(\frac{W}{g} + \frac{17}{35}\rho Al\right)v_1$$

解得

$$v_1 = \frac{v_0}{1 + \frac{17}{35}\dfrac{\rho gAl}{W}} \tag{g}$$

所以第二阶段开始后的动能为

$$\frac{1}{2}\left(\frac{W}{g} + \frac{17}{35}\rho Al\right)v_1^2 = \frac{1}{2}\frac{W}{g}\frac{v_0^2}{1 + \frac{17}{35}\dfrac{\rho gAl}{W}} \tag{h}$$

考虑第二阶段的能量守恒，整个系统动能的改变为

$$\Delta T = \frac{1}{2}\frac{W}{g}v_0^2\frac{1}{1 + \frac{17}{35}\dfrac{\rho gAl}{W}} = \frac{1}{2}\frac{W}{g}v_0^2\frac{1}{1+\beta} \tag{i}$$

式中，$\beta = \frac{17}{35}\dfrac{\rho gAl}{W}$，即梁的相当质量与冲击物质量的比值。势能的改变为

$$\Delta V = W\Delta_\mathrm{d} \tag{j}$$

梁的应变能为

$$V_{\varepsilon\mathrm{d}} = \frac{1}{2}W_\mathrm{d}\Delta_\mathrm{d} \tag{k}$$

根据能量守恒定律有

$$\frac{1}{2}\frac{W}{g}v_0^2\frac{1}{1+\beta} + W\Delta_\mathrm{d} = \frac{1}{2}W_\mathrm{d}\Delta_\mathrm{d} \tag{l}$$

设材料满足胡克定律，则

$$\frac{F_\mathrm{d}}{W} = \frac{\Delta_\mathrm{d}}{\Delta_\mathrm{st}} \tag{m}$$

将上述比例关系代入能量关系式，化简可得

$$\Delta_{\mathrm{d}}^2 - 2\Delta_{\mathrm{st}}\Delta_{\mathrm{d}} - \frac{v_0^2 \Delta_{\mathrm{st}}}{(1+\beta)g} = 0$$

解出有物理意义的解为

$$\Delta_{\mathrm{d}} = \Delta_{\mathrm{st}}\left[1 + \sqrt{1 + \frac{v_0^2}{(1+\beta)g\Delta_{\mathrm{st}}}}\right] = K_{\mathrm{d}}\Delta_{\mathrm{st}} \tag{n}$$

动荷系数为

$$K_{\mathrm{d}} = 1 + \sqrt{1 + \frac{v_0^2}{(1+\beta)g\Delta_{\mathrm{st}}}} = 1 + \sqrt{1 + \frac{2h}{(1+\beta)\Delta_{\mathrm{st}}}} \tag{13.9}$$

将上式与忽略被冲击物质量的冲击动荷系数表达式（13.6）比较，其差别在于系数中的 $(1+\beta)$ 因子。如果 $\beta \ll 1$，即被冲击物的相当质量远小于冲击物的质量，动荷系数计算时不必考虑 β 的影响，反之，则必须考虑 β 的影响。如果考虑被冲击物质量，则必然消耗部分冲击物能量，相对引起被冲击物动应力的能量减少，因此 β 的引入将导致动荷系数减小，进而被冲击物的冲击应力和变形均减小。

不同的构件承载时具有不同的相当质量，例如悬臂梁在自由端受冲击时 $\beta = \frac{33}{140}\frac{\rho g A l}{W}$，直杆受轴向冲击时 $\beta = \frac{1}{3}\frac{\rho g A l}{W}$（请读者自行证明）。

13.5　冲击载荷下材料的力学性能

冲击载荷作用不仅使工程构件的工作原理与静载荷完全不同，而且也会导致材料抵抗静载荷和冲击载荷的能力不同。工程上衡量材料在冲击载荷下力学性能的指标，由规定形状和尺寸的试样在冲击试验力一次作用下折断时所吸收的功表示，称为**冲击吸收功**，亦称为**冲击吸收能量**，常用 K 表示。

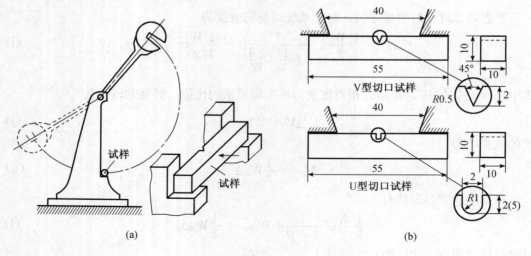

图 13.15

试验时，将带有缺口的试样放在试验机的支架上，并使缺口位于受拉的一侧

[图 13.15（a）]。试验机上的摆锤从一定高度自由落下，将带有缺口的弯曲试样冲断，摆锤冲断试样所消耗的功 W 即为冲击吸收能量 K，单位为焦耳（J）。

冲击吸收能量 K 与试样的尺寸、缺口形状和支撑方式等因素有关，因此它是衡量材料抗冲击能力的一个相对指标。为便于比较，测定 K 时应采用标准试样，我国国家标准《金属材料 夏比摆锤冲击试验方法》（GB/T 229—2007）规定的标准试样有 V 型缺口和 U 型缺口两种，而 U 型缺口的深度可分为 2mm 和 5mm，图 13.15（b）给出了两种缺口冲击试样的外形和尺寸。一般来说，冲击试样的缺口越尖锐，就越能反映出材料阻止裂纹扩展的抗力。U 型缺口冲击试样的缺口较钝，应力集中程度较小，缺口附近体积内的材料较易发生塑性变形，但这种试样有利于检查较大范围内材料的平均性能。

应当注意，冲击试验机的冲击锤刃半径有 2mm 和 8mm 两种。在 2mm 冲击锤刃下，V 型缺口试样的冲击吸收能量记为 KV_2，U 型缺口试样的冲击吸收能量记为 KU_2；在 8mm 冲击锤刃下，V 型缺口试样的冲击吸收能量记为 KV_8，U 型缺口试样的冲击吸收能量记为 KU_8。用 2mm 和 8mm 冲击锤刃试验测定的结果不同，其试验结果不能直接对比和换算。此外，同种材料在不同冲击试验机上测得的冲击吸收功值会不同；在同一台试验机上进行冲击弯曲试验，有缺口试件和无缺口试件、非标准试件和标准试件，测得的不同冲击吸收功也不存在换算关系。

试验表明，材料的冲击吸收能量 K 对温度的变化很敏感，随着温度的下降，在某一狭窄的温度区间内，某些金属材料的 K 值会骤然下降，表明材料由韧性状态过渡到脆性状态，这种现象称为**冷脆**。如低碳钢、低合金钢有明显的冷脆现象。使 K 值骤然下降的温度称为**韧脆转变温度**。

严格地说，材料的韧脆转变温度是在一系列不同温度的冲击试验中，冲击吸收功急剧变化或断口韧性急剧变化的温度区域。测定材料的韧脆转变温度一般使用标准夏比 V 型缺口冲击试样，在不同温度下进行一系列的冲击试验，将试验的结果，以冲击吸收功或脆性断面率（即出现大量晶粒开裂或晶界破坏的有光泽断口面积占试样断口总面积的百分率）为纵坐标，以试验温度为横坐标制成曲线，如图 13.16 所示。若以冲击吸收功

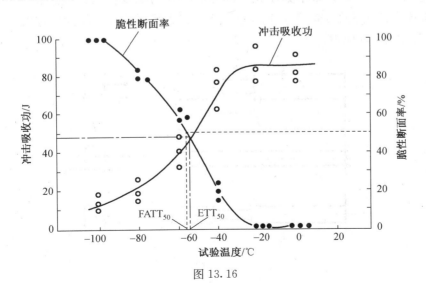

图 13.16

来确定，则在冲击吸收功-温度曲线的上平台与下平台区间规定百分数所对应的温度，作为韧脆转变温度，并用 ETT 表示（例如规定冲击上、下平台区间 50％所对应的温度，记为 ETT_{50}）。若以脆性断面率评定，则在脆性断面率-温度曲线中规定脆性断面率所对应的温度，作为韧脆转变温度，并用 FATT 表示（例如规定脆性断面率为 50％所对应的温度，记为 $FATT_{50}$）。用不同方法测定的韧脆转变温度不能相互比较。

值得一提的是，并不是所有金属都有冷脆现象。例如铜、铝和某些高强度合金钢，在很大温度变化范围内，K 的数值变化很小，没有明显的冷脆现象。

13.6　提高构件抗冲击能力的措施

设计时应注意尽量降低构件的冲击应力提高其承载能力。由冲击强度条件

$$\sigma_{dmax} = K_d \sigma_{stmax} \leqslant [\sigma]$$

可知，在保证最大静应力 σ_{stmax} 不变的前提下，要提高构件抗冲击能力，应尽量降低动荷系数 K_d 的值，而降低动荷系数的主要方法是增加载荷作用点的静变形 Δ_{st}。常用的增大静变形 Δ_{st} 的具体措施有：

（1）改刚性约束为弹性约束或在构件间添置弹性元件。如以大块玻璃为墙的新型建筑物，玻璃墙通过弹性吸盘固定；机器零件之间垫上弹性垫圈；汽车车梁与轮轴之间安装叠板弹簧；车窗玻璃与窗框之间嵌入橡胶垫圈等，这些弹性元件不仅起到了减振缓冲的作用，还能吸收一部分的冲击动能。

（2）受轴向冲击杆件尽量采用等强度杆件。在最大静应力相同的杆件中，等强度杆件的刚度最小，静变形最大。等强度杆各点变形比较均匀，受冲击时杆件吸收的能量能较均匀地分布在全杆上，使动应力降低。如图 13.17 所示，材料相同的两杆，其危险截面的静应力相等，显然图 13.17（b）所示的等截面杆的静变形 Δ_{st} 大于图 13.17（a）杆，因此抗冲击性能优于图 13.17（a）杆。例如，螺栓，若使光杆部分的直径大于螺纹内径 ［图 13.18（a）］，就不如使光杆部分的直径与螺纹的内径接近相等 ［图 13.18（b）］或螺栓内钻孔 ［图 13.18（c）］。这样螺钉接近等截面杆，静变形增大，而静应力不变，从而降低了动应力。

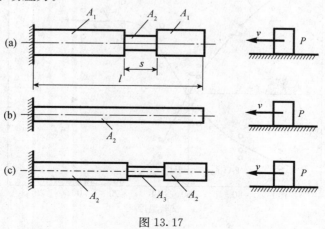

图 13.17

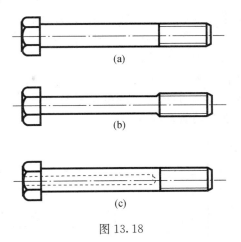

图 13.18

（3）增大等强度杆的体积。如 13.3 节式（h）给出了水平冲击最大动应力的计算公式，表明体积越大，动应力越小。因此在可能的情况下，增加构件体积可以有效提高构件的抗冲击能力。例如，钻孔机的汽缸盖常受到活塞螺栓强有力的冲击，汽缸盖上的短螺栓容易发生破坏［图 13.19（a）］，若改用长螺栓［图 13.19（b）］，则具有较强的抗冲击能力。

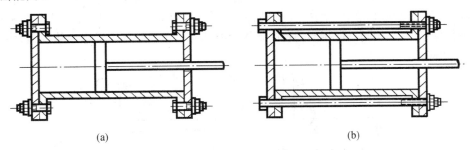

图 13.19

（4）选用低弹性模量材料。弹性模量小则 Δ_{st} 高，可降低动荷系数。如木结构的抗冲击性能可与钢结构相媲美；软塑料制的器皿不会跌碎。反之，高碳钢、陶瓷等，静强度虽高，但抗冲击性能却很差。但要注意，低弹性模量材料的许用应力也比较低，因此必须注意强度条件是否满足。

需指出的是，在提高静变形 Δ_{st} 时，应尽可能避免增加静应力 σ_{st}，否则降低动荷系数 K_d 却又增加了 σ_{st}，结果动应力不一定降低。如图 13.17（c）所示杆，虽静变形 Δ_{st} 大于图 13.17（b）所示的杆，但提高了 σ_{st}，应变能集中于削弱段，抗冲能力反而降低。

思 考 题

13.1 列举在生活中或工程中见到的若干动载荷的例子。

13.2 为什么说根据能量法求解冲击问题时提出的 4 条假设确定的计算结果偏于安全？

13.3 思考题 13.3 图所示，用同一材料制成长度相等的等截面与变截面杆，二者最小截面相同。问二杆承受冲击的能力是否一样？为什么？

13.4 若冲击高度、被冲击物、支承情况和冲击点均相同，当冲击物重量增加一倍时冲击应力是否也增大一倍？为什么？

13.5 思考题13.5图所示，先在悬臂梁的截面 C 处加上重量为 $2P$ 的重物，然后在自由端截面 B 处有一重量为 P 的物体自高度 h 处自由下落，冲击到梁的 B 点处。试问在此情况下，如何计算梁的动荷系数 K_d？

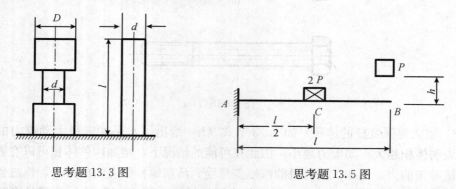

思考题13.3图　　　　　　　　　思考题13.5图

13.6 承受拉压冲击的杆件以等截面为佳，但是在跨度中央承受冲击而弯曲的简支梁（如叠板弹簧），为了降低冲击应力，却制成变截面的，试问这种说法的道理何在？

13.7 如思考题13.7图所示，4个外伸梁材料、截面、长度均相同，只有支座不同，弹簧的刚度系数 k 亦相同。在相同的自由落体 G 冲击下，各梁中最大动应力从小到大依次排列的顺序如何？

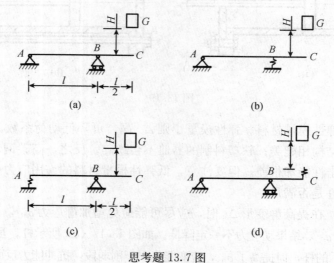

(a)　　　　　　　　　　　　　　(b)

(c)　　　　　　　　　　　　　　(d)

思考题13.7图

习　题

13.1 如习题13.1图所示，用钢索起吊 $P = 60\text{kN}$ 的重物，并在第一秒内匀加速上升 2.5m。试求钢索横截面的轴力 F_{Nd}（不计钢索的质量）。

13.2　如习题 13.2 图所示，起重吊索的下端有一刚度 $k=800$kN/m 的弹簧，并有挂重 $Q=20$kN。已知钢索的横截面面积 $A=1000$mm^2，弹性模量 $E=160$GPa。若重物以速度 $v=1.2$m/s 下降，当钢索的长度 $l=20$m 时，铰车突然刹车，试计算此时钢索内的正应力。如果钢索与重物之间无弹簧连接，钢索内的正应力为多少？

13.3　习题 13.3 图示，飞轮的最大圆周速度 $v=30$m/s，材料的密度为 7.41×10^3kg/m^3。若不计轮辐的影响，试求轮缘内的最大正应力。

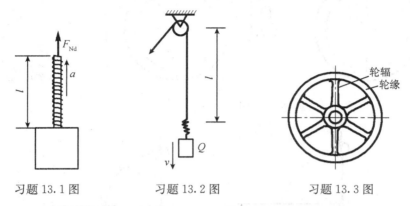

习题 13.1 图　　　　　　　　　习题 13.2 图　　　　　　　　习题 13.3 图

13.4　习题 13.4 图所示，杆长为 l，重量为 P_1，横截面面积为 A，一端固定在竖直轴上，另一端连接一重量为 P 的重物。当此杆绕竖直轴在水平面内以匀角速度 ω 转动时，求杆的伸长。设弹性模量 E 已知。

13.5　习题 13.5 图示，钢轴 AB 的直径为 80mm，轴上有一直径为 80mm 的钢质圆杆 CD，CD 垂直于 AB，若 AB 以匀角速度 $\omega=40$rad/s 转动，轴和杆的材料相同，材料的许用应力 $[\sigma]=70$MPa，密度为 7.8×10^3kg/m^3，试校核 AB 轴及 CD 杆的强度。

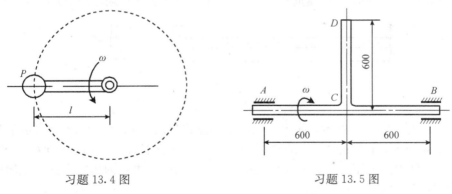

习题 13.4 图　　　　　　　　　　　　　习题 13.5 图

13.6　习题 13.6 图示，机车车轮以 $n=300$r/min 的转速旋转。两轮之间的平动连杆 AB 的横截面为矩形，$h=2b=56$mm，长度 $l=2$m，$r=250$mm，连杆材料的密度 7.8×10^3kg/m^3。试确定 AB 杆最危险位置和杆内最大弯曲正应力。

13.7　习题 13.7 图所示，梁 A 端铰接长为 $l/2$ 的刚性杆 AC，C 端固结重量为 P 的重物，自图示位置绕 A 端自由下落，冲击到梁的中点 C'。梁的 EI、W、l 已知，求梁内最大正应力。

13.8　习题 13.8 图所示，重量为 P 的物体自图（a）所示位置绕 A 端自由下落到梁

AB 中点 C，设梁的 EI、W 及 l 均为已知量，求梁内最大冲击正应力和最大挠度。若重物在初始位置有向右的水平速度 v，如图（b）所示，其他条件不变，求此时动荷系数。

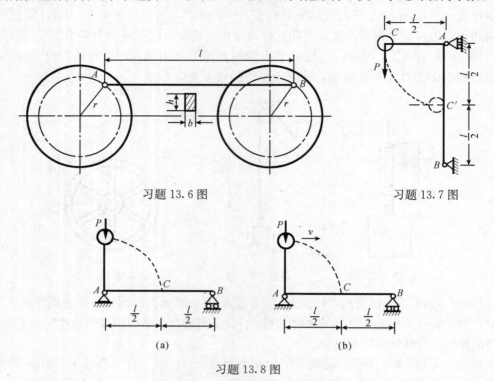

习题 13.6 图   习题 13.7 图

(a)   (b)

习题 13.8 图

13.9 习题 13.9 图所示，重量 $W=1$kN 的物体突然作用在 $l=2$m 的悬臂梁自由端。已知 $b=100$mm，$h=200$mm，弹性模量 $E=11$GPa，试求悬臂梁自由端挠度和最大正应力。

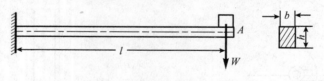

习题 13.9 图

13.10 习题 13.10 图所示，重 $W=100$N 的重物自高度 $h_1=100$mm 处自由下落至正方形截面钢杆上，已知正方形的边长 $a=50$mm，杆长 $l=1$m，弹性模量 $E=210$GPa，试求杆内最大正应力。若比例极限 $\sigma_p=200$MPa，求杆内压应力达到比例极限时的最大下落高度 h。

13.11 习题 13.11 图所示，重量为 P 的重物自高度 h 下落，冲击梁上的 C 点。设梁的 E、I 及抗弯截面模量 W 皆为已知。试求梁内的最大正应力及梁跨度中点的挠度。

13.12 习题 13.12 图所示，AB 杆下端固定，长度为 l，在 C 点受到水平运动物体的冲击。物体的重量为 P，与杆件接触时的速度为 v。设杆件的 E、I 及 W 皆为已知。试求 AB 杆的最大应力。

13.13 习题 13.13 图所示，在水平平面内的 AC 杆，绕通过 A 点的铅垂轴以匀角速度 ω 转动，图（a）是它的俯视图。杆的 C 端有一重为 P 的集中质量。如杆因在 B 点卡住而突然停止转动［图（b）］，试求 AC 杆内的最大冲击弯矩正应力。设 AC 杆的质量可以不计。

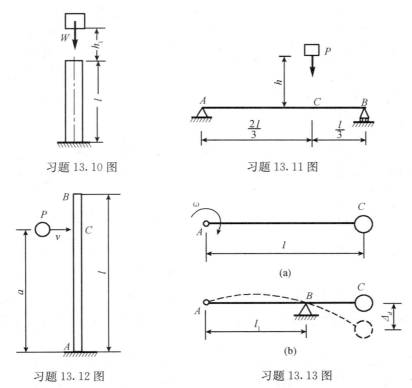

习题 13.10 图   习题 13.11 图

习题 13.12 图   习题 13.13 图

13.14 习题 13.14 图所示，钢杆的下端有一固定圆盘，盘上放置弹簧。弹簧在 1kN 的静荷作用下缩短 0.625mm。钢杆直径 $d = 40$mm，$l = 4$m，许用应力 $[\sigma] = 120$MPa，$E = 200$GPa。若有重量为 18kN 的重物自由下落，求其许可高度 h。若没有弹簧，则许可高度 h 又将多大？

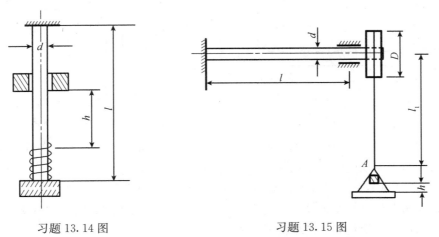

习题 13.14 图   习题 13.15 图

13.15 习题 13.15 图所示，圆轴直径 $d = 60$mm，$l = 2$m，左端固定，右端有一直径 $D = 400$mm 的鼓轮。轮上绕以钢绳，绳的端点 A 悬挂吊盘。绳长 $l_1 = 10$m，横截面面积 A

$=120\text{ mm}^2$，$E=200\text{GPa}$。轴的切变模量 $G=80\text{GPa}$，**重量 $P=800\text{N}$** 的物体自 $h=200\text{mm}$ 处落于吊盘上，求轴内最大切应力和绳内最大正应力。

13.16　习题 13.16 图所示，重量 $P=2\text{kN}$ 的重物从高度 $h=20\text{mm}$ 处自由落下，冲击到简支梁跨度中点的顶面上〔图（a）〕。已知该梁由 20b 号工字钢制成，跨长 $l=3\text{m}$，钢的弹性模量 $E=210\text{GPa}$，试求梁横截面上的最大正应力；若梁的两端支撑在相同的弹簧上〔图（b）〕，该弹簧的刚度系数 $k=300\text{kN/m}$，则梁横截面上的最大正应力又是多少（不计梁和弹簧的自重）？

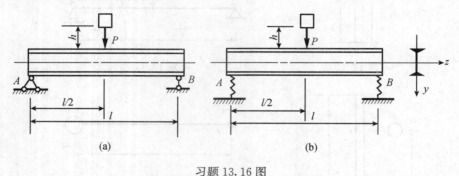

习题 13.16 图

13.17　习题 13.17 图所示，重量为 P 的物体自高度 H 处自由下落至图所示的水平曲拐的自由端 C，试按第三强度理论写出曲拐危险点的相当应力。设 E、G 及曲拐尺寸均已知。

13.18　习题 13.18 图所示，重量为 P 的物体自由下落至刚架 C 端，若刚架各段的抗弯刚度 EI 相同，抗弯截面系数 W 也已知，不计刚架的质量，忽略轴力、剪力对刚架变形的影响。试求刚架内的最大正应力。

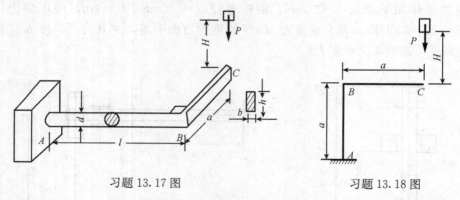

习题 13.17 图　　　　　　　习题 13.18 图

13.19　习题 13.19 图所示，速度为 v、重为 P 的重物，沿水平方向冲击梁的截面 C。试求梁的最大动应力。设已知梁的 E、I 及 W，且 $a=0.6l$。

*13.20　习题 13.20 图所示，两相同的水平悬臂梁 AB 和 CD 的长度为 l，刚度为 EI，两梁互相平行，间距为 $\delta=Pl^3/3EI$。当重量为 P 的物体突然放到 AB 梁的 B 端，求 AB 梁和 CD 梁受到的冲击载荷 F_{d1} 和 F_{d2}。

*13.21　习题 13.21 图所示，10 号工字梁的 C 端固定，A 端铰支于空心钢管 AB 上，如图所示。钢管的内径和外径分别为 30mm 和 40mm，B 端亦为铰支。梁及钢管同为

Q235 钢。当重为 300N 的重物落于梁的 A 端时，试校核 AB 杆的稳定性。规定稳定安全系数 $n_{st}=2.5$。

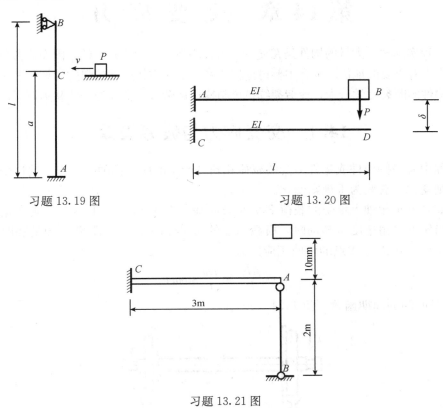

习题 13.19 图　　　　　　　习题 13.20 图

习题 13.21 图

第 14 章　交 变 应 力

在工程实际中，大量的构件是在交变应力作用下发生疲劳破坏的，因而疲劳分析在工程设计中占有重要的地位。本章主要讨论构件在交变应力作用下的强度计算，并简要介绍含裂纹构件的断裂力学行为，疲劳裂纹扩展与构件疲劳寿命估算的一些基本概念。

14.1　交变应力与疲劳失效

工程中有一些构件或零件承受的载荷和随之产生的应力都随时间作周期性变化。有些为规则变化，有些为不规则变化。

例如，火车轮轴上承受的载荷 F 大小方向基本不变 [图 14.1 (a)]，则弯矩基本不变。但当轮轴以角速度 ω 转动时，横截面上的 A 点到中性轴的距离 y 却是随时间变化的，且 $y = r\sin\omega t$。A 点的弯曲正应力为

$$\sigma = \frac{My}{I_z} = \frac{Mr}{I_z}\sin\omega t$$

显然，σ 是时间的周期函数 [图 14.1 (c)]。

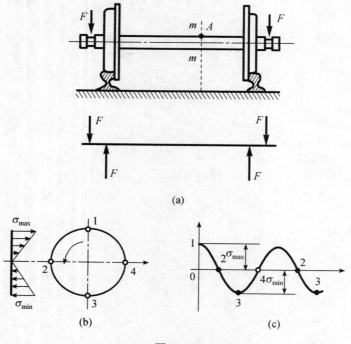

图 14.1

又如，观察齿轮副 [图 14.2 (a)] 中一个轮齿的受力，F 表示齿轮啮合时作用于轮齿上的力。齿轮每旋转一周，轮齿啮合一次。啮合时 F 由零迅速增加到最大值，然后又减小为零。因而，齿根 A 点的弯曲正应力 σ 也由零增加到某一最大值，再减小为零。

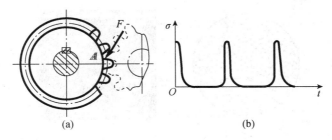

图 14.2

齿轮不停地旋转，σ 也就不停地重复上述过程。σ 随时间 t 变化的曲线如图 14.2（b）所示。再如，因电动机偏心转子的惯性力引起强迫振动的梁 ［图 14.3（a）］，梁上危险点的应力也随时间变化 ［图 14.3（b）］。

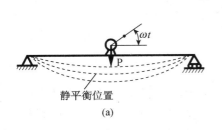
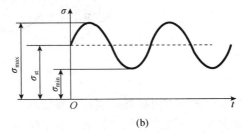

图 14.3

在上述实例中，随时间作周期性变化的应力，称为**交变应力**。构件在交变应力作用下发生的失效，称为**疲劳失效**或**疲劳破坏**，简称**疲劳**。

对于飞机、火箭、舰船等运载工具和矿山、冶金机械、化工、发电设备等，疲劳是其零件或构件的主要失效形式。大量的统计结果表明，在许多机械的断裂事故中，由于疲劳失效引起的断裂占到 80％以上。构件在交变应力作用下的疲劳失效与静应力作用下的失效有本质上的区别。其失效的过程往往不易察觉，常常表现为突发事故，因而会造成灾难性后果。大量的实验结果以及失效现象表明，构件在交变应力作用下发生疲劳破坏时，具有以下明显的特征：

（1）破坏时的名义应力值远低于材料在静载荷作用下的强度极限，甚至低于材料的屈服极限。

（2）疲劳破坏需经历多次应力循环后才能出现，即破坏是个积累损伤的过程。

（3）即使是很好的塑性材料，在破坏前一般也无明显的塑性变形，也会呈现脆性断裂。

（4）在同一疲劳破坏的断口上，一般呈现两个区域：一个是光滑区域，另一个是颗粒状的粗糙区域。图 14.4（a）是车轴疲劳破坏断口的照片。从图中可见，断口明显呈现两个区域。

疲劳失效现象可以通过疲劳裂纹的起源和传递过程（统称"损伤传递过程"）加以说明。

对于一般构件来说，机械加工的切削痕、阶梯部分、圆孔部分以及亚表面夹杂物等应力集中处，是疲劳裂纹首先发生的地方。构件在一定的交变应力作用下，金属材料中的非金属夹杂物本身就可能发生断裂或与基体界面发生分离，导致疲劳裂纹的形成。对于一般韧性金属表面精加工后的构件，疲劳裂纹是由滑移而产生的。组成金属的某些晶粒的取向在最大切应力作用平面内，容易产生滑移形成裂纹源 ［图 14.4（b）］。以后形成

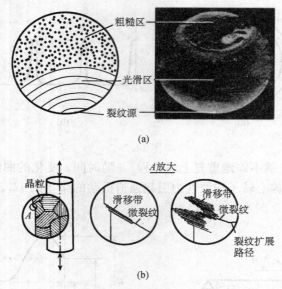

(a)

*A*放大

(b)

图 14.4

微裂纹沿滑移方向扩展，这种微裂纹随着应力循环次数的增加而不断扩展，且逐渐形成为宏观裂纹。在裂纹扩展过程中，由于应力循环变化，裂纹两表面的材料时而互相挤压，时而分离，或时而正向错动，时而反向错动，从而形成断口的光滑区。另一方面，由于裂纹不断扩展，当达到临界长度时，构件将发生突然断裂，断口的粗糙区就是突然断裂造成的。需要注意的是，裂纹的生成和扩展是一个复杂的过程，它与构件的外形、尺寸、应力变化情况以及所处的介质都有关系，因此，材料疲劳破坏问题引起多方关注。

我们把疲劳裂纹形成及裂纹扩展至断裂所经历的应力循环周数 N 称为**疲劳寿命**。

当构件所受应力较低，疲劳裂纹在弹性区中扩展，裂纹扩展至断裂所经历的应力循环周数 N 较高，或裂纹形成寿命较长，称为**高周疲劳**或**应力疲劳**。

当构件所受的应力较高或因存在槽口、圆角等应力集中区，局部应力已经超过材料的屈服极限，形成较大的塑性区，裂纹主要在塑性区扩展。裂纹所经历的应力循环周数 N 较低，或裂纹形成寿命较短，称为**低周疲劳**，又称为**应变疲劳**或**塑性疲劳**。工程中一般把 $N \leqslant 10^4$ 次的疲劳问题列为低周疲劳的范围。

14.2 交变应力的基本参量

由于材料在交变应力下和静应力下的力学行为不同，因此，表征材料抵抗破坏能力的指标也不同。金属疲劳失效与应力幅度、应力循环次数以及应力循环特征等有很大的关系，下面就先介绍交变应力中应力变化情况的一些基本参量。

图 14.5 表示杆件横截面上一点按正弦曲线变化的应力 S 与时间 t 的关系。其中 S 为广义应力，它既可以是正应力 σ，也可以是切应力 τ，在拉压交变或反复弯曲交变时为正应力 σ，在扭转交变时

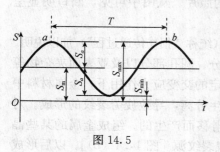

图 14.5

为切应力 τ。应力由 a 到 b 经历了变化的全过程又回到原来的数值，称为一个**应力循环**。完成一个应力循环所需要的时间（图 14.5 中的 T），称为一个**周期**。以 S_{max} 和 S_{min} 分别表示循环中的最大和最小应力。

应力循环中最小应力和最大应力的比值，称为交变应力的**循环特征**或**应力比**，用 r 表示

$$r = \frac{S_{min}}{S_{max}} \tag{14.1}$$

最大应力和最小应力的平均值，称为**平均应力**，用 S_m 表示

$$S_m = \frac{1}{2}(S_{max} + S_{min}) \tag{14.2}$$

最大应力与最小应力的代数差的一半值，称为**应力幅**，用 S_a 表示

$$S_a = \frac{1}{2}(S_{max} - S_{min}) \tag{14.3}$$

由式（14.2）和式（14.3）知

$$S_{max} = S_m + S_a \tag{14.4}$$

$$S_{min} = S_m - S_a \tag{14.5}$$

若应力循环中最大应力 S_{max} 与最小应力 S_{min} 大小相等，符号相反，即 $S_{max} = -S_{min}$，如图 14.1 所示的火车轮轴上 A 点的应力变化就是这样，这种应力循环称为**对称循环**。此时，

$$r = -1, \quad S_m = 0, \quad S_a = S_{max} \tag{14.6}$$

除对称循环外，其余情况统称为**非对称循环**。由式（14.4）和式（14.5）可知，任何一个非对称循环都可以看成是在平均应力 S_m 上叠加一个幅度为 S_a 的对称循环。

若应力循环中 $S_{min} = 0$（或 $S_{max} = 0$），表示交变应力变动于某一应力与零之间。例如图 14.2 所示的齿根上任一点 A 的循环正应力变化就是这样，这种应力循环称为**脉动循环**，此时，

$$r = 0, \quad S_a = S_m = \frac{1}{2}S_{max} \tag{14.7a}$$

或

$$r = -\infty, \quad -S_a = S_m = \frac{1}{2}S_{min} \tag{14.7b}$$

静载荷作用下的应力，称为**静应力**。静应力也可看作是交变应力的特例，这时应力并无变化，故

$$r = 1, \quad S_a = 0, \quad S_{max} = S_{min} = S_m \tag{14.8}$$

需要注意，应力循环中最大应力与最小应力是指构件中一点在应力循环中的数值，既不是横截面上应力分布的极值，也不是一点在应力状态下的极值。

14.3 疲 劳 极 限

材料在交变应力作用下，应力低于屈服极限时就可能发生疲劳破坏。为了计算疲劳强度，需要建立外载荷与疲劳寿命之间的关系。反映交变应力 S 和疲劳寿命 N 之间关系的曲线称为 **S-N 曲线**，S-N 曲线可通过疲劳试验来测定。

在对称循环下测定疲劳强度指标，技术上相对简单，最常采用的方法是测定材料的疲劳极限。所谓**疲劳极限**是指经过无限次应力循环而不发生破坏时的最大应力值，测定时需要加工若干表面光滑的小试样，其受力简图及弯矩图如图 14.6 （a）示，把试样装在纯弯曲疲劳试验机上 ［图 14.6 （b）］，使它承受纯弯曲。在最小直径截面上，最大弯曲应力为

$$\sigma = \frac{M}{W} = \frac{Fa}{2W}$$

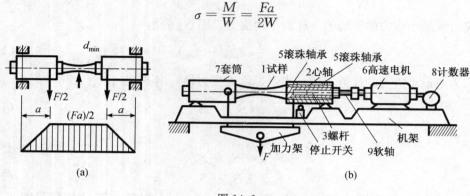

图 14.6

保持载荷 F 的大小和方向不变，以电动机带动试样旋转。每旋转一周，截面上的点便经历一次对称应力循环。

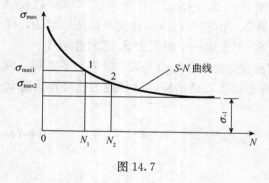

图 14.7

试验时取 8～10 根试样为一组，逐根进行疲劳破坏实验，一般使第一根试样受到的最大应力较高，约为 $\sigma_{max1} \approx 0.6\sigma_b$，若它经历 N_1 次应力循环后发生疲劳破坏，则 N_1 即是应力为 σ_{max1} 时的疲劳寿命。然后，对其余试样逐渐减小其最大应力值，并分别记录其相应的疲劳寿命。这样，如以交变应力的最大应力为纵坐标，以寿命为横坐标，上述试验结果将可描绘出一条光滑曲线（图 14.7），称为**应力-寿命曲线**或 **S-N 曲线**。一般来说，随着应力水平的降低，疲劳寿命迅速增加。钢试样的疲劳试验表明，当应力降到某一极限值时，$S-N$ 曲线趋近于水平线。这表明，只要应力不超过这一极限值，N 可无限增长，即试样可以经历无限次应力循环而不发生疲劳。这一极限值即为材料在对称循环下的**疲劳极限**，记为 σ_{-1}，下标"−1"表示对称循环的循环特征。

常温下的试验结果表明，如果黑色金属试件经历 10^7 次应力循环仍未疲劳，则再增加循环次数也不会疲劳。所以就把在 10^7 次循环下仍未疲劳的最大应力规定为该材料的疲劳极限，并把 $N_0 = 10^7$ 称为**循环基数**。有色金属材料（如高强度钢、铝合金等），随着循环次数的增加，其疲劳强度不断缓慢下降，$S-N$ 曲线没有明显趋于水平的直线部分。这种情况下，按实际应用需要定义一个较大的循环数 N_0，通常以 $N_0 = 10^8$ 作为循环基数，并把由它所对应的最大应力作为这类材料的**条件疲劳极限**。

疲劳极限是长寿命机械和结构抗疲劳设计的基本数据，实验测定疲劳极限是十分耗资费力的。各种材料的疲劳极限可从有关手册中查到。对于常见的低碳钢材料，其拉伸强度极限 $\sigma_b = 400 \sim 500 MPa$，在对称循环弯曲交变应力下的疲劳极限 $\sigma_{-1} = 170 \sim 220 MPa$，表 14.1 列出一些国产结构钢材料的疲劳极限。

表 14.1 某些国产金属材料的疲劳极限

材料	条件			σ_b/MPa	σ_s/MPa	σ_{-1}/MPa
	状态	应力比 r	K_σ			
A_3	热轧	-1	1	$449 \sim 457$	267.8	200.5
		-1	2			132.4
		0	1			273.2
16Mn	热轧	-1	1	$533 \sim 586$	360	268.4
		-1	2			169.9
		0	1			376.4
40Cr	850℃油淬 560℃回火	-1	1	$854 \sim 940$	805	344.5
		-1	2			239.2
30CrMnSiA 棒材	890℃油淬 520℃回火 旋转弯曲	-1	1	1109.4	1010.4	640.9
		-1	2			357.5
		-1	2.5			277.4
		-1	3			244.5
		-1	4			207.7

14.4 影响疲劳极限的因素

在常温下用光滑小试样测定的疲劳极限 σ_{-1}，通常认为是材料的疲劳极限，还不能代表实际构件的疲劳极限。实际构件的疲劳极限不但与材料有关，而且还受构件状态和工作环境等一些因素的影响。构件状态包括应力集中、尺寸、表面加工质量和表面强化处理等因素；工作环境包括载荷特性、介质和温度等因素。因此，只有在考虑这些因素的影响，并对材料疲劳极限进行适当修正后，才能作为构件疲劳强度计算的依据。下面介绍影响构件疲劳极限的几种主要因素。

14.4.1 构件外形的影响

构件外形的突变处，例如构件上有槽、孔、缺口、轴肩等，将会引起应力集中。在应力集中的局部区域不仅更易形成初始的疲劳裂纹，而且有利于裂纹的扩展，从而使构件的疲劳极限显著降低。

在 2.11 节曾经提到，在弹性范围内，应力集中处的最大应力与平均应力的比值称为理论应力集中因数。用 $K_{t\sigma}$、$K_{t\tau}$ 表示，即

$$K_{t\sigma} = \frac{\sigma_{max}}{\sigma_m} , \qquad K_{t\tau} = \frac{\tau_{max}}{\tau_m} \qquad (14.9)$$

式中，σ_{max}、τ_{max} 为最大正应力、切应力，σ_m、τ_m 为平均正应力、平均切应力。

理论应力集中因数可用弹性力学或光弹性实测的方法确定。它只与构件截面形状和尺寸有关，没有考虑不同材料对应力集中具有不同的敏感性。用不同材料加工成形状、尺寸相同的构件，则这些构件的理论应力集中因数也相同。因此，理论应力集中因数不能直接确定应力集中对疲劳极限的影响程度。工程中采用**有效应力集中因数**，来表示应力集中对构件疲劳极限的影响。它是在材料、尺寸和加载条件都相同的条件下，无应力集中光滑试样与有应力集中试样的疲劳极限的比值。用 K_σ、K_τ 表示，即

$$K_\sigma = \frac{\sigma_{-1}}{(\sigma_{-1})_k} \qquad \text{或} \qquad K_\tau = \frac{\tau_{-1}}{(\tau_{-1})_k} \qquad (14.10)$$

其中，σ_{-1}、τ_{-1} 为无应力集中的光滑试样的疲劳极限，$(\sigma_{-1})_k$、$(\tau_{-1})_k$ 为尺寸和光滑试样相同的有应力集中试样的疲劳极限。

有效应力集中因数不仅与构件的形状、尺寸有关，而且与材料的强度极限有关。它与理论应力集中因数的关系由缺口敏感因数 q 反映，一般估算有效应力集中因数的经验公式为

$$K_\sigma = 1 + q(K_{t\sigma} - 1) , \qquad K_\tau = 1 + q(K_{t\tau} - 1) \qquad (14.11)$$

一般来说，静载抗拉强度越高，有效应力集中因数越大，即对应力集中越敏感。从图 14.8 和图 14.9 中可以看出构件的形状、尺寸以及材料的强度极限对有效应力集中因数的影响。

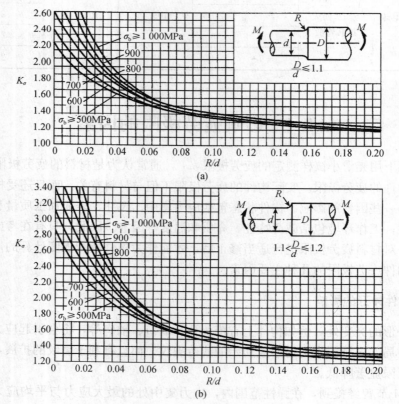

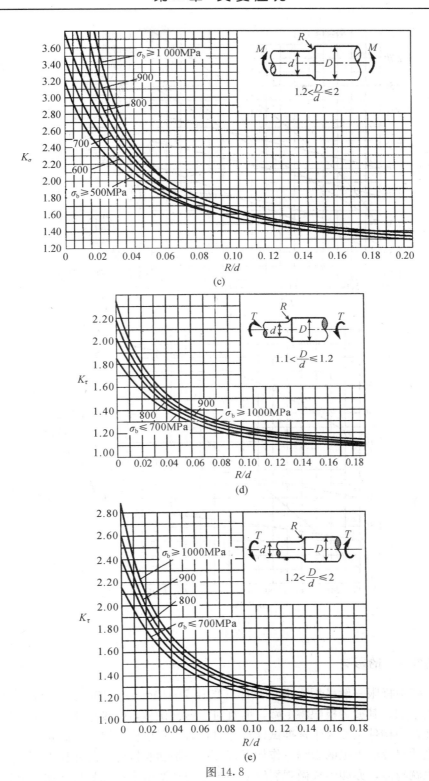

图 14.8

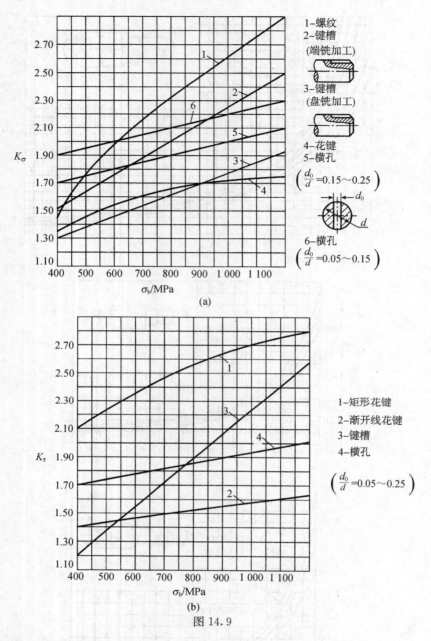

图 14.9

14.4.2　构件尺寸的影响

材料的疲劳极限一般是用光滑小试样（直径 7～10mm）测定的。试验证明，随着试样直径的增加，其疲劳极限将下降，而且对于钢材试样，强度越高，疲劳极限下降越明显。因此，当构件尺寸大于标准试样尺寸时，必须考虑构件尺寸的影响。

构件尺寸对疲劳极限的影响可作如下解释：一是随着构件的尺寸加大，它所包含的内部缺陷也就越多，亦即生成微观裂纹的裂纹源的概率增多；二是尺寸加大更利于裂纹的形成与扩展；同时，构件的尺寸越大，其应力分布的变化梯度越小，即处于高应力区

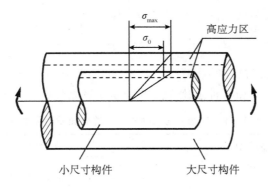

图 14.10

的晶粒越多，故更易于形成疲劳裂纹。如图 14.10 所示，受弯曲的两个不同直径的试样，沿圆截面径向正应力是线性分布的，若两试样的最大应力相同，则大试样的高应力区要比小试样的高应力区要厚，更有利于初始裂纹的形成和扩展。在相同的表层厚度内，大尺寸试样所承受的平均应力高于小尺寸试样的平均应力，这些都有利于初始裂纹的形成和扩展，可见构件尺寸越大，其疲劳极限越低。

在对称循环下，构件尺寸对疲劳极限的影响用**尺寸因数** ε 度量

$$\varepsilon_\sigma = \frac{(\sigma_{-1})_d}{\sigma_{-1}} \quad \text{或} \quad \varepsilon_\tau = \frac{(\tau_{-1})_d}{\tau_{-1}} \tag{14.12}$$

式中，σ_{-1}、τ_{-1} 为光滑小试样的疲劳极限，$(\sigma_{-1})_d$、$(\tau_{-1})_d$ 为光滑大试样的疲劳极限。常用钢材的尺寸因数见表 14.2。

表 14.2 常用钢材的尺寸因数

直径 d /mm	碳钢	合金钢	各种钢	直径 d /mm	碳钢	合金钢	各种钢
	ε_σ		ε_τ		ε_σ		ε_τ
>20~30	0.91	0.83	0.89	>70~80	0.75	0.66	0.73
>30~40	0.88	0.77	0.81	>80~100	0.73	0.64	0.72
>40~50	0.84	0.73	0.78	>100~120	0.70	0.62	0.70
>50~60	0.81	0.70	0.76	>120~150	0.68	0.60	0.68
>60~70	0.78	0.68	0.74	>150~500	0.60	0.54	0.60

14.4.3 构件表面质量的影响

构件承受对称循环弯曲和扭转时，构件的最大应力发生于表层，因此，表面加工质量好坏将直接影响疲劳裂纹的生成和扩展，从而影响构件的疲劳极限。表面质量包括两个方面：一是表面粗糙度；二是表层强化。一般来说，构件的表面越粗糙，其应力集中越严重，故其疲劳极限亦越低。另外，如果构件经过淬火、渗碳、氮化等热处理与化学处理，或经过滚压、喷丸等机械处理，都会使表层得到强化，因而其疲劳极限会得到相应的提高。

表面加工质量对疲劳极限的影响用**表面质量因数** β 度量

$$\beta = \frac{(\sigma_{-1})_\beta}{\sigma_{-1}} \quad 或 \quad \beta = \frac{(\tau_{-1})_\beta}{\tau_{-1}}$$

式中 σ_{-1}、τ_{-1} 为表面磨光试样的疲劳极限，$(\sigma_{-1})_\beta$、$(\tau_{-1})_\beta$ 为其他加工情况时构件的疲劳极限。常见的不同粗糙度和各种强化方法的表面质量因数 β 见表 14.3 和表 14.4。

表 14.3　常见不同表面粗糙度的表面质量因数 β

加工方法	轴表面粗糙度 $R_a/\mu m$	σ_b/MPa		
		400	800	1200
磨削	0.4～0.2	1	1	1
车削	3.2～0.8	0.95	0.90	0.80
粗车	25～6.3	0.85	0.80	0.65
未加工表面	∽	0.75	0.65	0.45

表 14.4　常见各种强化方法的表面质量因数 β

强化方法	心部强度 σ_b/MPa	β		
		光轴	低应力集中的轴 $K_\sigma \leqslant 1.5$	低应力集中的轴 $K_\sigma \geqslant 1.8 \sim 2$
高频淬火	600～800 800～1000	1.5～1.7 1.3～1.5	1.6～1.7	2.4～2.8
氮化	900～1200	1.1～1.25	1.5～1.7	1.7～2.1
渗碳	400～600 700～800 1000～1200	1.8～2.0 1.4～1.5 1.2～1.3	3 2	
喷丸硬化	600～1500	1.1～1.25	1.5～1.6	1.7～2.1
滚子滚压	600～1500	1.1～1.3	1.3～1.5	1.6～2.0

14.4.4　构件的疲劳极限

综合以上三种因素的影响，在对称循环下，构件的疲劳极限 σ_{-1}^0 与光滑小试件的疲劳极限 σ_{-1} 之间的关系可表示为

$$\sigma_{-1}^0 = \frac{\varepsilon_\sigma \beta}{K_\sigma}\sigma_{-1} \quad 或 \quad \tau_{-1}^0 = \frac{\varepsilon_\tau \beta}{K_\tau}\tau_{-1} \qquad （a）$$

式中，K_σ 是考虑构件外形影响的有效应力集中因数，其值恒大于 1，详见图 14.8、图 14.9。ε_σ 是考虑构件尺寸影响的尺寸因数，其值一般小于 1，如表 14.2 所示。β 是考虑构件表面质量的表面质量因数，当表面质量低于磨光试样时，其值小于 1，如表 14.3 所示。

除上述三种因素外，构件的工作环境，如温度、介质等对疲劳极限也会有影响。这些影响也可仿照上面的方法，用相应的修正系数来表示，这里不再赘述。

14.5 疲劳极限曲线

14.5.1 材料的疲劳极限曲线的绘制

利用与绘制应力-寿命曲线（S-N）相似的实验方法，可以测定材料在任一循环特征下的疲劳极限 σ_r。由于 $\sigma_{max} = \sigma_m + \sigma_a$，于是，如取 σ_a 为纵坐标，σ_m 为横坐标，对任一应力循环，由它的 σ_m 和 σ_a 便可在坐标系中确定一个对应的 P 点（图14.11）。由式（14.4）知，若把一点的纵、横坐标相加，就是该点所代表的应力循环的最大应力。即

$$\sigma_m + \sigma_a = \sigma_{max} \tag{14.13}$$

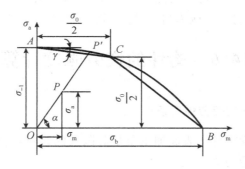

图 14.11

由原点到 P 点作射线 OP，其斜率为

$$\tan\alpha = \frac{\sigma_a}{\sigma_m} = \frac{\sigma_{max} - \sigma_{min}}{\sigma_{max} + \sigma_{min}} = \frac{1-r}{1+r} \tag{14.14}$$

可见循环特征 r 相同的所有应力循环都在同一射线上。离原点越远，纵、横坐标之和越大，应力循环的最大应力也越大。显然，只要最大应力不超过同一循环特征 r 下的疲劳极限 σ_r，就不会出现疲劳失效。故在每一条由原点出发的射线上，都有一个由疲劳极限确定的临界点（如 OP 线上的 P'）。对于对称循环，$r = -1$，$\sigma_m = 0$，$\sigma_a = \sigma_{max}$，表明与对称循环对应的点都在纵轴上。由 σ_{-1} 在纵轴上确定对称循环的临界点 A。对于静载，$r = +1$，$\sigma_a = 0$，$\sigma_m = \sigma_{max}$，表明与静载对应的点皆在横轴上。由 σ_b 在横轴上确定静载的临界点 B。脉动循环的 $r = 0$，由式（b）知 $\tan\alpha = 1$，故与脉动循环对应的点都在 $\alpha = 45°$ 的射线上，与其疲劳极限 σ_0 相应的临界点为 C。总之，对任一循环特性 r 都可确定与其疲劳极限相应的临界点。将这些点连成曲线即为**疲劳极限曲线**，如图14.11中的曲线 $AP'CB$。

在 σ_m-σ_a 坐标平面内，疲劳极限曲线与坐标轴围成一个区域。在区域内的点，例如 P 点，其所对应的应力循环中的 σ_{max}（等于 P 点纵、横坐标之和），必然小于相应的疲劳极限 σ_r（P' 点的纵、横坐标之和），所以不会引起疲劳破坏。

14.5.2 疲劳极限曲线的简化折线

由于需要较多的试验资料才能得到疲劳极限曲线，所以通常采用简化的疲劳极限曲

线。最常用的简化方法是由对称循环、脉动循环和静载荷，确定 A、C、B 三点，用折线 ACB 代替原来的曲线。折线 AC 部分的倾角为 γ，斜率为

$$\psi_\sigma = \tan\gamma = \frac{\sigma_{-1} - \dfrac{\sigma_0}{2}}{\dfrac{\sigma_0}{2}} \tag{14.15}$$

直线 AC 上的点都与疲劳极限 σ_r 相对应，将这些点的坐标记为 σ_{rm} 和 σ_{ra}，于是 AC 的方程式可以写成

$$\sigma_{ra} = \sigma_{-1} - \psi_\sigma \sigma_{rm} \tag{14.16}$$

系数 ψ_σ 与材料有关。对于拉—压或弯曲，碳钢的 $\psi_\sigma = 0.1 \sim 0.2$，合金钢的 $\psi_\sigma = 0.1 \sim 0.2$。对于扭转，碳钢的 $\psi_\tau = 0.05 \sim 0.1$，合金钢的 $\psi_\tau = 0.1 \sim 0.15$。

上述简化折线只考虑了 $\sigma_m > 0$ 的情况。对塑性材料来说，一般认为抗拉与抗压强度相等，在 σ_m 为压应力时，仍认为与 σ_m 为拉应力时相同。

14.6　构件的疲劳强度计算

14.6.1　对称循环下构件的疲劳强度条件

考虑应力集中、截面尺寸、表面加工质量等因素的影响，以及必要的安全系数后，对称循环下构件的许用应力为

$$[\sigma_{-1}] = \frac{(\sigma_{-1}^0)}{n} = \frac{\varepsilon_\sigma \beta}{n K_\sigma} \sigma_{-1} \tag{a}$$

式中，(σ_{-1}^0) 代表构件对称循环下的疲劳极限；σ_{-1} 代表材料对称循环下的疲劳极限；n 为规定的疲劳安全系数。所以，对称循环下构件的强度条件为

$$\sigma_{\max} \leqslant [\sigma_{-1}] = \frac{\varepsilon_\sigma \beta}{n K_\sigma} \sigma_{-1} \tag{14.17}$$

式中，$\sigma_{\max}$ 代表构件危险点的最大工作应力。

在机械设计中，通常将构件的疲劳强度条件写成安全系数的形式，要求构件对于疲劳极限的实际安全裕度或工作安全系数不小于规定的安全系数。构件在对称循环下的工作安全系数为

$$n_\sigma = \frac{(\sigma_{-1}^0)}{\sigma_{\max}} = \frac{\sigma_{-1}}{\dfrac{K_\sigma}{\varepsilon_\sigma \beta} \sigma_{\max}} \tag{14.18}$$

n_σ 表示构件工作时的安全系数。于是疲劳强度条件可以写成为

$$n_\sigma = \frac{\sigma_{-1}}{\dfrac{K_\sigma}{\varepsilon_\sigma \beta} \sigma_{\max}} \geqslant n \tag{14.19}$$

同理，构件在对称循环扭转切应力下的疲劳强度条件为

$$\tau_{\max} \leqslant [\sigma_{-1}] = \frac{\varepsilon_\tau \beta}{n K_\tau} \tau_{-1} \tag{14.20}$$

或

$$n_\tau = \frac{\tau_{-1}}{\dfrac{K_\tau}{\varepsilon_\tau \beta}\tau_{\max}} \geqslant n \tag{14.21}$$

式中 $\tau_{\max}$ 代表构件横截面上的最大扭转切应力。

例 14.1 某减速器第一轴如图 14.12 所示。键槽为端铣加工，$A-A$ 截面上的弯矩 $M = 860 \text{ N·m}$，轴的材料为碳钢，$\sigma_b = 520\text{MPa}$，$\sigma_{-1} = 220\text{MPa}$。若规定安全系数 $n = 1.4$，试校核 $A-A$ 截面的强度。

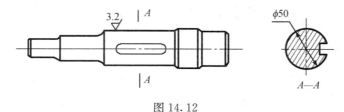

图 14.12

解 计算轴在 $A-A$ 截面上的最大工作应力。若不计键槽对抗弯截面模量的影响，则 $A-A$ 截面的抗弯截面模量为

$$W = \frac{\pi d^3}{32} = \frac{\pi}{32} \times 0.05^3 = 12.3 \times 10^{-6}(\text{m}^3)$$

轴在不变弯矩 M 作用下旋转，故为弯曲变形下的对称循环。

$$\sigma_{\max} = \frac{M}{W} = \frac{860}{12.3 \times 10^{-6}} = 70(\text{MPa}), \quad \sigma_{\min} = -70(\text{MPa}), \quad r = -1$$

现在确定轴在 $A-A$ 截面上的系数 K_σ、ε_σ、β。由图 14.9（a）中的曲线 2 查得端铣加工的键槽，当 $\sigma_b = 520\text{MPa}$ 时，$K_\sigma = 1.65$，由表 14.2 查得 $\varepsilon_\sigma = 0.84$；由表 14.3 运用插值法，求得 $\beta = 0.936$。

把以上求得的 $\sigma_{\max}$、K_σ、ε_σ、β 代入式，求出截面 $A-A$ 处的工作安全系数为

$$n_\sigma = \frac{\sigma_{-1}}{\dfrac{K_\sigma}{\varepsilon_\sigma \beta}\sigma_{\max}} = \frac{220}{\dfrac{1.65}{0.84 \times 0.936} \times 70} = 1.5 > n = 1.4$$

所以满足强度条件。

14. 6. 2 非对称循环下构件的疲劳强度条件

前面讨论的疲劳极限曲线或其简化折线，均以光滑小试样的试验结果为依据。对于实际的构件，应该考虑应力集中、构件尺寸和表面质量的影响。实验结果指出，上述诸因素只影响应力幅，而对平均应力并无影响。即图 14.11 中直线 AC 的横坐标不变，而纵坐标则应乘以 $\dfrac{\varepsilon_\sigma \beta}{K_\sigma}$，这样就得到图 14.13 中的折线 EFB。由式（14.16）知，代表构件疲劳极限的直线 EF 的纵坐标应为 $\dfrac{\varepsilon_\sigma \beta}{K_\sigma}(\sigma_{-1} - \psi_\sigma \sigma_m)$。

构件的疲劳极限应力如图 14.13 所示。构件工作时，若危险点的应力循环由 P 点表示，则 $PI = \sigma_a$，$OI = \sigma_m$。保持 r 不变，延长射线 OP 与 EF 相交于 G 点，G 点纵、

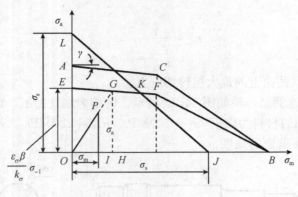

图 14.13

横坐标之和就是疲劳极限 σ_r，即 $\overline{OH} + \overline{GH} = \sigma_r$。构件的工作安全系数应为

$$n_\sigma = \frac{\sigma_r}{\sigma_{\max}} = \frac{\overline{OH} + \overline{GH}}{\sigma_m + \sigma_a} = \frac{\sigma_{rm} + \overline{GH}}{\sigma_m + \sigma_a} \tag{a}$$

因为 G 点在线段 EF 上，其纵坐标为

$$\overline{GH} = \frac{\varepsilon_\sigma \beta}{K_\sigma}(\sigma_{-1} - \psi_\sigma \sigma_m) \tag{b}$$

再由三角形 OPI 和 OGH 的相似关系可知

$$\overline{GH} = \frac{\sigma_a}{\sigma_m}\sigma_{rm} \tag{c}$$

由式（b）、式（c）解得

$$\sigma_{rm} = \frac{\sigma_{-1}}{\dfrac{K_\sigma}{\varepsilon_\sigma \beta}\sigma_a + \psi_\sigma \sigma_m} \cdot \sigma_m, \qquad \overline{GH} = \frac{\sigma_{-1}}{\dfrac{K_\sigma}{\varepsilon_\sigma \beta}\sigma_a + \psi_\sigma \sigma_m} \cdot \sigma_a \tag{d}$$

将上式代入式（a），得非对称应力循环下的工作安全系数的计算公式

$$n_\sigma = \frac{\sigma_{-1}}{\dfrac{K_\sigma}{\varepsilon_\sigma \beta}\sigma_a + \psi_\sigma \sigma_m} \tag{14.22}$$

构件的工作安全系数 n_σ 应大于或等于规定的安全系数 n，即强度条件仍为

$$n_\sigma \geqslant n \tag{14.23}$$

n_σ 是对正应力写出的，若为扭转切应力疲劳问题，工作安全系数应写成

$$n_\tau = \frac{\tau_{-1}}{\dfrac{K_\tau}{\varepsilon_\tau \beta}\tau_a + \psi_\tau \tau_m} \tag{14.24}$$

这时，构件的工作安全系数 n_τ 应大于或等于规定的安全系数 n，即强度条件为

$$n_\tau \geqslant n \tag{14.25}$$

除满足疲劳强度条件外，构件危险点的 $\sigma_{\max}$ 还应低于屈服极限 σ_s。在 $\sigma_m - \sigma_a$ 坐标系中，有 $\sigma_{\max} = \sigma_m + \sigma_a = \sigma_s$，这是斜直线 LJ。显然，代表构件最大应力的点应落在直线 LJ 的下方。所以，保证构件不发生疲劳也不发生塑性变形的区域是折线 EKJ 与坐标轴围成的区域。强度计算时，由构件工作应力的循环特征 r 确定射线 OP。如射线先与直线 EF 相交，则应由式（14.22）计算 n_σ，进行疲劳强度校核。若射线先与直线 KJ 相交，则表

示构件在疲劳失效之前已发生塑性变形，应按静强度校核，这时，强度条件是

$$n_\sigma = \frac{\sigma_s}{\sigma_{max}} \geqslant n_s \tag{14.26}$$

一般来说，对 $r > 0$ 的情况，应按上式补充静强度校核。对于扭转强度计算，也需要按照此方法进行。

例 14.2 如图 14.14 所示圆杆上有一个沿直径的贯穿圆孔，非对称交变弯矩为 $M_{max} = 5M_{min} = 512\text{N} \cdot \text{m}$。材料为合金钢，$\sigma_b = 950\text{MPa}$，$\sigma_s = 540\text{MPa}$，$\sigma_{-1} = 430\text{MPa}$，$\psi_\sigma = 0.2$。圆杆表面经磨削加工。若规定安全系数 $n = 2$，$n_s = 1.5$，试校核此杆的强度。

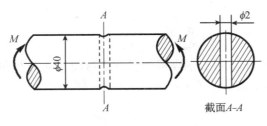

图 14.14

解 （1）计算圆杆的工作应力

$$W = \frac{\pi d^3}{32} = \frac{\pi}{32} \times 4^3 = 6.28(\text{cm}^3)$$

$$\sigma_{max} = \frac{M_{max}}{W} = \frac{512}{6.28 \times 10^{-6}} = 81.5(\text{MPa})$$

$$\sigma_{min} = \frac{1}{5}\sigma_{max} = 16.3\text{MPa}$$

$$r = \frac{\sigma_{min}}{\sigma_{max}} = \frac{1}{5} = 0.2$$

$$\sigma_m = \frac{\sigma_{max} + \sigma_{min}}{2} = \frac{81.5 + 16.3}{2} = 48.9(\text{MPa})$$

$$\sigma_a = \frac{\sigma_{max} - \sigma_{min}}{2} = 32.6(\text{MPa})$$

（2）确定系数 K_σ、ε_σ、β。按照圆杆的尺寸，$\frac{d_0}{d} = \frac{2}{40} = 0.05$。由图 14.8（a）中的曲线 6 查得，当 $\sigma_b = 950\text{MPa}$ 时，$K_\sigma = 2.18$。由表 14.2 查出：$\varepsilon_\sigma = 0.77$。由表 14.3 查出：表面经磨削加工的杆件，$\beta = 1$。

（3）疲劳强度校核。由式（14.22）计算工作安全系数

$$n_\sigma = \frac{\sigma_{-1}}{\dfrac{K_\sigma}{\varepsilon_\sigma \beta}\sigma_a + \psi_\sigma \sigma_m} = \frac{430}{\dfrac{2.18}{0.77 \times 1} \times 32.6 + 0.2 \times 48.9} = 4.21 > n$$

所以疲劳强度是足够的。

（4）静强度校核。因为 $r = 0.2 > 0$，所以需要校核静强度。由算出最大应力对屈服极限的工作安全系数为

$$n_\sigma = \frac{\sigma_s}{\sigma_{max}} = \frac{540}{81.5} = 6.62 > n_s$$

所以静强度条件也是满足的。

14.6.3 弯扭组合交变应力下构件的疲劳强度条件

弯曲和扭转组合下的交变应力在工程中最为常见。例如，一般传动轴工作时，就属于这种情况。

按照第三强度理论，构件在弯扭组合变形时的静强度条件为

$$\sqrt{\sigma_{\max}^2 + 4\tau_{\max}^2} \leqslant \frac{\sigma_s}{n}$$

将上式两边平方后同除以 σ_s^2，并将 $\tau_s = \sigma_s/2$ 代入，则上式变为

$$\frac{1}{\left(\dfrac{\sigma_s}{\sigma_{\max}}\right)^2} + \frac{1}{\left(\dfrac{\tau_s}{\tau_{\max}}\right)^2} \leqslant \frac{1}{n^2}$$

式中，比值 $\sigma_s/\sigma_{\max}$ 和 $\tau_s/\tau_{\max}$ 可分别理解为仅考虑弯曲正应力和扭转切应力的工作安全系数，并分别用 n_σ 和 n_τ 表示，于是，上式又可改写为

$$\frac{1}{n_\sigma^2} + \frac{1}{n_\tau^2} \leqslant \frac{1}{n^2}$$

或

$$\frac{n_\sigma n_\tau}{\sqrt{n_\sigma^2 + n_\tau^2}} \geqslant n$$

试验表明，上述形式的静强度条件可推广应用于弯扭组合交变应力下的构件。在这种情况下，n_σ 和 n_τ 应分别按式（14.18）、式（14.21）或式（14.22）、式（14.24）进行计算，而静强度安全系数则相应改用疲劳安全系数 n 代替。因此，构件在弯扭组合交变应力下的疲劳强度条件为

$$n_{\sigma\tau} = \frac{n_\sigma n_\tau}{\sqrt{n_\sigma^2 + n_\tau^2}} \geqslant n \tag{14.27}$$

式中，$n_{\sigma\tau}$ 代表构件在弯扭组合交变应力下的工作安全系数。

下面举例说明上述强度条件的应用。

例 14.3 阶梯轴的尺寸如图 14.15 所示。材料为合金钢，$\sigma_b = 900\text{MPa}$，$\sigma_{-1} = 410\text{MPa}$，$\tau_{-1} = 240\text{MPa}$。作用于轴上的弯矩变化于 $-1000 \sim +1000\ \text{N·m}$，扭矩变化于 $0 \sim +1500\ \text{N·m}$。若规定安全系数 $n = 2$，试校核轴的疲劳强度。

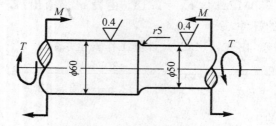

图 14.15

解 （1）计算轴的工作应力。首先计算交变弯曲正应力及其循环特征

$$W = \frac{\pi d^3}{32} = \frac{\pi}{32} \times 5^3 = 12.3\,(\text{cm}^3)$$

$$\sigma_{max} = \frac{M_{max}}{W} = \frac{1000}{12.3 \times 10^{-6}} = 81.3 (\text{MPa})$$

$$\sigma_{min} = \frac{M_{min}}{W} = -81.3 \text{ (MPa)}$$

$$r = \frac{\sigma_{min}}{\sigma_{max}} = -1$$

再计算交变扭转切应力及其循环特征

$$W_t = \frac{\pi d^3}{16} = \frac{\pi}{16} \times 5^3 = 24.6 (\text{cm}^3)$$

$$\tau_{max} = \frac{T_{max}}{W_t} = \frac{1500}{24.6 \times 10^{-6}} = 61.0 (\text{MPa})$$

$$\tau_{min} = 0$$

$$r = \frac{\tau_{min}}{\tau_{max}} = 0$$

$$\tau_a = \tau_m = \frac{\tau_{max}}{2} = 30.5 (\text{MPa})$$

（2）确定各种系数。根据 $\frac{D}{d} = \frac{60}{50} = 1.2$，$\frac{r}{d} = \frac{5}{50} = 0.1$，由图 14.8（b）查得 $K_\sigma = 1.55$，由图 14.8（d）查得 $K_\tau = 1.24$。由于名义应力 τ_{max} 是按轴直径等于 50 mm 计算的，所以尺寸系数也应按轴直径等于 50 mm 来确定。由表 14.2 查得 $\varepsilon_\sigma = 0.73$，$\varepsilon_\tau = 0.78$。又由表 14.3 查得 $\beta = 1$。对合金钢取 $\psi_\tau = 0.1$。

（3）计算弯曲工作安全系数和扭转工作安全系数。因为弯曲正应力是对称循环，$r = -1$，故应按式（14.18）计算其工作安全系数 n_σ 即

$$n_\sigma = \frac{\sigma_{-1}}{\frac{K_\sigma}{\varepsilon_\sigma \beta} \sigma_{max}} = \frac{410}{\frac{1.55}{0.73 \times 1} \times 81.3} = 2.38$$

扭转切应力是脉动循环，$r = 0$，应按非对称循环计算工作安全系数。由（14.24）得

$$n_\tau = \frac{\tau_{-1}}{\frac{K_\tau}{\varepsilon_\tau \beta} \tau_a + \psi_\tau \tau_m} = \frac{240}{\frac{1.24}{0.78 \times 1} \times 30.5 + 0.1 \times 30.5} = 4.66$$

（4）计算弯扭组合交变应力下轴的工作安全系数 $n_{\sigma\tau}$。由式（14.27）得

$$n_{\sigma\tau} = \frac{n_\sigma n_\tau}{\sqrt{n_\sigma^2 + n_\tau^2}} = \frac{2.38 \times 4.66}{\sqrt{2.38^2 + 4.66^2}} = 2.12 > n = 2$$

所以阶梯轴满足疲劳强度条件。

14.7　疲劳裂纹扩展与构件的疲劳寿命

在传统的疲劳强度计算中，作为强度依据的疲劳极限是用无裂纹的光滑小试样确定的。考虑了应力集中、截面尺寸、表面加工质量等因素的影响后，要求实际应力对疲劳极限的安全储备高于规定的安全系数。虽然人们已经知道裂纹的逐渐扩展是疲劳破坏的原因，但在疲劳强度计算中，仍假设构件原先并无裂纹，在交变载荷作用下，裂纹才逐

渐生成而后又逐渐扩展。至于构件在使用前就可能存在裂纹的情况，传统的疲劳强度计算在这方面并没有合理的解决办法。事实上，构件常不可避免地存在某些宏观裂纹或缺陷。像材料在冶炼过程中产生的夹杂、缩孔，在加工过程中产生的焊缝、刀痕，以及在使用过程中逐渐形成的疲劳裂纹或应力腐蚀裂纹等。尤其是高强度材料或大型构件（大型铸件、锻件、焊接件等）存在裂纹更是不可避免的。基于这样的事实，需要研究含裂纹构件的裂纹扩展规律以及材料的抗断裂性能等，断裂力学在这方面的发展，是对传统的疲劳强度计算的补充。本节简要介绍断裂力学中有关疲劳裂纹扩展速率与构件疲劳寿命的估算方法。

14.7.1 应力强度因子

考虑如图 14.16 所示无限大、带有裂纹的受拉平板，穿透平板厚度的裂纹长为 $2a$，根据线弹性断裂力学理论的研究结果，裂纹尖端附近区域应力场的强弱程度与参量 $\sigma\sqrt{\pi a}$ 有关，称参量 $\sigma\sqrt{\pi a}$ 为**应力强度因子**，用 K_I 表示，即

$$K_I = \sigma\sqrt{\pi a} \tag{14.28}$$

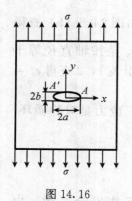

图 14.16

式中，σ 为应力，a 为裂纹半长度，应力强度因子的单位为 $MPa \cdot m^{\frac{1}{2}}$。构件与裂纹的构形（形状、尺寸和裂纹位置）以及受载情况不同，相应的应力强度因子计算式也各不相同。可以从有关的书籍或手册中查到。一般可表示为 $K_I = Y\sigma\sqrt{\pi a}$，$Y$ 称为**形状系数**。

应力强度因子可以有效地表征裂纹尖端附近的应力场强度，它是判断裂纹是否进入失稳扩展的一个强度指标。实验表明，随着载荷的增大，应力强度因子 K_I 也增大。对于一定的构件，只要应力强度因子 K_I 达到某一临界数值 K_{Ic} 时，裂纹就开始失稳扩展，并可能导致构件断裂破坏。K_{Ic} 称为材料的**断裂韧度**。断裂韧度是衡量材料抵抗断裂的一个强度指标，是材料常数。像材料的屈服极限 σ_s 和强度极限 σ_b 一样，可以通过断裂实验得到。含裂纹构件的断裂准则为

$$K_I = K_{Ic} \tag{14.29}$$

14.7.2 疲劳裂纹的扩展寿命

在静应力作用下，若构件应力强度因子 $K_I < K_{Ic}$，裂纹不会扩展。但是在交变应力作用下，虽然 $K_I < K_{Ic}$，裂纹却可能会缓慢扩展。当裂纹长度增大至某一临界值时，裂纹即发生失稳扩展而导致整个构件断裂。试验得出，对于一般金属材料，裂纹缓慢扩展的速率 $\dfrac{da}{dN}$ 与应力强度因子的变化幅度 ΔK 有以下关系

$$\frac{da}{dN} = C(\Delta K)^m \tag{14.30}$$

式中，a 为裂纹长度，N 为循环次数，C 与 m 均为材料常数，ΔK 为交变应力下应力强度因子的变化幅度，且

$$\Delta K = K_{max} - K_{min} = Y\sigma_{max}\sqrt{\pi a} - Y\sigma_{min}\sqrt{\pi a}$$

在交变应力作用下，裂纹从某一初始长度 a_i 扩展到临界长度 a_c 所经历的应力循环次数 N_c，即为**疲劳裂纹的扩展寿命**。

1. 等幅交变应力

应力幅值和平均应力保持不变的交变应力，称为**等幅交变应力**。

将式（14.30）积分，得到裂纹扩展寿命 N_c

$$N_c = \dfrac{\dfrac{1}{a_i^{(\frac{m}{2}-1)}} - \dfrac{1}{a_c^{(\frac{m}{2}-1)}}}{CY^m \Delta\sigma^m \left(\dfrac{m}{2}-1\right)} \tag{14.31a}$$

一般情况 $a_c \gg a_i$，因此上式可简化为

$$N_c = \dfrac{1}{CY^m \Delta\sigma^m \left(\dfrac{m}{2}-1\right) a_i^{(\frac{m}{2}-1)}} \tag{14.31b}$$

2. 变幅交变应力

构件的应力幅值不能保持不变，而且随时间的变化也是极不规则的，称为**变幅交变应力**。例如，行驶在崎岖路面上的汽车、受紊流影响的飞机等。对于这种情况，一般通过对实测记录的处理，简化成分级稳定交变应力如图 14.17 所示。

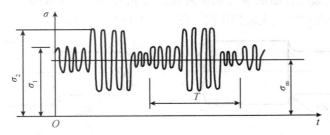

图 14.17

这时仍然可利用式（14.30）来求裂纹扩展寿命 N_c。不过，此时 $\Delta\sigma$ 不像等幅那样保持恒定不变，需要用 $\Delta\sigma_i$ 的均方根值 $\Delta\sigma_{rms}$ 来代替，即

$$\Delta\sigma_{rms} = \sqrt{\dfrac{\sum\limits_{i=1}^{K} (\Delta\sigma_i)^2}{K}} \tag{14.32}$$

式中 $\Delta\sigma_i$ 为第 i 级交变应力的变化幅度；K 为 $\Delta\sigma_i$ 的总数。

这样，在变幅交变应力下，裂纹从初始长度 a_i 扩展到临界长度 a_c 的扩展寿命 N_c 为

$$N_c = \dfrac{1}{CY^m \Delta\sigma_{rms}^m \left(\dfrac{m}{2}-1\right) a_i^{(\frac{m}{2}-1)}} \tag{14.33}$$

由式（14.32）与式（14.33）可见，只要知道初始裂纹尺寸、交变应力谱以及形状系数，就可以计算出疲劳裂纹的扩展寿命。

需要指出的是，对疲劳问题的研究要考虑从裂纹萌生、裂纹扩展直至疲劳断裂的全过程。这里讨论的疲劳裂纹的扩展寿命只是全过程的一个阶段。关于疲劳裂纹问题的深入研究，可参考有关的断裂力学著作。

14.8 提高构件疲劳强度的措施

在应力集中的部位和构件表面是极易形成疲劳裂纹的。为了提高疲劳强度，应主要考虑如何减缓应力集中、提高表面质量等方面。

14.8.1 减缓应力集中

应力集中是产生疲劳破坏的主要因素，构件的局部应力集中区则是疲劳裂纹萌生的发源地。同时，影响疲劳的各种因素，也都和应力集中有关。因此，为了提高构件的疲劳极限，主要措施是尽一切可能消除或改善应力集中。在设计构件外形时，要避免出现方形或带有尖角的孔和槽，对截面尺寸的突变（如阶梯轴的轴肩）处，要采用半径足够大的平滑过度圆角。过渡圆角半径较大的阶梯轴［图 14.18（a）］，应力集中程度要比过渡圆角半径较小的阶梯轴［图 14.18（b）］轻得多。有时因结构上的原因，难以加大过渡圆角半径，这时根据情况，也可以在轴的较粗部分上开"卸荷槽"（图 14.19）、"退刀槽"（图 14.20），都可以使应力集中有明显的减弱。在紧配合的轮毂与轴的配合面边缘处，有明显的应力集中，可在轮毂上开"减荷槽"，并加粗轴的配合部分（图 14.21），以缩小轮毂与轴之间的刚度差，可改善机械配合面的应力集中程度。在角焊接处，可采用坡口焊接［图 14.22（a）］，则应力集中程度要比无坡口焊接［图 14.22（b）］减轻很多。

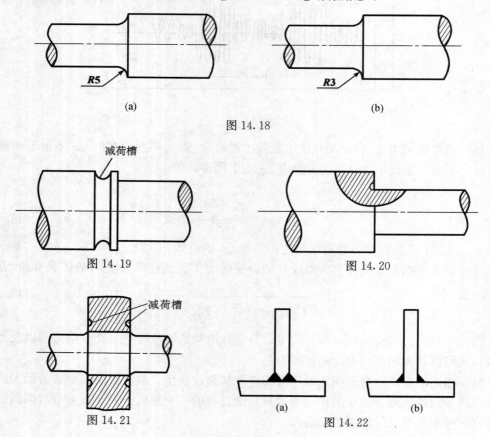

（a）   （b）

图 14.18

减荷槽

图 14.19   图 14.20

减荷槽

图 14.21   （a）   （b）

图 14.22

14.8.2 提高构件表面加工质量

构件表面层的应力一般都比较大，而对构件进行机械加工时表面上刀痕或损伤又会引起应力集中，极易形成疲劳裂纹。因此，构件表面加工质量对疲劳强度影响很大，疲劳强度要求较高的构件，应有较低的表面粗糙度。高强度钢对表面粗糙度更为敏感，只有经过精加工，才有利于发挥它的高强度性能，否则将会使疲劳极限大幅度下降，失去采用高强度钢的意义。

14.8.3 采取必要的表面处理

对构件的表层进行热处理和化学处理，如表面高频淬火、渗碳、氮化等，皆可使构件疲劳强度有显著提高。但采用这些方法时，要严格控制工艺过程，否则将造成表面微细裂纹，反而降低疲劳极限。也可以用机械的方法强化表层，如滚压、喷丸等，可使表面形成一层预压应力层，从而降低容易萌生疲劳裂纹的表面拉应力，可使疲劳强度大幅度提高。

思 考 题

14.1 同一材料在相同的变形形式中，当循环特征 r 为何值时，其疲劳极限最低？

14.2 思考题14.2图所示，受 F 力作用的旋转圆轴。需要在轴表面上打钢印，考虑圆轴受交变应力的特点，应将钢印打在哪端上？

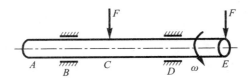

思考题 14.2 图

14.3 思考题14.3图所示，图（a）所示的板条受交变载荷作用。若在板条的切口附近钻上大小不同的小孔，如图（b）所示，则板条的疲劳极限将会降低还是提高？为什么？

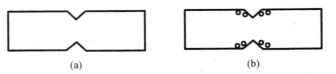

(a)　　　　　　　　　　　　　(b)

思考题 14.3 图

习 题

14.1 习题14.1图所示，试确定下列构件中 B 点的应力循环特征 r。

（1）轴固定不动，滑轮绕轴转动，如图（a）所示。滑轮上受铅垂力作用，其大小与方向均保持不变。

（2）轴与滑轮相固结并一起旋转，如图（b）所示。滑轮上作用有大小和方向均保持不变的铅垂力。

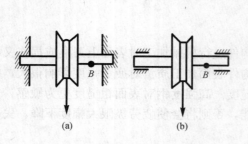

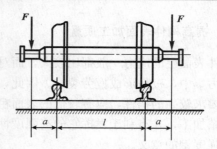

习题 14.1 图

习题 14.2 图

14.2 火车轮轴受力情况如习题 14.2 图所示。$a = 500\text{mm}$，$l = 1435\text{mm}$，轮轴中段直径 $d = 150\text{mm}$。若 $F = 50\text{kN}$，试求轮轴中段任一横截面边缘上任一点的最大应力 $\sigma_{\max}$、最小应力 $\sigma_{\min}$、循环特征 r，并作出 $\sigma - t$ 曲线。

14.3 习题 14.3 图所示，某重物通过轴承对圆轴作用一垂直方向的力，$F = 10\text{kN}$，而轴在 $\pm 30°$ 范围内往复摆动。已知材料的 $\sigma_b = 600\text{MPa}$，$\sigma_s = 340\text{MPa}$，$\sigma_{-1} = 250\text{MPa}$，$\psi_\sigma = 0.1$。试求危险截面上 1、2、3 点的交变应力的循环特征及工作安全系数。

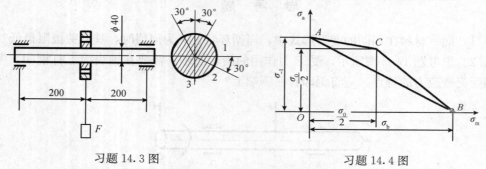

习题 14.3 图

习题 14.4 图

14.4 习题 14.4 图所示，在简化疲劳极限曲线时，如不采用折线 ABC，而用直线 AB 来代替原来的曲线，试推导此时的工作安全系数。

14.5 习题 14.5 图所示，在 $\sigma_m - \sigma_a$ 坐标系中，标出与图示应力循环对应的点，并求出自原点出发并通过这些点的射线与 σ_m 轴的夹角 α。

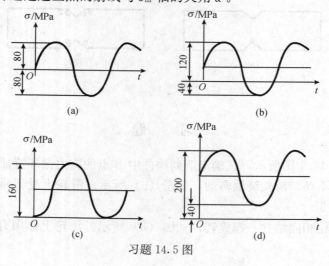

习题 14.5 图

14.6 习题14.6图所示,若构件的疲劳极限曲线简化成图示折线 $EDKJ$,G 点代表构件危险点的交变应力,OG 的延长线与简化折线的线段 DK 相交,试求这一应力循环的工作安全系数 n_σ。

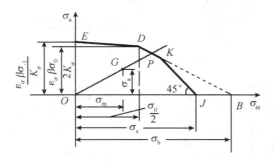

习题 14.6 图

14.7 阶梯轴如习题 14.7 图所示。材料为合金钢,$\sigma_b = 920\text{MPa}$,$\sigma_{-1} = 420\text{MPa}$,$\tau_{-1} = 250\text{MPa}$。轴的尺寸是:$D = 50$ mm,$d = 40$ mm,$r = 5$ mm。试确定此轴弯曲与扭转时的有效应力集中系数与尺寸系数。

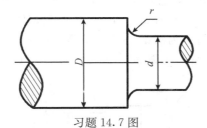

习题 14.7 图

14.8 习题 14.8 图所示,圆杆表面未经加工,且因径向圆孔而削弱。杆受到由 $0 \sim F_{N\max}$ 的交变轴向载荷的作用。已知材料为碳钢,$\sigma_b = 600\text{MPa}$,$\sigma_s = 340\text{MPa}$,$\sigma_{-1} = 200\text{MPa}$,$\psi_\sigma = 0.1$。规定安全系数 $n = 1.7$,$n_s = 1.5$,试求此杆能够承受的最大载荷。

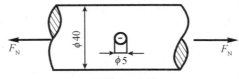

习题 14.8 图

14.9 习题 14.9 图所示,电动机轴上开有端铣加工的键槽。轴的材料为合金钢,$\sigma_b = 750\text{MPa}$,$\tau_b = 400\text{MPa}$,$\tau_s = 260\text{MPa}$,$\tau_{-1} = 190\text{MPa}$。轴在 $n = 750$ r/min 的转速下传递功率 $P = 30.2\text{kW}$。该轴时而工作,时而停止,但没有反向旋转。轴表面经磨削加工。若规定安全系数 $n = 2$,$n_s = 1.5$,试校核轴的强度。

14.10 习题 14.10 图所示,卷扬机的阶梯轴某段需要安装一滚珠轴承,因滚珠轴承内座圈上圆角半径很小,如装配时不用定距环 [图 14.10(a)],则轴上的圆角半径应为 $r_1 = 1$ mm,如增加一定距环 [图 14.10(b)],则轴上圆角半径可增加为 $r_2 = 5\text{mm}$。已知材料为碳钢,$\sigma_b = 520\text{MPa}$,$\sigma_{-1} = 220\text{MPa}$,$\beta = 1$,规定安全系数 $n = 1.7$。试比较轴在(a)、(b)两种情况下,对称循环许可弯矩 $[M]$。

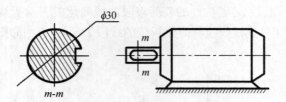

习题 14.9 图

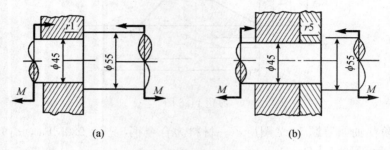

(a)   (b)

习题 14.10 图

14.11 习题 14.11 图所示，直径 $D = 50\text{mm}$，$d = 40\text{mm}$ 的阶梯轴，受交变弯矩和扭矩的联合作用。圆角半径 $r = 2\text{mm}$。正应力从 50MPa 变到 -50MPa；切应力从 40MPa 变到 20MPa。轴的材料为碳钢，$\sigma_b = 550\text{MPa}$，$\sigma_{-1} = 220\text{MPa}$，$\sigma_s = 300\text{MPa}$，$\tau_s = 180\text{MPa}$，$\tau_{-1} = 120\text{MPa}$。若取 $\psi_\tau = 0.1$，设 $\beta = 1$，试求此轴的工作安全系数。

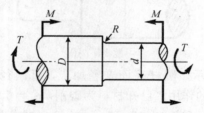

习题 14.11 图

第15章 杆件的塑性变形

15.1 概 述

在工程中，绝大部分构件必须在弹性范围内工作，不允许出现塑性变形，因此，前面讨论杆件变形和强度时主要集中在线弹性阶段，对材料的塑性变形很少论及。但有些问题，如金属成型、局部屈服等问题必须考虑塑性变形。此外，对构件的极限承载能力的计算和残余应力的研究，都需要掌握塑性变形的知识。为了说明材料的塑性变形，先回顾第2章中低碳钢拉伸的应力-应变曲线，如图15.1所示。图中 a、b、c 三点对应的应力分别是比例极限 σ_p、弹性极限 σ_e、屈服极限 σ_s。应力在 σ_p 以下，材料是线弹性的，应力和应变服从胡克定律。应力超过 σ_s 后，材料将出现明显的塑性变形。应变由弹性应变 ε_e 和塑性应变 ε_p 两部分组成，即

$$\varepsilon = \varepsilon_e + \varepsilon_p \tag{15.1}$$

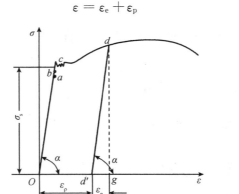

图 15.1

弹性变形和塑性变形的主要差别在于卸载后是否存在不可恢复的永久变形。加载过程和卸载过程中，应力-应变关系遵循不同的规律，是塑性阶段与弹性阶段的重要区别。在弹性范围内，应力和应变之间是单值对应的。塑性阶段却并非如此，应力和应变不再是单值对应的关系，如图15.2（a）所示，σ_s 可对应于多个应变值；同样，同一个应变 ε 也可对应于多个应力值，如图15.2（b）所示。

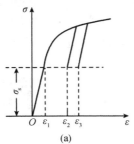
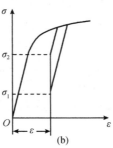

图 15.2

本章作为塑性力学的初步，仅讨论常温、静载条件下，材料的一些塑性性质、杆件基本变形的塑性阶段和极限载荷的计算、应力非均匀分布的杆件因塑性变形引起的残余应力等。塑性变形更深入的讨论，可参考塑性力学的相关著作。

15.2 简化模型

在生产实际中应用的金属材料种类很多，它们的性质各不相同。为了便于研究，忽略一些次要因素，对材料的应力-应变关系进行简化，将它们抽象为理想模型，以进一步建立塑性理论。图 15.3 给出了四种简化模型，分别是理想弹塑性模型、理想刚塑性模型、线性强化弹塑性模型和线性强化刚塑性模型。下面分别对四种理想模型的适用材料和应用范围作一简单介绍。

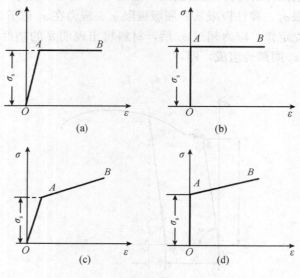

图 15.3

若材料有明显的塑性流动阶段，且流动阶段较长或强化程度较弱，其应力-应变曲线可用图 15.3 (a) 所示折线表示，称为**理想弹塑性模型**。图 15.3 (a) 中线段 OA 为弹性阶段，AB 为塑性阶段。若材料的塑性变形较大，相应的弹性部分可以忽略，其应力-应变关系可用图 15.3 (b) 所示直线表示，称为**理想刚塑性模型**。图 15.3 (b) 中，应力小于 σ_s 时，应变等于零。对于强化材料，其应力-应变曲线可简化为图 15.3 (c) 所示的折线，称为**线性强化弹塑性模型**。若强化材料的塑性变形比较大，可略去弹性变形部分，其应力-应变曲线可用图 15.3 (d) 所示直线表示，称为**线性强化刚塑性模型**。

上述四种简化模型，其弹性阶段和弹塑性阶段的应力-应变关系必须用不同的式子分别表示，在使用中颇为不便。为了便于计算，有时弹塑性材料的应力应变关系也可以采用幂函数来表示，称为**幂次强化模型**，如图 15.4 所示，其数学表达式为

$$\sigma = c\,\varepsilon^n \tag{15.2}$$

式中，c 和 n 皆为常数。

以上讨论的是材料受单向应力时的弹塑性应力-应变关系，在复杂应力状态下，可

利用第 7 章的强度理论分析材料是否发生塑性变形。如根据最大切应力理论，材料发生塑性变形的条件是

$$\sigma_1 - \sigma_3 = \sigma_s \tag{15.3}$$

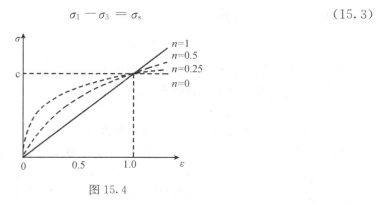

图 15.4

这一塑性条件也被称为**特雷斯卡塑性条件**（**Tresca's yield criterion**）。如果根据畸变能密度理论，塑性条件是

$$(\sigma_1 - \sigma_2)^2 + (\sigma_2 - \sigma_3)^2 + (\sigma_3 - \sigma_1)^2 = 2\sigma_s{}^2 \tag{15.4}$$

这一塑性条件也被称为**米泽斯塑性条件**（**Mises' yield criterion**）。复杂应力状态下，塑性变形的应力—应变关系要复杂许多，进一步的讨论，请读者参考塑性力学的相关内容。

15.3　轴向拉伸和压缩杆系的塑性分析

在静定拉压杆系如静定桁架中，应力最大的杆件将首先出现塑性变形。若材料为理想弹塑性材料，当杆系中任一杆件发生塑性变形时，杆系将成为几何可变的"机构"，丧失承载能力。此时的载荷也就是该结构的极限载荷。一般而言，静定杆系的塑性分析相对简单，而超静定杆系的分析要复杂得多。现以图 15.5（a）所示两端固定的杆件为例来说明超静定拉压杆系的塑性分析。当载荷 F 逐渐增加时，并将 C 点位移与载荷画在同一坐标系中，如图 15.5（b）所示。开始时，杆件处于弹性状态，杆件两端的反力为

$$F_{R1} = \frac{Fb}{a+b}, \qquad F_{R2} = \frac{Fa}{a+b} \tag{15.5}$$

若杆件的抗拉（压）刚度为 EA，F 力作用点 C 的位移是

$$\delta = \frac{F_{R1}a}{EA} = \frac{Fab}{EA(a+b)} \tag{15.6}$$

假设 $b > a$，则 $F_{R1} > F_{R2}$。如继续增加载荷 F，AC 段的应力将首先达到屈服极限，若相应的载荷为 F_1，设载荷作用点的位移为 δ_1，由式（15.5）和（15.6）可得

$$F_{R1} = \frac{F_1 b}{a+b} = A\sigma_s, \qquad F_1 = \frac{A\sigma_s(a+b)}{b}, \qquad \delta_1 = \frac{\sigma_s a}{E}$$

图 15.5（b）中 Oa 表示了上述加载过程，使结构处于弹性状态的最大载荷称为**最大弹性载荷**。如按照应力不能超出弹性阶段的强度要求，这里 F_1 就是危险载荷。当载荷 F 超过 F_1 时，虽然 AC 段已经屈服，但 CB 段不会立即屈服，仍有一定的承载能力，载荷还可以继续增加。自 AC 段开始屈服至 CB 段进入屈服，称为**约束塑性变形阶段**，

此时，由平衡方程可知

$$F_{R2} = F - A\sigma_s \tag{15.7}$$

载荷作用点 C 的位移为

$$\delta = \delta_1 + \frac{(F - F_1)b}{EA} \tag{15.8}$$

继续增加载荷，直至 BC 段也进入塑性阶段，此时，$F_{R2} = A\sigma_s$，若相应的载荷为 F_2 由式（15.7）求出相应的载荷 F_2 为

$$F_2 = 2A\sigma_s \tag{15.9}$$

当载荷达到 F_2 后，整根杆件都进入塑性变形。由于是理想弹塑性模型，杆件可持续发生塑性变形，无需再增加载荷，已失去了承载能力。F_2 就称为**极限载荷**，用 F_p 表示。式（15.8）表明，从 F_1 到 F_2，载荷 F 与位移 δ 的关系为图 15.5（b）中的 ab 段。而载荷超过 F_2 后，结构整体刚度明显削弱，变形显著增加。这一阶段称为**自由塑性变形阶段**，如图 15.5（b）中水平线所示。

如果只求解极限载荷，则可令 AC 段和 BC 段的轴力均等于极限载荷值 $A\sigma_s$，由平衡方程可直接得出极限载荷为

$$F_p = F_2 = 2A\sigma_s$$

可见，极限载荷的确定反而比弹性分析简单。

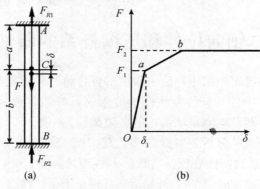

图 15.5

例 15.1 在如图 15.6 所示超静定结构中，设三杆的材料相同、横截面面积同为 A。试求使结构开始出现塑性变形的载荷 F_1 和极限载荷 F_p。

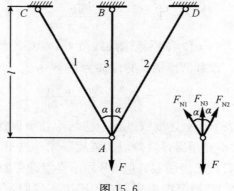

图 15.6

解　以 F_{N1} 和 F_{N2} 分别表 AC 和 AD 杆的轴力，F_{N3} 表 AB 杆的轴力。则

$$F_{N1} = F_{N2} = \frac{F \cos^2 \alpha}{1 + 2 \cos^3 \alpha}, \qquad F_{N3} = \frac{F}{1 + 2 \cos^3 \alpha} \tag{a}$$

当载荷逐渐增加时，AB 杆的应力首先达到 σ_s，这时的载荷即为 F_1。由式（a）的第二式得

$$F_{N3} = A\sigma_s = \frac{F_1}{1 + 2 \cos^3 \alpha} \tag{b}$$

由此解出

$$F_1 = A\sigma_s(1 + 2 \cos^3 \alpha) \tag{c}$$

载荷继续增加，直至两侧的杆件的轴力 F_{N1} 和 F_{N2} 也达到 $A\sigma_s$，相应的载荷即为极限载荷 F_p。这时由节点 A 的平衡方程可知

$$F_p = 2A\sigma_s \cos\alpha + A\sigma_s = A\sigma_s(2\cos\alpha + 1) \tag{d}$$

15.4　圆轴的塑性扭转

在 3.4 节中，讨论了圆轴扭转时的应力，在弹性范围内，横截面上各点切应力与其距圆心的距离 ρ 成正比，即

$$\tau = \frac{T\rho}{I_p} \tag{15.10}$$

随着扭矩的逐渐增加，截面边缘处的最大切应力首先达到剪切屈服极限 τ_s〔图 15.7（a）〕。若相应的扭矩为 T_1，由式（15.10）知

$$T_1 = \frac{\tau_s I_p}{r} = \frac{1}{2} \pi r^3 \tau_s \tag{15.11}$$

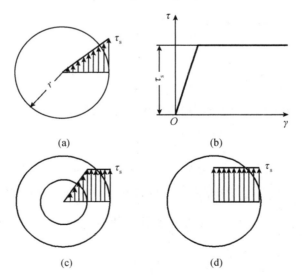

图 15.7

当 $T = T_1$ 时，圆轴开始屈服。假设切应力和切应变的关系是理想弹塑性的，如图 15.7（b）所示，当扭矩继续增加时，横截面上屈服区域逐渐增大，且屈服区域内切

应力保持为 τ_s，同时弹性区域逐渐缩小，如图 15.7（c）所示。由式（15.11）可知，随着扭矩的不断增加，最后只剩下圆心周围一个很小的核心处于弹性范围，它对抵抗扭矩的贡献很小，可认为整个截面上切应力均匀分布，如图 15.7（d）所示。与此相应的扭矩即为**极限扭矩**，用 T_p 表示，其值为

$$T_p = \int_A \rho \tau_s \mathrm{d}A \tag{15.12}$$

取 $\mathrm{d}A = 2\pi\rho\mathrm{d}\rho$ 代入上式后积分得

$$T_p = \frac{2}{3}\pi r^3 \tau_s \tag{15.13}$$

比较式（15.11）和式（15.13），不难发现，圆轴从发生屈服到全面屈服，扭矩增加了三分之一。达到极限扭矩后，轴已经丧失承载能力，但在反方向仍具有承载能力。在机械轴类零件的破坏中，主要以疲劳断裂为主，极限扭矩只是扭矩沿一个方向单调加载的极限值。

例 15.2 设圆轴受扭时，材料的切应力和切应变关系如图 15.8（a）所示，并可近似地表为

$$\tau_\rho^m = B\gamma_\rho \tag{a}$$

式中 m 和 B 皆为常量。试导出实心圆轴扭转时应力和变形的计算公式。

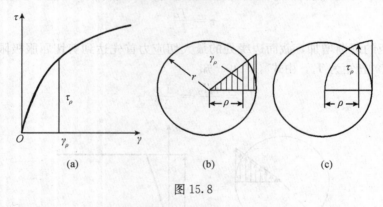

图 15.8

解 根据圆轴扭转的平面假设，可以直接引用 3.4 节中的式（a），求得横截面上任意点处的切应变为

$$\gamma_\rho = \rho \frac{\mathrm{d}\varphi}{\mathrm{d}x} \tag{b}$$

式中 $\dfrac{\mathrm{d}\varphi}{\mathrm{d}x}$ 是扭转角沿轴线的变化率，ρ 为横截面上一点到圆心的距离，γ_ρ 为该点切应变。可见，沿横截面半径，各点的切应变是按直线规律变化的〔图 15.8（b）〕。由式（a）和（b）可求出

$$\tau_p^m = B \frac{\mathrm{d}\varphi}{\mathrm{d}x}\rho \tag{c}$$

或者写成

$$\tau_\rho = \left(B \frac{\mathrm{d}\varphi}{\mathrm{d}x}\rho\right)^{\frac{1}{m}} \tag{d}$$

由式（d）可以得到切应力随半径的变化规律，如图 15.8（c）所示，可见，它与图 15.8（a）中的 τ-γ 的分布规律类似。横截面上的扭矩应为

$$T = \int_A \rho \tau_\rho \mathrm{d}A \tag{e}$$

取 $\mathrm{d}A = 2\pi\rho\mathrm{d}\rho$ 并将式（d）代入上式，得

$$T = 2\pi \left(B\frac{\mathrm{d}\varphi}{\mathrm{d}x}\right)^{\frac{1}{m}} \int_0^r \rho^{\frac{2m+1}{m}} \mathrm{d}\rho = 2\pi \left(B\frac{\mathrm{d}\varphi}{\mathrm{d}x}\right)^{\frac{1}{m}} \frac{m}{3m+1} r^{\frac{3m+1}{m}} \tag{f}$$

从式（d）和式（f）中消去 $\left(B\dfrac{\mathrm{d}\varphi}{\mathrm{d}x}\right)^{\frac{1}{m}}$，得切应力的计算公式

$$\tau_\rho = \frac{T}{2\pi r^3} \cdot \frac{3m+1}{m} \left(\frac{\rho}{r}\right)^{\frac{1}{m}} \tag{g}$$

令 $\rho = r$，得最大切应力为

$$\tau_{\max} = \frac{T}{2\pi r^3} \cdot \frac{3m+1}{m} = \frac{T_r}{T_{\mathrm{p}}} \cdot \frac{3m+1}{4m}$$

当 $m = 1$ 时，材料变为线弹性的，上式变为

$$\tau_{\max} = \frac{T \cdot r}{I_{\mathrm{p}}}$$

由式（c）可知

$$\tau_{\max}^m = B\frac{\mathrm{d}\varphi}{\mathrm{d}x} \cdot r$$

故有

$$\frac{\mathrm{d}\varphi}{\mathrm{d}x} = \frac{\tau_{\max}^m}{Br} = \frac{1}{Br}\left(\frac{Tr}{I_{\mathrm{p}}} \cdot \frac{3m+1}{4m}\right)^m$$

积分求得相距为 l 的两个横截面的相对扭转角为

$$\varphi = \frac{1}{B}\left(\frac{Tr}{I_{\mathrm{p}}} \cdot \frac{3m+1}{4m}\right)^m \frac{l}{r} \tag{h}$$

当 $m = 1, B = G$ 时，上式可写为

$$\varphi = \frac{Tl}{GI_{\mathrm{p}}}$$

与 3.5 节中式（3.16）一致。

15.5　静定梁的塑性分析

讨论直梁塑性弯曲，仍假设梁有一纵向对称面，且载荷皆作用于这一对称面内。以下分纯弯曲和横力弯曲两种情况讨论。

15.5.1　纯弯曲

根据平面假设（5.2 节），横截面上距中性轴为 y 的点的应变为

$$\varepsilon = \frac{y}{\rho} \tag{15.14}$$

式中 $\dfrac{1}{\rho}$ 是挠曲线的曲率。在纯弯曲条件下，横截面上剪力为零，由 $\sigma\mathrm{d}A$ 组成的内力系

应等于横截面的弯矩。因此，平衡方程可表示为

$$\int_A \sigma \mathrm{d}A = 0 \tag{15.15}$$

$$\int_A y\sigma \mathrm{d}A = M \tag{15.16}$$

在线弹性阶段，中性轴通过横截面形心，沿截面高度正应力按线性规律分布，即

$$\sigma = \frac{My}{I} \tag{15.17}$$

设材料为理想弹塑性材料，应力–应变关系如图 15.3（a）所示，且其拉伸和压缩的性能相同。显然，在梁的上、下边缘处正应力最大，首先出现塑性变形。若以 M_1 表示开始出现塑性变形时的弯矩，由式（15.17）可知

$$M_1 = \frac{I\sigma_s}{y_{max}} \tag{15.18}$$

当载荷逐渐增加时，横截面上塑性区逐渐扩大，且塑性区内的应力保持为 σ_s [图 15.9（b）]。最后，横截面上只剩下邻近中性轴的很小区域内材料是弹性的。此时，可简化为图 15.9（c）所表示的极限情况。这种情况下，无论在拉应力区或压应力区，都有

$$\sigma = \sigma_s$$

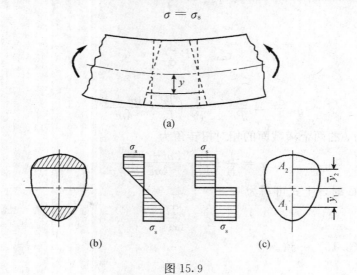

图 15.9

如以 A_1 和 A_2 分别表示中性轴两侧拉应力区和压应力区的面积，则平衡方程（15.15）化为

$$\int_A \sigma \mathrm{d}A = \int_{A_1} \sigma_s \mathrm{d}A - \int_{A_2} \sigma_s \mathrm{d}A = \sigma_s(A_1 - A_2) = 0$$

$$A_1 = A_2$$

若整个横截面面积为 A，则有

$$A_1 = A_2 = \frac{A}{2} \tag{15.19}$$

由此可见，在极限情况下，中性轴将截面分成面积相等的两部分，但它不一定通过截面的形心。只有当横截面有两个对称轴时，此时中性轴才通过形心。

极限情况下的弯矩即为极限弯矩 M_p，由平衡方程（15.16）得

$$M_p = \int_A y \sigma_s dA = \sigma_s \left(\int_{A_1} y dA + \int_{A_2} y dA \right) = \sigma_s (A_1 \bar{y}_1 + A_2 \bar{y}_2)$$

式中 $\bar{y}_1$ 和 $\bar{y}_2$ 分别是 A_1 和 A_2 的形心到中性轴的距离。利用式（15.19）又可把上式写成

$$M_p = \frac{1}{2} A \sigma_s (\bar{y}_1 + \bar{y}_2) \tag{15.20}$$

例 15.3　在纯弯曲情况下，试计算如图 15.10 所示的矩形截面梁和圆截面梁开始出现塑性变形时的弯矩 M_1 和极限弯矩 M_p。

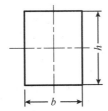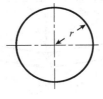

图 15.10

解　对矩形截面梁，由式（15.18）得开始出现塑性变形的弯矩 M_1 为

$$M_1 = \frac{I \sigma_s}{y_{max}} = \frac{bh^2}{6} \sigma_s$$

由式（15.20）求得极限弯矩 M_p 为

$$M_p = \frac{1}{2} A \sigma_s (\bar{y}_1 + \bar{y}_2) = \frac{1}{2} bh \sigma_s \left(\frac{h}{4} + \frac{h}{4} \right) = \frac{bh^2}{4} \sigma_s$$

M_1 和 M_p 之比为

$$\frac{M_p}{M_1} = 1.5$$

所以从出现塑性变形到极限情况，弯矩增加了 50%。

对圆截面梁，

$$M_1 = \frac{I \sigma_s}{y_{max}} = \frac{\pi r^3}{4} \sigma_s$$

$$M_p = \frac{1}{2} A \sigma_s (\bar{y}_1 + \bar{y}_2) = \frac{1}{2} \pi r^2 \sigma_s \left(\frac{4r}{3\pi} + \frac{4r}{3\pi} \right) = \frac{4r^3}{3} \sigma_s$$

$$\frac{M_p}{M_1} = \frac{16}{3\pi} = 1.7$$

从开始塑性变形到极限情况，弯矩增加 70%。

15.5.2　横力弯曲

　　横力弯曲情况下，弯矩沿梁轴线变化，横截面上除弯矩外还有剪力。也像研究弹性弯曲一样，可忽略剪力影响。考虑图 15.11 所示横截面为矩形的简支梁，由于跨度中点截面上弯矩最大，载荷逐渐增大时，必然在该截面的上、下边缘首先出现塑性变形，以后向该截面的两侧（包括上下和左右）扩大。图 15.11（a）中阴影线的部分为梁内形成的塑性区。把坐标原点放在跨度中点，并将坐标为 x 的横截面上的应力分布情况示

于图 15.11（b）。在塑性区内，$\sigma = \sigma_s$；弹性区内，$\sigma = \sigma_s \dfrac{y}{\eta}$。$\eta$ 为塑性区和弹性区的分界线到中性轴的距离。故截面上的弯矩应为

$$M = \int_A y\sigma \mathrm{d}A = 2\int_\eta^{\frac{h}{2}} y\sigma_s b\mathrm{d}y + 2\int_0^\eta y\sigma_s \frac{y}{\eta} b\mathrm{d}y = b\left(\frac{h^2}{4} - \frac{\eta^2}{3}\right)\sigma_s \tag{15.21}$$

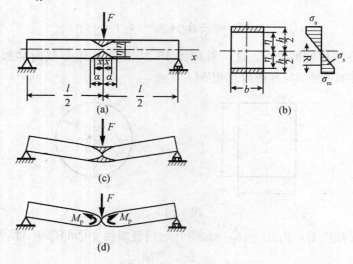

图 15.11

这一横截面上的弯矩还可以由载荷及约束求出

$$M = \frac{F}{2}\left(\frac{l}{2} - x\right)$$

令上述两式相等，则

$$\frac{F}{2}\left(\frac{l}{2} - x\right) = b\left(\frac{h^2}{4} - \frac{\eta^2}{3}\right)\sigma_s \tag{15.22}$$

这就是梁内塑性区边界方程。设开始出现塑性变形的截面的坐标为 a，在式（15.22）中，令 $x = a$，$\eta = \dfrac{h}{2}$，得

$$\frac{F}{2}\left(\frac{l}{2} - a\right) = \frac{bh^2}{6}\sigma_s$$

由此求得塑性区的长度为

$$2a = l\left(1 - \frac{bh^2}{6}\sigma_s \cdot \frac{4}{Fl}\right) = l\left(1 - \frac{M_1}{M_{\max}}\right) \tag{15.23}$$

式中

$$M_1 = \frac{bh^2}{6}\sigma_s, \quad M_{\max} = \frac{Fl}{4}$$

随着载荷的增加，跨度中点截面上的最大弯矩最终达到极限值 M_p。由于材料设为理想弹塑性材料，则该截面上拉应力和压应力均保持为 σ_s，但变形可以持续增加，相当于截面的转动不受任何"限制"，如图 15.11（c）所示。这时相当于在截面上有一个铰链，而作用于铰链两侧有取值为 M_p 的力偶矩。这种情况一般称为**塑性铰**。梁一旦形

成塑性铰，将变为"机构"，从而丧失承载能力。这就是静定梁的极限状态，这时的载荷为极限载荷 F_p，此时

$$M_{\max} = \frac{F_p l}{4} = M_p \tag{15.24}$$

$$F_p = \frac{4M_p}{l} \tag{15.25}$$

若梁的截面为矩形，由例 15.3 推导可知，$M_p = \dfrac{bh^2\sigma_s}{4}$，于是极限载荷为

$$F_p = \frac{bh^2\sigma_s}{l}$$

对于其他形式的静定梁，也可以按同样的方法进行塑性分析。但需注意的是，它在 M_p 方向丧失了承载力，但在反方向仍有一定的承载能力。

15.6　超静定梁的塑性分析

静定梁的塑性分析比较简单，本节以图 15.12（a）所示超静定梁为例，说明超静定梁塑性分析的特点。在弹性阶段，弯矩图如图 15.12（b）所示，可见固定端 A 的弯矩最大，因此，随着载荷逐渐增加，固定端 A 首先出现塑性铰。此时，超静定梁相当于图 15.12（c）中的静定梁，但结构并未丧失承载力。继续增加载荷，直至 C 点再形成一个塑性铰，如图 15.12（d）所示，此时，梁变成了一个机构，处于极限状态，此时载荷为极限载荷。

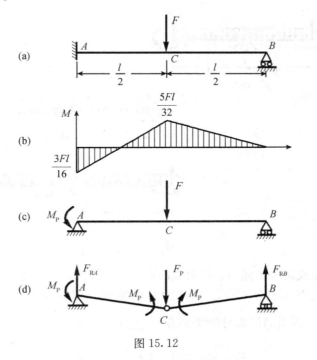

图 15.12

如果只需要求出极限载荷，一般不需要研究从弹性到塑性的全过程，可以确定出使超

静定梁变成机构的极限状态。根据塑性铰上的力偶矩为 M_p，并利用平衡方程，便可求得极限载荷。由图 15.12（d）所示极限状态为例，由 BC 段的平衡方程 $\sum M_C = 0$，得

$$F_{RB} = \frac{2M_p}{l}$$

再由整梁的平衡方程 $\sum M_A = 0$，得

$$F_{RB}l - F_p \cdot \frac{l}{2} + M_p = 0$$

把 F_{RB} 的值代入上式后，解出

$$F_p = \frac{6M_p}{l} \tag{15.26}$$

从以上分析看出，在超静定梁的塑性分析中，确定了梁的极限状态后，由静力平衡求出极限载荷，反而比弹性分析还简单。

例 15.4 在均布载荷作用下的超静定梁如图 15.13（a）所示。试求载荷 q 的极限值 q_p。

解 梁的极限状态一般是跨度 AB 或跨度 BC 变成机构。现将上述两种情况分别进行讨论。

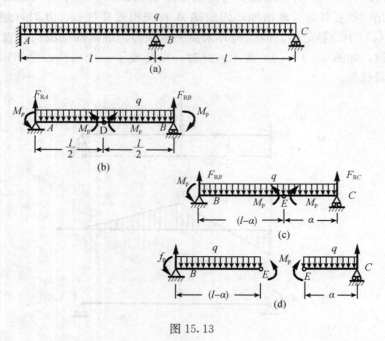

图 15.13

要使 AB 跨变成机构，除 A、B 两截面形成塑性铰外，还必须在跨度内的某一截面 D 上形成塑性铰 [图 15.13（b）]。由于对称的原因，塑性铰 D 一定在跨度中点，且 $F_{RA} = F_{RB} = \frac{ql}{2}$。再由 AD 部分的平衡方程 $\sum M_D = 0$，得

$$F_{RA}\frac{l}{2} - 2M_p - \frac{q}{2}\left(\frac{l}{2}\right)^2 = 0$$

将 F_{RA} 代入上式，解出

$$q = \frac{16M_p}{l^2} \tag{a}$$

这是使 AB 跨达到极限状态时的均布载荷。

现在讨论跨度 BC。要使它变成机构，除支座截面 B 要成为塑性铰外，还要在跨度内的某一截面 E 上形成塑性铰。设截面 E 到支座 C 的距离为 a。这样可把 BC 跨分成图 15.13（d）中的 BE 和 EC 两部分。对这两部分分别列出以下平衡方程：

$$\sum M_B = 0, \quad 2M_p - \frac{q}{2}(l-a)^2 = 0 \tag{b}$$

$$\sum M_C = 0, \quad M_p - \frac{q}{2}a^2 = 0$$

从以上两式中消去 M_p，得

$$a^2 + 2al - l^2 = 0$$

$$a = (-1 \pm \sqrt{2})l$$

显然应取 $\sqrt{2}$ 前的正号，即

$$a = (\sqrt{2} - 1)l$$

将 a 的值代入式（b）的第二式，求出

$$q = \frac{2M_p}{(\sqrt{2}-1)^2 l^2} = 11.66M_p/l^2 \tag{c}$$

这是使 BC 跨达到极限状态时的均布载荷。比较式（a）、（c），可见整个超静定梁的极限载荷是 $q_p = 11.66M_p/l^2$。

15.7　残余应力的概念

当构件局部的应力超过屈服极限时，这些部位将出现塑性变形，但构件的其余部分还是处于弹性状态。如再将载荷解除，已经发生塑性变形的部分不能恢复其原来尺寸，必将阻碍弹性部分的变形的恢复，从而引起内部相互作用的应力，这种应力称为**残余应力**。

以矩形截面梁为例，设材料为理想弹塑性材料，弯矩最大的截面已有部分面积变为塑性区，如图 15.14（a）所示。把卸载过程设想为在梁上作用一个逐渐增加的反向弯矩，当这一弯矩在数值上等于原来的弯矩时，载荷即已完全解除，但在卸载过程中，应力-应变关系是线性的，图 15.14（b）的 dd' 表示卸载曲线。因此，卸载弯矩对应的应力按线性规律分布，如图 15.14（c）所示，将加载应力和卸载应力叠加，得卸载后余留的应力，其分布如图 15.14（d）所示，即为残余应力。

对具有残余应力的梁，如再作用一个与第一次加载方向相同的弯矩，则应力-应变关系沿图 15.14（b）中的直线 $d'd$ 变化。新增加的应力沿梁截面高度也是线性分布的。就最外层的纤维而言，直到新增加的应力与残余应力叠加的结果等于 σ_s 时，梁才再次出现塑性变形。可见，只要第二次加载与第一次加载的方向相同，则因第一次加载出现的残余应力，提高了第二次加载的弹性范围。关于弯曲变形残余应力的讨论，只要略作修改，就可用于扭转问题的塑性分析。

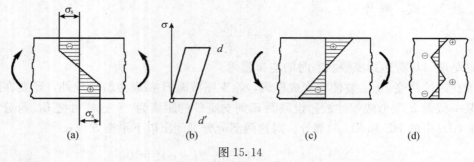

图 15.14

对于拉压超静定杆系，若在某些杆件发生塑性变形后卸载，也将引起残余应力。例如对图 15.6 所示桁架，如在 AB 杆已发生塑性变形，而 AC 和 AD 两杆仍然是弹性的情况下卸载，则 AB 杆的塑性变形阻碍 AC 和 AD 两杆恢复原长度，这就必然引起残余应力，这与 AB 杆有加工误差而引起的装配应力相似。实际上，在各种机械加工工艺如铸造、切削、焊接、热处理、装配等都有可能产生不同程度残余应力。

例 15.5 在矩形截面梁形成塑性区后，将载荷卸尽，试求梁截面上、下边缘处的残余应力。设材料为理想弹塑性材料。

解 当矩形截面梁的横截面上出现塑性区时，应力分布表示于图 15.11（b）。根据公式（15.21），截面上的弯矩为

$$M = b\left(\frac{h^2}{4} - \frac{\eta^2}{3}\right)\sigma_s$$

这时梁内的最大应力为 σ_s。

卸载过程相当于把与上列弯矩数值相等，方向相反的另一弯矩加于梁上，且它引起的应力按线弹性公式计算，即最大应力为

$$\sigma = \frac{M}{W} = \frac{6}{bh^2} \cdot b\sigma_s\left(\frac{h^2}{4} - \frac{\eta^2}{3}\right) = \frac{\sigma_s}{2}\left(3 - \frac{4\eta^2}{h^2}\right)$$

叠加两种情况，得截面边缘处的残余应力为

$$\sigma - \sigma_s = \frac{\sigma_s}{2}\left(1 - \frac{4\eta^2}{h^2}\right)$$

由正弯矩引起的残余应力，在上边缘处为拉应力，下边缘处为压应力，如图 15.14d 所示。

思 考 题

15.1 弹性变形和塑性变形的主要区别是什么？如果材料的应力-应变为一曲线时，一定是弹塑性模型吗？

15.2 两端固定的梁，当其中出现一个塑性铰时，它是否已完全丧失承载力？为什么？如果是简支梁又将出现什么情况。

15.3 一根钢筋在中间已经产生塑性弯曲变形，为了把它调直，有人在两端施加力偶，结果中间未变直反而原来弯曲的附近产生新的反向弯曲变形，这是什么原因？

习　题

15.1　习题 15.1 图所示，结构的水平杆为刚杆，1、2 两杆由同一理想弹塑性材料制成，横截面面积均为 A。试求使结构开始出现塑性变形的载荷 F_1 和极限载荷 F_p。

15.2　习题 15.2 图所示，杆件的上端固定，下端与固定支座间有一 0.02mm 的间隙。材料为理想弹塑性材料。$E = 200$GPa，$\sigma_s = 220$MPa；杆件在 AB 部分的横截面面积 200mm^2，BC 部分为 100 mm^2，若作用于截面 B 上的载荷 F 从零开始逐渐增到极限值，作图表示 F 力作用点位移 δ 与 F 之间的关系。

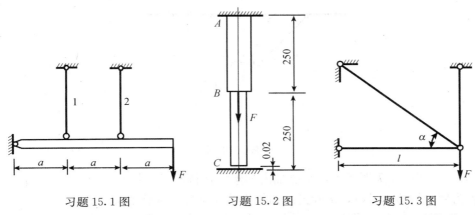

习题 15.1 图　　　　习题 15.2 图　　　　习题 15.3 图

15.3　试求习题 15.3 图示结构开始出现塑性变形时的载荷 F_1 和极限载荷 F_p，设材料是理想弹塑性的，且各杆的材料相同，横截面面积皆为 A。

15.4　习题 15.4 图所示，设材料拉伸的应力-应变关系为 $\sigma = C\varepsilon^n$，式中 C 和 n 皆为常数，且 $0 \leqslant n \leqslant 1$。压缩应力-应变关系与拉伸相同。梁截面是高为 h，宽为 b 的矩形。试导出纯弯曲时弯曲正应力的计算公式。

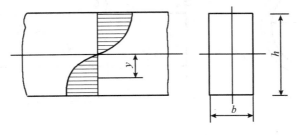

习题 15.4 图

15.5　习题 15.5 图所示，一受纯弯曲的矩形截面梁，由屈服极限为 σ_s 的理想弹塑性材料制成。当即将达到极限弯矩 M_p 时撤去外力矩 M_e。

（1）试大致画出横截面上残余轴力和残余弯矩。

（2）当梁重新承受正弯矩时，其线弹性最大弯矩是增大还是减小？

（3）当梁重新承受负弯矩时，情况又如何？

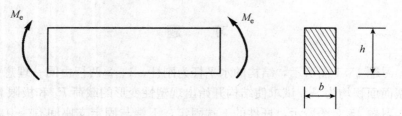

习题 15.5 图

15.6　已知习题 15.6 图示结构各杆的材料（理想塑性材料）和截面相同，屈服应力为 σ_s，试写出此结构的极限载荷计算式，并绘出其 F-δ 曲线的示意图。

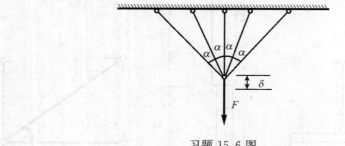

习题 15.6 图

15.7　习题 15.7 图所示，空心轴由弹塑性材料制成，其内半径为 a，外半径为 b，设材料为理想弹塑性材料，试确定此轴的弹性极限扭矩与塑性极限扭矩。

15.8　在习题 15.8 图所示，梁截面 C 和 D 上，作用集中力 F 和 βF，这里 β 是一个正系数，且 $0 < \beta < 1$。试求极限载荷 F_p。并求 β 为何值时，梁上的总载荷的极限值最大。

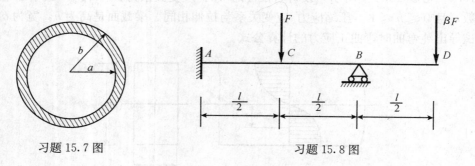

习题 15.7 图　　　　　　　　习题 15.8 图

第16章　电测实验应力分析基础

16.1　概　　述

实验应力分析是用实验方法测定构件中应力和变形的方法，它和应力分析理论一样是解决工程强度问题的一个重要手段。对于一些典型的受力构件，理论方法已给出了应力分析的基本公式，但在工程实际中，往往有一些构件或由于形状不规则，或由于受力情况、工作条件较为复杂，难以用理论公式进行计算。为解决这类问题，就须通过实验的方法对实际构件或其模型进行应力、应变测定，以便较精确地了解构件中的应力变化情况，并求出其最大应力，作为强度计算的依据。这种通过实验来研究和了解结构或构件应力的方法，称为实验应力分析。

实验应力分析的方法很多，较为常用的有电阻应变测量、光测弹性力学、激光全息干涉测量等。其中电阻应变测量（以下简称电测法）应用最为普遍。本章介绍电测法的基本原理及其应用，其他方法可参阅有关资料。

电测法是以电阻应变片为传感元件，将其粘贴在被测构件的测点处，使其随同构件变形，将构件测点处的应变转换为电阻应变片的电阻变化，便可确定测点处的应变，并进而按胡克定律得到其应力。电测法的特点是传感元件小，适应性强，测试精度高，因而在工程中被广泛应用。在实际应变测量中，往往先测定测点处沿几个方向的线应变，然后确定该点处的最大线应变，进而确定最大正应力。为此，本章先研究平面应力状态下一点处应变随方向而改变的规律，再讨论电阻应变测量的基本原理及其应用。

16.2　平面应力状态下的应变分析

16.2.1　任意方向的应变

为了推导平面应力状态下一点处在该平面内沿任意方向线应变和切应变的表达式，设已知点 O 处在坐标系 Oxy 内的线应变 ε_x、ε_y 和切应变 γ_{xy}，为求得该点处沿任意方向的应变 ε_α 和 γ_α，可将坐标系 Oxy 绕 O 点旋转一个 α 角，得到一个新的坐标系 $Ox'y'$，并规定 α 角以逆时针转动为正［图 16.1（a）］。由于在 O 点处所取微段的长度为无穷小量，故可认为在 O 点处沿任意方向的微段内，应变是均匀的。此外，由于所研究的变形在弹性范围内都是微小的，于是，可先分别算出由各应变分量 ε_x、ε_y、γ_{xy} 单独存在时的线应变 ε_α 和切应变 γ_α，然后按叠加原理求得其同时存在时的 ε_α 和 γ_α。

首先，推导线应变 ε_α 的表达式。为此，可从 O 点沿 x' 方向取一微段 $\overline{OP} = \mathrm{d}x'$，并作为矩形 $OAPB$ 的对角线［图 16.1（b）］，该矩形的两边分别为 $\mathrm{d}x$ 和 $\mathrm{d}y$。由图可见

$$\overline{OP} = \mathrm{d}x' = \mathrm{d}x/\cos\alpha = \mathrm{d}y/\sin\alpha \tag{a}$$

在只有正值 ε_x 的情况下，假设 OB 边不动，矩形 $OAPB$ 在变形后将成为 $OA'P'B$，

则 $\overline{AA'} = \overline{PP'} = \varepsilon_x \mathrm{d}x$。由于变形微小，$\overline{OP}$ 的伸长量 $\overline{P'D}$ 可看作为

$$\overline{P'D} \approx \overline{PP'}\cos\alpha = \varepsilon_x \mathrm{d}x\cos\alpha \tag{b}$$

由线应变的定义可得 O 点处沿 x' 方向的线应变 ε_{a1} 为

$$\varepsilon_{a1} = \frac{\overline{P'D}}{\overline{OP}} = \frac{\varepsilon_x \mathrm{d}x\cos\alpha}{\mathrm{d}x/\cos\alpha} = \varepsilon_x \cos^2\alpha \tag{c}$$

在只有正值 ε_y 的情况下，假设 OA 边不动，矩形 $OAPB$ 在变形后将变为 $OAP''B'$ [图 16.1（c）]，则 $\overline{BB'} = \overline{PP''} = \varepsilon_y \mathrm{d}y$。同样由于变形微小，$\overline{OP}$ 的伸长量 $\overline{P'D'}$ 可看作为

$$\overline{P'D'} \approx \overline{PP''}\sin\alpha = \varepsilon_y \mathrm{d}y\sin\alpha \tag{d}$$

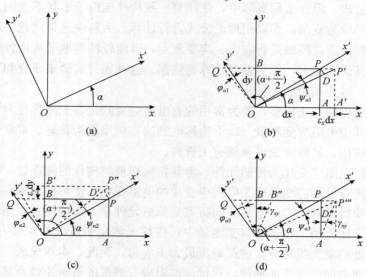

图 16.1

由此，可得 O 点处沿 x' 方向的线应变 ε_{a2} 为

$$\varepsilon_{a2} = \frac{\overline{P'D'}}{\overline{OP}} = \frac{\varepsilon_y \mathrm{d}y\sin\alpha}{\mathrm{d}y/\sin\alpha} = \varepsilon_y \sin^2\alpha \tag{e}$$

在只有正值切应变 γ_{xy} 的情况下，假设 OA 边不动，矩形 $OAPB$ 在变形后成为菱形 $OAP'''B''$ [图 16.1（d）]，则 $\overline{BB''} = \overline{PP'''} \approx \gamma_{xy} \mathrm{d}y$，于是，$\overline{OP}$ 的伸长量 $\overline{P'''D''}$ 可看作为

$$\overline{P'''D''} \approx \overline{PP'''}\cos\alpha = \gamma_{xy} \mathrm{d}y\cos\alpha \tag{f}$$

因此，可得 O 点处沿 x' 方向的线应变 ε_{a3} 为

$$\varepsilon_{a3} = \frac{\overline{P'''D''}}{\overline{OP}} = \frac{\gamma_{xy} \mathrm{d}y\cos\alpha}{\mathrm{d}y/\sin\alpha} = \gamma_{xy} \sin\alpha\cos\alpha \tag{g}$$

按叠加原理，在 ε_x、ε_y 和 γ_{xy} 同时存在时，O 点处沿 x' 方向的线应变 ε_α 应等于式（c）、式（e）、式（g）的代数和，即

$$\varepsilon_\alpha = \varepsilon_{a1} + \varepsilon_{a2} + \varepsilon_{a3} = \varepsilon_x \cos^2\alpha + \varepsilon_y \sin^2\alpha + \gamma_{xy} \sin\alpha\cos\alpha$$

经三角函数关系变换后，得到

$$\varepsilon_\alpha = \frac{1}{2}(\varepsilon_x + \varepsilon_y) + \frac{1}{2}(\varepsilon_x - \varepsilon_y)\cos 2\alpha + \frac{1}{2}\gamma_{xy}\sin 2\alpha \tag{16.1}$$

其次，推导切应变 γ_a 的表达式。其思路同前，但应注意，切应变 γ_a 是直角 $\angle x'Oy'$ 的变化，并规定以第一象限的直角减小时为正值。按前述推导方法，先分别求得在图 16.1（b）、（c）、（d）所示情况下，沿 x' 轴和 y' 轴的两边 OP 和 OQ 的转角。在以下的转角计算中，以顺时针转动为正，两边转角的代数和即等于切应变。

在只有正值 ε_x 的情况下［图 16.1（b）］，仍将 OB 边看作不动，则变形前矩形 $OAPB$ 的对角线 OP 即沿 x' 轴方向的微段，转到变形后 OP' 位置，其转角 ψ_{a1} 为

$$\psi_{a1} = \frac{\overline{PD}}{OP} = \frac{\varepsilon_x \mathrm{d}x\sin\alpha}{\mathrm{d}x/\cos\alpha} = \varepsilon_x \sin\alpha\cos\alpha \tag{h}$$

类似地，在只有正值 ε_y 时［图 16.1（c）］，并将 OA 边看作不动，则 OP 转到 OP'' 位置的转角 ψ_{a2} 为

$$\psi_{a2} = \frac{\overline{PD'}}{OP} = \frac{\varepsilon_y \mathrm{d}y\cos\alpha}{\mathrm{d}y/\sin\alpha} = -\varepsilon_y \sin\alpha\cos\alpha \tag{i}$$

上式右边的负号表明转角为逆时针转动。

在只有正值 γ_{xy} 时［图 16.1（d）］，并将 OA 边看作不动，则 OP 转到 OP''' 位置的转角 ψ_{a3} 为

$$\psi_{a3} = \frac{\overline{PD''}}{OP} = \frac{\gamma_{xy} \mathrm{d}y\sin\alpha}{\mathrm{d}y/\sin\alpha} = \gamma_{xy} \sin^2\alpha \tag{j}$$

在 ε_x、ε_y、γ_{xy} 同时存在的情况下，按叠加原理可得

$$\psi_a = \varepsilon_x \sin\alpha\cos\alpha - \varepsilon_y \sin\alpha\cos\alpha + \gamma_{xy} \sin^2\alpha \tag{k}$$

要得到沿 y' 轴方向的微段 OQ 在 ε_x、ε_y、γ_{xy} 同时存在的情况下的转角 φ_a，只需将式（k）中的 α 角代之以（$\alpha + \pi/2$）角，即得

$$\varphi_a = -\varepsilon_x \sin\alpha\cos\alpha + \varepsilon_y \sin\alpha\cos\alpha + \gamma_{xy} \cos^2\alpha \tag{l}$$

由于在以上计算转角 ψ_a 和 φ_a 时，都是按顺时针转动为正，而切应变却是以使原来的直角减小时为正值，因而

$$\begin{aligned}
\gamma_a &= \varphi_a - \psi_a \\
&= -2\varepsilon_x \sin\alpha\cos\alpha + 2\varepsilon_y \sin\alpha\cos\alpha + \gamma_{xy}(\cos^2\alpha - \sin^2\alpha) \\
&= -(\varepsilon_x - \varepsilon_y)\sin2\alpha + \gamma_{xy}\cos2\alpha
\end{aligned}$$

经三角函数关系变换后，得到

$$-\frac{\gamma_a}{2} = \frac{1}{2}(\varepsilon_x - \varepsilon_y)\sin2\alpha - \frac{\gamma_{xy}}{2}\cos2\alpha \tag{16.2}$$

16.2.2　应变圆

式（16.1）和式（16.2）与（I）册第 7 章中平面应力状态下斜截面应力的表达式（7.3）和式（7.4）具有相似性（即 σ 对应于 ε，τ 对应于 $-\dfrac{\gamma}{2}$），因此，只需将线应变 ε 作为横坐标，而将 $-\gamma/2$ 作为纵坐标，即将纵坐标的正向取为铅垂向下，如图 16.2 所示，便可绘出表示平面应力状态下一点处不同方向的应变变化规律的应变图。受力物体内一点处各方向应变的集合，称为一点处的应变状态，而应变圆也就表示了相应点的应变状态。在应变圆上的 D_1 点，其横坐标代表沿 x 轴方向的线应变 ε_x，纵坐标代表直角 $\angle xOy$ 的切

应变 γ_{xy} 的一半，即 $\gamma_{xy}/2$。而在圆上的 D_2 点，其横坐标代表沿 y 轴方向的线应变 ε_y，纵坐标代表坐标系 Oxy 旋转了 $90°$ 以后的直角改变量之半，即 $-\gamma_{xy}/2$。在已知一点处的三个应变分量 ε_x、ε_y 和 γ_{xy} 后，就可依照应力圆的作法作出应变圆（其证明可仿照应力圆的证明）。但需注意，应变圆的纵坐标是 $\gamma/2$，且正值的切应变在横坐标轴的下方。

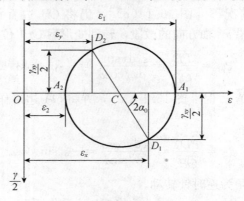

图 16.2

16.2.3 主应变的数值与方向

平面应力状态下，一点处与该平面垂直的各斜截面中存在两相互垂直的主平面，其上的正应力为主应力而切应力均等于零。可以证明，平面应力状态下，在该平面内一点处也存在着两个相互垂直的主应变，其相应的切应变等于零。由图 16.2 可见，应变圆与横坐标轴的两交点 A_1 和 A_2 的纵坐标均等于零，其横坐标分别代表两个主应变 ε_1 和 ε_2。应变圆上 A_1、A_2 两点间所夹圆心角为 $180°$，因此，两主应变方向间的夹角等于 $90°$，即两主应变方向相互垂直。

由应变圆（图 16.2）可得两主应变的表达式为

$$\left.\begin{array}{c}\varepsilon_1\\\varepsilon_2\end{array}\right\} = \frac{\varepsilon_x + \varepsilon_y}{2} \pm \sqrt{\left(\frac{\varepsilon_x - \varepsilon_y}{2}\right)^2 + \left(\frac{\gamma_{xy}}{2}\right)^2} \tag{16.3}$$

主应变 ε_1 的方向与 x 轴的夹角 α_0 为

$$2\alpha_0 = \arctan\frac{\gamma_{xy}/2}{(\varepsilon_x - \varepsilon_y)/2} = \arctan\frac{\gamma_{xy}}{\varepsilon_x - \varepsilon_y} \tag{16.4}$$

由图 16.2 可见，当 $\varepsilon_x > \varepsilon_y$ 时，从 D_1 点（代表 x 轴方向的应变）到 A_1 点（代表主应变 ε_1）的圆心角是按逆时针转向转动的，因此，$2\alpha_0$ 角为正值，故在上式中用正号。主应变 ε_2 的方向则与 ε_1 的方向垂直。对于各向同性材料，在线弹性范围内，由于正应力仅引起线应变，因此，任一点处的主应变方向与相应的主应力相同，且主应变的序号也与主应力的序号相一致。

16.3 电测法基本原理

16.3.1 电阻应变片及其转换原理

由物理学可知，导体在一定的应变范围内其电阻变化率 $\Delta R/R$ 与导体的弹性应变 $\Delta l/l$ 成正比，即

$$\frac{\Delta R}{R} = K_s \frac{\Delta l}{l} \qquad (16.5)$$

式中，常数 K_s 称为材料的灵敏系数。因此，可选取适合的导体制造成电阻应变片，粘贴在构件表面的测点处，使其随同构件变形，从而测定构件测点处的应变。

电阻应变片简称为应变片，工程中常用的应变片有丝绕式应变片、箔式应变片和半导体应变片等。丝绕式应变片 [图 16.3 (a)] 用 $\varphi = 0.02 \sim 0.05\text{mm}$ 的康铜丝或镍铬丝绕成栅状，这是因为既希望增加金属丝的长度，增加其电阻改变量，以提高测量精度，又希望减小应变片的标距 l，以反映"一点"处的应变。将金属丝栅粘固与两层绝缘

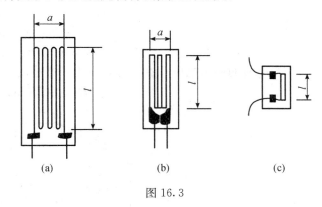

图 16.3

的薄纸（或塑料薄膜）之间，丝栅的两端用直径为 0.2mm 左右的镀银铜丝线引出，以供测量时焊接导线之用。

箔式应变片 [图 16.3 (b)] 是为减小应变片的尺寸，利用光刻技术将康铜箔或镍铬箔腐蚀成栅状，然后粘固于两层塑料薄膜之间而制成。

半导体应变片 [图 16.3 (c)] 是利用半导体的应变效应（即应变与电阻变化率成正比），将半导体粘固于塑料基体上而制成。

金属丝制造成应变片后，由于金属丝回绕形状、基体和胶层等因素的影响，应变片的灵敏系数为

$$K = \frac{\Delta R/R}{\varepsilon} \qquad (16.6)$$

式中，ε 为沿应变片长度方向的线应变。应变片的灵敏系数 K 与制造应变片材料的灵敏系数 K_s 值不尽相同。应变片的灵敏系数 K 通过实验测定，一般由应变片的制造厂提供，常用应变片 K 为 1.7~3.6。

电阻应变片的基本参数为灵敏系数 K、电阻值 R、标距 l 和宽度 a。显然，由应变片测得的应变实际上是标距和宽度范围内的平均应变。因此，当需要测量一点处的应变时（如应力集中处的最大应变），应选用尽可能小的应变片。而当需要测量不均匀材料（如混凝土）的应变时，则需选用足够大的应变片，以得到测量范围内的平均应变值。由于构件测点处的应变是通过应变片的电阻变化来测量的，所以，应变片粘贴的位置要准确，并保证它随同构件变形。此外，还要求应变片与构件间有良好的绝缘。

16.3.2　测量原理及电阻应变仪

应变片随同构件变形而引起的电阻变化，需用电阻应变仪进行测量。其测量电路为四臂电桥（惠斯通电桥），现将电桥线路的工作原理简述如下。

电桥（图 16.4）的四个桥臂 AB、BC、CD 和 DA 的电阻分别为 R_1、R_2、R_3 和 R_4。当对角结点 A、C 接上电压为 U_{AC} 的直流电源时，则另一对角结点 B、D 的输出电压为

$$U_{BD} = U_{AB} - U_{AD} = I_1 R_1 - I_4 R_4$$

由于

$$I_1 = \frac{U_{AC}}{R_1 + R_2}, \qquad I_4 = \frac{U_{AC}}{R_3 + R_4}$$

故得

$$U_{BD} = U_{AC} \frac{R_1 R_3 - R_2 R_4}{(R_1 + R_2)(R_3 + R_4)} \tag{16.7}$$

当电桥的输出电压 $U_{BD} = 0$，即电桥平衡时，得

$$R_1 R_3 = R_2 R_4 \tag{16.8}$$

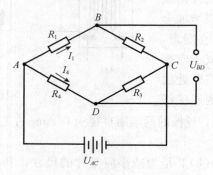

图 16.4

若电桥的四个桥臂均为粘贴在构件上的电阻应变片，且其初始电阻相等，即 $R_1 = R_2 = R_3 = R_4 = R$，则在构件受力前，显然电桥保持平衡，$U_{BD} = 0$。在构件受力后，若各应变片产生的电阻改变量分别为 ΔR_1、ΔR_2、ΔR_3 和 ΔR_4，则由式（16.7），并考虑到 ΔR_i 远小于 R，略去分子中的 ΔR_i 的高次项和分母中的 ΔR_i 项，可得电桥的输出电压为

$$U_{BD} = U_{AC} \times \frac{\Delta R_1 + \Delta R_3 - \Delta R_2 - \Delta R_4}{4R} \tag{16.9}$$

为提高测量精度，实际应用的应变仪采用双电桥结构，即把测量电桥和读数电桥串联起来，如图 16.5 所示。图中的 R_1、R_2、R_3 和 R_4 是由应变片组成的测量电桥四个桥臂的电阻，而 R'_1、R'_2、R'_3 和 R'_4 则为由可调电阻组成的读数电桥四个桥臂的电阻。双电桥的总输出电压为

$$U = U_{BD} + U'_{BD} \tag{a}$$

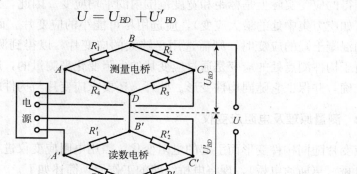

图 16.5

若测量电桥中四个应变片的原始电阻值均为 R，并在测量前预调读数电桥，使双电桥的总输出电压 $U=0$，则当应变片随同构件变形而引起电阻变化时，测量电桥将输出一个不平衡的电压 U_{BD}，由式（16.9）及式（16.6）可得

$$U_{BD} = U_{AC} \frac{\Delta R_1 + \Delta R_3 - \Delta R_2 - \Delta R_4}{4R}$$

$$= \frac{U_{AC}K}{4}(\varepsilon_1 + \varepsilon_3 - \varepsilon_2 - \varepsilon_4) \tag{b}$$

此不平衡电压经放大后，驱动指示仪的指针偏转。再调节读数电桥，使其输出一个与 U_{BD} 数值相等、方向相反的不平衡电压 U'_{BD}，从而使总输出电压 U 为零，即指示仪的指针恢复到零位。

与式（16.9）相仿，U'_{BD} 的大小也与读数电桥各桥臂的电阻改变量（$\Delta R'_1 + \Delta R'_3 - \Delta R'_2 - \Delta R'_4$）成正比，而这一电阻改变量是通过改变 R'_1 与 R'_2 或 R'_3 与 R'_4 的旋钮来实现的。设旋钮的旋转量为 ε_R，则 ε_R 与读数电桥的输出电压成正比，即

$$U'_{BD} = A\varepsilon_R \tag{c}$$

为使指示仪的指针回到零位（即总输出电压 U 为零），要求 U'_{BD} 与 U_{BD} 的数值相等，即

$$A\varepsilon_R = \frac{U_{AC}K}{4}(\varepsilon_1 + \varepsilon_3 - \varepsilon_3 - \varepsilon_4) \tag{d}$$

设计旋钮的刻度，使 $A = \dfrac{U_{AC}K}{4}$，即得

$$\varepsilon_R = \varepsilon_1 + \varepsilon_3 - \varepsilon_2 - \varepsilon_4 \tag{16.10}$$

上式就是旋钮刻度盘的读数 ε_R 与测量电桥中四个应变片的应变值之间的关系式。按上述原理制成的仪器，称为电阻应变仪。应用电阻应变仪，可直接读出构件表面被测点处的应变值。

16.3.3　应变测量中的一些问题

用电测法测量应变时，通常还需考虑以下几个问题。

1. 测量电桥的接线

在实际测量中，测量电桥的接线方式有两种。一种是半桥接线法，即将测量电桥的 R_1 和 R_2 两臂接上应变片，而另两臂 R_3 和 R_4 短接，即用电阻应变仪内接的相同电阻值的标准电阻。于是式（16.10）中的 $\varepsilon_3 = \varepsilon_4 = 0$。另一种是全桥接线法，即将测量电桥的四个桥臂都接上应变片。两种接线方式的具体应用，应根据被测构件的变形特征和测试要求来选取，将在下面的应变测量中讨论。

2. 温度补偿

在测量过程中，工作环境的温度变化将引起构件和应变片产生温度变形，而且各应变片处温度变化也不一定相同。于是，测得的应变值将包含温度变化的影响，而导致测量误差。为了消除由温度变化而引起的测量误差，测量中可使相邻两桥臂的应变片（如 R_1 和 R_2）粘贴在同一温度环境下相同材料的表面上，其中 R_1 为构件测点的应变片，称为工作片；R_2 为不受荷载作用的应变片，称为温度补偿片，如图 16.6（a）所示。于是，工作片 R_1 和温度补偿片 R_2 的应变分别为

$$\varepsilon_1 = \varepsilon_{1F} + \varepsilon_{1t}, \qquad \varepsilon_2 = \varepsilon_{2t}$$

显然，R_1 和 R_2 由温度变化所引起的应变相等，即 $\varepsilon_{1t} = \varepsilon_{2t}$，并注意到 $\varepsilon_3 = \varepsilon_4 = 0$，于是，由式（16.10）可得

$$\varepsilon_R = \varepsilon_1 - \varepsilon_2 = \varepsilon_{1F} \tag{e}$$

即应变仪的读数值 ε_R 等于测点处由荷载引起的应变值 ε_{1F}，从而消除温度变化的影响。

有时，利用式（16.10）所表示的应变仪读数值与各桥臂应变值之间的关系，也可将粘贴在构件表面上、并处于同一温度环境的电阻应变片作为测量电桥的桥臂，而不单独设置温度补偿片。例如，若以图 16.6（b）中拉杆表面相互垂直的两片应变片作为 R_1 和 R_2，则应变仪的读数值为

$$\varepsilon_R = \varepsilon_1 - \varepsilon_2 = (\varepsilon_{1F} + \varepsilon_{1t}) - (-\mu \varepsilon_{1F} + \varepsilon_{2t}) = (1 + \mu)\varepsilon_{1F}$$

式中，μ 为材料的泊松比。按照这样的接线方法虽未单独设置温度补偿片，但温度变化的影响已自动消除，称为自动补偿。一般地说，自动补偿接线中的读数值 ε_R 往往是测点应变值的某一倍数，如上述的倍数为 $(1 + \mu)$，从而也提高了测量的灵敏度。

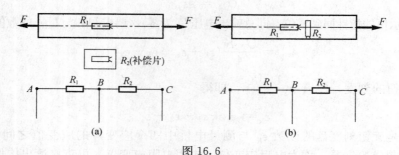

图 16.6

3. 灵敏系数调整器的使用

由于各种电阻应变片的灵敏系数 K 不尽相同，为使应变仪的读数正确反应测点的应变，在实际测试中，同一次测试应选用具有相同灵敏系数值的同一应变片。并且在测量前，将电阻应变仪上灵敏系数调整器的指针对准应变片的灵敏系数 K。这时，应变仪的读数 ε_R 与四个桥臂的应变之间才符合（16.10）所示的关系。若应变片的 K 超出了灵敏系数调整器的可调范围，则可将调整器的指针对准 "2.00"，然后把应变仪的读数值 ε_R 按下式进行修正，以求得实际的应变值 ε

$$\varepsilon = \frac{2.00}{K}\varepsilon_R \tag{16.11}$$

式中，K 为所用应变片的灵敏系数值。

另外，一般常用电阻应变仪内测量电桥的桥臂电阻是按 120Ω 设计的。若选用的应变片的电阻不是 120Ω，或者连接应变片的导线过长，均将引起测量误差，其读数值 ε_R 也应按比例加以修正。

16.4　应变测量与应力计算

实际测试中，应根据测试的目的和要求，对被测构件进行应力分析，确定测点的位置。然后，根据测点的应力状态及温度补偿等要求，考虑应变片的布片及接线方案。下面分别加以讨论。

16.4.1 单向应力状态

当构件的测点处于单向应力状态时，只需在测点处沿主应力方向（亦即主应变方向）粘贴一个电阻应变片，然后，用电阻应变仪测定其应变 ε，并按胡克定律

$$\sigma = E\varepsilon$$

求得其正应力 σ，也即测点处的主应力。例如图 16.6（a）所示拉杆的轴向应力。若采用温度自动补偿，则可采用图 16.6（b）所示的布片和接线方式进行测定。

16.4.2 主应力方向已知的平面应力状态

若构件的测点处于平面应力状态，且其主应力方向（亦即主应变方向）可通过理论分析或其他实验方法加以确定，则可在测点处沿两个主应力方向粘贴电阻应变片，应用温度补偿片或自动补偿法，测得相应的两个主应变 ε_1 和 ε_2。然后，应用平面应力状态下的广义胡克定律公式，经整理后，可得测点处相应的两个主应力为

$$\sigma_1 = \frac{E}{1-\mu^2}(\varepsilon_1 + \mu\varepsilon_2), \quad \sigma_2 = \frac{E}{1-\mu^2}(\varepsilon_2 + \mu\varepsilon_1) \tag{16.12}$$

注意，主应力的序号应按代数值 $\sigma_1 \geqslant \sigma_2 \geqslant \sigma_3$ 的规定进行调整。

例 16.1 一外径为 D、内径为 d 的等直空心圆轴，受扭转力偶矩 M_x 和弯曲力偶矩 M_z 作用，如图 16.7（a）所示。圆轴材料的弹性常数为 E、ν，试在该圆轴上用半桥自动补偿法测定弯曲力偶矩 M_z，并用全桥自动补偿法测定扭转力偶矩 M_x。

解 （1）用半桥自动补偿法测弯曲力偶矩 M_z。为在空心圆轴上只测量弯曲力偶矩的大小，可在该圆轴的 a 点处及其对称的 b 点处沿轴线 x 方向贴上应变片 R_a 和 R_b，并分别将应变片 R_a 和 R_b 接入电桥的测量桥臂 AB 和 BC。这样，既组成了仪器测量的外部半桥，又补偿了温度的影响，如图 16.7（c）所示。当 $R_a = R_b$ 时，应变仪上的应变读数将为

$$\varepsilon_R = \varepsilon_a - \varepsilon_b = \varepsilon_a - (-\varepsilon_a) = 2\varepsilon_a \tag{a}$$

因 a 点处仅有 x 轴向的线应变，利用胡克定律可得该点处的正应力为

$$\sigma_a = E\varepsilon_a = \frac{M_z}{W_z} = \frac{M_z \times 32}{\pi D^3 \left[1 - (\frac{d}{D})^4\right]} \tag{b}$$

由式（a）和式（b）可得弯曲力偶矩 M_z 为

$$M_z = \frac{\varepsilon_R}{2} \times \frac{E\pi D^3 \left[1 - \left(\frac{d}{D}\right)^4\right]}{32} = \frac{E\pi D^3 \left[1 - \left(\frac{d}{D}\right)^4\right]}{64}\varepsilon_R \tag{c}$$

（2）用全桥自动补偿法测扭转力偶矩 M_x。为在圆轴上只测扭转力偶矩 M_x 可在 xz 平面与圆轴表面的交线上的 c 点处，沿与 x 轴成 $\pm 45°$ 的方向贴上 4 个应变片 ［图 16.7（a）、（d）］。由于 c 点在中性层上，所以弯矩的作用对应变无影响。而在扭矩作用下，应变片 1 和 3 将发生伸长变形，分别接入桥臂 AB 和 CD；应变片 2 和 4 将发生压缩变形，分别接入桥臂 BC 和 DA。这样，既组成了仪器测量的外部全桥，又自动补偿了温度的影响，如图 16.7（e）所示。当 $R_1 = R_2 = R_3 = R_4$ 时，应变仪上应变的读数 $\varepsilon_R = 4\varepsilon_{45°}$。对于纯剪切应力状态，有 $\sigma_1 = \sigma_{45°} = \tau$，$\sigma_3 = \sigma_{-45°} = -\tau$，并由平面应力状态下的

胡克定律，即得

$$\varepsilon_R = 4\varepsilon_{45°} = 4\frac{(1+\nu)}{E}\tau = 4\frac{(1+\nu)}{E}\frac{T}{W_t} \tag{d}$$

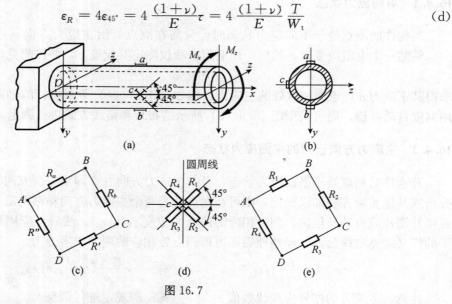

图 16.7

由式（d）可得该圆轴上的扭转力偶矩 M_x 为

$$M_x = T = \frac{EW_t}{4(1+\nu)}\varepsilon_R = \frac{E\pi D^3\left[1-\left(\dfrac{d}{D}\right)^4\right]}{64(1+\nu)}\varepsilon_R \tag{e}$$

16.4.3 主应力方向未知的平面应力状态

若构件的测点处于平面应力状态，而其主应力方向未知。这样，就无法直接测定该点处的两个主应变。为此，可通过测定该点处任意三个方向的线应变，然后换算出主应力的大小和方向。

设已知一平面应力状态 σ_x、σ_y 和 τ_{xy}，如图 16.8（a）所示，该点处相应的三个应变分量为 ε_x、ε_y 和 γ_{xy}。为测量该点处的主应变及其方向，先在该点处分别测量与 x 轴的夹角为 α_a、α_b 和 α_c 的任意三个方向上的线应变 ε_a、ε_b 和 ε_c ［图 16.8（b）］。由式（16.1）可得

$$\varepsilon_a = \frac{\varepsilon_x+\varepsilon_y}{2} + \frac{\varepsilon_x-\varepsilon_y}{2}\cos2\alpha_a + \frac{\gamma_{xy}}{2}\sin2\alpha_a \tag{a}$$

$$\varepsilon_b = \frac{\varepsilon_x+\varepsilon_y}{2} + \frac{\varepsilon_x-\varepsilon_y}{2}\cos2\alpha_b + \frac{\gamma_{xy}}{2}\sin2\alpha_b \tag{b}$$

$$\varepsilon_c = \frac{\varepsilon_x+\varepsilon_y}{2} + \frac{\varepsilon_x-\varepsilon_y}{2}\cos2\alpha_c + \frac{\gamma_{xy}}{2}\sin2\alpha_c \tag{c}$$

联立求解上列代数方程组，即可得到应变分量 ε_x、ε_y 和 γ_{xy} 值，然后代入式（16.3）和式（16.4），求出主应变的大小和方向。再根据广义胡克定律（16.12），求出主应力的大小，其方向与主应变的方向一致。

在实际测试中，为了简化计算，通常采用 45° 应变花，或称直角应变花［图 16.8（c）］，即 $\alpha_a = 0°$、$\alpha_b = 45°$、$\alpha_c = 90°$。代入式（a）、式（b）和式（c）中，可得

$$\varepsilon_x = \varepsilon_{0°}, \qquad \varepsilon_y = \varepsilon_{90°}, \qquad \gamma_{xy} = \varepsilon_{0°} + \varepsilon_{90°} - 2\varepsilon_{45°} \tag{16.13}$$

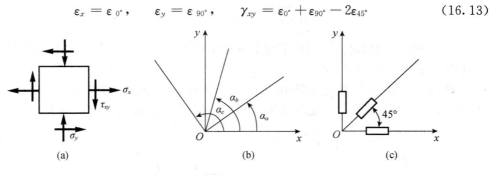

图 16.8

将上式代入式（16.3）和式（16.4），即可得到该点处用所测出的三个线应变 $\varepsilon_{0°}$、$\varepsilon_{45°}$ 和 $\varepsilon_{90°}$ 表达的两个主应变 ε_1、ε_2 及其方向如下

$$\varepsilon_{1,2} = \frac{\varepsilon_{0°} + \varepsilon_{90°}}{2} \pm \frac{\sqrt{2}}{2} \sqrt{(\varepsilon_{0°} - \varepsilon_{45°})^2 + (\varepsilon_{45°} - \varepsilon_{90°})^2} \tag{16.14}$$

$$\tan 2\alpha_0 = \frac{2\varepsilon_{45°} - \varepsilon_{0°} - \varepsilon_{90°}}{\varepsilon_{0°} - \varepsilon_{90°}} \tag{16.15}$$

求得主应变后，再由式（16.12）计算其主应力

$$\sigma_{1,2} = \frac{E}{1-\mu^2} \left[\frac{(1+\mu)}{2}(\varepsilon_{0°} + \varepsilon_{90°}) \pm \frac{(1-\mu)}{\sqrt{2}} \sqrt{(\varepsilon_{0°} - \varepsilon_{45°})^2 + (\varepsilon_{45°} - \varepsilon_{90°})^2} \right]$$

$$\tag{16.16}$$

有时也采用 60°应变花，或称等角应变花（图 16.9），即 $\alpha_a = 0°$、$\alpha_b = 60°$、$\alpha_c = 120°$。按照与上述完全类似的步骤，可推导出该测点处的主应变或主应力的方位角计算公式为

$$\tan 2\alpha_0 = \frac{\sqrt{3}(\varepsilon_{60°} - \varepsilon_{120°})}{2\varepsilon_{0°} - \varepsilon_{60°} - \varepsilon_{120°}} \tag{16.17}$$

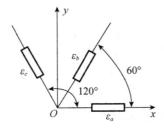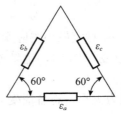

图 16.9

主应变和主应力的计算公式为

$$\varepsilon_{1,2} = \frac{\varepsilon_{0°} + \varepsilon_{60°} + \varepsilon_{120°}}{3} \pm \frac{\sqrt{2}}{3} \sqrt{(\varepsilon_{0°} - \varepsilon_{60°})^2 + (\varepsilon_{60°} - \varepsilon_{120°})^2 + (\varepsilon_{120°} - \varepsilon_{0°})^2} \tag{16.18}$$

$$\sigma_{1,2} = \frac{E}{1-\mu^2} \left[\frac{(1+\mu)}{3}(\varepsilon_{0°} + \varepsilon_{60°} + \varepsilon_{120°}) \right.$$

$$\left. \pm \frac{\sqrt{2}(1-\mu)}{3} \sqrt{(\varepsilon_{0°} - \varepsilon_{60°})^2 + (\varepsilon_{60°} - \varepsilon_{120°})^2 + (\varepsilon_{120°} - \varepsilon_{0°})^2} \right] \tag{16.19}$$

$$\tan 2\alpha_0 = \arctan \frac{\sqrt{3}(\varepsilon_{60°} - \varepsilon_{120°})}{2\varepsilon_{0°} - \varepsilon_{60°} - \varepsilon_{120°}} \tag{16.20}$$

应用应变花测量时，一般都采用温度补偿片来消除温度变化的影响，而难以利用自动补偿的方法。

例 16.2 用 $45°$ 应变花 [图 16.10 (a)] 测得一点处的三个线应变为 $\varepsilon_{0°} = -300 \times 10^{-6}$，$\varepsilon_{45°} = -200 \times 10^{-6}$，$\varepsilon_{90°} = 200 \times 10^{-6}$。试求该点的主应力及主方向，已知 $E = 200\text{GPa}$，$\mu = 0.3$。

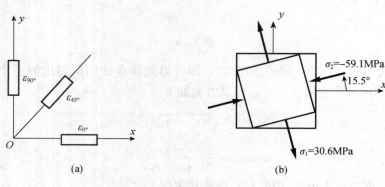

图 16.10

解 (1) 确定应变分量。根据式 (16.13) 得

$$\varepsilon_x = \varepsilon_{0°} = -300 \times 10^{-6}, \quad \varepsilon_y = \varepsilon_{90°} = 200 \times 10^{-6}$$

$$\gamma_{xy} = \varepsilon_{0°} + \varepsilon_{90°} - 2\varepsilon_{45°} = [-300 + 200 - 2(-200)] \times 10^{-6} = 300 \times 10^{-6}$$

(2) 确定主应力方位。由式 (16.15) 得

$$\tan 2\alpha_0 = \frac{2\varepsilon_{45°} - \varepsilon_{0°} - \varepsilon_{90°}}{\varepsilon_{0°} - \varepsilon_{90°}} = \frac{[2(-200) - (-300) - (200)] \times 10^{-6}}{[(-300) - 200] \times 10^{-6}} = 0.6 \times 10^{-6}$$

即

$$2\alpha_0 = 31°, \quad \alpha_0 = 15.5°$$

由于 $\varepsilon_x < \varepsilon_y$，$\alpha_0$ 对应最小主应变的方向。因此，从 x 轴正向逆时针转 $15.5°$ 得到的方向，是最小主应变的方向，也就是最小主应力方向。而最大主应力方向与之垂直 [图 16.10 (b)]。

(3) 计算主应力大小。将各应变分量代入式 (16.16) 得

$$\sigma_1 = \frac{200 \times 10^9}{(1 - 0.3^2)} \left[\frac{(1 + 0.3)}{2} (-300 + 200) \times 10^{-6} \right.$$

$$\left. + \frac{(1 - 0.3)}{\sqrt{2}} \times \sqrt{(-300 + 200)^2 \times 10^{-12} + (-200 - 200)^2 \times 10^{-12}} \right]$$

$$= 30.6 \text{ (MPa)}$$

$$\sigma_2 = \frac{200 \times 10^9}{(1 - 0.3^2)} \left[\frac{(1 + 0.3)}{2} (-300 + 200) \times 10^{-6} \right.$$

$$\left. - \frac{(1 - 0.3)}{\sqrt{2}} \times \sqrt{(-300 + 200)^2 \times 10^{-12} + (-200 - 200)^2 \times 10^{-12}} \right]$$

$$= -59.1 \text{ (MPa)}$$

思　考　题

16.1　在电测法中，若电阻应变仪的灵敏系数旋钮所指示的刻度为 K'，不等于所用电阻应变片的灵敏系数 K，试问应如何修正应变的读数值？

16.2　思考题 16.2 图所示，受轴向拉伸的矩形截面杆和受扭圆杆，若在电阻应变测试时，拉杆表面上所贴应变片与杆的 x 轴方向偏斜 θ 角［图（a）］，以及圆杆表面上所贴应变片与 45°方向同样偏斜 θ 角（$\theta \leqslant 1°$）［图（b）］，试问哪一种情况造成的误差大？大多少？

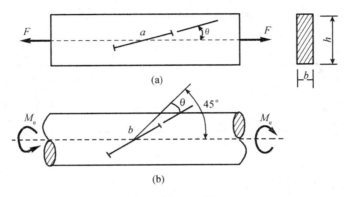

思考题 16.2 图

16.3　思考题 16.3 图所示，已知某位移传感器的测量原理如图所示。试绘出应变片全桥接线图，并建立应变仪读数 ε_R 与位移 Δ 间的关系式。已知弹簧刚度系数为 k，以及梁的 E、μ、b、δ、l 和 l_1（应变片标距与 l、l_1 相比很小，可略去不计）。

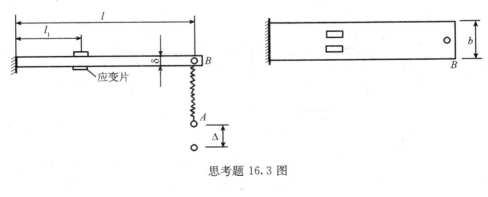

思考题 16.3 图

习　　题

16.1　一矩形截面 $b \times h$ 的等直杆，承受轴向拉力 F，如习题 16.1 图所示。若在杆受力前，其表面画有直角 $\angle ABC$，杆材料的弹性模量为 E、泊松比为 μ，试求杆受力后，线段 BC 的变形及直角 $\angle ABC$ 的改变量。

16.2　用 45°应变花测得构件表面上某点处三个方向的线应变为 $\varepsilon_{0°} = 400 \times 10^{-6}$，$\varepsilon_{45°} = 260 \times 10^{-6}$，$\varepsilon_{90°} = -80 \times 10^{-6}$。试求该点处三个主应变的数值和方向。

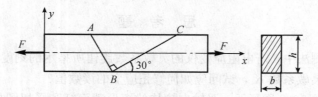

习题 16.1 图

16.3　用电测法测得受扭圆杆表面上两个相间 45° 的任意方向的线应变为 $\varepsilon' = 5.00 \times 10^{-4}$ ，$\varepsilon'' = 3.75 \times 10^{-4}$ 。已知杆材料的弹性常数 $E = 200\text{GPa}$ ，$\mu = 0.25$ ；圆杆的直径 $d = 100\text{mm}$ ，见习题 16.3 图。试求扭转外力偶矩 M_e 。

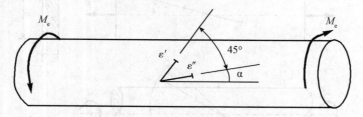

习题 16.3 图

16.4　由电测法测得钢梁表面上某点处 $\varepsilon_x = 500 \times 10^{-6}$ ，$\varepsilon_y = -465 \times 10^{-6}$ ，已知，$E = 210\text{GPa}$ ，$\mu = 0.33$ 。试求 σ_x 及 σ_y 值。

16.5　一直径 $d = 20\text{mm}$ 的实心钢圆轴，承受轴向拉力 F 与扭转力偶矩 M_e 的联合作用，如习题 16.5 图所示。已知轴材料的弹性常数 $E = 200\text{GPa}$ ，$\mu = 0.3$ ，并通过 45° 应变花测得圆轴表面上 a 点处的线应变为 $\varepsilon_{0°} = 32 \times 10^{-5}$ ，$\varepsilon_{45°} = 56.5 \times 10^{-5}$ ，$\varepsilon_{90°} = -9.6 \times 10^{-5}$ 。试求 F 和 M_e 的数值。

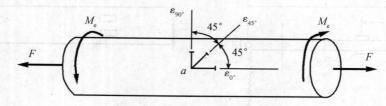

习题 16.5 图

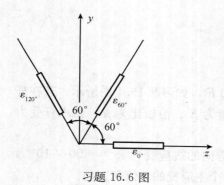

习题 16.6 图

16.6　用等角应变花测得受力构件表面上某点处三个方向的线应变为 $\varepsilon_{0°} = 1000 \times 10^{-6}$ ，$\varepsilon_{60°} = -650 \times 10^{-6}$ ，$\varepsilon_{120°} = 750 \times 10^{-6}$ ，如习题 16.6 图所示，试求该点处沿 x 、y 方向的应变分量，以及 xy 平面内主应变的大小和方向。

部分习题答案

第10章

10.1　$V_\varepsilon = 0.957 \dfrac{F^2 l}{EA}$。

10.2　(a) $V_\varepsilon = \dfrac{2F^2 l}{\pi E d^2}$；　　(b) $V_\varepsilon = \dfrac{7F^2 l}{8\pi E d^2}$。

10.3　(a) $V_\varepsilon = \dfrac{3F^2 l}{4EA}$；　　(b) $V_\varepsilon = \dfrac{M^2 l}{18EI}$；　　(c) $V_\varepsilon = \dfrac{\pi F^2 R^3}{8EI}$。

10.4　$V_\varepsilon = \dfrac{14M_e^2 L}{3\pi G R^4}$。

10.5　$V_\varepsilon = \dfrac{3F^2 l^3}{Ebh^3}$，$\Delta = \dfrac{6Fl^3}{Ebh^3}$。

10.6　$\Delta_C = \dfrac{M_e l^2}{16EI}$。

10.7　(a) $y_A = -\dfrac{23qa^4}{8EI}$（向下），$\theta_B = -\dfrac{7qa^3}{6EI}$（顺）；

　　　(b) $y_A = -\dfrac{Fa^3}{6EI}$（向下），$\theta_D = -\dfrac{Fa^2}{3EI}$（顺）；

　　　(c) $y_A = -\dfrac{19qa^4}{16EI}$（向下），$\theta_B = -\dfrac{41qa^3}{16EI}$（顺）；

　　　(d) $y_A = \dfrac{7qa^4}{8EI}$（向上），$\theta_B = -\dfrac{5qa^3}{24EI}$（顺）。

10.8　(a) $y_A = -\dfrac{49qa^4}{384EI}$（向下），$\theta_B = -\dfrac{qa^3}{6EI}$（顺）；

　　　(b) $y_A = 0$，$\theta_B = -\dfrac{Fa^2}{2EI}$（逆）；

　　　(c) $y_A = \dfrac{13Fa^3}{3EI}$（向上），$\theta_B = \dfrac{4Fa^2}{EI}$（逆）。

10.9　(a) $y_A = \left(\sqrt{2} + \dfrac{1}{2}\right)\dfrac{Fa}{EA}$（向下）；

　　　(b) $y_A = \dfrac{4\sqrt{3}Fa}{3EA}$（向下）；

　　　(c) $y_A = \dfrac{29Fa}{12EA}$（向下）。

10.10　(a) $f_B = \dfrac{5Fa^3}{12EI}$（向下），$\theta_A = \dfrac{5Fa^2}{4EI}$（逆）；

　　　　(b) $f_B = \dfrac{5Fa^3}{6EI}$（向下），$\theta_A = \dfrac{Fa^2}{EI}$（顺）。

10. 11 $\dfrac{5}{3}\dfrac{Fa}{EA}$。

10. 12 $\dfrac{q_0 l^4}{30EI}$（向下）。

10. 13 $\delta_C = \dfrac{12Fl^3}{27EI} + \dfrac{F}{9k}$。

10. 14 $\dfrac{7ql^3}{24EI}$。

10. 15 端截面的转角 $\theta = \dfrac{q^2 l^5}{240 (GI^*)^2}$。

10. 16 $\theta_A = \dfrac{3Fa^2}{2EI}$（逆），$x_A = \dfrac{7Fa^3}{3EI}$（向下）。

10. 17 $x_D = 21.1\text{mm}$（向左），$\theta_D = 0.0117\text{rad}$（顺）。

10. 18 （a）$\theta_A = \dfrac{Fl^2}{32EI}$（顺），$x_A = \dfrac{Fl^3}{16EI}$（向左）；

  （b）$\theta_A = \dfrac{ql^3}{12EI}$（逆），$x_A = \dfrac{13ql^4}{48EI}$（向左）。

10. 19 $y_C = 0.6\text{mm}$（向下）。

10. 20 $y_C = \dfrac{Fa^3}{6EI} + \dfrac{3Fa}{4EA}$（向下）。

10. 21 $\theta_A = 16.5\dfrac{Fl^2}{EI}$（逆）。

10. 22 $y_B = \dfrac{FR^3}{2EI}$（向下），$x_B = 0.356\dfrac{FR^3}{EI}$（向右），$\theta_B = 0.571\dfrac{FR^2}{EI}$（顺）。

10. 23 $x_B = \dfrac{FR^3}{2EI}$（向左），$y_B = 3.36\dfrac{FR^3}{EI}$（向下）。

10. 24 $y_c = \dfrac{2Fa^3}{3EI} + \dfrac{Fa^3}{GI_p}$（向上）。

10. 25 自由端截面的线位移 $= \dfrac{32M_e h^2}{E\pi d^2}$（向前）；

  自由端截面的转角 $= \dfrac{32M_e l}{G\pi d^4} + \dfrac{64M_e h}{E\pi d^4}$（与 M 同向）。

10. 26 $x_A = 3.5\dfrac{Fa^3}{EI}$（向左），$x_C = Fa^3\left(\dfrac{3}{2EI} + \dfrac{1}{GI_p}\right)$（向左）。

10. 27 $\Delta = \dfrac{5Fl^3}{6EI} + \dfrac{3Fl^3}{2GI_p}$（移开）。

10. 28 $y_B = FR^3\left(\dfrac{0.785}{EI} + \dfrac{0.356}{GI_p}\right)$（向下）。

10. 29 $\delta = \sqrt[3]{\dfrac{\sqrt{2}Fl^5}{12EI}}$（向下）。

10. 30 $\dfrac{\Delta A}{A} = \dfrac{4(1-\mu)}{\pi dE}F$。

第 11 章

11.1　(a) $F_A = F_B = \dfrac{ql}{2}$（向上），$M_A = \dfrac{ql^2}{12}$（逆），$M_B = \dfrac{ql^2}{12}$（顺）；

　　　(b) $F_A = \dfrac{Fb^2(l+2a)}{l^3}$（向上），$F_B = \dfrac{Fa^2(l+2b)}{l^3}$（向上），

　　　$M_A = \dfrac{Fab^2}{l^2}$（逆），$M_B = \dfrac{Fa^2b}{l^2}$（顺）。

11.2　(a) $M_{\max} = M_A = \dfrac{5}{8}Fa$；

　　　(b) $M_{\max} = M_A = \dfrac{3}{8}qa^2$；

　　　(c) $M_{\max} = M_C = 19.8\,\text{kN}\cdot\text{m}$。

11.3　(a) $F_{NAD} = F_{NDB} = \dfrac{F\cos^2\alpha}{1+2\cos^3\alpha}$（拉），$F_{NCD} = \dfrac{F}{1+2\cos^3\alpha}$（拉）；

　　　(b) $F_{NAD} = \dfrac{F}{2\sin\alpha}$（拉），$F_{NBD} = \dfrac{F}{2\sin\alpha}$（压），$F_{NCD} = 0$；

　　　(c) $F_{NAD} = \dfrac{F\sin^2\alpha}{1+\cos^3\alpha+\sin^3\alpha}$（拉），$F_{NDB} = \dfrac{F(1+\cos^3\alpha)}{1+\cos^3\alpha+\sin^3\alpha}$（拉），

　　　$F_{NCD} = \dfrac{F\sin^2\alpha\cos\alpha}{1+\cos^3\alpha+\sin^3\alpha}$（压）。

11.4　$\Delta = \dfrac{7ql^4}{1152EI}$。

11.5　24.1kN。

11.8　F 力作用点的垂直位移 $f = 4.86\,\text{mm}$。

11.10　$\Delta_{AB} = \dfrac{11Fa^3}{320EI}$（相互靠近）。

11.11　$F_{NAC} = \dfrac{\sqrt{2}}{2}F$；$A$，$C$ 之间的相对位移 $\Delta = \dfrac{Fa}{EA}$。

11.12　$M_A = \dfrac{6EI\Delta}{l^2}$（逆），$M_B = \dfrac{6EI\Delta}{l^2}$（逆）。

11.13　$M_A = \dfrac{2EI\theta}{l}$（逆），$M_B = \dfrac{4EI\theta}{l}$（逆）。

11.14　b 应大于 127mm。

11.15　$F_{Ay} = F_{Cy} = 20.3\,\text{kN}$（向上），$F_{By} = 19.4\,\text{kN}$（向上）

　　　如果支座为刚性支撑，则 $F_{By} = 60\,\text{kN}$（向上），$F_{Ay} = F_{Cy} = 0$。

11.16　$X_1 = \dfrac{Fe(2L-l)}{4I\left(\dfrac{e^2}{I} + \dfrac{1}{A} + \dfrac{1}{A_1}\right)}$。

11.17　(1) $F_{By} = \dfrac{5}{16}F$（向上）；(2) $M = \dfrac{3}{16}Fl$；(3) $F \leqslant \dfrac{16W}{3l}[\sigma]$；

　　　(4) $\Delta = \dfrac{Fl^3}{144EI}$（向上），$F_{\max} \leqslant \dfrac{6W}{l}[\sigma]$。

11.18 $y_B = \dfrac{23Fl^3}{144EI}$。

11.19   (a) $x_B = \dfrac{2FR}{EA} \dfrac{1}{1+\dfrac{4I}{\pi R^2 A}}$（向左）；   (b) $x_B = \dfrac{\sqrt{2}Fa}{EA} \dfrac{1}{1+\dfrac{3\sqrt{2}I}{a^2 A}}$（向右）。

第 12 章

12.1 $\tau_{max} = 25\text{MPa}$，$\varphi' = 1.56°/\text{m}$（求 φ' 用的 I_t 根据修正因数 $\eta = 1.15$ 计算）。

12.2   (1) 最大切应力之比 $= \dfrac{3a}{2\delta}$；(2) 扭转角之比 $= \dfrac{3a^2}{4\delta^2}$。

12.3   (1) $\tau_{max} = 32.8\text{MPa}$；(2) $n = 6.5$ 圈。

12.4 $e = \dfrac{\delta_2 b_2^3 h}{\delta_1 b_1^3 + \delta_2 b_2^3}$。

12.5 $e = \dfrac{b\,(2h+3b)}{2h+6b}$。

12.6 $e = \dfrac{2b^2 + 2\pi br + 4r^2}{4b + \pi r}$。

12.7 $\sigma_{s,max} = 43.4\text{MPa}$，$\sigma_{w,max} = 5.74\text{MPa}$。

12.8   (a) $\sigma_{Al,max}^c = 22.3\text{MPa}$，$\sigma_{st,max} = 45.4\text{MPa}$；

       (b) $\sigma_{Al,max}^c = 26.9\text{MPa}$，$\sigma_{st,max}^c = 30.4\text{MPa}$，$\sigma_{Cu,max}^t = 36.9\text{MPa}$；

       (c) $\sigma_{Al,max} = 108.2\text{MPa}$，$\sigma_{st,max} = 216\text{MPa}$。

第 13 章

13.1 $F_{Nd} = 90.6\text{kN}$。

13.2   有弹簧时 $\sigma_d = 66.2\text{MPa}$，无弹簧时 $\sigma_d = 173.3\text{MPa}$。

13.3 $\sigma_{dmax} = 6.67\text{MPa}$。

13.4 $\Delta l = \dfrac{\omega^2 l^2}{gEA}\left(P + \dfrac{P_1}{3}\right)$。

13.5 CD 杆：$\sigma_{dmax} = 2.27\text{MPa} < [\sigma]$，$CD$ 杆满足强度要求；AB 轴：$\sigma_{dmax} = 68.2\text{MPa} < [\sigma]$，$AB$ 杆满足强度要求。

13.6 AB 杆最危险位置在最下方，$\sigma_{dmax} = 107\text{MPa}$。

13.7 $\sigma_{dmax} = \dfrac{Pl}{4W}\sqrt{\dfrac{48EI}{Pl^2}}$。

13.8 $\sigma_{dmax} = \dfrac{Pl}{4W}\left(1 + \sqrt{1 + \dfrac{48EI}{Pl^2}}\right)$，$\Delta_{dmax} = \dfrac{Pl^3}{48EI}\left(1 + \sqrt{1 + \dfrac{48EI}{Pl^2}}\right)$，

       $K_d = 1 + \sqrt{1 + \dfrac{48EI}{Pl^3}\left(\dfrac{v^2}{g} + l\right)}$。

13.9 $\Delta_d = 7.27\text{mm}$，$\sigma_{dmax} = 6\text{MPa}$。

13.10 $\sigma_{dmax} = 41\text{MPa}$，$h = 2.38\text{mm}$。

13.11 $\sigma_{dmax} = \dfrac{2Pl}{9W}\left(1 + \sqrt{1 + \dfrac{243EIh}{2Pl^3}}\right)$，$w_{\frac{l}{2}} = \dfrac{23Pl^3}{1296EI}\left(1 + \sqrt{1 + \dfrac{243EIh}{2Pl^3}}\right)$。

13.12 $\sigma_{dmax} = \sqrt{\dfrac{3EIv^2P}{gaW^2}}$。

13.13 $\sigma_{dmax} = \dfrac{\omega}{W}\sqrt{\dfrac{3EIlP}{g}}$。

13.14 有弹簧时，$h = 308\text{mm}$；无弹簧时，$h = 7.64\text{mm}$。

13.15 轴内最大切应力 $\tau_{dmax} = 80.7\text{MPa}$，绳内最大正应力 $\sigma_{dmax} = 142.5\text{MPa}$。

13.16 无弹簧时 $\sigma_{dmax} = 88.2\text{MPa}$，有弹簧时 $\sigma_{dmax} = 27\text{MPa}$。

13.17 $\sigma_{r3} = \dfrac{32P}{\pi d^3}\sqrt{a^2 + l^2}\left(1 + \sqrt{1 + \dfrac{H/2P}{\dfrac{16l^3}{3\pi Ed^4} + \dfrac{a^3}{Ebh^3} + \dfrac{8a^2 l}{\pi Gd^4}}}\right)$。

13.18 $\sigma_{dmax} = \dfrac{Pa}{W}\left(1 + \sqrt{1 + \dfrac{3EIH}{2Pa^3}}\right)$。

13.19 $\sigma_{dmax} = \sqrt{\dfrac{3.05EIv^2P}{glW^2}}$。

13.20 $F_{d1} = \left(1 + \dfrac{\sqrt{2}}{2}\right)P$，$F_{d2} = \dfrac{\sqrt{2}}{2}P$。

13.21 $n = 2.3 < n_{st}$，AB 杆不满足稳定性要求。

第 14 章

14.1 (1) $r = 1$。 (2) $r = -1$。

14.2 $\sigma_{max} = -\sigma_{min} = 75.5\text{MPa}$，$r = -1$。

14.3 点 1：$r = -1$，$n_\sigma = 2.77$；点 2：$r = 0$，$n_\sigma = 2.46$；
点 3：$r = 0.87$，$n_\sigma = 2.14$；点 4：$r = 0.5$，$n_\sigma = 2.14$。

14.4 $n_\sigma = \dfrac{\sigma_{-1}}{\dfrac{K_\sigma}{\varepsilon_\sigma \beta}\sigma_a + \psi_\sigma \sigma_m}$，式中 $\psi_\sigma = \dfrac{\sigma_{-1}}{\sigma_b}$。

14.5 (a) $\alpha = 90°$； (b) $\alpha = 63°29'$； (c) $\alpha = 45°$； (d) $\alpha = 33°41'$。

14.6 $n_\sigma = \dfrac{\sigma_b}{\dfrac{K_\sigma}{\varepsilon_\sigma \beta}\sigma_a \psi_\sigma + \sigma_m}$，式中 $\psi_\sigma = \dfrac{\sigma_b - \dfrac{\sigma_0}{2}}{\dfrac{\sigma_0}{2}}$。

14.7 $K_\sigma = 1.55$，$K_\tau = 1.26$，$\varepsilon_\sigma = 0.77$，$\varepsilon_\tau = 0.81$。

14.8 最大载荷 $F_{max} = 88.3\text{kN}$。

14.9 按疲劳强度计算：$n_\tau = 5.06 > n$，满足疲劳强度要求；
按屈服强度计算：$n_\tau = 7.37 > n_s$，满足屈服强度要求。

14.10 (a) $[M] = 409\text{N} \cdot \text{m}$； (b) $[M] = 636\text{N} \cdot \text{m}$。

14.11 $n_{\sigma\tau} = 1.88$。

第 15 章

15.1 $F_1 = \dfrac{5}{6}\sigma_s A$， $F_p = \sigma_s A$。

15. 2　$F_0 = 3.2$kN，$\delta_0 = 0.02$mm，$F_1 = 64.4$kN，$\delta_1 = 0.275$mm，$F_2 = 66$kN，$\delta_2 = 0.295$mm。

15. 3　$F_1 = \dfrac{(1 + \cos^3\alpha + \sin^3\alpha)\sigma_s A}{1 + \cos^3\alpha}$，$F_p = \sigma_s A (1 + \sin\alpha)$。

15. 6　$F_{p1} = \sigma_s A (1 + 2\cos\alpha + 2\cos 2\alpha)$。

15. 7　$T_e = \dfrac{\tau_s I_p}{b}$，$T_p = \dfrac{\tau_s I_p}{a}$。

15. 8　$\beta \geqslant \dfrac{1}{4}$ 时，$F_p = \dfrac{2M_p}{\beta l}$；$\beta \leqslant \dfrac{1}{4}$ 时，$F_p = \dfrac{6M_p}{(1-\beta)l}$；$\beta = \dfrac{1}{4}$ 时，梁上的总载荷的极限值为最大。

第 16 章

16. 1　$\Delta_{BC} = \dfrac{F}{2Eb}\,(3 - \mu)$ （伸长），$\gamma_{\angle ABC} = -\dfrac{\sqrt{3}F}{2Ebh}\,(1 + \mu)$ （增大）。

16. 2　$\varepsilon_1 = 420 \times 10^{-6}$，$\varepsilon_3 = -100 \times 10^{-6}$，$\alpha_0 = 11.3°$。

16. 3　$M_e = 19.6$kN·m。

16. 4　$\sigma_x = 81.7$MPa，$\sigma_y = -70.7$MPa。

16. 5　$F = 20.1$kN，$M_e = 109.5$N·m。

16. 6　$\varepsilon_x = 10 \times 10^{-4}$，$\varepsilon_y = -2.67 \times 10^{-4}$，$\gamma_{xy} = -16.17 \times 10^{-4}$，$\varepsilon_1 = 13.94 \times 10^{-4}$，$\varepsilon_3 = -6.60 \times 10^{-4}$，$\alpha_0 = -25°58'$。

参 考 文 献

［1］刘鸿文. 2011. 材料力学（Ⅰ）（第 5 版）. 北京：高等教育出版社

［2］刘鸿文. 2011. 材料力学（Ⅱ）（第 5 版）. 北京：高等教育出版社

［3］孙训方，方孝淑，关来泰. 2009. 材料力学（Ⅰ）（第 5 版）. 北京：高等教育出版社

［4］孙训方，方孝淑，关来泰. 2009. 材料力学（Ⅱ）（第 5 版）. 北京：高等教育出版社

［5］单辉祖. 2009. 材料力学（Ⅰ）（第 3 版）. 北京：高等教育出版社

［6］单辉祖. 2009. 材料力学（Ⅱ）（第 3 版）. 北京：高等教育出版社

［7］范钦珊，殷雅俊. 2008. 材料力学（第 2 版）. 北京：清华大学出版社

［8］聂毓琴，孟广伟. 2009. 材料力学（第 2 版）. 北京：机械工业出版社

［9］苟文选. 2010. 材料力学（Ⅰ）（第二版）. 北京：科学出版社

［10］苟文选. 2010. 材料力学（Ⅱ）（第二版）. 北京：科学出版社

［11］陈乃立，陈倩. 2004. 材料力学学习指导书. 北京：高等教育出版社